Colorology

실내건축 전공자를 위한

색채학

김영애 지음

BM 성안당
www.cyber.co.kr

■ 도서 A/S 안내

저자 문의 e-mail : dusen31@hanmail.net(김영애)

본서 기획자 e-mail : coh@cyber.co.kr(최옥현)

홈페이지 : http://www.cyber.co.kr   전화 : 031) 950-6300

머리말

경제가 고도로 발달하면서 건축 및 실내 인테리어도 고급화되고 있습니다. 이에 따라 건축, 인테리어, 리모델링에 대한 관심이 높아지고 있고, 이에 부응하는 건축 디자이너의 자질과 지식을 겸비한 전문인의 육성이 요구되면서 건축 디자이너의 자격 취득이 필수가 되었습니다.

하지만, 기존에 나와 있는 수험서의 대부분이 내용을 이해하는 데 설명이 충분하지 않고, 문제와 해설 위주로 되어 있어서 내용을 이해하는 데 어려움이 많습니다.

이 책은 실내건축기사 및 실내건축산업기사 자격 취득을 위한 필수 시험과목인 색채학을 보다 체계적이고 전문적으로 공부할 수 있도록 내용을 구성하였습니다. 또 이론을 충실하게 실어서 색채학 이론서를 별도로 참고하지 않아도 충분히 이해할 수 있도록 내용에 충실을 기하여, 실내건축을 전공하는 학생들의 교재로도 활용할 수 있도록 하였습니다.

이 책의 특징

첫째, 색채학 단독 문제집으로, 색채학 이론과 문제를 한 권으로 마스터할 수 있도록 하였습니다.

둘째, 각 장의 이론 뒤에 자주 출제되는 문제를 수록하여 출제 유형을 파악할 수 있도록 하였습니다.

셋째, 과년도 출제문제를 색채학 단원별로 분리하여 출제문제에 대한 이론을 보다 쉽고 빠르게 학습할 수 있도록 하였습니다.

끝으로 대학 강단에서 색채학을 가르치는 한 사람으로서 예비 기사들이 단편적으로 문제와 정답만을 암기하는 것이 아니라, 실내건축 디자이너로서 전문인이 되기를 희망합니다. 아울러 이 책을 만드는 데 도움을 주신 성안당출판사 관계자 여러분께 감사의 마음을 전합니다.

저자 김영애

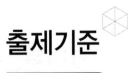

출제기준

실내건축기사

직무 분야	건설	중직무 분야	건축	자격 종목	실내건축기사	적용 기간	2016. 1. 1. ~ 2019. 12. 31.

직무내용 건축공간을 기능적, 미적으로 계획하기 위하여 현장분석자료 및 기본 개념을 가지고 공간의 기능에 맞게 면적을 배분하여
공간을 계획 및 구성하며, 이러한 구성개념의 표현을 위하여 개념도, 평면도, 천장도, 입면도, 상세도, 투시도 및 재료
마감표를 작성하고, 완료된 설계도서에 의거하여 현장의 공정 및 시공을 총괄관리 하는 등의 직무 수행

필기검정방법	객관식	문제 수	120	시험시간	3시간

필기과목명	문제 수	주요항목	세부항목	세세항목
색채학	20	1. 색채지각	(1) 색을 지각하는 기본원리	① 빛과 색 ② 색지각의 학설과 색맹
		2. 색의 분류, 성질, 혼합	(1) 색의 3속성과 색입체	① 색의 분류 ② 색의 3속성과 색입체
			(2) 색의 혼합	① 가산혼합 ② 감산혼합 ③ 중간혼합
		3. 색의 표시	(1) 표색계	① 현색계와 혼색계 ② 먼셀표색계 ③ 오스트발트 표색계
			(2) 색명	① 관용색명 ② 일반색명
		4. 색의 심리	(1) 색의 지각적인 효과	① 색의 대비, 색의 동화, 잔상, 항상성, 명시도 와 주목성, 진출과 후퇴 등
			(2) 색의 감정적인 효과	① 수반감정 ② 색의 연상과 상징
		5. 색채조화	(1) 색채조화	① 색채조화론의 배경, 의미, 성립과 발달 등 ② 먼셀의 색채조화론 ③ 오스트발트의 색채조화론 ④ 문·스펜서의 색채조화론
			(2) 배색	① 색의 3속성에 의한 기본배색과 조화, 전체 색조 및 면적에 의한 배색효과
		6. 색채관리	(1) 생활과 색채	① 색채관리 및 색채조절 ② 색채계획(색채디자인) ③ 산업과 색채 등 ④ 디지털 색채

실내건축산업기사

직무 분야	건설	중직무 분야	건축	자격 종목	실내건축산업기사	적용 기간	2016. 1. 1. ~ 2019. 12. 31.

직무내용 건축공간을 기능적, 미적으로 계획하기 위하여 현장분석자료 및 기본 개념을 가지고 공간의 기능에 맞게 면적을 배분하여 공간을 계획 및 구성하며, 이러한 구성개념의 표현을 위하여 개념도, 평면도, 천장도, 입면도, 상세도, 투시도 및 재료 마감표를 작성하고, 완료된 설계도서에 의거하여 현장의 공정 및 시공을 관리하는 등의 직무 수행

필기검정방법	객관식	문제 수	80	시험시간	2시간

필기과목명	문제 수	주요항목	세부항목	세세항목
색채학	10	1. 색채지각	(1) 색을 지각하는 기본원리	① 빛과 색 ② 색지각의 학설과 색맹
		2. 색의 분류, 성질, 혼합	(1) 색의 3속성과 색입체	① 색의 분류 ② 색의 3속성과 색입체
			(2) 색의 혼합	① 가산혼합 ② 감산혼합 ③ 중간혼합
		3. 색의 표시	(1) 표색계	① 현색계와 혼색계 ② 먼셀표색계 ③ 오스트발트 표색계
			(2) 색명	① 관용색명 ② 일반색명
		4. 색의 심리	(1) 색의 지각적인 효과	① 색의 대비, 색의 동화, 잔상, 항상성, 명시도와 주목성, 진출과 후퇴 등
			(2) 색의 감정적인 효과	① 수반감정 ② 색의 연상과 상징
		5. 색채조화	(1) 색채조화	① 색채조화론의 배경, 의미, 성립과 발달 등 ② 오스트발트의 색채조화론 ③ 문·스펜서의 색채조화론
			(2) 배색	① 색의 3속성에 의한 기본배색과 조화, 전체 색조 및 면적에 의한 배색효과
		6. 색채관리	(1) 생활과 색채	① 색채관리 및 색채조절 ② 색채계획(색채디자인) ③ 산업과 색채 등 ④ 디지털 색채

차례

제1편

색채학

3장 색의 표시방법

4장 색의 지각적인 효과

7장 생활과 색채

7.1 색채계획 ··· 183
(1) 기업색채(corporate color) ·························· 183
(2) 색채계획과정 ·· 184
(3) 색채심리 ·· 185
(4) 색의 이미지 ··· 187
(5) 색채의 이미지 스케일 ································ 188
(6) 색채조절 ·· 189
(7) 조명과 색채 ··· 190

7.2 색채환경 ··· 190
(1) 실내공간의 색채계획 ·································· 190
(2) 실내공간의 영역별 색채계획 ······················ 193
(3) 안전색채 ·· 200

7.3 디지털 색채 ··· 201
(1) 디지털 색채 ··· 201
(2) 디지털 색채시스템 ····································· 201
(3) 디지털 색채영상 ·· 202
(4) 디지털 색채관리 ·· 203
(5) 컬러 매니지먼트(color management) ············ 204
(6) 색차(color difference) ································ 204
(7) 색역(color gamut) ····································· 204

■ 자주 출제되는 문제 ·· 205

제2편

부록

01

색채의 기초

색채의 기초

▶1.1 빛과 색

(1) 색과 색채

색이란 사람의 지각 현상에 관계되는 것이므로 여러 현상에서 비롯되며, 물체의 존재를 지각시키는 시각의 근본이다.

색의 감각은 빛에 의해서 유발되는데 "색이란 빛이 눈을 자극함으로써 생기는 시감각(視感覺)"이라 할 수 있다. 따라서 색의 물리적인 특성을 파악하고 어떻게 지각되며 어떠한 구조로 되어 있는가를 인지함으로써 색의 개념을 올바로 이해하고 효과적으로 사용할 수 있어야 한다.

색은 시지각 대상으로서의 물리적 대상인 빛과 그 빛의 지각현상을 일컫는다. 물리학적으로 색은 '가시광선'(可視光線, visible light)이라고도 부른다. 우리가 눈을 통해서 볼 수 있는 모든 색은 빛에 의해서 본 것이다.

색채를 느낄 수 없는 무색광각(無色光覺)의 색을 '무채색'(無彩色, achromatic colors)이라 부르는 데 비해서 색채를 느끼는 유색광각(有色光覺)의 색을 '유채색'(有彩色, chromatic colors)이라고 한다. 이것은 색의 개념에서 하양, 회색, 검정의 무채색을 포함하지만, 색채의 개념에는 색상이 없는 무채색이 제외됨을 의미한다. 그러므로 색은 색광의 의미로 한정되어 설명되며 색채는 물체 자체가 발광하지 않고 빛을 반사시키든가 투과시킴에 의해서 색상을 띠게 되는 물체의 색(물체 표면의 색)을 느끼는 것에 한정시키기도 한다.

색을 지각하기 위한 3가지 조건(요소)은 빛(광원), 물체, 시각(눈)이다. 인간의 눈은 빛이 물체에 산란, 반사, 투과할 때 물체를 지각하며, 물체에 흡수될 때는 빛을 지각하지 못한다. 나뭇잎이 녹색으로 보이는 이유는 다른 색은 흡수하고 녹색 색광만 반사하기 때문이며, 바나나의 색이 노랗게 보이는 이유는 다른 색은 흡수하고 노란 색광만 반사하기 때문이다.

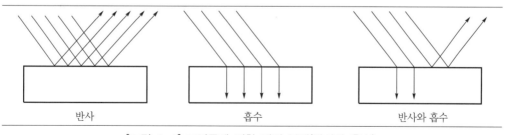

반사　　　　　　흡수　　　　　　반사와 흡수

[그림 1-1] 프리즘에 의한 빛의 분해(반사와 흡수)

일반적인 개념으로, 모든 빛을 다 흡수하면 검정색, 다 반사하면 흰색, 다 통과하면 투명이며, 50% 흡수와 50% 반사일 경우 회색으로 보인다.

① 색채(color)

광원(태양·인공광선)으로부터 나오는 빛이 물체를 비추어 반사·투과·흡수될 때, 눈의 망막과 여기에 따르는 시신경의 자극으로 감각되는 현상에 의해 나타난다.

② 색의 시각적 전달과정

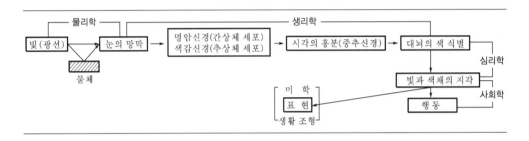

(2) 빛

우리가 눈을 통하여 외부 세계를 지각하는 것은 빛에 의한 현상이다. 빛은 색의 모체이며 물체에 부딪혀 반사광(reflecting light)이 되거나 투과광(transmitting light)이 된다.

예를 들면, 네온사인의 색은 직접적인 광원의 색이고, 의상이라든가 그림물감의 색은 광원에서의 빛이 반사된 빛의 색이며, 색유리나 색 셀로판을 거쳐 보여지는 색은 투과된 빛의 색이다.

빛이나 색채를 지각하는 것을 시각이라고 하는데, 이것을 판단하는 것은 광각(光覺, light sensation) 혹은 색각(色覺, color sensation)이라고 한다.

> 빛 → 안구의 망막 → 명암신경(간상체 세포)
> 색감신경(원추체 세포) → 시각의 흥분 → 중추신경 → 대뇌의 색 식별

① 눈의 구조

눈은 지름 약 24mm의 원 모양으로 [그림 1-2]와 같은 구조를 가지고 있으며, 눈을 통하여 사물의 크기, 형태, 표면구조(texture), 광택, 투명도 등과 아울러 색을 지각하는 것이 가능하다. 즉, 눈은 빛의 자극을 받아 시신경계의 흥분을 대뇌에 전달하는 신체의 일부이다. 눈은 물체상의 초점을 빛이 감지되는 망막으로 유도하며 이 상을 산란광으로부터 보호하고, 이 빛의 상을 신경활동의 형태로 변용하며 이 신경활동 형태를 시신경에 의해서 뇌로 전달한다.

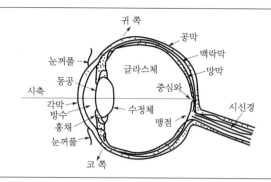

[그림 1-2] 눈의 수직 단면도

㉮ **각막(角膜)** : 각막은 공막(鞏膜, selerotic coal)의 투명한 연장 부분으로서 그 자체는 불투명한 백색이다. 눈의 맨 앞부분에 있는 투명한 조직으로 카메라의 볼록렌즈와 같은 작용을 하며, 빛을 굴절시키고 집속(集束)시키는 일의 일부를 담당하고 있다. 각막과 수정체 사이는 방수로 차 있는데, 이 각막의 팽창·수축에 의하여 멀리, 또는 가까이 보는 물체가 망막에 정확한 초점을 맺게 된다.

㉯ **방수(房水)** : 각막 뒤에 투명한 액으로 빛을 집속하는 역할을 한다.

㉰ **동공(瞳孔)** : 동공은 홍채 조리개의 가운데에 있는 구멍으로 빛이 여기를 통과한다. 어두운 곳에서는 동공이 확대되고 밝은 곳에서는 축소된다.

㉱ **홍채(虹彩)와 동공(瞳孔)** : 도넛 모양의 홍채와 구멍인 동공은 각막에 달라붙어 있으며, 카메라의 조리개처럼 눈에 들어오는 빛의 양을 조절한다.

㉲ **수정체(水晶體)** : 각막, 방수, 동공을 통과하는 빛의 물체를 잘 볼 수 있도록 초점을 맞추어 주므로 카메라의 렌즈와 같다. 눈에 들어오는 빛이 망막에 정확하고 깨끗하게 초점이 맺히도록 자동적으로 조절된다.

㉳ **글라스체(vitreous homor)** : 최후로 빛이 유리체라는 젤리상(狀)의 물질을 통해 망막에 도달하게 하는 역할을 하는 것으로, 눈 안쪽에 꽉 차 있는 끈끈한 성질의 액체이다.

㉴ **망막(網膜)** : 각막과 수정체에 의해서 집속(集束)된 광선이 최후로 가 닿는 곳이 망막 후부의 광수용 세포이다. 이곳에 간상체와 추상체라 불리는 두 종류의 세포가 있다. 카메라의 필름과 같은 역할을 한다.

㉵ **맥락막(脈絡膜)** : 망막의 바깥 1/3 부분의 대사를 주관하는 맥락막은 공막을 통해 들어오는 빛을 그 풍부한 색소로써 조절하고 차단한다.

㉶ **맹점(盲點)** : 시신경 유두(視神經 乳頭) 때문에 광수용 세포가 중단되는 곳이 맹점이다. 망막에서 나온 신경섬유는 여기에 모여서 시신경을 형성하여 신경신호를 뇌에 전달한다. 뇌는 이 신호를 수신하여 시각으로 바꾼다.

② 빛에 대한 감도

눈의 시세포 중 광수용체(光受容體)에는 간상체(桿狀體)와 추상체(錐狀體) 두 종류가 있는데 이것은 파장에 따라 빛에 대한 감도가 다르다.

빛에너지가 방사되는 시간적 비율, 즉 단위시간에 어떤 표면을 통과하는 방사에너지의 양은 [W](watt)라는 단위로 표시되는데, 이것을 방사속(放射束, radiant flux)이라 한다. 그리고 이와 같이 어떤 비등한 방사속에 대한 방사가 눈에 느끼게 하는 밝음의 비율을 '시감도'(視感度, ninous efficiency)라고 한다.

우리 눈에 흥분을 일으키는 빛은 그 파장 범위가 380~780nm에 한정되어 있다. 이러한 가시한계의 범위에 있는 전자파 중에서도 그 파장이 555nm인 연두색에서 눈은 최대 감도를 갖는다. 최대 시감도는 파장이 555nm의 방사에서 일어나고 '680Lm/W'로 표시한다. 이 최대 시감도에 대한 다른 파장의 시감도 비율을 '비시감도'(比視感度, relative luminous efficiency)라고 한다.

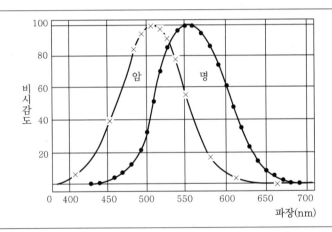

[그림 1-3] 푸르킨예 효과에 의한 명암반응의 파장별 비시감도곡선

[그림 1-3]에서 굵은 실선의 그래프는 명소시의 비시감도곡선으로 555nm(nm = nanometer)의 황록광이 가장 밝음을 알 수 있다. 반면 가는 실선의 그래프는 암소시의 시감도곡선을 나타낸 것으로 전체적으로 곡선이 짧은 파장 쪽으로 이동되어 507nm 청록색이 감도가 가장 높음을 나타내고 있다.

㉮ **간상체(桿狀體, rod)** : 야간시(夜間視, night vision) 또는 암소시(暗所視, scotopic vision)라고 한다. 간상체는 극히 약한 방사에너지(빛)에 대해서도 반응한다. 간상체는 무채색, 또는 중성색, 즉 흰색, 회색, 검정색 등의 색만을 지각할 수 있고, 빨강색, 노랑색, 녹색 또는 청색 등의 유채색 지각은 없다. 올빼미는 간상체밖에 없기 때문에 낮에는 볼 수 없다.

㉯ **추상체(錐狀體, cone)** : 백주시(白晝視, day vision) 또는 명소시(明所視, photopic vision)라고 한다. 추상체의 반응은 간상체보다 복잡하다. 단순히 명암의 판단이나 무채색의 지각

뿐 아니라 유채색의 지각을 일으킨다. 즉, 노랑색 − 청색, 빨강색 − 녹색 등의 차이를 볼 수 있는 것은 이 추상체의 역할 때문이다. 추상체는 모두 700만 개 정도 있으며 신경섬유가 모여 안구 바깥으로 내보내는 시신경 부분인 맹점(盲點) 부분을 제외하고 전 망막에 분포되어 있다. 닭은 추상체밖에 없기 때문에 해가 지면 보이지 않는다.

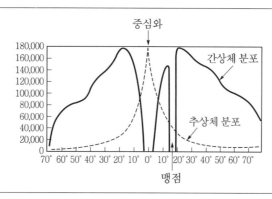

[그림 1-4] 추상체와 간상체 분포도

㉰ **박명시(薄明視, mesopic vision)** : 추상체와 간상체가 같이 작용할 때 박명시 상태라고 하는데, 날이 저물기 직전 약간 어두움이 깔리기 시작할 무렵에서 작용한다. 이때는 망막에 상이 흐릿하게 맺혀 윤곽이 선명하지 않고 최대 시감도는 555~507nm이다.

㉱ **푸르킨예 현상** : 1823년 체코슬로바키아의 생리학자인 푸르킨예(Jan Evangelista Purkinje, 1787~1869)가 발견한 것으로 추상체는 밝은 빛 속에서 선명한 상을 만들어 모두 색 구별이 가능하며, 명소시에는 장파장 측(노랑, 주황, 빨강)의 감도가 좋고, 암소시에는 단파장 측(녹, 청)의 감도가 좋다. 따라서 어두워지면 노랑색은 어둡게, 청색 계통은 밝게 보인다. 이렇게 주위 밝기의 변화에 따른 물체의 색 변화를 '푸르킨예 현상'이라고 한다.

㉲ **색음현상** : 주위색의 보색이 중심에 있는 색에 겹쳐져 보이는 현상을 말한다. 작은 면적의 회색이 채도가 높은 유채색으로 둘러싸일 때 회색이 유채색의 보색의 색조를 띠는 현상을 말한다. 색을 띤 그림자라는 의미로 '괴테현상'이라고도 한다.

㉳ **순응(順應, adaptation)** : 감각기관이 자극하는 정도에 따라 감수성이 변화되는 과정과 변화된 상태를 말한다.

㉴ **명순응(明順應, light adaptation)** : 사람의 눈 구조 중 망막에는 다른 감도의 2가지 기능이 있어서 시야의 밝음에 따라 자동적으로 조절된다. 대낮의 밝음과 밤의 차이는 1억 배나 되지만 눈은 밤의 어둠에 순응하여 행동할 수 있다. 어두운 곳에서 밝음에 익숙해지는 상태를 명순응이라 한다.

㉵ **암순응(暗順應, dark adaptation)** : 명순응과 반대되는 현상으로 밝은 곳에서 어두운 곳으로 이동했을 경우 눈이 어둠에 익숙해지는 상태를 암순응이라 한다. 깜깜한 어둠 속에서

사물을 보려면 눈이 어둠에 익숙해질 때까지 기다려야 한다. 이와 같이 빛의 상태변화에 적응하는 일을 명암순응(明暗順應)이라고 한다. 어두운 데서 밝은 곳으로 나갈 때는 불과 몇 분이면 적응할 수 있으나 밝은 곳에서 어두운 곳으로 갈 때는 훨씬 많은 시간이 필요하다. 암순응 시에는 광각이 명순응 시에서보다 약 10만 배나 높다. 암순응에서 명순응으로 옮겨지는 데 소요되는 시간은 2~3분 정도밖에 걸리지 않는다.

- ㉚ **색순응(色順應, chromatric adaptation)** : 물체를 비추는 빛의 종류에 따라 반사되는 빛의 성질은 많이 달라진다. 같은 물건도 태양빛에서 볼 때와 전등 밑에서 볼 때 각각 다른 색을 띠지만 시간이 지나면 그 물건의 색은 원상태로 보인다. 이와 같이 어떤 조명광에서나 물체색을 오랫동안 보면 그 색에 순응되어 색의 지각이 약해지는 현상을 색순응이라 한다.
- ㉛ **색시야(色視野)** : 색채가 확인되는 시야를 말하며, 백색의 시야가 가장 크다. 다음으로 청, 적, 초록의 순서이다.

(3) 물체의 색

물체의 색은 표면에서 반사하는 빛의 분광분포에 의하여 여러 가지 색으로 보인다. 대부분의 파장을 모두 반사하면 그 물체는 흰색으로 보이고, 대부분의 파장을 흡수하면 그 물체는 검정으로 보이게 된다.

장파장인 빨강색 파장 범위를 강하게 반사하고 나머지 파장을 흡수하면 그 물체는 빨강색으로 보이며, 단파장인 청자색의 파장을 반사하고 나머지를 흡수하면 그 물체는 청자색으로 보인다.

따라서 표면색은 백광을 비추었을 때 파장별로 빛을 반사하는 비율에 따라 달라지는 것이며, 이 파장별 반사율을 분광반사율(分光反射率)이라고 한다. 또한 투과색의 파장별 투과율은 분광투과율(分光透過率)이라고 한다.

① 색의 현상성

모든 물체색은 색채로 지각되기 이전에 물리적인 빛의 상태에 있다. 이와 같이 색의 색채지각에 앞서서 색이 시·공간에 나타나는 방식을 색의 현상성이라 한다. 색이 나타나는 방식에는 광원색, 표면색, 투과색, 조명색, 공간색 등이 있다.

- ㉮ **광원색(light color)** : 백열등, 형광등, 네온사인들의 발광체에서의 빛을 직접 보는 경우의 색
- ㉯ **표면색의 색(surface color)** : 불투명한 물체의 표면에서 볼 수 있는 통상적인 색으로 어떤 대상이 빛을 흡수하거나 반사하는 경우의 색
- ㉰ **투과색(transparent color)** : 어떤 대상을 빛이 투과하는 경우의 색
- ㉱ **조명색(lighting color)** : 무대의 비추어진 광원으로부터 나온 먼지 입자 또는 수증기에 의한 산란색을 포함하는 빛을 보는 경우의 색
- ㉲ **공간색(bulky color)** : 투명하거나 반투명한 상태의 색에 적용되는 경우로 일정한 공간에 3차원적인 덩어리가 꽉 차 있는 듯한 부피감을 느끼게 해 주는 색
- ㉳ **간섭색** : 비누 거품이나 수면에 뜬 기름, 전복 껍데기 등에서 무지개색처럼 나타나는 색

② **분광반사율(分光反射率 : spectral reflection factor)**

물체색이 스펙트럼 효과에 의해 빛을 반사하는 각 파장별(단색광) 세기. 물체의 색은 표면에서 반사되는 빛의 각 파장별 분광분포(분광반사율)에 따라 여러 가지 색으로 정의되며, 조명에 따라 다른 분광반사율이 나타난다.

분광반사율의 척도는 입사한 광의 전부를 반사하는 물체의 절대 반사율을 기준(100%)으로 하는데, 가시광선의 전체 파장대에 대해 이와 같은 반사특성을 갖는 것을 완전확산반사면 또는 이상확산반사면(perfect refecting diffuser)이라고 하며, 이것의 분광반사율은 $R(\lambda)$ =100%로 반사율 측정의 표준이 된다.

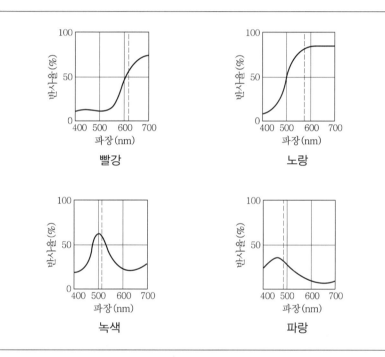

[그림 1-5] 빛의 각 파장별 분광반사율

(4) 물체의 색과 조명

물체의 색은 그 자체가 고유의 색을 가지고 있는 것이 아니라 어떤 광원에서 빛을 받은 물체 표면의 빛이 파장에 따라 어떤 비율로 반사되는가의 결과로 판단되는 것이다. 청자색 안경을 끼고 물체를 보면 백색광 아래서는 가장 밝게 보이던 노랑색이 어둡게 보이고 반대로 어둡게 보이던 청색과 청자색의 물체는 아주 보이지 않게 된다.

같은 물건도 태양빛에서 볼 때 각각 다른 색을 띠지만 시간이 지나면 그 물건의 색은 원상태로 보인다. 또 형광등을 처음 켜면 푸른 기미를 느끼지만 시간이 경과하면 그 색에 순응되는데 이처럼 색의 지각이 약해지는 현상을 색순응이라고 한다.

상점에서 넥타이나 의류를 살 경우 조명등으로 인해 색깔을 잘 판별하지 못하는 경우가 있는데 이는 형광등은 푸른 기미가 있고 텅스텐 전등은 누런 기미가 있기 때문으로, 똑같은 물체색도 조명에 따라 색이 달라져 보이는 현상을 광원의 연색성(演色性, color rendition)이라고 한다.

이와 같이 색을 비교한다든지 정확한 색을 판별하기 위해서는 일정한 조명을 필요로 하는데 CIE(국제조명위원회)에서는 색을 정확히 보기 위해 표준광원이 정해져 있다.

반대로 2가지 물체색이 다르더라도 어떤 조명 아래서는 같은 색으로 보이는 경우가 있는데, 이같이 분광반사율이 다른 2가지 색이 특수한 조명 아래서 같은 색으로 느껴지는 현상을 메타메리즘(metamerism) 또는 조건등색이라 한다.

✔ 항상현상

밝기의 항상현상이라 하며 밝기나 색이 조명의 물리적 변화에도 대상의 물리적 성질이 일정하다고 보는 현상이다.

- 밝기에 관해서는 그 사물이 하양에 가까울수록 항상현상이 커지며 검은 것은 작아진다.
- 제시시간이 짧으면 색채의 항상성은 작지만 완전히 항상성을 잃지는 않는다.
- 한 눈으로 볼 때는 두 눈으로 볼 때보다도 색채의 항상성을 약화시킨다.
- 색채조명을 사용할 때는 색의 항상성에 문제가 있다.
- 조명이 단색광이고 가까이 있으면 항상성은 약하다.

1.2 빛 속의 색

(1) 스펙트럼(spectrum)

색의 원천인 빛, 물질과 색에 대한 그 물질의 반응, 색은 지각하는 눈이라는 3가지 요소의 상호관계를 연구한 영국의 물리학자 아이작 뉴턴(Isaac Newton, 1642~1727)에 의하여 1666년 발견된 것이 분광(分光, spectrum)이다. 분광된 빛은 다시 분광되지 않으므로 단색광(monochromatic light)이라고 부른다.

뉴턴은 프리즘(prism, 삼릉경)을 통해 빛을 그 구성성분인 스펙트럼의 색으로 나누었고, 그 분리된 광선을 프리즘을 써서 다시금 하나로 합쳐 백색광(白色光)을 만들었다. 뉴턴은 이 스펙트럼의 단색광의 수를 빨강, 주황, 노랑, 초록, 파랑, 남색, 보라의 7개로 나누었다.

빛의 파장 중 380nm 이하의 파장은 자외선(UV), X선, 감마선(gamma rays) 등이 있으며 빛의 파장 중 780nm 이하의 파장은 적외선(IR), 라디오, 레이더(radar), TV 등이 있다. 또한 빨강은 파장이 길어서 굴절률이 가장 작으며, 보라는 파장이 짧아서 굴절률이 크다.

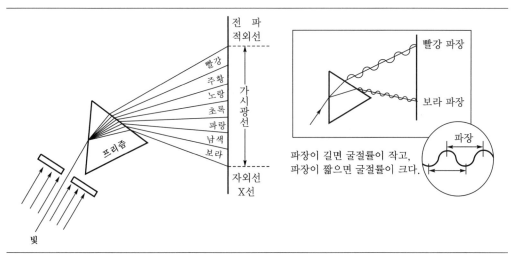

[그림 1-6] 스펙트럼

※ 1nm = 10 Å = 10^{-9}m

① **적외선**

780~3,000nm, 열환경효과, 기후를 지배하는 요소, '열선'이라고 한다.

② **가시광선**

380~780nm, 채광의 효과, 눈으로 지각할 수 있는 파장이다.

③ **자외선**

200~380nm, 보건위생적 효과, 건강효과 및 광합성의 효과, '화학선'이라고 한다.

특히 290~320nm(2,900~3,200 Å)는 도르노선(Dorno's ray, '건강선'이라고 한다)

전자파대(電磁波帶)는 매우 짧은 감마선(線)에서 수km의 전파까지 넓은 범위에 걸쳐 있으나, 인간의 눈에 보이는 파장은 400~700mμ(1μ는 1,000분의 1mm)의 좁은 범위에 한정되어 있다. 녹색은 약 500mμ이고 적색은 약 700mμ이다. 이 범위는 우리 눈으로 볼 수 있기 때문에 가시광선(可視光線, visible light)이라고 한다. 녹색과 적색의 두 파장을 평균하면 600mμ의 파장이 보이고, 그것은 스펙트럼의 황색 부분에 해당된다.

※ mμ = millimicron

[표 1-1]은 스펙트럼의 파장과 색과의 관계를 나타낸 것이다.

[표 1-1] 색명과 파장 범위

파장 범위(nm)	색 명	기 호
380~430	청색 기미의 자주색(bluish purple)	bp
430~467	자주색 기미의 청색(purplish blue)	pb
467~483	청색(Blue)	B
483~488	녹색 기미의 청색(greenish Blue)	gB
488~493	청록(Blue Green)	BG
493~498	청색 기미의 녹색(bluish Green)	bG
498~530	녹색(Green)	G
530~558	노랑 기미의 녹색(yellowish Green)	yG
558~569	황록(Yellow Green)	YG
569~573	녹색 기미의 노랑색(greenish Yellow)	gY
573~578	노랑색(Yellow)	Y
578~586	노랑색 기미의 주황색(yellowish Orange)	yO
586~597	주황색(Orange)	O
597~640	빨강색 기미의 주황색(reddish Orange)	rO
640~780	빨강색(Red)	R

(2) 색온도와 표준광

① 색온도

발광되는 빛이 온도에 따라 색상이 달라지는 것을 흰색을 기준으로 절대온도 K[온도를 말하며 단위는 K(Kelvin)]로 표시한 것이다. 빛을 전혀 반사하지 않는 완전 흑체를 가열하면 온도에 따라 각기 다른 색의 빛이 나온다. 온도가 높을수록 파장이 짧은 청색계통의 빛이 나오고, 온도가 낮을수록 적색계통의 빛이 나온다. 이때 가열한 온도와 그때 나오는 색의 관계를 기준으로 해서 색온도를 정한다.

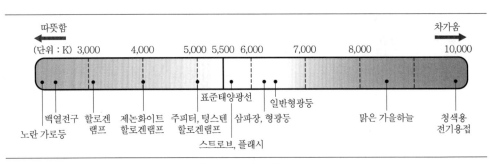

[그림 1-7] 색온도

② **표준광**

국제조명위원회(CIE)에서는 빛이나 색을 측정하는 데 필요한 표준광의 색온도를 A, B, C, D, F로 나누었다. 이 표준광원에 의한 조명을 표준조명이라고 하며, 한국산업규격 KS A 0064도 국제조명위원회의 규정을 따르고 있다.

  ㉮ **A광원** : 색온도 2854K의 가스를 주입한 텅스텐 전구의 빛으로, 일반 가정용 전구와 같은 빛이다.

  ㉯ **B광원** : 표준광원 A에 B종의 데이비스·깁슨 필터(DG filter)를 투과하게 한 빛으로 색온도는 4870K이고, 태양의 직사광에 가까운 광원이다.

  ㉰ **C광원** : 데이비스·깁슨 필터를 이용한 빛으로 색온도는 6740K이다. 과거에는 C광원이 가장 많이 사용되었지만, 최근에는 C광원보다도 더욱 자연광에 가까운 D표준광원(5500K, 6500K, 7500K), 특히 6504K의 빛(D65)이 많이 사용된다.

(3) 색지각설

① 영·헬름홀츠(Young-Helmholtz)의 3원색설

색각의 기본이 되는 색을 적, 청, 황의 3종류라고 생각한 것은 영국의 과학자 영(Thomas Young, 1773~1829)으로, 3원색설은 망막조직에는 빨강, 초록, 청자의 색각세포와 색광을 감광하는 수용기인 시신경 섬유가 있다는 가설이다. 그 후 1850년 독일의 헬름홀츠(Hermann von Helmholtz, 1821~1894)가 그 기본색이 빨강, 초록, 청자의 3색이라 수정·주장하였다. 요컨대 망막에는 3가지의 시세포와 신경선이 있어 시세포의 흥분과 혼합에 의해 각종의 색이 발생한다고 하는 색광의 혼합설이다.

3가지 시세포는 [그림 1-8]에서와 같이 스펙트럼에서 장파장의 빨강색으로부터 느끼는 시세포, 중파장의 초록에 의해서 느끼는 시세포, 단파장의 청자색에 의해서 느끼는 시세포이다. 이들 중에서 초록색(중파장)과 빨강색(장파장)이 동시에 흥분하면 노랑색의 색각이 생기고, 빨강색의 흥분도가 크면 오렌지, 초록색의 흥분도가 크면 노랑색, 초록색의 색각이 생기며, 초록색(중파장)과 청자색(단파장)의 시세포가 동시에 흥분하면 청록색이, 빨강색(장파장)과 청자색(단파장)에 의해서 느끼는 시세포가 동시에 흥분하면 자주색, 보라색, 청자색이 생긴다고 주장하였다.

또 장파장과 중파장과 단파장 3종류의 수용체가 모든 색의 자극에 반응하면 그 반응의 도수에 따라 색이 불포화(不飽和)되어 선명도를 잃는다. 이와 같은 반응의 산물이 백색이다.

즉, 3가지 세포의 흥분도가 같을 때 흰색이나 회색이 되며, 흥분이 크면 밝아지고 흥분이 없어지면 검정색에 가깝게 느끼게 된다. 따라서 망막에는 컬러TV처럼 R, G, B의 세포가 순서 있게 배열되어 있으며, 3원색의 시세포 흥분의 혼합에 의해 모든 색에 대한 감각이 생긴다고 하여 3원색설이라 한다.

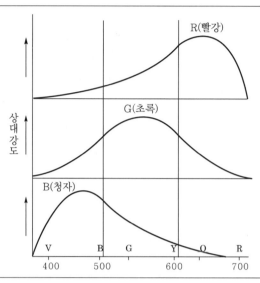

[그림 1-8] 영·헬름홀츠의 3원색설

② 헤링의 반대색설(Hering's Opponent color's theory-4원색설)

1874년 헤링(Ewald Hering, 1834~1918)은 빨강, 노랑, 초록, 파랑의 4색을 기본으로 하는 새로운 색채지각설을 내놓았다. 망막에는 3종류의 감광물질인 시세포질이 있다는 가설이다. 헤링의 이론은 근본적으로 '하양-검정', '빨강-초록', '노랑-파랑' 3개의 짝을 이루는 것으로, 이 3종류의 시세포질에서 6종류의 빛으로 수용된 뒤 망막의 신경과정에서 합성된다는 것이다. 이것을 '헤링의 반대색설' 또는 '헤링의 4원색설'이라고 부른다.

이와 같이 서로 짝을 이루는 색들은 반대색 관계에 있는 시세포질에 수용된다. 이러한 1개의 시세포질이 어떤 색각을 불러일으킨 것은 동화작용(assimilation) 또는 이화작용(dissmilation)의 신진대사 과정에 의해서 자율적인 평형상태를 구하기 때문이라고 설명한다.

> • 동화작용(합성)에 의하여 녹·청·흑의 감각이 생긴다.
> • 이화작용(분해)에 의하여 적·황·백의 감각이 생긴다.

헤링의 반대색설은 오스트발트(Ostwald) 색상분할의 기본이 되는데, 다만 혼색과 색각이상을 잘 설명할 수 없는 단점이 있다. 3가지 시세포질 가운데서 '빨강-초록'이나 '노랑-파랑'의 둘 중 어느 하나가 결핍되면 적록색맹이나 황청색맹이 나타나며, '하양-검정'의 시세포질만 있으면 전색맹이 되는 것이다.

즉, 추상체의 기능이 없고 간상체만이 작동한다면 명암만 판단하게 되므로 전색맹이라 한다.

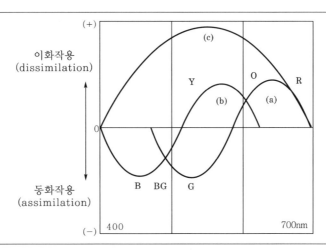

[그림 1-9] 헤링의 반대색설

㉮ **전색맹(全色盲)** : 색상의 식별이 전혀 되지 않는 색각이상자를 전색맹이라고 한다. 전색맹은 지각을 간상체에만 의존하여 명암만 다소 구별할 수 있을 정도를 의미한다. 따라서 정상적인 사람과 같은 푸르킨예 현상도 나타나지 않는다. 전색맹의 경우 눈은 언제나 정상자의 암순응 현상의 상태에 있고, 빛이 강할 때에는 눈이 부셔서 볼 수 없는 현상이 일어난다.

㉯ **적록색맹(赤綠色盲)** : 빨강색과 초록색을 식별하는 능력이 없는 색각이상자를 적록색맹이라고 한다. 적록색맹인 사람은 청, 노랑은 식별한다. 또 청에 가까운 청록, 노랑에 가까운 황록, 오렌지 등은 색상이 청, 노랑과 같은 감각이 느껴지나, 초록색에 가까운 청록, 황록, 빨강색에 가까운 오렌지는 명암만으로 느끼는 무채색이 된다. 적록색맹에는 초록색은 식별 되나 빨강색이 식별되지 않는 적색맹과 그 반대의 녹색맹이 있다.

㉰ **청황색맹(靑黃色盲)** : 청, 노랑이 느껴지지 않는 색각이상자를 청황색맹이라고 한다. 이 색맹은 희귀한 편이며 황색에 대한 지각이 결손되면 제3색맹이라 한다.

㉱ **색각설의 문제점**

　　㉠ 반대설에서는 분해작용과 합성작용이 최초에 있는 반응에 의해서 보색잔상과 색의 동화 현상, 대비현상 등이 나타난다고 설명한다. 그러나 이것도 영·헬름홀츠의 3원색설과 마찬가지로 적록세포를 1개의 시세포로 생각하고 있는 이상, 적색맹과 녹색맹의 구별은 있으나 이 색맹이 황색을 지각하는 것은 설명이 안 된다.

　　㉡ 3원색설의 스펙트럼을 아주 밝게 하면 황색과 청색에 가까워지고, 반대로 어둡게 하면 적색과 초록색으로 보이는 현상이 있다. 즉, 빛의 밝기에 따라 노랑과 청색, 적색과 초록이 대치되는 현상이 생긴다. 3원색설에 의하면 적색맹은 적색을 느끼는 시세포, 녹색맹은 초록색을 느끼는 시세포에 결함이 있는 것으로 설명하기 때문에 양 색맹이 노랑색을 느끼는 것은 불가능해야 하는데 실제로 황색을 느낄 수 있다. 이와 같은 시각 현상은 혼색 사실만을 기초로 한 3원색설로는 설명할 수 없다.

③ 돈더스의 단계설

1881년 돈더스(F. C. Donders)가 망막 시세포 단계에서는 3원색설을, 그 이후의 시신경 및 대뇌에서는 반대색설을 단계적으로 대응시켜 색각현상을 설명하고 있어 단계설이라 한다. 즉, 3원색은 망막층에서 지각되고 이 반응이 다음 단계에서 합성·분해되어 반대색적인 반응이 된다는 학설이다.

(4) 색각이상

망막의 시세포는 L−적추체(빨), M−녹추체(녹), S−청추체(청)의 3종류로, 3가지 색을 감지하여 색을 구별할 수 있다. 원추세포들의 추체색소 결핍 및 이상, 또는 망막, 시신경의 손상 등에 의해 색 구별을 못하는 것이 색각이상(dyschromatopsia)이며, 그 정도에 따라 색맹(色盲)과 색약(色弱)으로 구분된다.

01 빛을 프리즘에 통과시켰을 때 나타난 스펙트럼상의 색 중 가장 긴 파장을 가지고 있는 것은?

① 노랑　　　　　② 빨강
③ 녹색　　　　　④ 보라

해설 스펙트럼(spectrum)
㉠ 1666년 영국의 과학자 뉴턴(Issac Newton)이 이탈리아에서 프리즘(prism)을 들여와, 이 프리즘에 태양광선이 비치면 그 프리즘을 통과한 빛은 빨강·주황·노랑·초록·파랑·남색·보라색의 단색광으로 분광되는 것을 광학적으로 증명하였다. 이와 같이 분광된 색의 띠를 스펙트럼이라고 하며 무지개색과 같이 연속된 색의 띠를 가진다.
㉡ 장파장 쪽이 적색광이고, 단파장 쪽이 자색광이다.
㉢ 파장이 긴 것부터 짧은 것 순서 : 빨강 – 주황 – 노랑 – 초록 – 파랑 – 남색 – 보라

02 비누 거품이나 수면에 뜬 기름, 전복 껍데기 등에서 무지개색처럼 나타나는 색은?

① 표면색　　　　② 조명색
③ 형광색　　　　④ 간섭색

해설 간섭색
㉠ 얇은 막에서 빛이 확산 및 반사되어 나타나는 현상
㉡ 비누 거품이나 수면에 뜬 기름, 전복 껍데기 등에서 무지개색처럼 나타나는 색

03 낮에 빨갛게 보이는 물체는 날이 저물어 어두워지면 어둡게 보이고, 또 낮에 파랗게 보이는 물체가 밝게 보이는 것은 무엇 때문인가?

① 연색성　　　　② 메타메리즘
③ 푸르킨예 현상　④ 색각현상

해설 푸르킨예(Purkinje) 현상
명소시에서 암소시 상태로 옮겨질 때 물체색의 밝기가 빨강계통의 색은 어둡게 보이게 되고, 파랑계통의 색은 반대로 시감도가 높아져서 밝게 보이기 시작하는 시감각에 관한 현상을 말한다.

04 석유나 가스의 저장탱크를 흰색이나 은색으로 칠하는 가장 큰 이유는?

① 반사율이 높은 색이므로
② 흡수율이 높은 색이므로
③ 명시성이 높은 색이므로
④ 팽창성이 높은 색이므로

해설 석유나 가스 등 위험물의 저장탱크를 흰색이나 은색으로 칠하는 가장 큰 이유는 반사율이 높아 빛을 차단하고 팽창과 증발을 방지함으로써 폭발의 위험성을 줄여 주기 때문이다.

05 밝기나 색이 조명 등의 물리적 변화에 대하여 망막자극의 변화가 비례하지 않는 이유는?

① 시인성
② 항상성
③ 유목성
④ 잔상

해설 항상성(恒常性, constancy)
물체에서 반사광의 분광특성이 변화되어도 거의 같은 색으로 보이는 현상으로, 조명조건이 바뀌어도 일정하게 유지되는 색채의 감각을 말한다.

정답　01 ②　02 ④　03 ③　04 ①　05 ②

06 올빼미나 부엉이가 밝은 낮에는 사물을 볼 수 없는 이유는?

① 추상체만 가지고 있기 때문이다.

② 간상체만 가지고 있기 때문이다.

③ 낮에는 추상체가 활동을 억제하기 때문이다.

④ 간상체의 수가 추상체보다 훨씬 많이 분포되어 있기 때문이다.

해설 간상체와 추상체

㉠ 간상체 : 야간시(night vision)라고도 하며 흑백으로만 인식하고 어두운 곳에서 반응, 사물의 움직임에 반응하며 유채색의 지각은 없다

㉡ 추상체(원추체) : 명소시(photopic vision)라고도 하며 색상을 인식하고 밝은 곳에서 반응, 세부내용을 파악하며 유채색의 지각을 일으킨다.

07 똑같은 에너지를 가진 각 파장의 단색광에 의하여 생기는 밝기의 감각은?

① 시감도   ② 명순응

③ 색순응   ④ 항상성

해설 시감도((視感度, eye sensitivity)

㉠ 똑같은 에너지를 가진 각 단색광의 밝기에 대한 감각을 말한다.

㉡ 파장마다 느끼는 빛의 밝기 정도를 에너지량 1W당의 광속으로 나타낸다.

08 시세포에 대한 설명 중 옳은 것은?

① 눈의 망막 중 중심와에는 간상체만 존재한다.

② 추상체는 색을 구별하며, 간상체는 명암을 구별하는 데 사용된다.

③ 망막에는 약 1억 2,000만 개의 추상체가 있다.

④ 간상체 시각은 장파장에 민감하다.

해설 간상체와 추상체

㉠ 간상체(rod) : 망막 시세포의 일종으로 주로 어두운 곳에서 작용하여 명암만을 구별한다. 망막의 주변부에 많이 존재한다.

㉡ 추상체(cone) : 망막 시세포의 일종으로 밝은 곳에서 작용하고, 색각 및 시력에 관계한다. 망막 중심 부근에서 가장 조밀하고 주변으로 갈수록 적어진다.

09 무대 디자인과 디스플레이에 있어 색광에 의하여 한정된 공간을 여러 가지로 보여질 수 있게 변화가 가능하다. 이처럼 조명에 의하여 물체의 색이 결정되는 광원의 성질을 뜻하는 것은?

① 조건등색   ② 연색성

③ 색각이상   ④ 발광성

해설 연색성(演色性, color rendition)

광원에 의해 조명되어 나타나는 물체의 색을 연색이라 하고, 태양광(주광)을 기준으로 하여 어느 정도 주광과 비슷한 색상을 연출할 수 있는가를 나타내는 지표를 연색성이라 한다. 즉, 같은 물체색이라도 조명에 따라 색이 다르게 보이는 현상을 말한다.

10 영·헬름홀츠의 3원색설에 따라 녹색과 빨강의 시세포가 동시에 흥분하면 어떤 색의 색각이 생기는가?

① 시안(cyan)

② 마젠타(magenta)

③ 검정(black)

④ 노랑(yellow)

해설 영·헬름홀츠(Young·Helmholtz theory)의 3원색설

색광혼합의 실험결과에서 주로 물리적인 가산혼합의 현상에 주목하여 적·녹·청을 3원색으로 했으며, 헬름홀츠(Helmholtz)는 망막에 분포한 적·녹·청, 3종의 시세포에 의하여 여러 가지 색지각이 일어난다는 설이다. 녹색과 빨강의 시세포가 동시에 흥분하면 노랑의 색지각이 일어난다.

정답   06 ②   07 ①   08 ②   09 ②   10 ④

11 유리병 속의 액체나 얼음 덩어리처럼 공간의 투명한 부피를 느끼는 색은?

① 투명면색
② 투과색
③ 공간색
④ 물체색

해설 ㉠ 공간색(bulky color) : 공간에 색물질이 차 있는 상태에서 색지각을 느끼는 색으로, 예를 들어 유리컵에 담겨 있는 포도주라든지, 얼음 덩어리를 보듯이 일정한 공간에 3차원적인 덩어리가 꽉 차 있는 부피감에서 보이는 색
㉡ 광원색 : 조명에 의해 물체의 색을 지각하는 색
㉢ 면색 : 거리감, 물체감이 없이 면적의 느낌으로 색지각을 느끼는 색으로 평면색이라고도 함
㉣ 공간색 : 공간에 색물질로 차 있는 상태에서 3차원적인 색지각을 느끼는 색
㉤ 표면색 : 물체의 표면에서 빛이 반사되어 색지각을 느끼는 색
㉥ 투과색 : 어떤 대상을 빛이 투과하는 경우의 색

12 푸르킨예 현상으로 옳은 것은?

① 밝은 곳에서 어두운 곳으로 갈수록 장파장의 감도가 높다.
② 밝은 곳에서 어두운 곳으로 갈수록 단파장의 감도가 높다.
③ 밝은 곳에서 어두운 곳으로 갈수록 단파장의 색이 먼저 사라진다.
④ 어두운 곳에서 밝은 곳으로 갈수록 단파장의 감도가 떨어진다.

해설 푸르킨예(Purkinje) 현상
명소시에서 암소시 상태로 옮겨질 때 물체색의 밝기가 변하는데, 빨강계통의 색(장파장)은 어둡게 보이게 되고, 파랑계통의 색(단파장)은 반대로 시감도가 높아져서 밝게 보이기 시작하는 시감각에 관한 현상을 말한다.

13 다음 영·헬름홀츠의 3원색설에 관한 설명 중 맞는 것은?

① 세 가지 시세포가 망막에 분포하여 이 세포에 의하여 여러 가지 색지각이 일어난다는 설이다.
② 반대색설이라고도 한다.
③ 이화작용과 동화작용에 의해서 색감각이 이루어진다.
④ 황색의 물체를 보았을 때 적색과 백색의 시세포가 흥분하여 황색으로 지각한다.

해설 헤링의 반대색설
(Hering's Opponent-color's theory)
1872년 독일의 심리학자이며 생리학자인 헤링(Hering, Karl Ewald Konstantin, 1834~1918)은 3종류의 광화학 물질인 빨강-초록 물질, 파랑-노랑 물질, 검정-하양 물질이 존재한다고 가정하고, 망막에 빛이 들어올 때 분해와 합성이라고 하는 반대반응이 동시에 일어나 그 반응의 비율에 따라서 여러 가지 색이 보이는 것이라는 색지각설로, 이화작용과 동화작용에 의해서 색감각이 이루어진다.

14 다음 색 중 헤링의 4원색이 아닌 것은?

① Blue
② Yellow
③ Purple
④ Green

해설 헤링(Hering)의 반대색설(4원색설)
색의 기본감각으로서 백색 – 검정색, 빨간색 – 녹색, 노란색 – 파란색이 3조의 짝을 이루고, 이 3종류의 시세포질에서 6종류의 빛으로 수용된 뒤 망막의 신경과정에서 합성된다는 것으로, 반대색 잔상이 일어나는 것에 의해 색지각을 설명한 학설이다. 적(red)·녹(green)·황(yellow)·청(blue)이 헤링의 4원색으로 심리적 원색이라 한다.

15 빛의 파장단위로 사용되는 nm(nanometer)의 단위를 올바르게 나타낸 것은?

① 1nm＝1 / 1만 mm

② 1nm＝1 / 10만 mm

③ 1nm＝1 / 100만 mm

④ 1nm＝1 / 1000만 mm

해설 nm(nanometer)의 단위(빛의 파장단위)

nm(nanometer)＝mμ(millimicron)

㉠ 1nm(μ)＝10억분의 1m＝100만분의 1mm

㉡ 1Å(angstrom)＝1억분의 1cm

㉢ 1Å＝10분의 1nm

16 헤링(E. Hering)의 색각이론(色覺理論)은 색의 동화작용과 이화작용으로 설명할 수 있다. 다음 색 중 동화작용에 관계되는 색은?

① Red

② Green

③ White

④ Yellow

해설 헤링의 반대색설

(Hering's Opponent−color's theory)

생리학자 헤링(Ewald Hering, 1834~1918)이 1872년에 영·헬름홀츠의 3원색설에 대해 발표한 반대색설로, 3종의 망막 시세포, 백·흑 시세포, 적·녹 시세포, 황·청 시세포의 3대 6감각을 색의 기본 감각으로 하고, 이것들의 시세포는 빛의 자극에 따라서 각각 동화작용 또는 이화작용이 일어남으로써 모든 색의 감각이 생긴다고 주장하였다. 이 중 동화작용과 관계되는 색은 녹·청·흑이며, 이화작용과 관계되는 색은 적·황·백이다.

17 다음은 빨강, 노랑, 녹색, 파랑의 분광분포곡선이다. 노랑(Yellow)의 분광분포곡선은?

①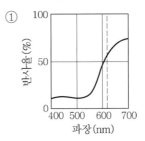

②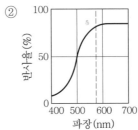

③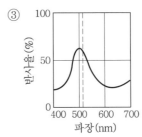

④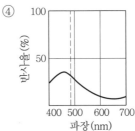

해설 분광분포곡선

색광에 포함되어 있는 스펙트럼의 비율, 즉 각 파장별 단위 파장폭 단위 방사량에 대한 상대치와 파장의 관계를 나타내는 '분광분포'로 설명되는데 주로 그래프에 그려진다. 노랑의 분광분포곡선은 570~590nm이다.

18 노랑(Yellow)의 조명등과 연색성에 관한 설명 중 틀린 것은?

① 청색은 백열등에서 약간 녹색을 띤다.
② 청색은 형광등에서 크게 변하지 않는다.
③ 나트륨등에서도 빨강이 강조된다.
④ 빨강은 백열등에서 더욱 선명하다.

해설 연색성(color rendition)
㉠ 광원에 의해 조명되어 나타나는 물체의 색을 연색이라 하고, 태양광(주광)을 기준으로 하여 어느 정도 주광과 비슷한 색상을 연출할 수 있는가를 나타내는 지표를 연색성이라 한다.
㉡ 백열등과 메탈할라이드등은 연색성이 좋고, 빨강은 백열등에서 더욱 선명하다. 주광색 형광등은 연색성이 좋은 편이나 수은등은 연색성이 그다지 좋지 않고, 청색은 백열등에서 약간 녹색을 띤다.

19 광원에 따라 물체의 색이 달라보이는 것과는 달리 서로 다른 두 색이 어떤 광원 아래서는 같은 색으로 보이는 현상은?

① 연색성
② 잔상
③ 분광반사
④ 메타메리즘

해설 메타메리즘(metamerism)
광원의 연색성과는 달리 분광반사율이 다른 2가지의 색이 어떤 광원 아래서 같은 색으로 보이는 현상을 메타메리즘 또는 조건등색이라 하며, 이를 이용해서 색합성 혹은 색재현이 이루어진다.

20 무수히 많은 색 차이를 볼 수 있는 것은 어떤 시세포의 작용에 의한 것인가?

① 추상체
② 간상체
③ 수평세포
④ 양극세포

해설 간상체와 추상체
㉠ 간상체(rod) : 망막 시세포의 일종으로 주로 어두운 곳에서 작용하여 명암만을 구별한다. 망막의 주변부에 많이 존재한다.
㉡ 추상체(cone) : 망막 시세포의 일종으로 밝은 곳에서 작용하고, 색각 및 시력에 관계한다. 망막 중심 부근에서 가장 조밀하고 주변으로 갈수록 적어진다.

21 어둠이 깔리기 시작하면 추상체와 간상체가 작용하여 상이 흐릿하게 보이는 상태는?

① 시감도
② 박명시
③ 항상성
④ 색순응

해설 박명시(薄明視, mesopic vision)
주간시와 야간시의 중간상태로, 날이 저물기 직전의 약간 어두움이 깔리기 시작할 무렵의 시각을 박명시라고 한다. 박명시는 주간시나 야간시와 다른 밝기의 감도로 상이 흐릿하여 보기 어렵게 되는 시각상태이나 색상의 변별력은 있다.

22 다음 중 주위가 어두워질 때 가장 늦게까지 잘 보여지는 계통의 색은?

① 청색계통
② 적색계통
③ 황색계통
④ 자색계통

해설 푸르킨예(Purkinje) 현상
명소시에서 암소시 상태로 옮겨질 때 물체색의 밝기가 변하는데 적색계통의 색(장파장)은 어둡게 보이게 되고, 청색계통의 색(단파장)은 반대로 시감도가 높아져서 밝게 보이기 시작하는 시감각에 관한 현상을 말한다.

23 다음 중 가시광선의 파장 영역은?

① 380~780nm
② 300~600nm
③ 300~650nm
④ 490~900nm

ⓐ 적외선 : 780nm보다 긴 파장의 빨강(R) 계열의 광선, 열선으로 알려진 적외선과 라디오에 사용하는 전파

ⓑ 가시광선 : 380~780nm, 빨강에서 보라까지의 사람의 눈으로 지각되는 파장의 범위

ⓒ 자외선 : 380nm보다 짧은 파장의 보라(P) 계열의 광선, 주로 의료에 사용하는 자외선과 뢴트겐에 사용하는 X선 등

24 형광등 아래서 물건을 고를 때 외부로 나가면 어떤 색으로 보일까 망설이게 된다. 이처럼 조명광에 의하여 물체의 색이 결정되는 광원의 성질은?

① 직진성
② 연색성
③ 발광성
④ 색순응

해설 연색성(color rendition)

광원에 의해 조명되어 나타나는 물체의 색을 연색이라 하고, 태양광(주광)을 기준으로 하여 어느 정도 주광과 비슷한 색상을 연출할 수 있는가를 나타내는 지표를 연색성이라 한다. 즉, 같은 물체색이라도 조명에 따라 다르게 보이는 현상을 말한다.

25 망막에서 명소시의 색채시각과 관련된 광수용이 이루어지는 부분은?

① 간상체   ② 추상체
③ 봉상체   ④ 맹점

해설 간상체와 추상체

ⓐ 간상체 : 야간시(night vision)라고도 하며 흑백으로만 인식하고 어두운 곳에서 반응, 사물의 움직임에 반응하며 유채색의 지각은 없다

ⓑ 추상체(원추체) : 명소시(photopic vision)라고도 하며 색상을 인식하고 밝은 곳에서 반응, 세부내용을 파악하며 유채색의 지각을 일으킨다.

26 백지를 밝은 곳에서 볼 때와 어두운 곳에서 볼 때 반사량이 다르기 때문에 어두운 곳에서 볼 때 더 어둡게 보이지만 흰색으로 지각하는 현상은?

① 색의 항상성
② 색의 시인성
③ 색의 주목성
④ 색의 기억성

해설 항상성(恒常性, constancy)

ⓐ 물체에서 반사광의 분광특성이 변화되어도 거의 같은 색으로 보이는 현상으로 조명조건이 바뀌어도 일정하게 유지되는 색채의 감각을 말한다.

ⓑ 항상성은 보는 밝기와 색이 조명등의 물리적 변화에도 망막자극의 변화와 비례하지 않는 것을 말한다.

ⓒ 밝기의 항상성은 밝은 물건 쪽이 강하며, 색의 항상성은 색광시야가 크면 강하다.

ⓓ 흰 종이를 어두운 곳이나 밝은 곳에서 보았을 때 어두운 곳에 있을 때가 더 어둡게 보이지만 여전히 우리 눈은 흰 종이로 지각하게 된다.

27 영·헬름홀츠의 3원색설에 관한 설명으로 옳은 것은?

① 스펙트럼에서 적, 녹, 청자색의 3색광의 추상체 반응과정을 가정하였다.
② 백–흑, 황–청, 적–녹의 반대되는 반응과정을 일으키는 수용체가 존재한다고 가정하였다.
③ 심리학적인 측면에 중점을 두었기 때문에 이화(분해)작용의 방향으로 나가면 차가운 느낌이 생긴다.
④ 이 설은 보색이나 대비의 현상을 설명하는 데 부합된다.

해설 영·헬름홀츠(Young–Helmholtz)의 3원색설
㉠ 색각의 기본이 되는 색은 3종류라고 생각하고, 눈의 구조 중 망막조직에는 적, 녹, 청의 색각세포와 색광을 감지하는 시신경 섬유가 있다는 가설로, 이것의 혼합으로 모든 색을 감지할 수 있다.
㉡ 망막에는 3가지의 색각세포와 거기에 연결된 시신경 섬유가 있어서 3가지 세포의 흥분이 혼합되고 이로써 여러 가지 색지각이 일어난다는 주장이다.

28 다음 중 색상을 구별하는 망막의 시세포는?

① 추상체　　　　② 간상체
③ 홍채　　　　　④ 수정체

해설 간상체와 추상체
㉠ 간상체 : 야간시(night vision)라고도 하며 흑백으로만 인식하고 어두운 곳에서 반응, 사물의 움직임에 반응하며 유채색의 지각은 없다
㉡ 추상체(원추체) : 명소시(photopic vision)라고도 하며 색상을 인식하고 밝은 곳에서 반응, 세부 내용을 파악하며 유채색의 지각을 일으킨다.

29 눈의 구조에 대한 설명으로 틀린 것은?

① 망막상에서 상의 초점이 맺히는 부분을 중심와라 한다.
② 망막의 맹점에는 광수용기가 없다.
③ 눈에서 시신경 섬유가 나가는 부분을 유리체라 한다.
④ 홍채는 눈으로 들어오는 빛의 양을 조절한다.

해설 유리체
수정체와 망막 사이의 공간을 채우고 있는 무색투명한 젤리 모양의 조직으로, 수정체와 망막의 신경층을 단단하게 지지하여 안구의 정상적인 형태를 유지시키고, 광학적으로는 빛을 통과시켜 망막에 물체의 상이 맺힐 수 있게 한다.

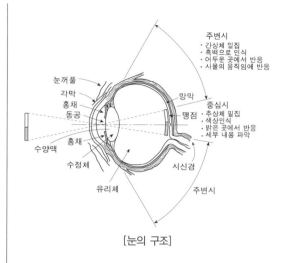

[눈의 구조]

30 헤링(Hering)의 반대색설에 관한 설명 중 옳은 것은?

① 영·헬름홀츠의 3원색설에 대하여 5원색과 보색광을 가정하고 있다.
② 보색이나 대비의 현상을 설명하는 데는 부합되지만 혼색이나 색맹을 설명하는 데는 부합되지 않는다.
③ 물리학적인 측면에 중점을 두고 가정한 학설이다.
④ 동화(합성)작용의 방향으로 나가면 따뜻한 느낌인 백, 황, 적의 느낌이 생긴다.

해설 헤링의 반대색설
(Hering's Opponent–color's theory)
생리학자 헤링(Ewald Hering, 1834~1918)이 1872년에 영·헬름홀츠의 3원색설에 대해 발표한 반대색설(4원색설)로 3종의 망막 시세포, 이른바 백·흑 시세포, 적·녹 시세포, 황·청 시세포의 3대 6감각을 색의 기본감각으로 하고, 이것들의 시세포는 빛의 자극에 따라서 각각 동화작용 또는 이화작용이 일어나고 이로써 모든 색의 감각이 생긴다는 것이다.

31 스펙트럼 분광색의 파장이 긴 색부터 파장이 짧은 색으로 나열된 것은?

① 노랑 – 파랑 – 주황
② 빨강 – 보라 – 초록
③ 보라 – 빨강 – 노랑
④ 노랑 – 초록 – 파랑

해설 **스펙트럼(spectrum)**
㉠ 1666년 영국의 과학자 뉴턴(Issac Newton)이 이탈리아에서 프리즘(prism)을 들여와, 이 프리즘(prism)에 태양광선이 비치면 그 프리즘을 통과한 빛은 빨강·주황·노랑·초록·파랑·남색·보라색의 단색광으로 분광되는 것을 광학적으로 증명하였다. 이와 같이 분광된 색의 띠를 스펙트럼이라고 하며 무지개색과 같이 연속된 색의 띠를 가진다.
㉡ 파장이 긴 것부터 짧은 것의 순서는 빨강 – 주황 – 노랑 – 초록 – 파랑 – 남색 – 보라로 파장이 길고 짧음에 따라 굴절률이 다르며, 파장이 길면 굴절률이 작고 파장이 짧으면 굴절률이 크다.

32 무대 디자인과 디스플레이를 할 때 색광을 다르게 하여 한정된 공간이 여러 가지 색으로 보여질 수 있다. 이처럼 조명에 의하여 물체의 색이 결정되는 광원의 성질은?

① 조건등색
② 연색성
③ 색각이상
④ 발광성

해설 **연색성(演色性, color rendition)**
광원에 의해 조명되어 나타나는 물체의 색을 연색이라 하고, 태양광(주광)을 기준으로 하여 어느 정도 주광과 비슷한 색상을 연출을 할 수 있는가를 나타내는 지표를 연색성이라 한다. 즉, 같은 물체색이라도 조명에 따라 색이 다르게 보이는 현상을 말한다.

33 추상체와 간상체 양쪽이 작용하지만 상이 흐릿하여 보기 어렵게 되는 시각상태는?

① 색순응
② 박명시
③ 암순응
④ 중심시

해설 **박명시(薄明視, mesopic vision)**
주간시와 야간시의 중간상태의 시각을 박명시라고 한다. 박명시는 주간시나 야간시와 다른 밝기의 감도로 상이 흐릿하여 보기 어렵게 되는 시각상태이나 색상의 변별력은 있다.

34 다음 색 중 어두운 곳에서 가장 밝게 느껴지는 것은?

① 노랑
② 빨강
③ 주황
④ 청록

해설 **푸르킨예(Purkinje) 현상**
㉠ 명소시에서 암소시 상태로 옮겨질 때 물체색의 밝기는 빨강계통의 색은 어둡게 보이게 되고, 파랑계통의 색은 반대로 시감도가 높아져서 밝게 보이기 시작하는 시감각에 관한 현상을 말한다.
㉡ 어둡게 되면(새벽녘과 저녁때 등) 가장 먼저 보이지 않는 색은 빨강이며, 다른 색은 추상체에서 간상체로 작용이 옮겨 감에 따라 색이 사라져 회색으로 느껴진다. 비상계단 등 어두운 곳은 파랑계통(청색계)의 밝은색으로 하는 것이 어두운 가운데서도 쉽게 식별할 수 있다.

35 색각 항상성이란?

① 고명도의 색은 팽창해 보이고 저명도의 색은 수축되어 보이는 현상
② 빛의 자극이 제거된 후에도 계속해서 생기는 시감각
③ 반사광의 공간분포에 의해서 생기는 물체표면 지각의 속성
④ 조명 및 관측조건이 변화해도 물체색이 별로 변화되어 보이지 않는 현상

해설 항상성(恒常性, constancy)

㉠ 물체에서 반사광의 분광특성이 변화되어도 거의 같은 색으로 보이는 현상으로 조명조건이 바뀌어도 일정하게 유지되는 색채의 감각을 말한다.

㉡ 항상성은 보는 밝기와 색이 조명등의 물리적 변화에도 망막자극의 변화와 비례하지 않는 것을 말한다.

㉢ 밝기의 항상성은 밝은 물건 쪽이 강하며, 색의 항상성은 색광시야가 크면 강하다.

㉣ 흰 종이를 어두운 곳이나 밝은 곳에서 보았을 때, 어두운 곳에 있을 때 더 어둡게 보이지만 여전히 우리 눈은 흰 종이로 지각하게 된다.

36 빛에너지가 꽃에 부딪혀 일어나는 표면색은?

① 물체색　　　　② 공간색
③ 간섭색　　　　④ 광원색

해설 색의 현상성

㉠ 광원색 : 조명에 의해 물체의 색을 지각하는 색

㉡ 물체색 : 빛을 받아 반사나 투과에 의해서 생기는 색

㉢ 공간색 : 공간에 색물질로 차 있는 상태에서 색지각을 느끼는 색

㉣ 표면색 : 물체의 표면에서 빛이 반사되어 색지각을 느끼는 색

㉤ 간섭색 : 비누거품이나 수면에 뜬 기름, 전복 껍데기 등에서 무지개색처럼 나타나는 색

37 영·헬름홀츠의 3원색설에 대하여 4원색설을 주장한 사람은?

① 아리스토텔레스　② 헤링
③ 맥니콜　　　　④ 데모크리토스

해설 헤링의 반대색설

(Hering's Opponent-color's theory)

생리학자 헤링(Ewald Hering, 1834~1918)이 1872년에 영·헬름홀츠의 3원색설에 대해 발표한 반대색설로 3종의 망막 시세포, 백·흑 시세포, 적·녹 시세포, 황·청 시세포의 3대 6감각을 색의 기본 감각으로 하고 이것들의 시세포는 빛의 자극을 받는 것에 따라서 각각 동화작용 또는 이화작용이 일어나고 이로써 모든 색의 감각이 생긴다고 주장하였다.

38 우리 눈의 시각세포 기능에 대한 설명 중 옳은 것은?

① 원추세포는 어두운 곳에서의 시각을 주로 담당한다.

② 막대세포에는 빨강, 노랑, 파랑을 느끼는 기능이 있다.

③ 막대세포의 시감이 비정상적이면 색맹이 된다.

④ 원추세포는 어느 정도 이상의 밝은 곳에서만 반응한다.

해설 간상체와 원추체의 역할

㉠ 간상세포(rods, 막대세포) : 흑색, 백색과 회색만을 느끼며 어두운 곳에서의 시각을 주로 담당한다.

㉡ 추상세포(cones, 원추세포) : 조명이 어느 정도 이상의 강도를 가지고 있으면 색을 느낄 수가 있으나, 조명도가 떨어지면 색을 느끼지 못한다. 색상을 인식하고 밝은 곳에서 반응하며, 비정상적이면 색맹이 된다.

39 스펙트럼 현상을 바르게 설명한 것은?

① 적외선이라고도 한다.

② 우주에 존재하는 모든 발광체의 스펙트럼은 모두 같다.

③ 무지개색과 같이 연속된 색의 띠를 말한다.

④ 장파장 쪽이 자색광이고, 단파장 쪽이 적색광이다.

해설 스펙트럼(spectrum)

㉠ 1666년 영국의 과학자 뉴턴(Issac Newton)이 이탈리아에서 프리즘(prism)을 들여와, 이 프리즘(prism)에 태양광선이 비치면 그 프리즘을 통과한 빛은 빨강·주황·노랑·초록·파랑·남색·보라색의 단색광으로 분광되는 것을 광학적으로 증명하였다. 이와 같이 분광된 색의 띠를 스펙트럼이라고 하며 무지개색과 같이 연속된 색의 띠를 가진다.

㉡ 장파장 쪽이 적색광이고, 단파장 쪽이 자색광이다.

40 조명에 의하여 물체의 색을 결정하는 광원의 성질은?

① 조명성
② 기능성
③ 연색성
④ 조색성

해설 연색성(color rendition)

광원에 의해 조명되어 나타나는 물체의 색을 연색이라 하고, 태양광(주광)을 기준으로 하여 어느 정도 주광과 비슷한 색상을 연출을 할 수 있는가를 나타내는 지표를 연색성이라 한다. 즉, 같은 물체색이라도 조명에 따라 색이 다르게 보이는 현상을 말한다.

41 사람이 물체의 색을 지각하는 3요소는?

① 광원, 관찰자, 물체
② 광찰자, 흡수판, 물체
③ 광원, 관찰자, 반사판
④ 반사판, 물체, 광원

해설 사람이 물체의 색을 지각하는 3요소 : 빛(광원), 관찰자(시각), 물체

42 나뭇잎이 녹색으로 보이는 이유는?

① 주로 녹색의 빛을 반사하기 때문
② 주로 녹색의 빛을 흡수하기 때문
③ 주로 녹색의 빛을 투과시키기 때문
④ 주로 녹색의 빛을 확산시키기 때문

해설 인간의 눈은 빛이 물체에 산란, 반사, 투과할 때 물체를 지각하며, 물체에 흡수될 때는 빛을 지각하지 못한다. 나뭇잎이 녹색으로 보이는 이유는 다른 색은 흡수하고 녹색 색광만 반사하기 때문이며, 바나나의 색이 노랗게 보이는 이유는 다른 색은 흡수하고 노란 색광만 반사하기 때문이다.

43 가시광선이 주는 밝기의 감각이 파장에 따라서 달라지는 정도를 나타내는 것은?

① 비시감도
② 시감도
③ 명시도
④ 암시도

해설 시감도와 비시감도

㉠ 시감도((視感度, eye sensitivity)
  • 똑같은 에너지를 가진 각 단색광의 밝기에 대한 감각이다.
  • 파장마다 느끼는 빛의 밝기 정도를 에너지량 1W당의 광속으로 나타낸다.
㉡ 최대시감도
  • 명소시일 때 : 555nm
  • 암소시일 때 : 510nm
㉢ 비시감도(比視感度, relative sensitivity) : 최대시감도를 단위로 하여 각각의 파장의 빛의 시감도를 비(比)로 나타낸 것

44 색지각을 일으키는 가장 기본적인 요건은?

① 물체　　　　② 프리즘
③ 빛　　　　　④ 망막

해설 인간의 눈은 빛이 물체에 산란, 반사, 투과할 때 물체를 지각하며, 물체에 흡수될 때는 빛을 지각하지 못한다. 색지각의 3요소는 물체, 빛, 시각(망막)이다.

45 물체표면의 색은 빛이 각 파장에 어떠한 비율로 반사되는가에 따라 판단되는데, 이것을 무엇이라 하는가?

① 분광분포율
② 분광반사율
③ 분광조성
④ 분광

해설 분광반사율

(分光反射率, spectral reflection factor)
물체색이 스펙트럼 효과에 의해 빛을 반사하는 각 파장별(단색광) 세기 물체의 색은 표면에서 반사되는 빛의 각 파장별 분광분포(분광반사율)에 따라 여러 가지 색으로 정의되며, 조명에 따라 다른 분광반사율이 나타난다. 분광반사율의 척도는 입사한 광의 전부를 반사하는 물체의 절대반사율을 기준(100%)으로 하는데, 가시광선의 전체 파장대에 대해 이와 같은 반사특성을 갖는 것을 완전확산반사면 또는 이상확산반사면(perfect reflecting diffuser)이라고 한다.

46 분광반사율의 분포가 서로 다른 2개의 색자극이 광원의 종류와 관찰자 등의 관찰조건을 일정하게 할 때에만 같은 색으로 보이는 경우는?

① 조건등색   ② 연색성
③ 색각이상   ④ 발광성

해설 메타메리즘(metamerism)

광원에 따라 물체의 색이 달라져 보이는 것과는 달리 분광반사율이 다른 2가지의 색자극이 광원의 종류와 관찰자 등의 관찰조건을 일정하게 할 때 색이 같아 보이는 현상을 메타메리즘 또는 조건등색이라 한다.

47 하늘의 색과 같이 넓이의 느낌은 있으나 거리감이 불확실하고 물체감 없이 색 자체만을 느끼게 하는 색은?

① 표면색   ② 공간색
③ 광원색   ④ 면색

해설 색의 현상성

㉠ 광원색 : 조명에 의해 물체의 색을 지각하는 색
㉡ 면색 : 거리감, 물체감이 없이 면적의 느낌으로 색지각을 느끼는 색으로 평면색이라고도 함
㉢ 공간색 : 공간에 색물질로 차 있는 상태에서 색지각을 느끼는 색
㉣ 표면색 : 물체의 표면에서 빛이 반사되어 색지각을 느끼는 색
㉤ 투과색 : 어떤 대상을 빛이 투과하는 경우의 색

48 다음 중 우리가 지각할 수 없는 파장은? (단, 1nm=10⁻⁹m)

① 320nm   ② 440nm
③ 560nm   ④ 680nm

해설 빛

㉠ 적외선 : 780~3000nm, 열환경효과, 기후를 지배하는 요소, '열선'이라고 함
㉡ 가시광선 : 380~780nm, 채광의 효과, 낮의 밝음을 지배하는 요소
㉢ 자외선 : 200~380nm, 보건위생적 효과, 건강 효과 및 광합성의 효과, '화학선'이라고 함 특히 290~320nm(2900~3200Å)는 도르노선(건강선)이라고 함
※ 1nm=10Å=10⁻⁹m

49 물체가 가지고 있는 정확한 색채와 형체를 감지할 수 있는 것은?

① 각막   ② 망막
③ 맥락막   ④ 공막

해설 눈의 구조와 기능

㉠ 각막(角膜) : 눈의 앞쪽 창문에 해당되는 이 부분은 광선을 질서 정연한 모양으로 굴절시킴으로써 보는 과정의 첫 단계를 담당한다.
㉡ 망막(網膜)
• 빛이 수정체를 통과하면 수정체는 눈의 안쪽 후면 2/3를 덮고 있는 얇은 반투명 벽지 모양의 망막에 정확히 초점을 맞춘다.
• 망막에는 1억 3,000만 개의 추상세포인 감광세포가 들어 있다.
㉢ 맥락막(脈絡膜)
• 안구벽의 중간층을 형성하는 막으로 외부에서 들어온 빛이 분산되지 않도록 하는 부분이다.
• 망막의 바깥 1/3 부분의 대사를 주관하는 맥락막은 공막을 통해 들어오는 빛을 그 풍부한 색소로써 조절하고 차단한다.
㉣ 공막(鞏膜) : 안구 바깥쪽을 에워싸는 튼튼한 교원 섬유질막으로, 이것에 의해 안구의 모양이 보호된다.

50 영·헬름홀츠 색지각설의 3원색은?

① 빨강(red), 녹색(green), 파랑(blue)
② 시안(cyan), 마젠타(magenta), 노랑(yellow)
③ 흰색(white), 회색(gray), 검정(black)
④ 빨강(red), 노랑(yellow), 파랑(blue)

해설 영·헬름홀츠(Young·Helmholtz Theory)의 3원색설
영국의 물리학자 영(Thomas Young, 1773~1829)이 1802년에 발표했던 3원색설을 독일의 생리학자 헬름홀츠(Herman von Helmholtz, 1821~1894)가 발전시킨 것이다. 영(Young)은 색광혼합의 실험 결과에서 주로 물리적인 가산혼합의 현상에 대해 주목하여 적·녹·청을 3원색으로 했으며, 헬름홀츠(Helmholtz)는 망막에 분포한 적·녹·청, 3종의 시세포에 의하여 여러 가지 색지각이 일어난다고 주장했다.

51 다음 눈의 구조적인 기능 설명 중 틀린 것은?

① 간상체는 주로 어두운 빛에 대한 강도는 높고 색을 구별하지 못한다.
② 수정체는 빛을 굴절시켜서 망막에 이르는 상을 조절한다.
③ 맹점은 중추를 통하는 지점에 시세포가 없어서 여기서 모인 상을 볼 수 없는 지점을 말한다.
④ 추상체는 주로 망막의 중심에서 벗어난 주변에 분포한다.

해설 간상체와 추상체, 수정체
㉠ 간상체(rod) : 망막 시세포의 일종으로 주로 어두운 곳에서 작용하여 명암만을 구별한다. 망막의 주변부에 많이 존재한다.
㉡ 추상체(cone) : 망막 시세포의 일종으로 밝은 곳에서 작용하고, 색각 및 시력에 관계한다. 망막 중심 부근에서 가장 조밀하고 주변으로 갈수록 적어진다.
㉢ 수정체(lens) : 망막에 초점이 잘 맺도록 조절하는 것으로 카메라 렌즈 역할을 한다.

52 색 교정, 색 혼합작업을 정확하게 수행하기 위해서는 어떤 시세포가 작용할 수 있는 시각상태로 만들어야 하는가?

① 추상체   ② 간상체
③ 수평세포   ④ 양극세포

해설 간상체와 추상체의 특성
㉠ 간상체 : 흑백으로 인식, 어두운 곳에서 반응, 사물의 움직임에 반응 예 흑백필름(암순응)
㉡ 추상체(원추체) : 색상 인식, 밝은 곳에서 반응, 세부내용 파악 예 컬러필름(명순응)

53 백화점에서 산 물건을 밖에서 보면 다른 색으로 느껴질 때가 있다. 이는 광원의 어떠한 성질 때문인가?

① 연색성
② 항상성
③ 대비현상
④ 푸르킨예 현상

해설 연색성(color rendition)
광원에 의해 조명되어 나타나는 물체의 색을 연색이라 하고, 태양광(주광)을 기준으로 하여 어느 정도 주광과 비슷한 색상을 연출할 수 있는가를 나타내는 지표를 연색성이라 한다. 즉, 같은 물체색이라도 조명에 따라 다르게 보이는 현상을 말한다.

54 다음 중 푸르킨예 현상으로 밝은 곳에서 가장 밝게 느껴지는 색은?

① 노랑   ② 파랑
③ 보라   ④ 청록

해설 푸르킨예(Purkinje) 현상
명소시에서 암소시 상태로 옮겨질 때 물체색의 밝기는 빨강계통의 색은 어둡게 보이게 되고, 파랑계통의 색은 반대로 시감도가 높아져서 밝게 보이기 시작하는 시감각에 관한 현상을 말한다. 밝은 곳에서는 장파장의 색이 가장 밝게 느껴진다.

정답 50 ① 51 ④ 52 ① 53 ① 54 ①

55 다음 중 우리 눈으로 지각할 수 있는 파장은?

① 110nm   ② 350nm

③ 510nm   ④ 820nm

> **해설** 빛
> ㉠ 적외선 : 780nm보다 긴 파장의 빨강계열의 광선
> ㉡ 가시광선 : 380~780nm, 빨강에서 보라까지의 우리가 물체를 보고 색을 감지할 수 있는 광선
> ㉢ 자외선, X선 : 380nm보다 짧은 파장의 보라계열의 광선

56 우리 눈의 구조 중 카메라의 렌즈와 같은 역할을 하는 부분은?

① 망막   ② 동공

③ 수정체   ④ 홍채

> **해설** 눈의 구조와 카메라의 비교
> ㉠ 동공 : 조리개의 역할
> ㉡ 수정체 : 렌즈의 역할
> ㉢ 망막 : 필름의 역할

57 스펙트럼의 색채에서 가장 파장이 긴 것은?

① 청색   ② 청록색

③ 황록색   ④ 적색

> **해설** 스펙트럼(spectrum)
> 분광된 색의 띠를 스펙트럼이라고 하며 무지개색과 같이 연속된 색의 띠를 가진다. 파장이 긴 장파장부터 파장이 짧은 단파장까지 있으며, 파장이 긴 것부터 짧은 것 순서는 빨강 – 주황 – 노랑 – 초록 – 파랑 – 남색 – 보라이다.

58 수송기관의 색채디자인에서 배색조건과 가장 거리가 먼 것은?

① 환경과의 조화   ② 쾌적과 안전감

③ 재질의 조화   ④ 항상성과 계절성

> **해설** 항상성과 계절성
> ㉠ 항상성(恒常性, constancy) : 물체에서 반사광의 분광특성이 변화되어도 거의 같은 색으로 보이는 현상으로 조명조건이 바뀌어도 일정하게 유지되는 색채의 감각을 말한다.
> ㉡ 계절성 : 계절의 변화에 따라 바뀌는 성질을 갖고 있는 것

59 다음 중 물체색에 대한 설명으로 옳은 것은?

① 빛에너지가 사물에 부딪혀 일어나는 표면색

② 빛에너지가 공간에 부딪혀 일어나는 공간색

③ 에너지가 사물을 투과하며 일어나는 현상

④ 광원의 색에서 보여지는 색

> **해설** 물체색
> ㉠ 빛에너지가 사물에 부딪혀 일어나는 반사 또는 투과하는 표면색으로 그림물감, 염료, 도료가 물체색에 속한다.
> ㉡ 빛이 물체에 닿았을 때 가시광선의 파장이 분해되어 반사, 흡수, 투과의 현상이 일어나서 다양한 색이 나타나게 된다.
> ㉢ 빛이 물체에 닿아 모두 반사하면 물체의 표면은 하양을 띠며, 반대로 거의 모든 빛을 흡수하면 검정을 띠게 된다.

60 물체표면의 색과 관계 있는 것은?

① 분광조성   ② 분광반사율

③ 스펙트럼   ④ 단색광

> **해설** 분광반사율(spectral reflection factor)
> 물체색이 스펙트럼 효과에 의해 빛을 반사하는 각 파장별(단색광) 세기. 물체의 색은 표면에서 반사되는 빛의 각 파장별 분광분포(분광반사율)에 따라 여러 가지 색으로 정의되며, 조명에 따라 다른 분광반사율이 나타난다.

정답   55 ③   56 ③   57 ④   58 ④   59 ①   60 ②

61 항상성에 관한 설명으로 옳은 것은?

① 시야가 좁거나 관찰시간이 짧으면 항상성이 약하다.

② 조명이 단색광이고, 가까이 있으면 항상성이 강하다.

③ 밝기의 항상성은 밝은 물건 쪽이 약하고, 어두운 물건 쪽은 강하게 된다.

④ 색의 항상성의 방향은 고유색에 멀어진다는 설과 조명색의 보색에 멀어진다는 설이 있다.

해설 항상성(恒常性, constancy)

물체에서 반사광의 분광특성이 변화되어도 거의 같은 색으로 보이는 현상으로, 조명조건이 바뀌어도 일정하게 유지되는 색채의 감각을 말한다.

㉠ 시야가 좁거나 관찰시간이 짧으면 항상성이 약하다.

㉡ 조명이 단색광이고, 가까이 있으면 항상성이 약하다.

㉢ 밝기의 항상성은 밝은 물건 쪽이 강하고, 어두운 물건 쪽은 약하게 된다.

㉣ 제시된 시간이 짧으면 항상성은 작아진다.

62 간상체와 추상체에 대한 설명으로 옳은 것은?

① 망막의 중심부에는 간상체만 있으며, 주변 망막에는 추상체가 훨씬 많이 분포한다.

② 간상체는 약 500nm 빛에 가장 민감하고, 추상체는 약 560nm 빛에 가장 민감하다.

③ 조명조건에 따라 광수용기의 민감도가 변화하는 것을 적응이라 한다.

④ 간상체와 추상체의 파장별 민감도 곡선이 다른 것은 간상체와 추상체 색소의 발광 스펙트럼의 차이로 설명된다.

해설 간상체와 추상체

㉠ 간상체(rod) : 망막 시세포의 일종으로 주로 어두운 곳에서 작용하여 명암만을 구별한다. 망막의 주변부로 갈수록 많이 존재한다.

㉡ 추상체(cone) : 망막 시세포의 일종으로 밝은 곳에서 작용하고, 색각 및 시력에 관계한다. 망막 중심 부근에서 가장 조밀하고 주변으로 갈수록 적어진다.

63 노란색 종이를 태양빛에서 보나 형광등에서 보나 같은 노란색으로 느끼게 될 때, 이는 눈의 어떤 순응상태를 말하는가?

① 명순응　　　　② 암순응

③ 색순응　　　　④ 무채순응

해설 순응상태

㉠ 색순응 : 눈이 조명 빛, 즉 색광에 대하여 익숙해지면서 순응하는 것이다.

㉡ 명순응 : 추상체가 시야의 밝기에 따라서 감도가 작용하고 있는 상태를 눈의 명순응이라 하고, 눈이 밝은 빛에 익숙해지는 현상을 말한다

㉢ 암순응 : 간상체가 시야의 어둠에 순응하는 것을 암순응이라고 한다.

㉣ 무채순응(achromatic adaptation) : 백색광에 대해 순응하는 것을 말한다.

64 다음 중 빛이 생성되는 방식이 아닌 것은?

① 흑체복사　　　　② 형광

③ 백열광　　　　④ 파장

해설 흑체복사(黑體輻射, black body radiation)

이상적인 흑체가 방출하는 전자기복사를 말하며, 주어진 온도에서 어떤 물체가 방출할 수 있는 복사에너지의 이론적인 최댓값을 말한다. 즉, 고온상태의 물체가 가시광선을 포함한 빛을 발하는 것을 흑체복사(백열광)라고 한다. 전기장 발광은 전기에너지가 빛에너지로 변환되는 것이며 형광등은 전기장 발광에 해당한다.

65 유리컵에 담겨 있는 포도주라든지 얼음 덩어리를 보듯이 일정한 공간에 3차원적인 덩어리가 꽉 차 있는 부피감에서 보이는 색은?

① 표면색　　　　② 투명면색
③ 경영색　　　　④ 공간색

해설 공간색(bulky color)
공간에 색물질이 차 있는 상태에서 색지각을 느끼는 색으로, 예를 들어 유리컵에 담겨 있는 포도주라든지 얼음 덩어리를 보듯이 일정한 공간에 3차원적인 덩어리가 꽉 차 있는 부피감에서 보이는 색을 말한다.

66 영화관에 들어갔을 때 한참 후에야 주위환경을 지각하게 되는 시지각 현상은?

① 명순응　　　　② 색순응
③ 암순응　　　　④ 시순응

해설 순응(adaptation)
㉠ 색순응
• 눈이 조명 빛, 즉 색광에 익숙해지면서 순응하는 것이다.
• 빛의 광도와 분광분포가 바뀌거나 눈의 순응상태가 바뀌어도 눈으로 지각되는 색이 변화하지 않는 것은 색의 항상성 또는 색각항상 현상 때문이다.
㉡ 명순응과 암순응 : 감각기관이 자극의 정도에 따라 감수성이 변화되는 상태를 순응이라 하는데 추상체가 시야의 밝기에 따라서 감도가 작용하고 있는 상태를 눈의 명순응이라 하고, 간상체가 시야의 어둠에 순응하는 것을 암순응이라고 한다.

67 우리 눈의 시세포 중에서 색의 지각이 아닌 흑색, 화색, 백색의 명암만을 판단하는 시세포는?

① 추상체　　　　② 간상체
③ 수평세포　　　④ 양극세포

해설 간상체와 추상체
㉠ 간상체 : 야간시(night vision)라고도 하며 흑백으로만 인식하고 어두운 곳에서 반응, 사물의 움직임에 반응하며 유채색의 지각은 없다

㉡ 추상체(원추체) : 명소시(photopic vision)라고도 하며 색상을 인식하고 밝은 곳에서 반응, 세부 내용을 파악하며 유채색의 지각을 일으킨다.

68 같은 물체색이라도 조명에 따라 다르게 보이는 현상은?

① 분광특성　　　② 연색성
③ 색순응　　　　④ 등색성

해설 연색성(演色性, color rendition)
광원에 의해 조명되어 나타나는 물체의 색을 연색이라 하고, 태양광(주광)을 기준으로 하여 어느 정도 주광과 비슷한 색상을 연출할 수 있는가를 나타내는 지표를 연색성이라 한다. 즉, 같은 물체색이라도 조명에 따라 다르게 보이는 현상을 말한다.

69 가시광선의 파장범위는?

① 350nm~750nm
② 350nm~700nm
③ 380nm~780nm
④ 200nm~480nm

해설 빛
㉠ 적외선 : 780~3000nm, 열환경효과, 기후를 지배하는 요소, '열선'이라고 함
㉡ 가시광선 : 380~780nm, 채광의 효과, 낮의 밝음을 지배하는 요소
㉢ 자외선 : 200~380nm, 보건위생적 효과, 건강 효과 및 광합성의 효과, '화학선'이라고 함
특히 290~320nm(2900~3200 Å)는 도르노선(건강선)이라고 함

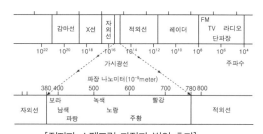

[전자파 스펙트럼 파장과 빛의 효과]

70 물체의 색이 한 가지가 아닌 여러 가지 색으로 보이는 이유는?

① 물체의 표면에서 반사하는 빛의 분광분포 때문

② 가시광선뿐만 아니라 적외선이나 자외선이 부분적으로 눈에 지각되기 때문

③ 물체가 고유색을 가지고 있어서 색의 차이가 눈에 지각되기 때문

④ 보는 사람의 느낌에 따라 물체의 색이 다르게 보이기 때문

해설 분광분포곡선

색광에 포함되어 있는 스펙트럼의 비율, 즉 각 파장에 대해 단위 파장당의 방사량에 대한 상대치와 파장과의 관계를 나타내는 분광분포로 설명되는데 주로 그래프에 그려진다. 물체의 색이 한 가지가 아닌 여러 가지 색으로 보이는 이유는 물체의 표면에서 반사하는 빛의 분광분포 때문이다.

71 광원에 따라 물체의 색이 달라져 보이는 것과는 달리, 다른 2가지의 색이 어떤 광원 아래서는 같은 색으로 보이는 현상은?

① 메타메리즘(metamerism)

② 잔상(after image)

③ 분광반사(spectral reflectance)

④ 연색성(color rendition)

해설 ㉠ 메타메리즘(metamerism) : 광원에 따라 물체의 색이 달라져 보이는 것과는 달리 분광반사율이 다른 두 가지의 색이 어떤 광원 아래서 같은 색으로 보이는 현상을 메타메리즘 또는 조건등색이라 한다.

㉡ 잔상(after image) : 색상에 의하여 망막이 자극을 받게 되면 시세포의 흥분이 중추에 전해져 자극이 끝난 후에도 계속해서 생기는 시감각 현상이다.

㉢ 연색성(color rendition) : 광원에 의해 조명되어 나타나는 물체의 색을 연색이라 하고, 태양광(주광)을 기준으로 하여 어느 정도 주광과 비슷한 색상을 연출할 수 있는가를 나타내는 지표를 연색성이라 한다.

72 눈의 구조 중 카메라의 조리개와 같은 작용을 하는 것은?

① 홍채　　　　② 수정체

③ 망막　　　　④ 공막

해설 ㉠ 홍채(iris) : 눈의 일부로 색소가 풍부하고 환상을 이루며 동공을 둘러싸고 있다. 홍채 속의 근육의 움직임에 의해 동공의 크기를 변화시켜 망막에 들어오는 빛의 양을 조절한다.

㉡ 눈의 구조와 카메라의 비교

• 홍채 : 빛의 강약에 따라 동공의 크기를 조절, 조리개의 역할

• 수정체 : 빛을 굴절시킴, 렌즈의 역할

• 망막 : 상이 맺히는 부분, 필름의 역할

73 사람의 눈의 기관 중 망막에 대한 설명으로 옳은 것은?

① 색을 지각하게 하는 간상체, 명암을 지각하는 추상체가 있다.

② 추상체에는 red, yellow, blue를 지각하는 세 가지 세포가 있다.

③ 시신경으로 통하는 수정체 부분에는 시세포가 없어 그곳에 상이 맺히면 색을 감지할 수 없다.

④ 망막의 중심와 부분에는 추상체가 밀집하여 분포되어 있다.

해설 망막(retina)

광수용체 세포층에는 밝은 빛을 수용하는 원추세포와 약한 빛을 수용하는 간상세포가 있다. 원추세포는 망막의 중앙부인 황반 부근에 많이 분포하여 형태와 색채를 인지하는 역할을 하는 반면, 간상세포는 망막의 주변부에 주로 분포하며 형태와 명암을 인지하는 역할을 한다. 따라서 원추세포에 이상이 있으면 색맹이, 간상세포에 이상이 있으면 야맹증이 생긴다.

74 다음 중 파장이 가장 짧은 색은?

① 청색

② 청록색

③ 황록색

④ 적색

해설 뉴턴은 프리즘을 이용하여 가시광선을 빨강, 주황, 노랑, 녹색, 파랑, 남색, 보라의 연속띠로 나누는 분광 실험에 성공하였다. 장파장 쪽이 적색광이고, 단파장 쪽이 자색광이다. 파장이 긴 것부터 짧은 순서는 빨강 – 주황 – 노랑 – 초록 – 파랑 – 남색 – 보라이다.

75 사람이 색을 지각하는 과정에 대한 학설이 아닌 것은?

① 삼원색설　　　② 반대색설

③ 배색설　　　　④ 단계설

해설 색채지각설

㉠ 영·헬름홀츠(Young–Helmholtz)의 3원색설 : 인간의 망막에는 3가지 시세포[빨강(R), 초록(G), 청자(B)]와 신경선이 있어 시세포의 흥분과 혼합에 의해 각종 색이 발생한다고 하는 색광혼합설이다.

㉡ 헤링의 반대색설(4원색설) : 색의 기본감각으로서 백색 – 검정색, 빨간색 – 녹색, 노란색 – 파란색이 3조의 짝을 이루고, 이 3종류의 시세포질에서 6종류의 빛으로 수용된 뒤 망막의 신경과정에서 합성된다는 것으로, 반대색 잔상이 일어남으로써 색지각을 설명하게 된다는 학설이다.

㉢ 돈더스의 단계설 : 망막 시세포 단계에서는 3원색설을, 그 이후의 시신경 및 대뇌에서는 반대색설을 단계적으로 대응시켜 색각현상을 설명하고 있어 단계설이라 한다. 즉, 3원색은 망막층에서 지각되고 이 반응이 다음 단계에서 합성·분해되어 반대색적인 반응이 된다는 학설이다.

76 눈의 구조 중 빛의 굴절이 가장 많이 일어나는 부분은?

① 각막　　　　　② 방수

③ 수정체　　　　④ 초자체

해설 수정체

각막, 방수, 동공을 통과하는 빛의 물체를 잘 볼 수 있도록 초점을 맞추어 주므로 카메라의 렌즈에 해당된다. 눈에 입사하는 빛을 망막에 정확하고 깨끗하게 초점이 맺히도록 자동적으로 조절하는 역할을 한다.

77 스펙트럼은 빛의 어떠한 현상에 의한 것인가?

① 흡수　　　　　② 굴절

③ 투과　　　　　④ 직진

해설 스펙트럼(spectrum)

㉠ 1666년 영국의 과학자 뉴턴(Issac Newton)이 이탈리아에서 프리즘(prism)을 들여와, 이 프리즘에 태양광선이 비치면 그 프리즘을 통과한 빛은 굴절되어 빨강·주황·노랑·초록·파랑·남색·보라색의 단색광으로 분광되는 것을 광학적으로 증명하였다. 이와 같이 분광된 색의 띠를 스펙트럼이라고 하며 무지개색과 같이 연속된 색의 띠를 가진다.

㉡ 장파장 쪽이 적색광이고, 단파장 쪽이 자색광이다.

78 눈의 기관 중 시세포가 분포하고 있는 곳은?

① 수정체　　　　② 망막

③ 맥락막　　　　④ 홍체

해설 망막

㉠ 빛이 수정체를 통과하면 수정체는 눈의 안쪽 후면 2/3를 덮고 있는 얇은 반투명 벽지 모양의 망막에 정확히 초점을 맺게 한다.

㉡ 망막에는 1억 3000만 개의 감광세포가 들어 있다.

㉢ 700만 개는 색을 식별하는 기능을 하는 원추 모양의 원추세포 또는 추상세포이다.

79 추상체와 간상체가 동시에 함께 활동하여 색의 판단을 신뢰할 수 없는 상태는?

① 박명시
② 명소시
③ 항상시
④ 암소시

해설 박명시(薄明視, mesopic vision)

주간시와 야간시, 명소시와 암소시의 중간상태로 추상체와 간상체 양쪽이 작용하는 시각의 상태를 박명시라고 하며, 박명시는 주간시나 야간시와 다른 밝기의 감도를 갖게 되나 색상의 변별력은 약하다.

80 명소시에서 암소시로 이행할 때 붉은색은 어둡게 되고 녹색과 파랑은 상대적으로 밝게 보이는 현상은?

① 베졸드 현상
② 맥스웰 현상
③ 스펙트럼 현상
④ 푸르킨예 현상

해설 푸르킨예(Purkinje) 현상

명소시에서 암소시 상태로 옮겨질 때 물체색의 밝기가 빨강계통의 색은 어둡게 보이게 되고, 파랑계통의 색은 반대로 시감도가 높아져서 밝게 보이기 시작하는 시감각에 관한 현상을 말한다.

02

색의 분류와 혼합

색의 분류와 혼합

2.1 원색 및 색의 분류

(1) 원색(原色)

원색이란 다른 색의 복합으로 만들 수 없는 모든 색의 근원이 되는 색을 말한다. 원색은 색료의 3원색, 색광의 3원색 등이 있으며 색료의 3원색은 곧 인쇄잉크의 3원색인 마젠타(magenta), 옐로(yellow), 시안(cyan)이며, 이들 3원색을 여러 비율로 혼합하면 모든 색상을 만들 수 있으나 반대로 다른 색상을 혼합해서는 3원색을 만들 수 없다. 미국의 먼셀은 먼셀 색채체계에서 원색의 개념을 색상(red, yellow, green, blue, purple)으로 보았다.

① 원색의 조건

㉮ 그 색을 다른 색으로 더 이상 분해할 수 없는 색

㉯ 다른 색광의 혼합에 의하여 만들 수 없는 색

㉰ 이들 색을 전부 혼합하면 흰색(white, 색광의 혼합) 또는 검정색(black, 색료의 혼합)이 된다.

② 원색설

㉮ **오스트발트의 12원색설** : 레드(red), 레드 오렌지(red orange), 오렌지(orange), 옐로 오렌지(yellow orange), 옐로 그린(yellow green), 그린(green), 블루 그린(blue green), 블루(blue), 블루 바이올렛(blue violet), 바이올렛(violet), 레드 바이올렛(red violet), 옐로(yellow)

㉯ **먼셀의 5원색설** : 레드(red), 옐로(yellow), 블루(blue), 그린(green), 퍼플(purple)

㉰ **헤링의 4원색설** : 레드(red), 옐로(yellow), 그린(green), 블루(blue)

㉱ **3원색설**

㉠ 색료의 3원색설 : 마젠타(magenta), 옐로(yellow), 시안(cyan)

㉡ 색광의 3원색설 : 레드(red), 그린(green), 블루(blue)

㉢ 인쇄용 4원색설 : 옐로(yellow), 마젠타(magenta), 시안(cyan), 블랙(black)

(2) 색의 분류(classification of color)

색채는 일반적으로 무채색(achromatic color)과 유채색(chromatic color)으로 나뉜다. 단색광들이 물체에 의하여 전체가 흡수되면 검정색이 되고 전체가 반사되면 흰색이 되며, 적당한 단색광이 물체에 투사뇌년 유채색, 즉 색상(hue)을 이룬다.

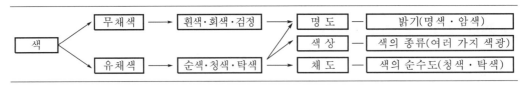

[그림 2-1] 색의 분류와 3속성

① 무채색(achromatic color)

물체색의 경우 물체에 닿는 빛이 거의 모두 반사하여 보여지는 흰색, 거의 모두 흡수되어 보여지는 검정색처럼 물체색에서는 흰색, 회색, 검정색이라는 색이 보인다. 어떤 속성을 지닌 것이 아닌 중립의 색을 무채색이라고 부른다. 무채색은 밝기인 명도만 있으며 채도가 0인 상태의 것을 말한다.

㉮ 흰색(white) : 빛이 물체에 투사되어 투사된 빛이 완전히 반사될 때 흰색이 생긴다. 그러나 흰색은 산광이 85% 정도 반사되며 일부가 흡수되기 때문에 약 15%의 회색이 섞이게 된다.

㉯ 회색(gray) : 반사광의 일부를 분해하지 않고 흡수하여 나머지 빛(약 30%)을 반사한다. 반사광이 많아질수록 명도가 높아지며 반사광이 적어질수록 명도가 낮아진다.

㉰ 검정색(black) : 물체에 투사되는 빛이 완전히 흡수되었을 때의 현상이며 소량(3%)의 광선을 반사한다.

[표 2-1] 무채색의 기본색명

기본색명	참조(영어)
흰색	White
밝은 회색	light Gray
회색	Gray
어두운 회색	dark Gray
검정색	Black

② 유채색(chromatic color)

무채색을 제외한 모든 색을 유채색이라고 하며, 유채색은 색의 3속성(색상, 명도, 채도)을 모두 가지고 있다. 유채색에 무채색을 혼합하여도 색기가 있는 한 유채색이라고 한다. 유채색은 무려 750만 종 이상 되지만 실제 눈으로 식별할 수 있는 색은 300여 종에 불과하다.

[표 2-2] 유채색의 기본색명

기본색명	참조(영어)
빨강(적)	Red
주황	Orange
노랑(황)	Yellow
연두	Green Yellow
녹색	Green
청록	Blue Green
파랑(청)	Blue
남색	Blue Purple
보라(자)	Purple
자주(적자)	Red Purple

(3) 색의 3속성

① 색의 3속성

빨강, 노랑, 녹색, 파랑, 보라 등의 표정과 성질이 다른 색을 구별하기 위해 필요한 색의 명칭이나 다른 색과 구별되는 성질을 색상, 색의 밝고 어두운 정도를 명도, 색의 맑고 탁한 정도의 차를 채도라고 하며, 이 3가지 색의 속성을 색의 3속성 또는 색의 3요소라고 한다.

붉은색도 짙은 색, 탁한 색, 연한 색 등과 같이 색의 명암과 색의 강약을 표시해야 하는데 이것은 색의 3속성 또는 색의 3요소의 성질에 의해 성립된다.

㉮ 색상(hue) : 빨강(R), 노랑(Y), 녹색(G), 파랑(B), 보라(P)의 5 주요 색상을 결정하고 그 사이에 주황(YR), 연두(GY), 청록(BG), 남색(PB), 자주(RP)의 5색상을 넣어 10색상을 기본으로 하였으며(100색상으로 나눌 수 있음), 사용에는 편의상 20색상, 40색상을 사용한다. 기호는 빨강(R)을 예를 들면, 2.5R, 5R, 7.5R, 10R 등으로 적는다.

    ㉠ 'H'로 표시한다.

    ㉡ 색깔이 구별되는 계통적 성질을 말하며 유사색은 색상환에서 서로 가까운 색(색상차가 작다)이다.

    ㉢ 반대색은 색상환에서 서로 멀리 있는 색(색상차가 크다)이다.

    ㉣ 보색은 색상차가 가장 큰 정반대의 색이다.

    ㉤ 보색을 섞으면 무채색이 되며 무채색에서는 색상이 없다.

㉯ 명도(value) : 색의 밝고 어두운 정도를 말하며 무채색은 명도 0부터 9.5(또는 10)까지 11단계로 나누어져 있으며, 이 무채색의 11단계를 유채색 명도의 기준으로 사용한다. 무채색의 경우 검정색에서 흰색까지 감각적으로 11등분하여 사용하며, 기호는 0, 1/, 2/, 3/, …, 9.5/, 10/ 등으로 적는다. 또는 N0, N1, N2, N3, …, N9.5로 적는다. N은 'Neutral'의 약자로 무채색의 뜻이다.

㉠ 'V'로 표시한다.
㉡ 무채색과 유채색에 모두 있다.
㉢ N0은 검정색이고 N10은 흰색이 된다.

- 명도의 단계
  - 고명도(light color) : N7~N10
  - 중명도(middle color) : N4~N6
  - 저명도(dark color) : N0~N3

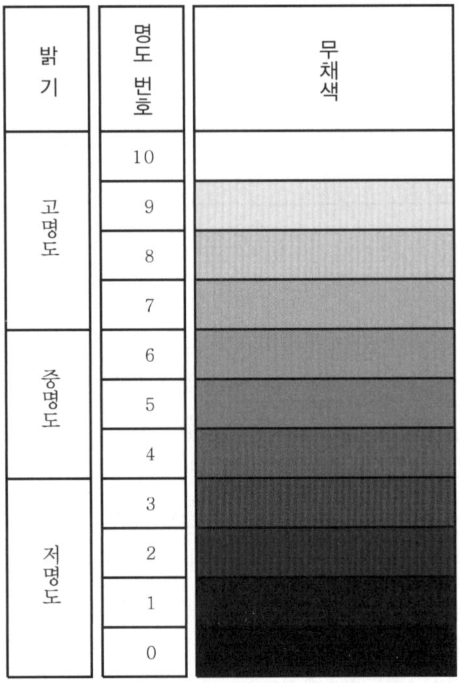

밝기	명도 번호	무채색
고명도	10	
	9	
	8	
	7	
중명도	6	
	5	
	4	
저명도	3	
	2	
	1	
	0	

[그림 2-2] 무채색의 명도 단계

㉰ 채도(chroma) : 색의 짙고 연한 정도, 맑고 흐린 정도를 말하며, 색상 중에서 흰색이나 검정색의 포함량이 많을수록 채도가 낮으며 포함량이 적을수록 채도가 높다. 무채색의 포함량이 가장 적은 색을 순색이라 하고, 채도를 순도라고 한다. 따라서 가장 낮은 채도는 무채색이다.
㉠ 'C'로 표시한다.
㉡ 유채색에 무채색(흰색, 회색, 검정색)이 많이 섞이면 채도가 낮아진다.
㉢ 채도 번호는 1에서 14까지 14단계로 구분되며 색입체의 중심축인 무채색의 축에서 바깥쪽으로 멀어질수록 채도 번호는 점점 높아지고, 반대로 색입체의 중심축인 무채색의 축에 가까울수록 채도 번호는 점점 낮아진다.

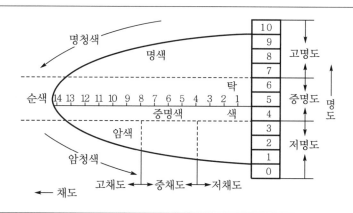

[그림 2-3] 명도와 채도 단계

② 색의 종류

색의 종류에는 명암의 정도에 따라 밝은색을 명색, 어두운색을 암색이라고 한다. 또 색의 순수한 정도에 따라 채도가 높은 색은 청색(淸色, 맑은 색), 채도가 낮은 색은 탁색(濁色, 흐린 색)이라고 한다.

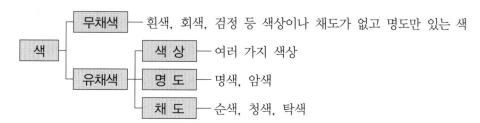

㉮ 순색·청색·탁색

ㄱ 순색(純色) : 각 색상 중에서 채도가 가장 높아 깨끗하고 선명한 색

ㄴ 청색(淸色, clear color) : 가장 맑은 색가(色價)를 지니고 있는 순도, 채도가 가장 높은 색

- 청색(맑은 색)
  - 순색 + 흰색 = 명청색(明淸色)(밝은색·명색)
    - 흰색 분량이 많아짐에 따라 명도가 높아짐
  - 순색 + 검정 = 암청색(暗淸色)(어두운색·암색)
    - 검정 분량이 많아짐에 따라 명도가 낮아짐

ㄷ 탁색(濁色, dull color) : 색기가 약하고 선명치 못한 색, 즉 채도가 낮은 색

- 탁색(흐린 색)
  - 청색 + 밝은 회색 = 명탁색(明濁色)(흐린 색) - 채도가 낮아짐
  - 청색 + 검은 회색 = 암탁색(暗濁色)(흐린 색) - 채도가 낮아짐

2.2 색의 혼합

(1) 혼색(混色)

물감을 혼합하거나 색 필터 또는 색광을 혼합하여 다른 색채감각을 일으키는 것을 '혼색' 또는 '색혼합'이라 한다. 색의 혼합(mixture of color)은 가산혼합, 감산혼합, 중간혼합 등이 있다.

① 가법혼색(加法混色)

빛의 혼합을 말하며 색광혼합의 3원색은 빨강(R), 녹색(G), 파랑(B)이다.[주] 2차색은 노랑[이하 2차색 '옐로'(Yellow)는 '노랑'과 표기를 병행함], 마젠타, 시안(cyan)이 되고 다 합하면 흰색이 된다. 2차색은 원색보다 명도는 높아진다.

명도가 높아진다는 뜻에서 가산혼합(additive color mixture)이라고 하며 플러스 현상이라고도 한다. 보색끼리의 혼합은 무채색이 된다.

㉮ 가법혼색의 3원색

　㉠ 빨강(Red)

　㉡ 녹색(Green)

　㉢ 파랑(Blue)

　　• 파랑(B) + 녹색(G) = 시안(C)

　　• 녹색(G) + 빨강(R) = 노랑(Y)

　　• 파랑(B) + 빨강(R) = 마젠타(M)

　　• 파랑(B) + 녹색(G) + 빨강(R) = 하양(White)

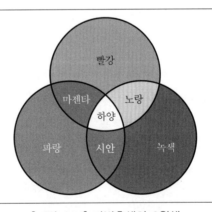

[그림 2-4] 가법혼색의 3원색

주) 색광혼합에 있어 빛의 3원색은 빨강(R), 초록(G), 파랑(B)이다. 그러나 기출문제에서 예시로 빨강(R), 녹색(G), 파랑(B)으로 자주 출제되어 이에 맞추어 빨강(R), 녹색(G), 파랑(B)으로 기술함.

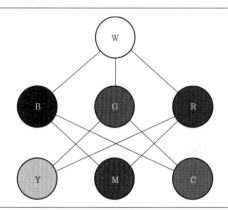

[그림 2-5] 가법혼합 과정

㉯ **특징**

　㉠ 혼합된 색의 명도는 혼합하려는 색의 명도보다 높아진다.

　㉡ 가법혼색의 3원색은 감법혼색의 2차색[마젠타(M), 시안(C), 노랑(Y)]이며 이것이 곧 물감의 3원색이다.

　㉢ 원색인쇄의 색분해, 스포트라이트(spotlight), 컬러TV, 조명 등에 사용된다.

　㉣ 보색끼리의 혼합은 백색광이 된다.

　　• 동시가법혼색 : 망막의 동일 부위에 분광 조성이 서로 다른 2가지 이상의 색자극이 동시에 가해지는 현상(예 무대 조명)

　　• 계시가법혼색 : 회전원판을 이용하는 맥스웰의 혼색법으로 3가지 기본원색을 빠른 속도로 회전시키면 회색으로 보이게 되며 이것을 '회전혼색'이라고도 한다.

　　• 병치가법혼색 : 색광에 의한 병치혼합으로 0.2~0.35mm 정도의 작은 색점을 섬세하게 병치시키는 방법으로 적(red), 녹(green), 청(blue) 3색의 작은 점들이 규칙적으로 배열되어 혼색이 되는 현상(예 컬러TV의 화상, 컴퓨터 모니터)

㉰ **그라스만(H. Grassmann) 법칙** : 1853년에 그라스만이 제창한 기본법칙으로 중간혼색 또는 평균혼색이라고 불리는 색광의 가법혼색은 동시, 계시, 병치 혼색 어느 경우이든 다음 법칙이 적용된다.

　㉠ 가법혼색의 결과는 그 분광 조성의 여하를 막론하고 색자극의 겉보기만이 영향을 준다.

　㉡ 색자극의 규정 표시에서 상호 독립된 파장, 휘도, 순도라는 3가지 양이 필요충분조건이 된다.

　㉢ 가법혼색은 모두 연속적으로 변화한다.

② 감법혼색(減法混色)

색을 혼합할 때 혼합한 색이 원래의 색보다 어두워지는 혼합을 말한다. 색료 혼합의 3원색은 마젠타(magenta), 노랑(yellow), 시안(cyan)이며, 2차색은 빨강, 녹색, 파랑이 되고, 이 3원색을 합치면 명도가 아주 낮은 검정이 된다. 2차색은 원색보다 채도가 낮아지고 명도도 낮아진다. 명도가 낮아지므로 감산혼합(subtractive color mixture) 또는 마이너스 혼합이라고도 한다. 원색인쇄의 경우 실제로 이 3가지를 혼합하고 그 외에 흑색을 추가로 쓴다.

㉮ 감법혼색의 3원색
ㄱ 마젠타(Magenta)
ㄴ 노랑(Yellow)
ㄷ 시안(Cyan)
- 마젠타(M)＋노랑(Y) = 빨강(R)
- 노랑(Y)＋시안(C) = 녹색(G)
- 시안(C)＋마젠타(M) = 파랑(B)
- 마젠타(M)＋노랑(Y)＋시안(C)=검정(Black)

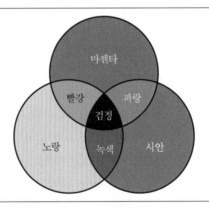

[그림 2-6] 감법혼색의 3원색

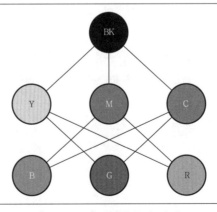

[그림 2-7] 감색혼합의 과정

㉯ 특징

　　㉠ 혼합하면 혼합할수록 명도, 채도가 낮아진다.

　　㉡ 색상환에서 근거리 색상의 혼합은 중간색이 나타난다.

　　㉢ 원거리 색상의 혼합은 명도, 채도가 낮아져 회색에 가깝다.

　　㉣ 보색끼리의 혼합은 검정색에 가까워진다.

③ **중간혼합(中間混合)**

직접적인 혼합이 아니고 주위 조건에 따라 혼합효과가 나타나는 것으로 명도, 채도가 크게 달라지지 않아 중간혼합이라고 한다. 바꾸어 말하면 '빨강 명도＋노랑 명도÷2＝주황 명도'가 되는데 두 색의 명도를 합친 것의 평균과 같다고 해서 평균혼합(mean color mixture)이라고 한다. 평균혼합에는 회전혼합과 병치혼합이 있다.

㉮ **회전혼합** : 동일지점에서 2종 이상의 색자극을 1초당 40~50회 이상 속도로 회전시키면 색자극은 혼합되어 보이고 그 지점은 혼합색이 된다. 맥스웰(Maxwell)이 이러한 현상을 발명하였으며 맥스웰의 회전판(Maxwell disc)이라 한다.

　[회전판 혼합의 특징]

　　㉠ 혼합된 색의 명도는 두 색의 중간명도가 된다.

　　㉡ 혼합된 색의 색상은 면적비율에 따라 색이 달라진다.

　　㉢ 혼합된 색의 채도는 채도가 강한 쪽보다 약해진다.

　　㉣ 보색관계의 혼합은 중간명도의 회색이 된다.

㉯ **병치혼합** : 색점에 의한 혼합을 말한다. 작은 색점을 섬세하게 인접·병치시키는 방법으로, 작은 점들이 규칙적으로 배열되어 망막의 일부를 다른 색광이 동시에 자극하여 혼색이 되는 현상을 말한다. 고흐, 쇠라, 시냑 등 신인상파 화가들의 점묘법인 표현기법과 관계 깊다 (예 컬러사진 인쇄, 모자이크 벽화, 신인상파 화가의 점묘화법, 직물의 색조디자인 등).

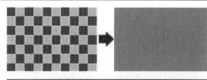

[그림 2-8] 병치혼합의 예(위), 쇠라의 '그랑드자트섬의 일요일 오후'(아래)

[병치혼합의 특징]

㉠ 혼합된 색의 명도는 저하되지 않는다.

㉡ 혼합된 색의 채도는 저하되지 않는다.

㉢ 회전혼색과 같이 평균혼합으로, 밝기와 채도가 두 색의 합을 면적비율로 나눈 평균값으로 지각된다.

(2) CIE(국제조명위원회) 표색계

빛의 혼색실험에 기초를 두며 감각적인 색을 심리적·물리적인 양으로 계측 표시(색을 과학적으로 취급하는 곳 필수)하는 것으로, 사람의 눈에는 3종류의 시신경이 있어 이것이 빛의 성질과 양에 대하여 각각 자극하여 그 3종류의 자극이 뇌에 전달되고 그 자극의 종류에 대응하여 색감각이 생긴다.

이 자극을 물리적으로 측정, 색의 감각량을 3개의 자극치 X, Y, Z의 비율에 따라 결정하였다. 즉, BGR광이 각 시신경을 자극하는 능력을 스펙트럼 색자극치라 한다. CIE에서는 R, G, B라는 3원색을 혼합하여 어떤 하나의 색을 만들 수 있다는 사실을 입증하였다.

CIE 표색계를 'XYZ 표색계'라고도 하는데, 이렇게 불리는 것은 X, Y, Z라는 3색을 기본으로 정삼각형 속에 곡선도형으로서 어떤 색의 좌표상의 위치를 나타내는 색도도(chromaticity diagram)를 만들었기 때문이다.

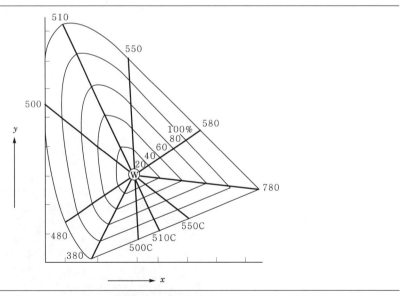

[그림 2-9] CIE 색도도의 순도비율

01 어느 한 색상 중 가장 깨끗한 색가(色價)를 지닌 고채도의 색은?

① 한색
② 탁색
③ 순색
④ 난색

해설 ㉠ 순색(solid color) : 동일색상의 청색(淸色) 중에서도 가장 채도가 높은 색을 말한다. 어떠한 색상의 순색에 무채색(흰색, 검정색)을 혼합할 때 그 포함량이 많을수록 채도가 낮아진다.
㉡ 청색 : 맑은 색으로 흰색 또는 검정을 혼합하여 명도변화와 채도변화를 만든다.
• 순색 + 흰색 = 명청색
• 순색 + 검정색 = 암청색
㉢ 탁색 : 흐린 색으로 회색을 혼합하여 채도변화를 만든다.
• 탁색 + 밝은 회색 = 명탁색
• 탁색 + 어두운 회색 = 암탁색

02 감산혼합에 대한 설명으로 바른 것은?

① 색광의 혼합이다.
② 색료의 혼합이다.
③ 색을 혼합할수록 채도가 높아진다.
④ 색을 혼합하여도 명도나 채도가 변하지 않는다.

해설 색료혼합(감산혼합, 감법혼색)
㉠ 색료의 혼합으로 색료혼합의 3원색은 시안(cyan), 마젠타(magenta), 노랑(yellow)이다.
㉡ 색료를 혼합하여 색필터를 겹치거나 그림물감을 혼합하는 방법을 감산혼합(減算混合) 또는 감법혼색(減法混色), 색료혼합이라고 한다.
㉢ 2차색은 색광혼합의 3원색과 같고 원색보다 명도와 채도가 낮아진다.
㉣ 색료혼합의 3원색인 시안(cyan), 마젠타(magenta), 노랑(yellow)을 모두 혼합하면 흑색(black)이 된다.

03 먼셀 색상기호 중 채도가 가장 높은 색은?

① 5BG
② 5R
③ 5B
④ 5P

해설 채도(chroma)란 색의 맑기로 색의 선명도, 즉 색채의 강하고 약한 정도를 말한다. 빨강(5R)은 14로 채도가 가장 높은 색이다.

04 색의 혼합에 관한 내용으로 틀린 것은?

① 색료혼합의 3원색은 마젠타(magenta), 노랑(yellow), 시안(cyan)이다.
② 색광혼합의 2차색은 색료혼합의 3원색이 된다.
③ 색료혼합은 혼합하면 할수록 명도와 채도가 낮아진다.
④ 색광혼합은 혼합하면 할수록 명도와 채도가 높아진다.

해설 ㉠ 색료혼합(감산혼합, 감법혼색)
• 색료의 혼합으로 색료혼합의 3원색은 시안(cyan), 마젠타(magenta), 노랑(yellow)이다.
• 2차색은 색광혼합의 3원색과 같고 원색보다 명도와 채도가 낮아진다.
㉡ 색광혼합(가산혼합, 가법혼색)
• 빛의 혼합을 말하며, 색광혼합의 3원색은 빨강(red), 녹색(green), 파랑(blue)이다.
• 2차색은 원색보다 명도가 높아진다.
• 보색끼리의 혼합은 무채색이 된다.

05 순색의 채도가 가장 높은 색상은?

① red
② green
③ blue
④ purple

해설 채도(chroma)란 색의 맑기로 색의 선명도, 즉 색채의 강하고 약한 정도를 말한다[5R(Red)는 채도가 가장 높은 색상이다].

ㄱ 맑은 색(clear color) : 가장 깨끗한 색깔을 지니고 있는 색으로, 채도가 가장 높은 색

ㄴ 탁색(dull color) : 탁하거나 색 기미가 약하고 선명하지 못한 색, 즉 채도가 낮은 색

ㄷ 순색(solid color) : 동일색상의 청색 중에서도 가장 채도가 높은 색

06 청색에 흰색을 혼색시켰을 때의 변화는?

① 청색보다 명도, 채도 모두 높아졌다.

② 청색보다 명도는 높아졌고 채도는 낮아졌다.

③ 청색보다 명도는 낮아졌고 채도는 높아졌다.

④ 청색보다 명도, 채도 모두 낮아졌다.

해설 어떠한 색상의 순색에 무채색(흰색이나 검정)의 포함량이 많을수록 채도가 낮아지고, 포함량이 적을수록 채도가 높아진다. 청색(淸色)에 흰색을 혼색시켰을 때는 명청색(맑은 색)이 되는데 청색보다 명도는 높아지고 채도는 낮아진다.

07 먼셀 색체계에서 명도의 설명으로 틀린 것은?

① 명도가 0에 해당하는 검정은 존재하지 않는다.

② 색의 밝고 어두움을 나타낸다.

③ 인간의 눈은 색의 3속성 중에서 명도에 대한 감각이 가장 둔하다.

④ 명도가 10에 해당하는 물체색은 존재하지 않는다.

해설 ㄱ 먼셀(Munsell)의 표색계 : 먼셀(A. H. Munsell)에 의해 1905년 창안된 체계로서 색의 3속성인 색상, 명도, 채도로 색을 기술하는 체계방식이다.

ㄴ 명도(value)

• 빛의 반사율에 따른 색의 밝고 어두운 정도를 말한다.

• 수직선 방향으로 아래에서 위로 갈수록 명도가 높아진다.

• 고명도, 중명도, 저명도로 나누고, 11단계로 나눈다.

• 백색광의 하양과 검정은 실제로는 존재하지 않는다

08 다음 중 무채색에 대한 설명으로 맞는 것은?

① 채도는 없고 색상, 명도만 있다.

② 색상은 없고 명도, 채도만 있다.

③ 색상, 명도가 없고 채도만 있다.

④ 색상, 채도가 없고 명도만 있다.

해설 무채색(achromatic color)

ㄱ 흰색, 회색, 검정으로 색상이나 채도는 없고 명도만 있는 색을 무채색이라 한다.

ㄴ 명도 단계는 N0(검정), N1, N2, …, N9.5(흰색)까지 11단계로 되어 있다.

ㄷ 반사율이 약 85%인 경우가 흰색이고, 약 30% 정도이면 회색, 약 3% 정도는 검정색이다.

ㄹ 온도감은 따뜻하지도 차지도 않은 중성이다.

09 컬러TV의 브라운관 형광면은 적(red), 녹(green), 청(blue)색들이 발광하는 미소한 형광물체에 의하여 혼색된다. 이러한 혼색방법은?

① 병치가법혼색　　② 동시가법혼색

③ 계시가법혼색　　④ 색료감법혼색

해설 병치가법혼색

색광에 의한 병치혼합으로 작은 색점을 섬세하게 병치시키는 방법으로 적(red), 녹(green), 청(blue) 3색의 작은 점들이 규칙적으로 배열되어 혼색이 되는 현상을 말한다.

예 컬러TV의 화상, 컴퓨터 모니터

10 색의 혼합에 대한 설명 중 잘못된 것은?

① 가산혼합 시 2차색이 1차색보다 명도와 채도가 높아진다.

② 가산혼합 시 적(R)과 녹(G)의 혼합색은 황(Y)이다.

③ 색광의 3원색을 혼합한 2차색이 색료의 3원색이 된다.

④ 회전원판혼합이나 병치혼합도 일종의 가산혼합이다.

해설 가산혼합(加算混合) 또는 가법혼색(加法混色)

㉠ 빛의 혼합을 말하며, 색광혼합의 3원색은 빨강(red), 녹색(green), 파랑(blue)이다.

㉡ 적색광과 녹색광을 흰 스크린에 투영하여 혼합하면 빨강이나 녹색보다 밝은 노랑이 된다. 이와 같이 빛을 더해서 혼합하는 방법을 가산혼합 또는 가법혼색이라고 한다.

㉢ 2차색은 원색보다 명도가 높아진다. 보색끼리의 혼합은 무채색이 된다.

11 감법혼색에서 3원색을 같은 비율로 섞었을 때 결과색은?

① 흰색

② 검정에 가까운 회색

③ 짙은 남색

④ 밝은 자주색

해설 감산혼합(減算混合), 감법혼색(減法混色), 색료혼합

㉠ 색료의 혼합으로 색료혼합의 3원색은 시안(cyan), 마젠타(magenta), 노랑(yellow)이다.

㉡ 색료를 혼합하여 색필터를 겹치거나 그림물감을 혼합하는 방법을 감산혼합(減算混合) 또는 감법혼색(減法混色), 색료혼합이라고 한다.

㉢ 2차색은 원색보다 명도와 채도가 낮아진다.

㉣ 색료혼합의 3원색 시안(cyan), 마젠타(magenta), 노랑(yellow)을 모두 혼합하면 흑색(black, 검정에 가까운 회색)이 된다.

12 채도에 관한 설명 중 옳은 것은?

① 채도는 흰색을 섞으면 높아지고 검정색을 섞으면 낮아진다.

② 채도는 색의 선명도를 나타낸 것으로 무채색을 섞으면 낮아진다.

③ 채도는 색의 밝은 정도를 말하는 것이며, 유채색끼리 섞으면 높아진다.

④ 채도는 그림물감을 칠했을 때 나타나는 효과이며, 흰색을 섞으면 높아진다.

해설 채도(chroma)

㉠ 채도란 색의 맑기로 색의 선명도, 즉 색채의 강하고 약한 정도를 말한다.

㉡ 채도가 가장 높은 색은 순색이며, 무채색(흰색, 검정색)을 섞으면 채도가 낮아진다.

13 다음 중 색료혼합에서 같은 양의 3원색을 혼합한 결과와 가장 가까운 색은?

① 흰색

② 어두운 회색

③ 보라색

④ 자주색

해설 색료의 3원색

㉠ 색료(물감)의 3원색은 시안(cyan), 마젠타(magenta), 노랑(yellow)이다.

㉡ 청색(시안)과 자주(마젠타)와 노랑을 섞으면 어떤 색이라도 만들 수 있다.

㉢ 혼합해서 만든 색을 2차색이라고 한다.

• 마젠타(M)+노랑(Y)=빨강(R)

• 노랑(Y)+시안(C)=녹색(G)

• 시안(C)+마젠타(M)=파랑(B)

• 마젠타(M)+노랑(Y)+시안(C)=검정(B)

㉣ 특성 : 2차색은 원색보다 명도와 채도가 낮아지며, 색료혼합의 3원색을 모두 혼합하면 흑색(black)이 된다(완전한 검정은 안 되고 어두운 회색이 된다).

14 ( ) 안에 알맞은 것은?

> ( )에는 회전혼합과 병치혼합의 2가지 종류가 있다.

① 감산혼합　　　② 색료혼합
③ 중간혼합　　　④ 보색혼합

해설 색의 혼합

㉠ 가산혼합 : 혼합할수록 더 밝아지는 빛(색광)의 혼합을 말한다.
㉡ 감산혼합 : 혼합할수록 더 어두워지는 물감(색료)의 혼합을 말한다.
㉢ 중간혼합 : 혼합하면 중간명도에 가까워지는 병치혼합과 회전혼합을 말한다.
  • 병치혼합 : 화면에 빨간 점과 파란 점을 무수히 많이 찍으면 보라색으로 보인다.
  • 회전혼합 : 팽이에 절반은 빨간색, 절반은 녹색을 칠하여 회전시키면 회색으로 보인다.

15 적색에 백색의 색료를 혼합했을 때 채도의 변화는?

① 낮아진다.
② 혼합하기 전과 같다.
③ 높아진다.
④ 조금 높아진다.

해설 어떠한 색상의 순색에 무채색(흰색, 검정색)을 혼합할 때 그 포함량이 많을수록 채도가 낮아진다.
㉠ 순색+흰색=명청색
㉡ 순색+검정색=암청색

16 혼합되는 각각의 색 에너지가 합쳐져서 더 밝은색을 나타내는 혼합은?

① 감산혼합
② 중간혼합
③ 가산혼합
④ 색료혼합

해설 가산혼합(加算混合)

㉠ 빛의 혼합을 말하며, 색광혼합의 3원색은 빨강(red), 녹색(green), 파랑(blue)이다.
㉡ 적색광과 녹색광을 흰 스크린에 투영하여 혼합하면 빨강이나 녹색보다 밝은 노랑이 된다. 이와 같이 빛을 더해서 혼합하는 방법을 가산혼합 또는 가법혼색이라고 한다.
㉢ 2차색은 원색보다 명도가 높아진다.
㉣ 보색끼리의 혼합은 무채색이 된다.

17 색의 3속성 중 명도의 의미는?

① 색의 이름
② 색의 밝고 어두움의 정도
③ 색의 맑고 탁함의 정도
④ 색의 순도

해설 색의 3속성

색은 색상, 명도, 채도의 3가지 속성을 가지고 있다.
㉠ 색상(hue) : 색깔이 구별되는 계통적 성질
㉡ 명도(value) : 색상의 밝고 어두움의 정도
㉢ 채도(chroma) : 색상의 맑고 탁함의 정도(선명한 정도)

18 다음 중 색료의 두 색을 혼합하여 만들 수 없는 색은?

① 주황　　　　　② 노랑
③ 연두　　　　　④ 남색

해설 색료의 3원색

㉠ 색료(물감)의 3원색은 시안(cyan), 마젠타(magenta), 노랑(yellow)이다.
㉡ 색료(물감)의 3원색을 여러 비율로 섞으면 어떤 색이라도 만들 수 있다.
㉢ 혼합해서 만든 색을 2차색이라고 한다.
  • 마젠타(M) + 노랑(Y) = 빨강(R)
  • 노랑(Y) + 시안(C) = 녹색(G)
  • 시안(C) + 마젠타(M) = 파랑(B)
  • 마젠타(M) + 노랑(Y) + 시안(C) = 검정(B)

19 감법혼색에 대한 설명 중 옳은 것은?

① 색광혼합 또는 감산혼합이라고 한다.

② 감법혼색의 삼원색은 빨강(R), 녹색(G), 파랑(B)이다.

③ 혼합하면 할수록 명도가 높아진다.

④ 혼합하면 할수록 채도가 낮아진다.

해설 감법혼색(감산혼합)

㉠ 혼합할수록 더 어두워지는 물감(색료)의 혼합을 말한다.

㉡ 색료(물감)의 3원색은 시안(cyan), 마젠타(magenta), 노랑(yellow)이다.

㉢ 색료의 혼합 2차색은 원색보다 명도와 채도가 낮아진다.

20 무대 조명의 혼색방법과 관계가 깊은 것은?

① 병치가법혼색   ② 동시가법혼색

③ 계시가법혼색   ④ 평균가법혼색

해설 색광의 3원색은 빨강(R), 녹색(G), 파랑(B)이다. 이들 3원색은 서로 일정한 양을 합하여 백색광을 나타내는데, 이처럼 빛의 색을 서로 더해서 빛이 점점 밝아지는 원리를 가법혼색(加法混色)이라고 한다. 컬러TV의 수상기, 무대의 투광조명(投光照明), 분수의 채색조명 등에 이 원리가 사용되며, 무대 조명의 혼색방법은 동시가법혼색에 해당된다.

21 후기인상파 화가인 쇠라(Seurat)의 회화원리로 사용된 기법은?

① 색료혼합   ② 보색혼합

③ 회전혼합   ④ 병치혼합

해설 병치혼합

색점에 의한 혼합으로 작은 색점을 섬세하게 병치시키는 방법이며, 작은 점들이 규칙적으로 배열되어 혼색이 되는 현상을 말한다. 고흐, 쇠라, 시냑 등 신인상파 화가들의 점묘법인 표현기법과 관계 깊다.

예 모자이크 벽화, 신인상파 화가의 점묘화법, 직물의 색조 디자인

22 채도변화에서 청색(淸色)이란 어떠한 색들의 혼합인가?

① 청색 + 회색 또는 탁색

② 순색 + 흰색 또는 검정

③ 탁색 + 흰색 또는 검정

④ 탁색 + 회색

해설 ㉠ 청색은 맑은 색으로 흰색 또는 검정을 혼합하여 명도와 채도 변화를 만든다.

• 순색 + 흰색 = 명청색

• 순색 + 검정색 = 암청색

㉡ 탁색은 흐린색으로 회색을 혼합하여 채도변화를 만든다.

• 탁색 + 밝은 회색 = 명탁색

• 탁색 + 어두운 회색 = 암탁색

23 다음 중 무채색은?

① 황금색   ② 회색

③ 적색   ④ 밤색

해설 무채색(achromatic color)

㉠ 흰색, 회색, 검정 등 색상이나 채도가 없고 명도만 있는 색을 무채색이라 한다.

㉡ 유채색 기미가 없는 계열의 색을 모두 무채색이라 한다.

㉢ 순수한 무채색은 검정, 백색을 포함하며 그 사이 색을 말한다.

㉣ 명도 단계는 N0(검정), N1, N2, …, N9.5(흰색)까지 11단계로 되어 있다.

㉤ 반사율이 약 85%인 경우가 흰색이고, 약 30% 정도이면 회색, 약 3% 정도는 검정색이다.

㉥ 온도감은 따뜻하지도 차지도 않은 중성이다.

24 색의 혼합에서 그 결과가 혼합 전의 색보다 명도가 높아지는 것은?

① 색광혼합   ② 색료혼합

③ 병치혼합   ④ 중간혼합

정답 **19** ④ **20** ② **21** ④ **22** ② **23** ② **24** ①

○ 색광의 3원색을 혼합하는 것을 가법혼색, 가색혼합, 색광혼합이라고 한다.

○ 2차색은 원색보다 명도가 높아진다. 색광의 3원색인 빨강(R), 녹색(G), 파랑(B)색을 다 혼합하면 흰색(white)으로 된다.

○ 보색인 색광을 혼합하여 백색광이 되었을 때 두 색광은 서로 상대에 대한 보색이라 하는데, 빨강과 청록, 파랑과 노랑, 녹색과 자주를 혼합하면 백색광이 된다.

25 색료혼합에 관한 설명 중 틀린 것은?

① 색료혼합을 감산혼합이라고도 한다.
② 색료혼합의 3원색을 모두 혼합하면 검정(black)에 가까운 색이 된다.
③ 색료혼합에서 혼합할수록 명도가 높아지고 채도는 낮아진다.
④ 색료혼합의 2차색은 색광혼합의 3원색과 같다.

해설 색료혼합(감산혼합, 감법혼색)

○ 색료의 혼합으로 색료혼합의 3원색은 시안(cyan), 마젠타(magenta), 노랑(yellow)이다.

○ 색료를 혼합하여 색필터를 겹치거나 그림물감을 혼합하는 방법을 감산혼합(減算混合) 또는 감법혼색(減法混色), 색료혼합이라고 한다.

○ 2차색은 색광혼합의 3원색과 같고 원색보다 명도와 채도가 낮아진다.

② 색료혼합의 3원색인 시안(cyan), 마젠타(magenta), 노랑(yellow)을 모두 혼합하면 흑색(black)이 된다.

26 먼셀의 명도에 관한 설명 중 옳은 것은?

① 명도 표시 수치가 5인 것이 가장 밝다.
② 명도 표시 수치가 낮은 것이 높은 것보다 어둡다.
③ 명도 표시 수치가 5인 것이 가장 어둡다.
④ 명도 표시 수치와 관계없다.

해설 먼셀(Munsell)의 명도(value)

○ 수직선 방향으로 아래에서 위로 갈수록 명도가 높아진다.

○ 빛의 반사율에 따른 색의 밝고 어두운 정도이다.

○ 이상적인 흑색을 0, 이상적인 백색을 10의 수치로 표기한다.

27 다음 중 채도에 관한 설명으로 틀린 것은?

① 순색에 흰색을 섞으면 채도가 낮아진다.
② 순색에 검정을 섞으면 채도가 낮아진다.
③ 채도는 무채색에만 있고, 유채색에는 없다.
④ 순색에 회색을 섞으면 탁색이 된다.

해설 채도(chroma)란 색의 맑기로 색의 선명도, 즉 색채의 강하고 약한 정도를 말한다.

○ 탁색(dull color) : 순색에 회색을 섞어 선명하지 못한 색, 즉 채도가 낮은 색을 말한다.

○ 순색(solid color) : 동일색상의 청색 중에서도 가장 채도가 높은 색을 말한다.

○ 채도는 순색에 흰색을 섞으면 낮아진다.

② 순색에 검정을 섞으면 채도가 낮아진다.

○ 채도는 유채색에만 있고 검정, 회색, 하양은 무채색이므로 채도가 없다.

28 신인상파 화가들의 점묘화, 교직물(交織物), 사진인쇄 등에 이용되는 색의 혼합현상은?

① 회전혼합
② 병치혼합
③ 감산혼합
④ 색료혼합

해설 병치혼합

색점에 의한 혼합으로 작은 색점을 섬세하게 병치시키는 방법이며, 작은 점들이 규칙적으로 배열되어 혼색이 되는 현상을 말한다. 고흐, 쇠라, 시냑 등 신인상파 화가들의 점묘법인 표현기법이다.

예 모자이크 벽화, 신인상파 화가의 점묘화법, 직물의 색조 디자인

29 감법혼색에 관한 설명 중 옳은 것은?

① 무대 조명에 많이 사용한다.

② 컬러인쇄에 많이 사용한다.

③ 컬러TV에 많이 사용한다.

④ 흑백TV에 많이 사용한다.

해설 색료혼합(감산혼합, 감법혼색)

㉠ 색료의 혼합으로 색료혼합의 3원색은 시안 (cyan), 마젠타(magenta), 노랑(yellow)이다.

㉡ 색료를 혼합하여 색필터를 겹치거나 그림물감을 혼합하는 방법을 감산혼합(減算混合) 또는 감법 혼색(減法混色), 색료혼합이라고 한다.

㉢ 컬러인쇄에 많이 사용한다.

㉣ 색료혼합의 3원색인 시안(cyan), 마젠타(magenta), 노랑(yellow)을 모두 혼합하면 흑색(black)이 된다. 단, 순수한 검은색을 얻지 못하므로 추가적으로 검은색을 사용하며 BK로 표기한다.

30 병치혼합은 다음 중 어떤 화가의 작품에 주로 사용되었는가?

① 피카소

② 뭉크

③ 달리

④ 쇠라

해설 병치혼합

색점에 의한 혼합으로, 작은 색점을 섬세하게 병치시키는 방법이며 작은 점들이 규칙적으로 배열되어 혼색이 되는 현상을 말한다. 고흐, 쇠라, 시냑 등 신인상파 화가들의 점묘법인 표현기법과 관계 깊다.

31 4도 오프셋인쇄에 적용된 색채혼합의 원리는?

① 감법혼색과 가법혼색

② 병치혼색과 가법혼색

③ 감법혼색과 병치혼색

④ 연속혼색과 감법혼색

해설 ㉠ 감법혼색 : 물감(색료-인쇄잉크)의 혼합으로 섞을수록 명도가 낮아진다.

㉡ 병치혼색 : 색점에 의한 혼합으로 작은 색점을 섬세하게 병치시키는 방법이며, 빨강, 녹색, 파랑 3색의 작은 점들이 규칙적으로 배열, 혼색되어 인쇄되는 현상을 말한다.

32 포스터컬러를 사용하여 빨강에 흰색을 섞어 분홍을 만들었을 때의 결과로 옳은 것은?

① 분홍은 빨강보다 명도가 낮다.

② 분홍은 흰색보다 명도가 높다.

③ 분홍은 빨강보다 채도가 높다.

④ 분홍은 흰색보다 채도가 높다.

해설 빨강에 흰색을 섞어 만든 분홍은 흰색보다 채도가 높다. 색은 순색에 가까울수록 채도가 높으며, 다른 색상을 가하면 채도가 낮아진다.

33 색의 속성에 관한 설명 중 틀린 것은?

① 여러 파장의 빛이 고루 섞이면 백색이 된다.

② 무채색 이외의 모든 색은 유채색이다.

③ 무채색은 채도가 0인 상태인 것을 말한다.

④ 물체색에는 백색, 회색, 흑색이 없다.

해설 물체색이란 빛에너지가 사물에 부딪혀 일어나는 표면색이다. 빛이 물체에 닿아 모두 반사하면 물체의 표면은 하양을 띠며, 반대로 거의 모든 빛을 흡수하면 검정을 띠게 된다. 색은 무채색과 유채색이 있다. 무채색은 명도만 있고 채도는 없다.

34 혼합할수록 명도와 채도가 낮아지는 혼합은?

① 중간혼합

② 감산혼합

③ 가산혼합

④ 회전혼합

㉠ 색료의 혼합으로 색료혼합의 3원색은 시안 (cyan), 마젠타(magenta), 노랑(yellow)이다.

㉡ 색료를 혼합하여 색필터를 겹치거나 그림물감을 혼합하는 방법을 감산혼합(減算混合) 또는 감법혼색(減法混色), 색료혼합이라고 한다.

㉢ 2차색은 색광혼합의 3원색과 같고 원색보다 명도와 채도가 낮아진다.

㉣ 색료혼합의 3원색인 시안(cyan), 마젠타(magenta), 노랑(yellow)을 모두 혼합하면 흑색(black)이 된다.

35 병치혼합의 예가 아닌 것은?

① 인상파의 점묘법
② 인쇄에 의한 혼합
③ 색팽이의 혼합
④ 직물의 혼합

해설 병치혼합

색점에 의한 혼합으로 작은 색점을 섬세하게 병치시키는 방법이며 작은 점들이 규칙적으로 배열되어 혼색이 되는 현상을 말한다. 고흐, 쇠라, 시냐 등 신인상파 화가들의 점묘법인 표현기법과 관계 깊다.

36 감법혼색의 설명 중 틀린 것은?

① 색을 더할수록 밝기가 감소하는 색혼합으로 어두워지는 혼색을 말한다.
② 감법혼색의 원리는 컬러슬라이드 필름에 응용되고 있다.
③ 인쇄 시 색료의 3원색인 C, M, Y로 순수한 검은색을 얻지 못하므로 추가적으로 검은색을 사용하며 BK로 표기한다.
④ 2가지 이상의 색자극을 반복시키는 계시혼합의 원리에 의해 색이 혼합되어 보이는 것이다.

해설 감산혼합(減算混合), 감법혼색(減法混色)

㉠ 색료의 혼합으로 색료혼합의 3원색은 시안(cyan), 마젠타(magenta), 노랑(yellow)이다.

㉡ 색료를 혼합하여 색필터를 겹치거나 그림물감을 혼합하는 방법으로 2차색은 원색보다 명도와 채도가 낮아진다.

㉢ 색료혼합의 3원색인 시안(cyan), 마젠타(magenta), 노랑(yellow)을 모두 혼합하면 흑색(black)이 된다. 그러나 순수한 검은색을 얻지 못하므로 추가적으로 검은색을 사용하며 BK로 표기한다.

37 색의 맑거나 흐린 정도의 차를 의미하는 것은?

① 명도
② 채도
③ 색상
④ 색입체

해설 채도(chroma)란 색의 맑기로 색의 선명도, 즉 색재의 강하고 약한 정도를 말한다.

㉠ 어떠한 색상의 순색에 무채색(흰색이나 검정)의 포함량이 많을수록 채도가 낮아지고, 포함량이 적을수록 채도가 높아진다.

㉡ 채도는 순색에 흰색을 섞으면 낮아진다.

38 혼색에 대한 설명 중 옳은 것은?

① 가법혼색을 하면 채도가 증가한다.
② 여러 장의 색필터를 겹쳐서 내는 투과색은 가법혼색이다.
③ 병치혼색을 하면 명도가 증가한다.
④ 가법혼색의 3원색은 빨강(R), 녹색(G), 파랑(B)이다.

해설 ㉠ 병치혼합
• 색점을 병치시키는 방법으로 작은 점들이 규칙적으로 배열되어 혼색이 되는 현상이다. 고흐, 쇠라, 시냐 등 신인상파 화가들의 점묘법인 표현기법과 관계 깊다.
• 명도는 중간이 된다.
㉡ 가법혼색(加法混色)
• 빛의 혼합을 말하며, 색광혼합의 3원색은 빨강(Red), 녹색(Green), 파랑(Blue)이다.
• 적색광과 녹색광을 흰 스크린에 투영하여 혼합하면 2차색은 원색보다 명도가 높아진다.

정답 35 ③ 36 ④ 37 ② 38 ④

39 색의 분류와 관련된 내용으로 틀린 것은?

① 색은 유채색과 무채색으로 나눌 수 있다.

② 무채색인 흰색은 반사율이 약 85% 정도이다.

③ 무채색의 온도감은 중성이지만 흰색은 차갑게 느껴진다.

④ 무채색 중 흰색의 채도는 10 정도이다.

해설 ㉠ 색은 유채색과 무채색으로 나뉜다.

㉡ 흰색, 회색, 검정 등 색상이나 채도가 없고 명도만 있는 색을 무채색이라 한다.

㉢ 무채색의 온도감은 따뜻하지도 차지도 않은 중성이다.

㉣ 반사율이 약 85%인 경우가 흰색이고, 약 30% 정도이면 회색, 약 3% 정도는 검정색이다.

40 다음 중 색광의 3원색이 아닌 것은?

① 빨강(red)

② 노랑(yellow)

③ 녹색(green)

④ 파랑(blue)

해설 **색광의 3원색**

㉠ 빛의 혼합을 말하며, 색광혼합의 3원색은 빨강(red), 녹색(green), 파랑(blue)이다.

㉡ 적색광과 녹색광을 흰 스크린에 투영하여 혼합하면 빨강이나 녹색보다 밝은 노랑이 된다. 이와 같이 빛을 더해서 혼합하는 방법을 가산혼합 또는 가법혼색이라고 한다.

41 핑크색과 백색의 색료혼합 결과와 혼합 전 핑크색과 비교했을 때 명도의 변화는?

① 낮아진다.

② 혼합하기 전과 같다.

③ 높아진다.

④ 백색의 혼합 양에 따라 높거나 낮아진다.

해설 어떠한 색상의 순색에 무채색(흰색, 검정색)을 혼합할 때 그 포함량이 많을수록 채도가 낮아진다

청색은 맑은 색으로 흰색 또는 검정을 혼합하여 명도와 채도 변화를 만든다.

㉠ 순색 + 흰색 = 명청색(명도가 높아지는 맑은 색)

㉡ 순색 + 검정색 = 암청색(명도가 낮아지는 맑은 색)

42 색광혼합에 대한 설명으로 가장 적절하지 않은 것은?

① 색광혼합은 가법혼색이라고도 한다.

② 색광혼합의 3원색은 빨강, 녹색, 노랑이다.

③ 색광혼합의 3원색을 합하면 백색이 된다.

④ 색광혼합의 2차색은 색료혼합의 원색이다.

해설 **색광혼합**

㉠ 색광의 3원색인 빨강(R), 녹색(G), 파랑(B)색을 서로 비슷한 밝기로 혼합하면 흰색(white)이 된다.

㉡ 보색인 색광을 혼합하여 백색광이 되었을 때 두 색광은 서로 상대에 대한 보색이라 하는데, 빨강과 청록, 파랑과 노랑, 녹색과 자주를 혼합하면 백색광이 된다.

㉢ 색광혼합의 2차색은 색료혼합의 원색이다.

43 컬러 인화의 색보정 방법에 관한 설명 중 옳은 것은?

① 가법 인화법을 주로 사용

② 평균혼색 인화법을 주로 사용

③ 감색 인화법을 많이 사용

④ 병치가법 인화법을 많이 사용

해설 컬러 인화의 색보정 방법에는 감색 인화법을 많이 사용한다. 감색법은 2가지 이상의 잉크나 물감 등의 3원색 중에서 하나의 색을 흡수시켜 그 색이 반사 또는 투과하지 못하게 하여, 여러 가지 다른 색을 만드는 것을 말한다. 감색혼합(減色混合) 또는 감법혼색(減法混色)이라고도 한다.

44 색의 3속성 중 채도의 설명으로 옳은 것은?

① 난색계와 한색계의 정도
② 색의 산뜻함이나 탁한 정도
③ 색의 밝기 정도
④ 색조의 척도

해설 채도(chroma)란 색의 맑기로 색의 선명도, 즉 색의 산뜻함이나 탁한 정도를 말한다.
㉠ 어떠한 색상의 순색에 무채색(흰색이나 검정)의 포함량이 많을수록 채도가 낮아지고, 포함량이 적을수록 채도가 높아진다.
㉡ 채도는 순색에 흰색을 섞으면 낮아진다.

45 마젠타(magenta)와 시안(cyan) 물감을 혼합하였을 때 나타나는 현상과 가장 관계가 먼 것은?

① 색료의 혼합이므로 더욱 어둡게 나타난다.
② 혼합색은 청색을 띤다.
③ 혼합색의 색상은 더욱 선명해진다.
④ 혼합색은 황색과 보색관계에 있다.

해설 청색(시안)·자주(마젠타)·노랑(옐로)을 여러 강도로 섞으면 어떤 색이라도 만들 수 있다. 따라서 이 3색을 감산혼합(減算混合)의 3원색이라고 한다. 2차색은 원색보다 명도와 채도가 낮아진다.
㉠ 마젠타(M)+노랑(Y)=빨강(R)
㉡ 노랑(Y)+파랑(C)=녹색G)
㉢ 시안(C)+마젠타(M)=파랑(B)
㉣ 마젠타(M)+노랑(Y)+시안(C)=검정(B)

46 색의 3속성을 인간의 눈이 가장 예민하게 감각하는 것부터 순서대로 나열한 것은?

① 명도 - 색상 - 채도
② 명도 - 채도 - 색상
③ 색상 - 명도 - 채도
④ 색상 - 채도 - 명도

해설 색의 3속성
색은 색상, 명도, 채도의 3가지 속성을 가지고 있는데 명도의 반응이 가장 예민하다.
㉠ 색상(hue) : 색깔이 구별되는 계통적 성질
㉡ 명도(value) : 색상의 밝고 어두움의 정도
㉢ 채도(chroma) : 색상의 맑고 탁함의 정도(선명한 정도)

03

색의 표시방법

3.1 색체계

3.2 색 명

CHAPTER
03

색의 표시방법

3.1 색체계

(1) 먼셀 색상환(hue circle)

1660년 뉴턴(Isaac Newton)은 최초로 색상환을 고안하였다. 뉴턴이 백색광(白色光)을 원칙으로
한 프리즘의 스펙트럼에 의하여 빨강, 주황, 노랑, 초록, 파랑, 남색, 보라의 색상을 발견한 뒤,
미국의 화가이며 미술 교수인 먼셀(Albert H. Munsell, 1858~1918)은 1915년에 이 스펙트럼을
휘어서 색상의 분할을 [그림 3-1]과 같이 빨강(R), 노랑(Y), 녹색(G), 파랑(B), 보라(P)의 기본
5색상과 그것에 대비되는 보색을 첨가한 10색환을 원주상에 등배열하였다.

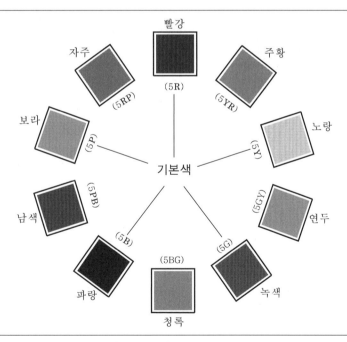

[그림 3-1] 기본 색상환

[색상 구분]
먼셀의 색상환 분할은 기본이 되는 5색상, 즉 빨강, 노랑, 녹색, 파랑, 보라의 각 색을 원주상에
같은 간격으로 배치하고 색상기호를 각기 R, Y, G, B, P로 나타낸다.

그리고 난 후 각 색의 중간에 주황(Yellow-Red, YR), 연두(Green-Yellow, GY), 청록(Blue-Green, BG), 남색(Purple-Blue, PB), 자주(Red-Purple, RP)를 두어 합계 10개의 색상으로 분할한다. 다시 10개의 색상을 각기 10진법에 의해 20, 40, 50, 100 색상으로 분할할 수 있는 20색상환을 만들었다. 여기에 각 색상은 색상기호 앞에 1에서 10까지의 번호를 붙이고 5번째가 해당 색상의 대표색이 되게 하였다.

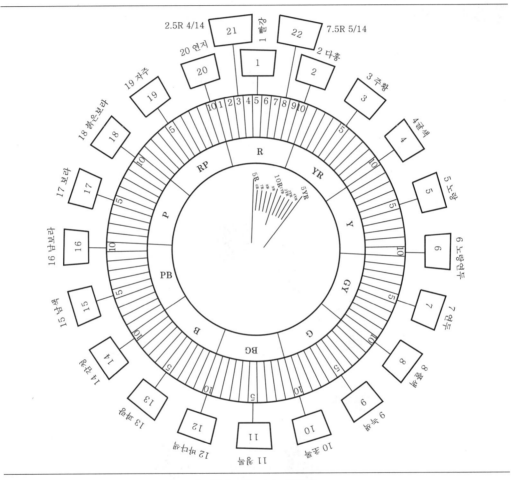

[그림 3-2] 100 색상환

(2) 색의 표시

색을 먼셀의 기호로 표시할 때는 H V/C 순서로 기록한다. 예를 들어, 5R 4/14이라고 기록되어 있는 것은 '5R 4의 14'라고 읽고 색상은 5R, 명도는 4, 채도는 14로 색은 빨강색을 나타낸다.

먼셀(Munsell)의 표색계는 우리나라에서 채택하고 있는 한국산업규격(KS) 색채표기법으로 색의 3속성인 색상, 명도, 채도로 색을 기술하는 체계방식이다.

① **색상(hue)**

㉮ 빛의 파장에 따라 우리의 감각기에 의해 인식되는 색의 종별을 말한다.

㉯ 색의 구별을 위한 명칭을 말하기도 한다.

㉰ **기본색** : 빨강(R), 노랑(Y), 녹색(G), 파랑(B), 보라(P)를 기준으로 한다.

② **명도(value/lightness)**

㉮ 색상 간의 명암 정도와 색채의 밝기를 비교할 수 있는 척도를 가리킨다.

㉯ 백색을 가할수록 명도가 높아지며 흑색을 가할수록 명도는 낮아진다.

㉰ 명도의 기준척도로 그레이 스케일(gray scale, 무채색 스케일)을 사용한다.

③ **채도(chroma/saturation)**

㉮ 색의 순수한 정도나 강약을 나타내는 성질을 말한다.

㉯ 순색에 가까울수록 채도가 높으며 다른 색상을 가하면 채도가 낮아진다.

㉰ 무채색은 채도가 0인 색을 가리킨다.

[색의 표시]

[표 3-1], [표 3-2]는 표준 20색의 색명과 기호 및 명도와 채도를 나타낸 것이다.

[표 3-1] 순색의 명도, 채도

색 명	빨강	다홍	주황	귤색	노랑	노랑연두	연두	풀색	녹색	초록	청록	바다색	파랑	감청	남색	남보라	보라	붉은보라	자주	연지
색상기호	R	yR	YR	rY	Y	gY	GY	yG	G	bG	BG	gB	B	pB	PB	bP	P	rP	RP	pR
명 도	4	6	6	7	9	7	7	6	5	5	5	5	4	4	3	3	4	4	4	5
채 도	14	10	12	10	14	8	10	10	8	6	6	6	8	8	12	10	12	10	12	10

[표 3-2] 교육부 표준 20색

색 상	우리말 색명	먼셀기호	계통색명 기호	계통색명	한/난
1	빨강	5R 4/14	R	Red	난색계
2	다홍	10R 5/16	yR	Pale Yellow Red	난색계
3	주황	5YR 7/14	YR	Yellow Red	난색계
4	귤색	10YR 7/12	rY	Pale Red Yellow	난색계
5	노랑	5Y 8.5/14	Y	Yellow	난색계
6	노랑연두	10Y 8/10	gY	Pale Green Yellow	중성색계
7	연두	5GY 7/10	GY	Green Yellow	중성색계
8	풀색	10GY 6/10	yG	Pale Yellow Green	중성색계
9	녹색	5G 5/10	G	Green	중성색계

[표 3-2] 교육부 표준 20색 (계속)

색 상	우리말 색명	먼셀기호	계통색명 기호	계통색명	한/난
10	초록	10G 5/8	bG	Pale Blue Green	한색계
11	청록	5BG 5/8	BG	Blue Green	한색계
12	바다색	10BG 5/8	gB	Pale Green Blue	한색계
13	파랑	5B 4/8	B	Blue	한색계
14	감청	10B 4/10	pB	Pale Purple Blue	한색계
15	남색	5PB 3/10	PB	Purple Blue	한색계
16	남보라	5P 3/10	bP	Pale Blue Purple	중성색계
17	보라	10P 4/12	P	Purple	중성색계
18	붉은보라	5BP 4/12	rP	Pale Red Purple	중성색계
19	자주	10RP 4/12	RP	Red Purple	중성색계
20	연지	10RP 4/14	pR	Pale Purple Red	중성색계

(3) 혼색계와 현색계

① 혼색계(color mixing system)

㉮ 색(color of light)을 표시하는 표색계로서 심리적·물리적인 병치의 혼색실험에 기초를 두는 것으로 현재 측색학의 기본이 되고 있다.

㉯ 오늘날 사용하고 있는 CIE 표준표색계(XYZ 표색계)가 가장 대표적이다.

② 현색계(color appearance system)

㉮ 색채(물체색, color)를 표시하는 표색계로서 특정의 착색물체, 즉 색표로서 물체표준(material standard)을 정하고 번호나 기호를 붙여서 시료물체의 색채와 비교에 의하여 물체의 색채를 표시하는 체계이다.

㉯ 현색계의 가장 대표적인 표색계는 먼셀 표색계와 오스트발트 표색계이다.

(4) 색입체(color solid)

색의 3속성(3요소)인 색상, 명도, 채도에 의해 색을 조직적으로 배열하여 한눈에 알아볼 수 있도록 입체적으로 만든 구조체로 1898년 먼셀(Albert H. Munsell, 1858~1918)이 창안하였다.

먼셀의 색입체는 색상과 명도에 따라 채도 단계의 수가 다르기 때문에 마치 나뭇가지처럼 뻗어 있어 색채나무(color tree)라고 한다.

이렇게 만들어진 구체는 명도의 수직척도, 강도의 수평척도, 색상의 원형척도라는 3가지 척도에 의해서 모든 색의 관련성을 입체적으로 알게 하고, 색의 표준을 만들게 하여 변하지 않는 색의 개념을 쉽게 정하도록 한다.

뿐만 아니라, 그 표준이 되는 척도를 수치로 나타내게 하여 색의 기호화에 따라 색이름을 지을 수 있게 한다. 예를 들어서, '10R 5/10'이라는 기호를 적어서 '10R, 5의 10'이라고 읽고 다홍색을 나타낼 수 있게 된다. 이렇게 정하면 잘못 전달하기 쉬운 색이름이 일정하게 통일될 수 있으며, 색채나무의 위치기호로써 이름을 붙일 수 없는 색이란 있을 수 없게 된다. 실제로 먼셀은 '색채 표시'라는 책자에서 색채의 상호관계를 악보를 읽듯이 이해하기 쉽게 설명하였다.

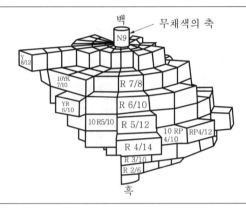

[그림 3-3] 먼셀의 색입체 모형

① **색입체의 구조**

㉮ **색상(원)** : 무채색을 중심으로 여러 가지 색상이 배치되었다.

㉯ **명도(수직선)** : 아래에서 위로 올라갈수록 명도가 높아진다.

㉰ **채도(방사형)** : 가운데서 밖으로 나올수록 채도가 높아지며 안쪽으로 들어갈수록 채도가 낮아진다.

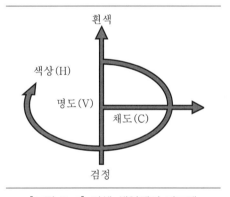

[그림 3-4] 먼셀 색입체의 좌표계

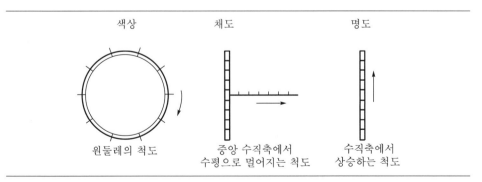

[그림 3-5] 먼셀 색입체의 척도

② 색입체의 수직 단면도

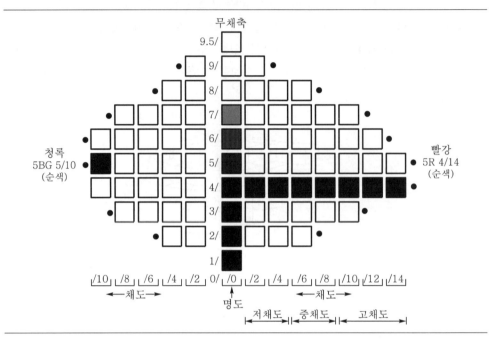

[그림 3-6] 색입체의 수직 단면도

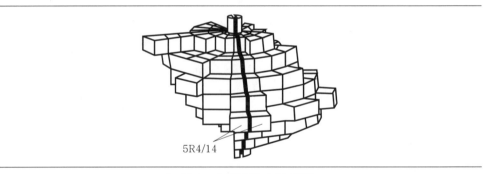

[그림 3-7] 색입체 수직 절단

[특징]

㉮ 색입체의 종단면 또는 등색 단면이라고 한다.

㉯ 가운데(무채색축)를 기준으로 동일색상명이 나타난다.

㉰ 빨강(5R 4/14)을 기준으로 세로로 자르면 반대편은 청록(5BG 5/10)이 된다.

㉱ 동일색상의 명도, 채도의 변화가 한눈에 보여진다.

㉲ 각 색상 중 가장 바깥의 색은 순색이다.

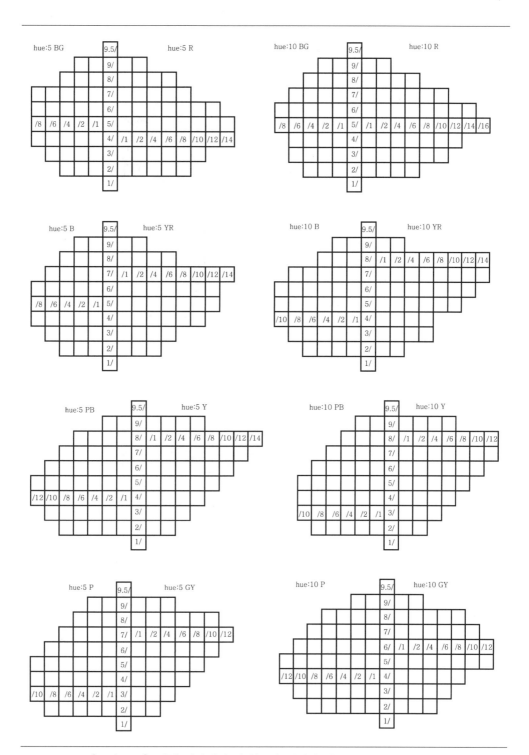

[그림 3-8] 먼셀 색입체의 색상(hue) 단면별 명도와 채도 단계의 예

③ 색입체의 수평 단면도

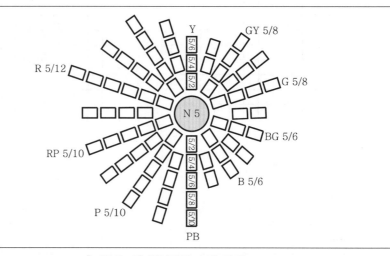

[그림 3-9] 색입체의 수평 단면도

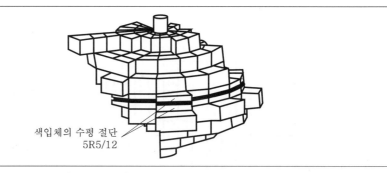

색입체의 수평 절단
5R5/12

[그림 3-10] 색입체의 수평 절단

[특징]

㉮ 색입체의 횡단면 또는 등명도면이라 한다.

㉯ 색입체를 수평으로 자르면 같은 명도의 색이 나타난다.

㉰ 무채색을 기준으로 방사를 이룬다.

㉱ 같은 명도에서 채도의 차이와 색상의 차이를 잘 볼 수 있다.

(5) 오스트발트 색상환

오스트발트(W. F. Ostwald)는 화학자로 노벨화학상을 받았으며 색채조성을 체계화하고, 색표를 바탕으로 한 색표시를 고안하여 그 체계를 완성해 오스트발트 표색계에 의한 24색 색상환을 만들었다. 색채학적 결점은 있으나 조화의 문제 해결에 있어서 중요한 이론을 정립하여 디자인, 건축, 응용미술 분야에서 많이 이용하고 있다.

모든 표면색은 빨강, 노랑, 녹색, 파랑의 색상을 기초로 한 사이에 각기 중간색을 끼워 노랑, 주황, 빨강, 자주, 파랑, 청록, 녹색, 황록의 8가지가 주요 색상이 되며 또 이것이 3분할되어 24색환이 된다.

오스트발트의 색상환은 헤링의 4원색설을 기본으로 하여 색상분할을 원주의 4등분이 서로 보색관계가 되도록 하였다. 이 색상환은 중심선에 연결된 두 색이 서로 보색관계가 되도록 만들어져 어떤 색의 보색은 반드시 그 색의 12번째에 있게 된다(예컨대 1의 보색은 13, 23의 보색은 11).

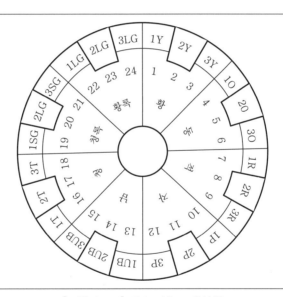

[그림 3-11] 오스트발트 색상환

① 색채조화편람

색채조화편람(color harmony manual, CHM)은 1942년에 E. 제이콥슨 등에 의해 제작되었다. 이 CHM은 오스트발트의 24색상 외에도 6가지 색상을 더 첨가하고 있다. 그것은 색상번호 $1\frac{1}{2}$, $6\frac{1}{2}$, $7\frac{1}{2}$, $12\frac{1}{2}$, $13\frac{1}{2}$, $24\frac{1}{2}$인 실용 6색으로 오스트발트 색상환이 빨강계통의 단계가 불충분한 결점을 보완하여 오스트발트의 색채체계가 색채조화에 잘 활용되도록 하였다.

CHM 색상환은 $24\frac{1}{2}$, $1\frac{1}{2}$, $6\frac{1}{2}$, $7\frac{1}{2}$, $12\frac{1}{2}$, $13\frac{1}{2}$ 색상이 첨가되어 색상환에서 마주 보는 색은 서로 보색관계이다.

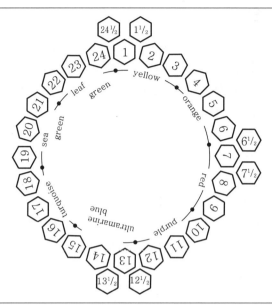

[그림 3-12] CHM의 실용 30색 조화편람

(6) 오스트발트 색입체

오스트발트(Wihelm Friedrich Ostwald, 1853~1932)의 색채체계는 E. 헤링의 4원색 이론이 기본이 되어 있다. 즉, 색상환 기준은 빨강, 노랑, 초록, 파랑이며, 중간색은 주황, 연두, 청록, 보라이다.

오스트발트는 1916년 색상환을 창안하였고, 1923년 정삼각형의 꼭짓점에 순색, 하양, 검정을 배치한 3각좌표를 만들고 좌표 속의 색을 이들 3성분에 의해서 표시하는 표색비를 개발하였다.

먼셀 표색계와 같이 색의 3속성에 따른 지각적으로 고른 감도를 가진 체계적인 배열방식이 아니고 색량의 많고 적음에 의하여 만들어진 것으로 혼합하는 색량의 비율에 따른 표색계이다.

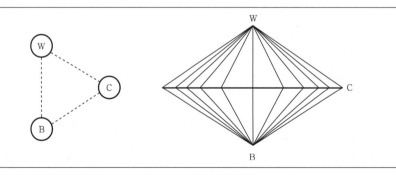

[그림 3-13] 오스트발트 색입체의 기본형

이것은 이상적인 흑(B), 백(W), 순색(C)을 가정하고 이들 3색의 혼합에 의해 물체색을 체계화한 것이다. 이렇게 이루어진 등색상 삼각형에서 B+W+C=100이 되는 혼합비에 의해 구성되어 있다.

혼합의 정도를 양으로 표시하지 않고 흰색, 검정, 순색을 기준으로 하는 삼각형을 만들어 그것을 분할하고 각 구분에 붙인 기호로 혼합률을 대용하였다.

① 오스트발트 표색계의 특징

㉮ 기본색채

㉠ 모든 파장의 빛을 완전히 흡수하는 이상적인 검정 : B

㉡ 모든 파장의 빛을 완전히 반사하는 이상적인 흰색 : W

㉢ 완전한 색(full color, 순색) : C

㉯ 오스트발트 표색계는 이 3가지의 혼합량을 기호로 삼아 색채를 표시하는 체계이다.

㉰ 이상적인 검정(B), 흰색(W), 순색(C)은 실제로 물체색에는 없으므로 이론적으로 가상적인 유채색에 대하여 근거를 둔 체계이기 때문에 성립면으로 보면 하나의 혼색계이고 사용면으로 보면 일종의 현색계이다.

㉱ 장점은 색배열 위치가 조화 있는 2가지 색을 쉽게 찾아볼 수 있게 하였다는 점이며, 결점은 같은 기호의 색일지라도 색상에 따라서 명도나 채도의 구분이 모호하다.

㉲ 순색으로 명도가 높은 암색과 순색으로 명도가 낮은 중간색과의 조합에서 조화하기 어려운 명도의 구분이 생긴다.

② 색채의 기호 표시법

W에서 B 방향으로 a, c, e, g, i, l, n, p라는 알파벳을 만든다. 이 무채축의 알파벳은 알파벳의 차례를 하나씩 또는 둘씩 건너뛴 기호이며, 이 각 알파벳 기호들은 제각기 백색량을 나타내는 기호이다. 이때의 a는 가장 밝은색의 하양으로 (0C+89W+11B=100%)이며, p는 가장 어두운 색표의 검정으로서 (0C+3.5W+96.5B=100%)를 의미한다.

그리고 W에서 C방향으로 a, c, e, …와 같이 건너뛰면서 붙여 나간다. 이렇게 28개의 작은 마름모꼴은 제각기 2개씩의 알파벳이 교차하게 된다.

이와 같이 붙여진 교차 알파벳 앞에는 색상을 숫자로 표기하여 색을 기호로 표시하게 된다. 따라서 색상기호−백색량−흑색량의 순서로 표시된다. 예를 들어, '17lc'라 하면 색상번호가 17이고 백색량은 8.9%, 흑색량은 44%로 순색량 C는 [100−(8.9+44)=47.11%]의 약간 회색 기미의 청록색임을 알게 된다.

[표 3-3] 하양량·검정량의 함량비율 비교표

기 호	a	c	e	g	i	l	n	p
하양량	89	56	35	22	14	8.9	5.6	3.5
검정량	11	44	65	78	86	91.1	94.4	96.5

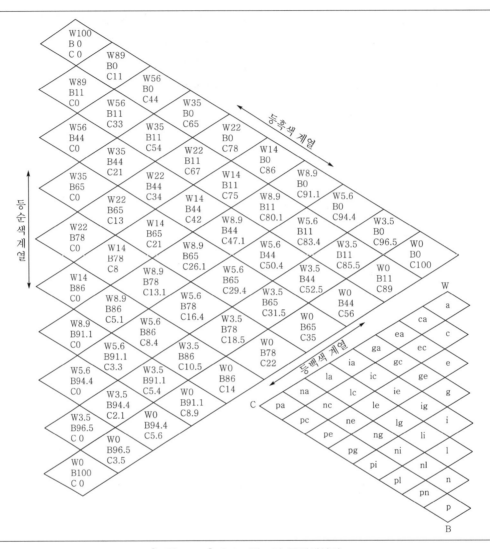

[그림 3-14] 오스트발트의 동일색상면

(7) CIE 표색계(CIE system of color specification)

1931년 국제조명위원회(CIE Standard Colorimetric System)에서 가법혼색의 원리에 의해 3원색을 정하고 그 혼합비율에 의해 모든 색을 색공간 안에 표시하도록 하는 표색계로 먼셀 표색계와 CIE 표색계는 한국산업규격(KS)에 채용되어 있는 표색계이다.

이 표색계는 물체색(物體色)에만 통용되는 먼셀 표색계나 오스트발트 표색계에 비해서 광원색 (光源色)을 포함하는 모든 색을 나타내며, 또 인간의 감각에 의존하지 않는 정확한 표색법이다. 가장 과학적인 표색법으로, 분광광도계(分光光度計)에 의한 측정값을 기초로 하여 모든 색을 xyY 라는 3가지 양으로 표시한다. Y는 측광량이라 하며 색의 밝기의 양, x·y는 한 조로 해서 색도를 나타낸다.

색도란 밝음을 제외한 색의 성질로서 xy축에 의한 도표(색도표) 가운데의 점으로 표시된다. 각 파장의 단색광(單色光)의 색도를 도표 위에서 구하고 그것들을 선으로 연결한 다음에 순자(純紫)·순적자(純赤紫)의 색도점을 연결하면 도표상에 말굽 모양이 그려지고 모든 색이 이 안에 포함된다.

① CIE 표색계 특징

㉮ 색의 체계를 위한 표시방법 중 가장 과학적이고 국제적 기준이 되는 색표시방법이다.

㉯ 색광을 표시하는 표색계로 색을 3개의 색자극인 XYZ로 표시한다.

㉰ 적, 녹, 청의 3색광을 혼합하여 3자극치에 따른 표색방법이다.

㉱ 분광광도계를 이용하여 색편의 분광방사율(spectral emissivity)을 측정하였을 때 가장 정확하게 색좌표가 계산된다.

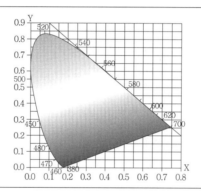

[그림 3-15] CIE 표색계

② CIE 색도도

CIE 표색계를 'XYZ 표색계'라고도 부르는데, 이렇게 부르는 것은 X, Y, Z라는 좌표로 색도도 (chromaticity diagram)를 만들었기 때문이다. 색을 기본으로 정삼각형 속에 곡선도형으로 서 어떤 색의 좌표상의 위치를 나타낸다.

③ CIE L*a*b*

Lab 색공간은 CIE가 1976년에 발표한 L*a*b* 균등색공간으로 CIE XYZ 색공간을 비선형 변환하여 만들어진 색공간이다.

CIE 1976 색공간은 3차함수를 바탕으로 한 변환이라는 차이가 있다. 또한, 양쪽 모두 먼셀 색체계에 영향을 받아 XYZ 색공간보다 균일한 색체계를 목표로 하였다.

Lab 색공간은 XYZ에서 정의된 흰색에 대한 상대값으로 정의되어 있다. 따라서 흰색의 값에 따라 서로 다른 색을 가리킬 수 있다. 또한 L*a*b* 공간에서 서로 다른 두 색의 거리 는 인간이 느끼는 색깔의 차이와 비례하도록 설계되었다

L*a*b* 색공간은 RGB나 CMYK가 표현할 수 있는 모든 색역을 포함하며, 인간이 지각 할 수 없는 색깔도 포함하고 있다. L*a*b*는 'L스타', 'a스타', 'b스타'라고 부른다.

CIE L*a*b* 색공간에서, L*, a*, b*의 의미는 각각 다음과 같다.

㉮ L* : 밝기(명도)를 나타낸다. L*=0이면 검은색, L*=100이면 흰색을 나타낸다.

㉯ a* : 색상과 채도를 의미하는 색도로 빨강과 녹색 중 어느 쪽으로 치우쳤는지를 나타낸다.
a*가 음수(−)이면 녹색에 치우친 색깔이며, 양수(+)이면 빨강 쪽으로 치우친 색깔이다.

㉰ b* : 노랑과 파랑을 나타낸다. b*가 음수(−)이면 파랑이고, b*가 양수(+)이면 노랑이다.

(8) NCS(Natural Color System) 표색계

스웨덴 컬러센터(SwedeN Color Center)에서 1979년 1차 NCS 색표집, 1995년 2차 NCS 색표집을 완성하여, 스웨덴과 노르웨이, 스페인의 국가표준색 제정에 기여한 표색계이다.

① 색은 6가지 심리 원색인 하양(W), 검정(S), 노랑(Y), 빨강(R), 파랑(B), 초록(G)을 기본으로 각각의 구성비로 나타낸다.

② 하양량, 검정량, 순색량의 3가지 속성 가운데 검정량(blackness)과 순색량(chromaticness)의 뉘앙스(nuance)만 표기한다. W(%)+S(%)+C(%)=100(%)

예 Y90R에서 Y는 색상을 말하는데 Y의 기미가 10%이고 기본색상 R의 기미가 90%인 색이다.

(9) PCCS 표색계

일본 색연배색체계(Practical Color Coodinate System, PCCS)의 약칭으로 톤과 색조를 종합적으로 이해하고 배색조화를 위해 고안된 체계이다.

• 기본색 : 빨강(R), 노랑(Y), 초록(G), 파랑(B)
• 기본 4색과 심리보색 4색의 8색상에 4색을 추가하여 12색을 만든 후 다시 2분할하여 총 24색상
• 색채의 3원색(Y, C, M)과 빛의 3원색(R, G, B)을 포함한 24색상
• 명도는 17단계(무채색은 n을 붙여 n−5 형식으로 표기)
• 채도는 9단계(먼셀의 채도와 구분하기 위해 S를 붙여 9S 형식으로 표기)
• 색의 표시 : 색상 − 명도 − 채도의 순 예 핑크색 : 2R − 8.0 − 2S

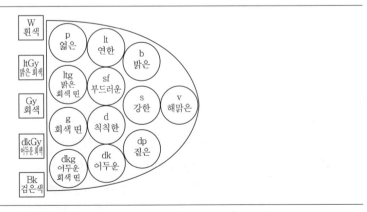

[그림 3-16] PCCS 표색계의 톤 분류

① PCCS 표색계의 톤(tone, 색조) 분류법

㉮ 색의 3속성 중 명도와 채도를 포함하는 복합적인 색조(色調)의 개념이다.

㉯ 일본 색채연구소에서 만든 분류법이다.

㉰ 각 색상마다 12가지 톤으로 분류하였다.

㉱ 색채를 기억하기 쉽고, 색채조화를 생각하기가 용이하다.

㉲ 이미지 반영이 쉽다.

② 톤의 분류

톤	약호	톤의	색조	색 만드는 예	명도/채도의	색 의
pale	p	엷다	명청 색조 (tint)	순색+백색량	고명도/저채도	약함
light	lt	연하다	명탁 색조 (moderate)	순색+희미량	고명도/중채도	가벼움
bright	b	밝다	명청 색조 (tint)	순색+백색량	고명도/저채도	맑음
vivid	v	선명하다	순색조 (pure)	순색	중명도/고채도	맑음, 분명함, 강함
dull	d	희미하다	중탁 색조 (moderate)	순색+희미량	중명도/중채도	약함, 수수함, 흐림, 어렴풋함
deep	dp	진하다	암청 색조 (shade)	순색+흑색량	저명도/고채도	강함, 무거움, 두꺼움, 깊음, 투명함
dark	dk	어둡다	암청 색조 (shade)	순색+흑색량	저명도/중채도	무거움, 두꺼움, 깊음, 수수함, 단단함
light grayish	ltg	밝은 회색빛	중탁 색조 (grayish)	순색+희미량	중명도/저채도	수수함, 약함, 흐림, 온화함, 어렴풋함
grayish	g	회색빛	중탁 색조 (grayish)	순색+희미량	중명도/저채도	
dark grayish	dkg	어두운 회색빛	저탁 색조 (grayish)	순색+희미량	저명도/저채도	

▶ 3.2 색 명

우리가 식별할 수 있는 색의 수는 색상, 명도, 채도의 미묘한 차이에 의해 수십만 종류로 추정된다. 그러기에 많은 종류의 색들을 구별하여 색이름(color name)을 붙여야 한다.

색명은 색을 언어로 표시하는 방법으로 감정을 전달, 기억, 연상하기 편리하게 일반적인 색의 전달방법으로 사용되고 있다. 색명은 생활에서 느끼는 생활색명(관용색명), 색의 성질과 계통을 학술적인 면에서 체계화한 계통색명, 즉 색의 성질과 속성에 의하여 색의 명도와 채도 관계를 규정한 색명방법으로 나뉜다.

(1) 색명의 분류

기본색명은 한국산업규격(KS A 0011)에서 정하여 국내에서 사용하고 있는 색명으로 빨강, 주황, 노랑, 연두, 초록, 청록, 파랑, 남색, 보라, 자주의 기본 10색에 분홍, 갈색을 추가하고 무채색(하양, 회색, 검정)을 포함한 15색을 말한다.

① 색 수식어

기존 '~띤', '~L형'이나 '~빛'으로 표시

예 뻘간, 노란, 초록빛, 파란, 보랏빛

② 명도, 채도 수식어

'해맑은', '짙은', '칙칙한' → '선명한', '진한', '탁한'으로 표시

예 흰, 밝은 회색의 ~, 회색의, 어두운 회색의

③ 수식형용사 추가

사용빈도가 높은 '연한', '흐린', '탁한', '어두운', '검은', '밝은', '진한', '선명한'을 수식형용사에 추가(2003년 12월 개정)

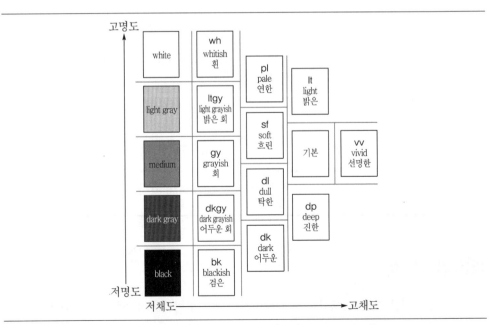

[그림 3-17] 계통색 수식어(무채색의 명도, 유채색의 명도, 채도 수식어)

(2) 관용색명(慣用色名)

예부터 전해 내려오는 습관적으로 사용하는 고유 색이름(traditonal color names)을 말하며, 동물, 식물, 광물, 자연현상, 지명(地名), 인명(人名) 등의 이름을 따서 6가지로 분류된다.

① 기원을 알 수 없는 고유 색이름

옛날부터 사용해 온 고유색명으로는 검정, 하양, 빨강, 노랑, 파랑, 보라가 있다. 한자로는 흑(黑), 백(白), 홍(紅), 황(黃), 녹(綠), 청(靑), 자(紫)이다.

② 동물과 관련 있는 색이름

동물(성)의 이름에서 따온 색명으로는 쥐색(灰色), 버프(buff, 송아지의 살색), 새먼(salmon, 연어의 살색), 카멜(camel, 낙타색), 세피아(sepia, 오징어에서 채취), 피콕(peacock, 공작 꼬리의 색)이 있다.

③ 식물과 관련 있는 색이름

식물(성)의 이름에서 따온 색명으로는 귤색·녹두색·가지색·딸기색·계피색, pancy, lavender, lilac, apple green, bellflower, cosmos, light lime green, grape, orchid, eggplant, mustard, tea green, 복숭아색, 살구색, 팥색, 밤색(maroon), 풀색, 호박색, 올리브(olive), 오렌지(orange), 로즈(rose), 레몬 옐로(lemon yellow)가 있다.

④ 광물 또는 보석과 관련 있는 색이름

광물의 이름에서 따온 색명으로는 금색, 은색, 고동색(古銅色), 호박(琥珀)색, 진사(辰砂), 주사(朱砂), 철사(鐵砂), 산호(珊瑚), pearl white, topaz, aquamarine, garnet, emerald green, light jade green, lapis lazuli, ivory, ruby, amber, ocher, jasper green, 에메랄드 그린(emerald green), 맬러카이트 그린(malachite green), 오커(ochre)가 있다.

⑤ 원료와 관련 있는 색이름

원료의 이름에서 따온 색명으로는 zinc white, oxide of chromium, cadmium red, 쪽색, 코발트 블루(cobalt blue), 크롬 옐로(chrome yellow)가 있다.

⑥ 사람이나 지역 이름 등의 고유명사와 관련 있는 색이름

지명이나 인명에서 따온 색명으로는 magenta(이탈리아 북부의 밭에서 채취한 아미린 염료의 일종인 'fuchsin'에 1860년경부터 붙여진 이름)가 있다.

그 밖에 자연현상에서 따온 색명으로는 하늘색, 땅색, 바다색, 눈(雪)색, 무지개색이 있다.

(3) 계통색명(系統色名)

'ISCC-NBS'의 경우에서와 같이 색이름을 계통적으로 체계화하여 부르는 색이름을 일반색이름 (universal color names) 또는 계통색이름(systematic color names)이라 한다.

한국산업규격(KS A 0011)의 규정에서도 색이름을 위와 같이 색이름의 기능적인 측면을 고려하여 일반색명법으로 정하고 있다. KS 규정에 의한 색이름은 색상에 관한 수식어를 기본색 이름 앞에 붙이고 그 사이에 명도와 채도를 동시에 나타내는 형용사와 색상을 결합시켜 색명을 삽입하는 방식으로 되어 있다.

예를 들면, 같은 색상면에서 중간(moderate) 톤을 중심으로 명도는 밝은(light), 매우 밝은 (very light), 어두운(dark), 매우 어두운(very dark)과 같이 5단계로 분류하며, 채도에 따라서 '파랑색을 띤 밝은 초록', '노랑색을 띤 어두운 회색', '우중충한 주황' 등으로 구분한다.

> • ISCC : Inter-Society Color Council＝색채연락협의회
> • NBS : National Bureau of Standards＝미국립표준국

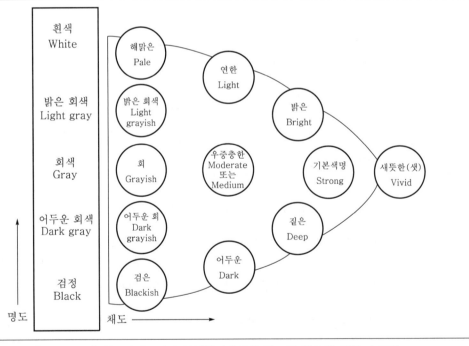

[그림 3-18] 한국산업규격의 등색상면에서의 명도와 채도에 관한 수식어

자주 출제되는 문제

01 먼셀 기호 '5YR 7 / 2'의 의미는?

① 색상은 주황의 중심색, 채도 7, 명도 2
② 색상은 빨간 기미를 띤 노랑, 명도 7, 채도 2
③ 색상은 노란 기미를 띤 빨강, 명도 2, 채도 7
④ 색상은 주황의 중심색, 명도 7, 채도 2

해설 먼셀(Munsell)의 색표기법
색상, 명도, 채도의 기호는 H, V, C이며 HV / C로 표기된다.

02 먼셀 색입체에 관한 설명 중 맞는 것은?

① 모든 색은 흑(B) + 백(W) + 순색(C) = 100%가 되는 혼합비에 의하여 구성되어 있다.
② 먼셀의 색상에서 기본색은 빨강, 노랑, 녹색, 파랑, 보라의 5색이다.
③ 먼셀의 색입체는 주판알과 같은 복원추체 모양이다.
④ 무채색축을 중심으로 24색상을 가진 등색상 삼각형이 배열되어 있다.

해설 먼셀(Munsell)의 색입체(color soild)
색의 3속성인 색상, 명도, 채도에 의해 색을 조직적으로 배열하여 한눈에 알아볼 수 있도록 입체적으로 만든 구조체로 1898년 먼셀이 창안하였으며 색채나무(color tree)라 한다.
㉠ 색상(hue) : 원의 형태로 무채색을 중심으로 배열된다.
㉡ 명도(value) : 수직선 방향으로 아래에서 위로 갈수록 명도가 높아진다.
㉢ 채도(chroma) : 방사형의 형태로 안쪽에서 밖으로 나올수록 높아진다.

03 우리나라 색상표기의 산업규격 표기법은?

① 문·스펜서 표기법
② 먼셀 표색계
③ 오스트발트 표색계
④ 비렌 표색계

해설 먼셀(Munsell)의 표색계
미국의 화가이며 색채연구가인 먼셀에 의해 1905년 창안된 체계로서 색의 3속성인 색상, 명도, 채도로 색을 기술하는 체계방식이다. 우리나라에서 채택하고 있는 한국산업규격 색채표기법이다.

04 먼셀의 색상환에서 색상의 중심색을 나타내는 숫자는?

① 1   ② 5
③ 10   ④ 15

해설 먼셀(Munsell)의 색상환(hue circle)
먼셀의 색상환은 적(red), 황(yellow), 녹(green), 청(blue), 자(purple)의 기본 5색상으로 하고, 기준색 5색이 같은 간격으로 배치된 후 그들 가운데마다 주황(YR), 연두(GY), 청록(BG), 남색(PB), 자주(RP)의 중간색을 두어 10개의 색상으로 10등분한다. 이 10등분은 다시 10등분씩되어 모두 100등분된 색상환이 된다. 각 색상은 숫자 1에서 10으로 연속되어 붙여지고 각 색상별로 반복되어 5는 항상 기본색상을 표시하고 10은 항상 다음 색상의 1과 맞붙어서 연결된다.

정답 01 ④   02 ②   03 ②   04 ②

05 salmon, cobalt blue, chrome yellow 등은 어떤 기준의 색명인가?

① 계통색명
② 관용색명
③ 표준색명
④ ISCC-NBS 일반색명

해설 관용색명은 동물, 식물, 광물, 자연현상, 지명(地名), 인명(人名)의 이름을 따서 6가지로 분류된다. 동물(성)의 이름에서 따온 색명으로는 새먼(salmon, 연어의 살색), 세피아(sepia, 오징어에서 채취), 피콕(peacock, 공작 꼬리의 색)이 있다. 광물이나 원료의 이름에서 따온 색명으로는 호박(琥珀)색, 진사(辰砂), 주사(朱砂), 철사(鐵砂), 코발트 블루(cobalt blue), 크롬 옐로(chrome yellow)가 있다.

06 먼셀 색체계의 색입체에서 등색상의 명도, 채도와의 상호 관계를 알기 위한 것은?

① 수평 단면도
② 수직 단면도
③ 등명도 횡단면도
④ 무채색축

해설 먼셀(Munsell)의 색입체 단면도
㉠ 색입체를 수평으로 잘라 보면 방사형태의 색상이 나타나며 같은 명도의 색이 나타나므로 등면도면이라 한다.
㉡ 색입체를 수직으로 잘라 보면 같은 색상이 나타나므로 등색상면이라 한다.

07 오스트발트의 색상환에서 대응색인 4원색이 아닌 것은?

① yellow
② ultramarine blue
③ red
④ turquoise

해설 오스트발트의 색상환은 먼저 헤링(E. Hering)의 반대색설(4원색설)의 보색대비에 따라 4분할하고, 다시 중간의 색상을 배열하여 8색을 기준으로 하고 있다. 즉, 황(yellow), 남(ultramarine blue), 적(red), 청록(sea green)의 4색에 그 사이사이에 주황(orange), 청(turquoise), 자(purple), 황록(leaf green)을 배치하여 8색이다. 최종적으로 이것을 다시 3등분하여 우측 회전순으로 번호를 붙이면 24색상이 된다.

08 일반색명에 관한 내용으로 옳은 것은 어느 것인가?

① 동물, 식물 등에서 따온 색명
② 광물이나 원료 이름에서 따온 색명
③ 자연이나 자연현상에서 따온 색명
④ 색상, 명도, 채도를 나타내는 수식어를 붙인 색명

해설 색명(色名)
㉠ 계통색명(系統色名, systematic color name) : 일반색명이라고 하며 색상, 명도, 채도를 표시하는 색명이다.
㉡ 관용색명(慣用色名, individual color name) : 고유색명 중에서 비교적 잘 알려져 예부터 습관적으로 사용되고 있는 색명을 말한다.
※ 고유한 색명으로 동물, 식물, 지명, 인명 등이 있으며, 쥐색 등의 동물과 관련된 색이름 및 밤색, 살구색, 호박색 등 식물과 관련된 이름 등이 있다.

09 다음의 먼셀기호 중 신록이나 목장, 신선한 기운을 상징하기에 가장 적절한 색은?

① 10R 6 / 2
② 10G 2 / 3
③ 5GY 7 / 6
④ 10B 4 / 3

해설 연두/GY/Green Yellow/5GY 7/6 : 청순, 젊음, 신선, 생동, 안전

10 혼색원판의 색채분할 면적의 비율을 변화함으로써 여러 색채를 만들어 이것을 색표로 구현하여 백색량과 흑색량의 기호로 색을 표시한다는 원리는 무슨 표색계인가?

① 오스트발트
② 먼셀
③ 그레이브스
④ 비렌

[해설] **오스트발트 표색계**
오스트발트 표색계의 특징은 먼셀 표색계처럼 색의 3속성에 따른 지각적으로 고른 감도를 가진 체계적인 배열이 아니고 색량의 많고 적음에 의하여 만들어졌다. 혼합하는 색량의 비율에 의하여 만들어진 체계로 흰색량과 검정량 순색량의 혼합비로 표시한다.

11 다음 관용색명에 대한 설명 중 옳은 것은?

① 고동색, 금색, 호박색 등이 관용색명에 해당된다.
② 색의 표시방법이 매우 정량적이고 정확성을 가졌다.
③ 색의 3속성에 의한 표시방법이다.
④ KS에서 사용하고 있는 색의 표시방법이다.

[해설] **색명(色名)**
㉠ 계통색명(系統色名, systematic color name) : 일반색명이라고 하며 색상, 명도, 채도의 색의 3속성에 의한 표시방법이다.
㉡ 관용색명(慣用色名, individual color name) : 고유색명 중에서 비교적 잘 알려져 예부터 습관적으로 사용되고 있는 색명을 말한다.
　고유한 색명으로 동물, 식물, 지명, 인명 등이 있으며, 쥐색 등의 동물과 관련된 색이름 및 밤색, 살구색, 호박색 등 식물과 관련된 이름 등이 있다.

12 KS규격에 의한 관용색명과 색계열의 연결이 틀린 것은?

① 벽돌색(copper brown) – R계열
② 올리브 그린(olive green) – GY계열
③ 라벤더(lavender) – RP계열
④ 크림색(cream) – Y계열

[해설] **관용색명과 색계열의 연결**
㉠ 벽돌색(copper brown) : R계열, 8.5R 7.5 / 7.5
㉡ 올리브 그린(olive green) : GY계열, 3.0GY 3.5 / 3.0
㉢ 라벤더(lavender) : P계열, 7.5P 6.0 / 5.0
㉣ 크림색(cream) : Y계열, 3.5Y 8.5 / 3.5

13 KS규격에서 순색의 노랑을 나타내는 먼셀기호는?

① 5Y 14 / 9　　② 10Y 8.5 / 10
③ 5Y 8.5 / 14　④ 10Y 10 / 8

[해설] 먼셀 표색계의 색표기(KS규격)는 색상, 명도, 채도의 순으로 기입한다. H, V, C이며, HV/C로 표기한다. 5Y 8.5 / 14는 5Y는 중심이 되는 순색 노랑, 8.5는 명도, 14는 채도를 표시한다.

14 먼셀의 표색계를 설명한 것으로 틀린 것은?

① 먼셀 표색계의 주요 5색은 빨강(R), 노랑(Y), 녹색(G), 파랑(B), 보라(P)이다.
② 색의 3속성에 의한 방법으로 색상(hue), 명도(value), 채도(chroma)의 표기방법은 HV/C이다.
③ 먼셀 색상환에서 각 색상의 180° 반대쪽에 위치하는 색상을 그 색상의 보색(補色)이라 한다.
④ 먼셀 밸류(Munsell Value)라고 불리는 명도(V)축에서는 1에서 10까지 번호가 붙여지고 있다.

먼셀(Munsell)의 표색계

색의 3속성인 색상, 명도, 채도로 색을 기술하는 체계방식으로 먼셀의 색상환은 적(red), 황(yellow), 녹(green), 청(blue), 자(purple)의 기본 5색상으로 한다.

ⓐ 먼셀기호 표기법 : 색상, 명도, 채도의 기호는 H, V, C이며, HV/C로 표기된다.

ⓑ 명도 단계는 N0(검정), N1, N2, …, N9.5(흰색)까지 11단계로 되어 있다.

ⓒ 보색(補色)은 색상환에서 180도 반대편에 있는 색으로 자주(magenta)의 보색은 초록(green)이다.

15 오스트발트 표색계에서 무채색을 나타내는 원리는?

① 순색량 + 백색량 = 100%

② 백색량 + 흑색량 = 100%

③ 순색량 + 회색량 = 100%

④ 순색량 + 흑색량 + 백색량 = 100%

해설 오스트발트(W. Ostwald) 표색계

ⓐ 혼합하는 색량(色量)의 비율에 의하여 만들어진 체계이다.

ⓑ 오스트발트는 백색량(W), 흑색량(B), 순색량(C)의 합을 100%로 하였기 때문에 등색상면뿐만 아니라 어떠한 색이라도 혼합량의 합은 항상 일정하다.

ⓒ 순색량이 없는 무채색이라면 W + B = 100%가 되도록 하고, 순색량이 있는 유채색은 W + B + C = 100%가 된다.

16 오스트발트 표색계에서 17gc의 'c'는 무엇을 뜻하는가?

① 색상   ② 순색의 함량

③ 흰색의 함량   ④ 검은색의 함량

해설 흰색량과 검정량 순색량의 혼합비

17gc의 경우 색상은 17, 'g' 흰색량, 'c' 검정량이다. 이때의 '17'은 색상이 청록색임을 나타내고, 'g'

는 흰색량 22%를 'c'는 검정량 44%를 나타낸다. 공식에 대입하여 계산을 하면 청록색의 순색의 양은 100−(22+44)=44%로 나온다.

기호	a	c	e	g	i	l	n	p
흰색량	89	56	35	22	14	8.9	5.6	3.5
검정량	11	44	65	78	86	91.1	94.4	96.5

17 먼셀의 표색기호 5G 5 / 8에 대한 설명 중 맞는 것은?

① 색상 5G, 채도 5, 명도 8

② 색상 5G, 명도 5, 채도 8

③ 명도 5G, 색상 5, 채도 8

④ 채도 5G, 명도 5, 색상 8

해설 먼셀기호 표기법

색상, 명도, 채도의 기호는 H, V, C이며, HV/C로 표기된다.

예 5G 5 / 8 : 색상이 5G, 채도가 5, 명도가 8인 색채 빨강의 순색은 5R 4 / 14, 색상이 빨강의 5R, 명도가 4이며, 채도가 14인 색채

18 다음 중 색입체에 관한 설명으로 틀린 것은?

① 색의 3속성을 3차원 공간에다 계통적으로 배열한 것이다.

② 오스트발트 표색계의 색입체는 타원과 같은 형태이다.

③ 먼셀 표색계의 색입체는 나무의 형태를 닮아 color tree라고 한다.

④ 색입체의 중심축은 무채색축이다.

해설 색입체(color soild)

ⓐ 먼셀의 색입체 : 색의 3속성인 색상, 명도, 채도에 의해 색을 조직적으로 배열하여 한눈에 알아볼 수 있도록 입체적으로 만든 구조체로 1898년 먼셀이 창안한 것으로 색채나무(color tree)라 한다.

ⓑ 오스트발트의 색입체 : 1923년 정삼각형의 꼭짓점에 순색, 하양, 검정을 배치한 3각 좌표를 만든 등색상 삼각형의 형태로 복원추체이다.

19 다음 오스트발트 색표계의 기호 중 가장 순색도가 높은 것은?

① ec ② ni
③ lc ④ pc

> **해설** 오스트발트(W. Ostwald) 표색계
> ㉠ 24색상은 백과 흑 및 순색을 정점으로 하는 정삼각형으로 나타내고, 이것은 백과 흑 및 순색의 양을 합쳐 100으로 하는 방식에 의거하고 있다.
> ㉡ 오스트발트는 백색량(W), 흑색량(B), 순색량(C)의 합을 100%로 하고 어떤 색이라도 혼합량의 합은 항상 일정하다. 순색량이 없는 무채색은 W+B=100%가 되도록 하고 순색량이 있는 유채색은 W+B+C=100%가 된다.
> ㉢ 무채색의 명도 단계는 8단계로 하고 각각에 a, c, e, g, i, l, n, p의 기호를 붙여 a가 가장 밝은 색표의 백, p가 가장 어두운 색표의 흑을 나타내고 그 사이에 6단계의 회색이 있다.
> ㉣ 순색도가 높기 위해서는 무채색(W, B)의 양이 적어야 한다.

20 먼셀의 색입체에서 중심부 쪽으로 갈수록 나타나는 현상 중 옳은 것은?

① 명도가 높아지며 채도는 변화 없다.
② 명도가 낮아지며 채도는 높아진다.
③ 명도는 중명도가 되며 채도는 낮아진다.
④ 명도는 변화가 없으며 채도는 중간이 된다.

> **해설** 색입체(color soild)
> 색의 3속성인 색상, 명도, 채도에 의해 색을 조직적으로 배열하여 한눈에 알아볼 수 있도록 입체적으로 만든 구조체이다. 1898년 먼셀이 창안한 것으로 색채나무(color tree)라 한다.
> ㉠ 색상(hue) : 원의 형태로 무채색을 중심으로 배열된다.
> ㉡ 명도(value) : 수직선 방향으로 아래에서 위로 갈수록 명도가 높아진다.
> ㉢ 채도(chroma) : 방사형의 형태로 안쪽에서 밖으로 나올수록 채도가 높아진다.

21 다음 중 빨강의 먼셀기호는? (KS표준 기준)

① 5RP 3.5 / 4.5 ② 5R 8 / 4
③ 5R 9 / 5 ④ 7.5R 4 / 14

> **해설** 먼셀 색상은 적(red), 황(yellow), 녹(green), 청(blue), 자(purple)의 기본 5색상으로 하고, 다음 주황(YR), 연두(GY), 청록(BG), 남색(PB), 자주(RP)의 중간색을 두어 10개의 색상으로 등분한다. 먼셀 기호 표기법은 색상(H), 명도(V), 채도(C)를 HV/C로 표기한다.
> 예 빨강의 순색은 5R 8/4는 색상이 빨강으로 5R, 명도가 8이며, 채도가 4인 색채이다.

22 오스트발트 표색계에 대한 설명 중 틀린 것은?

① 혼합하는 색량의 비율에 의하여 만들어진 체계이다.
② 빨강(R), 노랑(Y), 녹색(G), 파랑(B), 보라(P)의 5색을 같은 간격으로 배열하였다.
③ 기본이 되는 색채는 완전색 C, 이상적 백색 W, 이상적 흑색 B이다.
④ 헤링(E. Hering)의 4원색설을 기본으로 하였다.

> **해설** 오스트발트(W. Ostwald) 표색계
> ㉠ 오스트발트 표색계는 헤링의 4원색설을 기본으로 색량의 대소에 의하여, 즉 혼합하는 색량(色量)의 비율에 의하여 만들어진 색체계이다.
> ㉡ 각 색상은 황, 주황, 적, 자, 청, 청록, 녹, 황록의 8가지 주요 색상을 기본으로 하고 이것을 다시 3색상씩 분할해 24색상으로 만들어 24색환이 된다.
> ㉢ 24색상환의 보색은 반드시 마주 보는 12번째 색에 있게 된다.
> ㉣ 백색량(W), 흑색량(B), 순색량(C)의 합을 100%로 하고 어떤 색이라도 혼합량의 합은 항상 일정하다. 순색량이 없는 무채색은 W+B=100%가 되도록 하고, 순색량이 있는 유채색은 W+B+C=100%가 된다.
> ㉤ 오스트발트 색입체는 주판알 모양 같은 복원추체가 된다.

23 색입체에 관한 내용으로 틀린 것은?

① 색상, 명도, 채도를 3차원 공간에 배열한 것이다.
② Munsell의 색입체는 나무 모양이다.
③ Ostwald의 색입체는 삼각추체 모양이다.
④ 명도순으로 된 무채색축을 색입체의 중심에 두었다.

해설 색의 3속성인 색상, 명도, 채도를 3차원의 공간 속에 계통적으로 배열한 것을 색입체(color solid)라고 한다. 오스트발트의 색입체는 1923년 정삼각형의 꼭 짓점에 순색, 하양, 검정을 배치하여 3각 좌표를 만든 등색상 삼각형의 형태로 복원추체이다.

24 스웨덴의 색채표준으로 채용된 표색계로 헤링의 심리 4원색과 백, 흑 등 6색을 원색으로 하는 표색계는?

① 먼셀 표색계
② 오스트발트 표색계
③ NCS 표색계
④ PCCS 표색계

해설 NCS(Natural Color System) 표색계
스웨덴 컬러센터(Sweden Color Center)에서 1979년 1차 NCS 색표집, 1995년 2차 NCS 색표집을 완성하여 스웨덴과 노르웨이, 스페인의 국가 표준색 제정에 기여한 표색계이다. 색은 6가지 심리 원색인 하양(W), 검정(B), 노랑(Y), 빨강(R), 파랑(B), 초록(G)을 기본으로 각각의 구성비로 나타내고, 하양량, 검정량, 순색량의 3가지 속성 가운데 검정량(blackness)과 순색량(chromaticness)의 뉘앙스(nuance)만 표기한다.

25 먼셀 색상환에 의한 표색방법에서 각 색상의 중심이 되는 색상 수는?

① 1   ② 5
③ 10   ④ 20

해설 먼셀의 색상환은 적(red), 황(yellow), 녹(green), 청(blue), 자(purple)의 기본 5색상으로 하고, 기준색 5색이 같은 간격으로 배치된 후 그들 가운데마다 주황(YR), 연두(GY), 청록(BG), 남색(PB), 자주(RP)의 중간색을 두어 10개의 색상으로 등분한다. 이 10등분은 다시 10등분되어 모두 100등분된 색상환이 된다. 각 색상은 숫자 1에서 10으로 연속되어 붙여지고 각 색상별로 반복되어 5는 항상 기본색상을 표시하고 10은 항상 다음 색상의 1과 맞붙어서 연결된다.

26 다음 관용색 중 채도가 가장 높은 색은? (KS표준 기준)

① 산호색   ② 벽돌색
③ 옥색   ④ 올리브색

해설 관용색명(慣用色名, individual color name)
고유색명 중에서 비교적 잘 알려져 예부터 습관적으로 사용되고 있는 색명을 말한다. 고유한 색명으로 동물, 식물, 지명, 인명 등이 있으며 연어살색, 쥐색 등의 동물과 관련된 색이름 및 밤색, 살구색, 호박색 등 식물과 관련된 이름 등이 있다.
예 산호색 2.5R7/10.5

27 색입체를 수평으로 절단하면 중심축의 회색 주위에 나타나는 모양은? (단, 먼셀 표색계 기준)

① 같은 채도의 여러 색상
② 같은 색상의 채도변화
③ 같은 명도의 여러 색상
④ 같은 명도의 같은 색상

해설 먼셀(Munsell)의 색입체 단면도
㉠ 색입체를 수평으로 잘라 보면 방사형태의 색상이 나타나며 같은 명도의 색이 나타나므로 등면도면이라 한다.
㉡ 색입체를 수직으로 잘라 보면 같은 색상이 나타나므로 등색상면이라 한다.

정답   23 ③   24 ③   25 ②   26 ①   27 ③

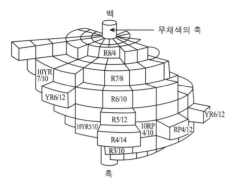

[먼셀의 색입체 모형]

28 HV/C로 색채를 표시할 때 'C'가 뜻하는 것은?

① 색상　　　　② 명도
③ 채도　　　　④ 대비

해설　**먼셀기호 표기법**
색상(H), 명도(V), 채도(C)는 HV/C로 표기된다.
예 빨강의 순색은 5R 4 / 14, 색상이 빨강으로 5R, 명도가 4이며, 채도가 14인 색채

29 오스트발트 색체계의 기본이 되는 색채가 아닌 것은?

① 모든 파장의 빛을 완전히 흡수하는 이상적인 검정
② 모든 파장의 빛을 완전히 반사하는 이상적인 흰색
③ 모든 파장의 빛을 완전히 흡수 및 반사하는 이상적인 회색
④ 이상적인 순색

해설　**오스트발트 표색계**
㉠ 오스트발트 표색계의 특징은 색량의 많고 적음에 의하여 만들어진 것으로 혼합하는 색량의 비율에 의하여 만들어진 체계이다.
㉡ 오스트발트 표색계의 기본이 되는 색채(related color)

- 모든 파장의 빛을 완전히 흡수하는 이상적인 흑색(black) : B
- 모든 파장의 빛을 완전히 반사하는 이상적인 백색(white) : W
- 완전색(full color, 이상적인 순색) : C

30 혼색계(混色系, color mixing system)에 대한 설명 중 옳은 것은?

① 물체색을 표시하는 표색계로서 표준색표의 기호나 번호를 붙인다.
② 심리적인 색의 3속성에 따라 행해지는 혼색체계이다.
③ 심리적·물리적인 빛의 혼색실험 결과에 기초를 둔 것이다.
④ Munsell 표색계가 대표적인 것으로 측색학의 기본이 된다.

해설　**혼색계와 현색계**
㉠ 혼색계(color mixing system)
- 색(colar of light)을 표시하는 표색계로서 심리적·물리적인 병치의 혼색실험에 기초를 두는 것으로서 현재 측색학의 기본이 되고 있다.
- 오늘날 사용하고 있는 CIE 표준표색계(XYZ 표색계)가 가장 대표적인 것이다.
㉡ 현색계(color appearance system)
- 색채(물체색, color)를 표시하는 표색계로서 특정의 착색물체, 즉 색표로서 물체표준을 정하여 여기에 적당한 번호나 기호를 붙여서 시료 물체의 색채와 비교에 의하여 물체의 색채를 표시하는 체계이다.
- 현색계의 가장 대표적인 표색계는 먼셀 표색계와 오스트발트 표색계이다.

31 KS산업표준에 있지 않는 표색계는?

① NCS 표색계
② 먼셀 표색계
③ $L^{*}a^{*}b^{*}$ 표색계
④ XYZ 표색계

NCS 표색계

시대에 따라 변하는 유행색(trend color)이 아닌 보편적인 자연색을 기본으로 인간이 어떻게 색채를 보느냐에 기초한 표색계로 색은 6가지 심리 원색인 하양(W), 검정(B), 노랑(Y), 빨강(R), 파랑(B), 초록(G)을 기본으로 각각의 구성비로 나타내고, 하양량, 검정량, 순색량의 3가지 속성 가운데 검정량(blackness)과 순색량(chromaticness)의 뉘앙스(nuance)만 표기한다. 먼셀 표색계와 CIE 표색계는 한국산업규격(KS)에 채용되어 있는 표색계이다.

32 오스트발트 색상환은 무엇을 기본으로 하여 만들어졌는가?

① 먼셀의 5원색

② 뉴턴의 프리즘

③ 헤링의 4원색

④ 영·헬름홀츠의 3원색

오스트발트(W. Ostwald) 표색계

㉠ 오스트발트 표색계는 헤링의 4원색설을 기본으로 색량의 대소에 의하여, 즉 혼합하는 색량(色量)의 비율에 의하여 만들어진 색체계이다.

㉡ 황, 적, 청, 녹의 4가지 주요 색상을 기준으로 그 중간색 주황, 자, 청록, 황록의 8가지 색상을 만들고 이것을 다시 3색상씩 분할해 24색상으로 만들어 24색환이 된다.

㉢ 24색상환의 보색은 반드시 마주 보는 12번째 색에 있게 된다.

㉣ 백색량(W), 흑색량(B), 순색량(C)의 합을 100%로 하고 어떤 색이라도 혼합량의 합은 항상 일정하다. 순색량이 없는 무채색은 W+B=100%가 되도록 하고, 순색량이 있는 유채색은 W+B+C=100%가 된다.

㉤ 오스트발트 색입체는 주판알 모양 같은 복원추체가 된다.

33 다음 중 현색계(color appearance system)와 관계 있는 것은?

① 색광의 색

② 빛의 색

③ 심리·물리 색

④ 물체의 색

현색계(color appearance system)

㉠ 색채(물체색, color)를 표시하는 표색계. 특정의 착색물체, 즉 색표로서 물체표준을 정하여 여기에 적당한 번호나 기호를 붙여서 시료물체의 색채와 비교하여 물체의 색채를 표시하는 체계이다.

㉡ 현색계의 가장 대표적인 표색계는 먼셀 표색계와 오스트발트 표색계이다.

34 오스트발트 표색계의 색표기방법인 '8pa' 중 'p'가 의미하는 것은?

① 색상기호

② 흑색량

③ 백색량

④ 순색량

오스트발트 색표시

색표시는 색상기호와 백색량, 흑색량 순서로 한다. 따라서 8pa에서 색상기호는 8, p는 백색량, a는 흑색량을 의미한다.

오스트발트 색기호 표기에서 흰색량·검정량의 함량비율 비교표

기호	a	c	e	g	i	l	n	p
흰색량	89	56	35	22	14	8.9	5.6	3.5
검정량	11	44	65	78	86	91.1	94.4	96.5

35 'B+C+W=100'이란 이론을 만들어 낸 학자는?

① 먼셀

② 뉴턴

③ 오스트발트

④ 맥스웰

오스트발트(W. Ostwald) 표색계

㉠ 오스트발트 표색계는 헤링의 4원색 이론을 기본으로 색량의 대소에 의하여, 즉 혼합하는 색량(色量)의 비율에 의하여 만들어진 체계이다.

㉡ 백색량(W), 흑색량(B), 순색량(C)의 합을 100%로 하고 어떤 색이라도 혼합량의 합은 항상 일정하다. 순색량이 없는 무채색이라면 W+B=100%가 되도록 하고, 순색량이 있는 유채색은 W+B+C=100%가 된다.

36 CIE(국제조명위원회)에서 규정한 표준광(光) 중 맑은 하늘의 평균 낮 광선을 대표하는 광원은?

① 표준광 A   ② 표준광 D
③ 표준광 C   ④ 표준광 B

해설 CIE(국제조명위원회)의 표준광원
　㉠ 표준광원 A : 분포온도가 약 2856K이 되도록 점등한 투명 밸브가스가 들어 있는 텅스텐 코일 전구이다.
　㉡ 표준광원 B : 표준광원 A에 규정한 데이비스–깁슨 필터를 걸어서 상관 색온도를 약 4874K으로 한 광원으로 직사태양광이다.
　㉢ 표준광원 C : 표준광원 A에 데이비스–깁슨 필터를 걸어서 상관 색온도를 약 6774K으로 한 광원으로 맑은 하늘의 평균 낮 광선을 대표하는 광원이다.
　㉣ 표준광원 D : 국제실용온도 눈금표시용 광원이다.

37 CIE 표색방법에 관한 설명 중 옳은 것은?

① 적, 녹, 청의 3색광을 혼합하여 3자극치에 따른 표색방법
② 색필터의 중심으로 인한 다른 색상의 표색방법
③ 일정한 원색을 혼합하여 얻는 방법
④ 색의 차를 수량으로 나타내는 방법

해설 CIE 표색계(국제조명위원회 표색계)
적, 녹, 청의 3색광을 혼합하여 3자극치에 따른 표색방법으로 가장 과학적인 표색법이라고 하며, 분광광도계(分光光度計)에 의한 측정값을 기초로 하여 모든 색을 xyY라는 3가지 양으로 표시한다. Y는 측광량이라 하며 색의 밝기의 양, x·y는 한 조로 해서 색도를 나타낸다. 색도란 밝음을 제외한 색의 성질로서 xy축에 의한 도표(색도표) 가운데에 점으로 표시된다. 각 파장의 단색광(單色光)의 색도를 도표 위에서 구하고 그것들을 선으로 연결한 다음에 순자(純紫)·순적자(純赤紫)의 색도점을 연결하면 도표상에 말굽 모양이 그려지고 모든 색이 이 안에 포함된다.

38 먼셀의 색상환에서 BG는 무슨 색인가?

① 청록   ② 연두
③ 남색   ④ 노랑

해설 먼셀(Munsell)의 표색계
먼셀 색상은 각각 red(적), yellow(황), green(녹), blue(청), purple(자)의 R, Y, G, B, P 5가지 기본색과 주황(YR), 연두(GY), 청록(BG), 남색(PB), 자주(RP)의 5가지 중간색으로 10등분되고, 이러한 색을 각기 10단위로 분류하여 100색상으로 분할하였다.

39 먼셀기호 '5Y 8 / 10'에서 숫자 10은?

① 색상   ② 명도
③ 색조   ④ 채도

해설 먼셀(Munsell)의 표색계
　㉠ 미국의 화가이며 색채연구가인 먼셀에 의해 1905년 창안된 체계로서 색의 3속성인 색상, 명도, 채도로 색을 기술하는 체계방식으로 우리나라에서 채택하고 있는 한국산업규격(KS) 색채표기법이다.
　㉡ 먼셀기호 표기법 : 색상, 명도, 채도의 기호는 H, V, C이며, HV/C로 표기된다.
　　예 5Y 8 / 10은 색상이 5Y, 명도가 8이며, 채도가 10인 색채

40 NCS 표기법의 'S2030–Y90R'에 대한 설명 중 틀린 것은?

① S는 두 번째 판을 의미한다.
② 20%의 검정 30%의 유채 색도이다.
③ YR의 혼합비율로 90%의 빨강 색도를 띤 노란색이다.
④ 90%의 노란 색도를 띤 빨간색을 뜻한다.

해설 NCS 표색계
시대에 따라 변하는 유행색(trend color)이 아닌 보편적인 자연색을 기본으로 '색에 대한 감정의 자연적 시스템'에 기초한 표색계로 색은 6가지 심리 원색인 하양(W), 검정(S), 노랑(Y), 빨강(R), 파랑(B), 초록

(G)을 기본으로 각각의 구성비로 나타내고, 하양량, 검정량, 순색량의 3가지 속성 가운데 검정량(blackness)과 순색량(chromaticness)의 뉘앙스(nuance)만 표기한다. Y90R에서 Y는 색상을, 90R은 90%의 빨강 색도를 말한다.

41 먼셀의 표색기호 5G 5 / 8에 대한 설명 중 옳은 것은?

① 색상 5G, 채도 5, 명도 8
② 색상 5G, 명도 5, 채도 8
③ 명도 5G, 색상 5, 채도 8
④ 채도 5G, 명도 5, 색상 8

해설 먼셀 기호표기법
색상(H), 명도(V), 채도(C)는 HV/C로 표기된다.
예 빨강의 순색은 5R 4/14, 색상이 빨강으로 5R, 명도가 4이며, 채도가 14인 색채

42 먼셀 색입체에 관한 설명 중 틀린 것은?

① 색상은 명도축을 중심으로 원주상에 구성되어 있다.
② 명도는 직선적으로 변한다.
③ 채도는 방사적으로 변한다.
④ 명도는 위로 올라갈수록, 채도는 색입체의 중심에 가까울수록 증가한다.

해설 먼셀(Munsell)의 색입체(color soild)
색의 3속성인 색상, 명도, 채도에 의해 색을 조직적으로 배열하여 한눈에 알아볼 수 있도록 입체적으로 만든 구조체로 1898년 먼셀이 창안했으며 색채나무(color tree)라 한다.
㉠ 색상(hue) : 원의 형태로 무채색을 중심으로 배열된다.
㉡ 명도(value) : 수직선 방향으로 아래에서 위로 갈수록 명도가 높아진다.
㉢ 채도(chroma) : 방사형의 형태로 안쪽에서 밖으로 나올수록 높아진다.

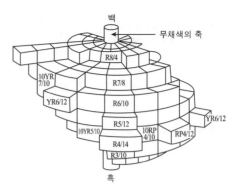

[먼셀의 색입체 모형]

43 회전혼색에 의한 색의 면적비를 색표구성의 기초로 하여 '백색량＋흑색량＋순색량＝100%'로 한 색체계는?

① 먼셀 색체계
② 오스트발트 색체계
③ JIS 색체계
④ KS 색체계

해설 오스트발트(W. Ostwald) 표색계
㉠ 오스트발트 표색계는 혼합하는 색량(色量)의 비율에 의하여 만들어진 체계이다.
㉡ 모든 파장의 빛을 완전히 흡수하는 이상적인 흑색(black)을 B, 모든 파장의 빛을 완전히 반사하는 이상적인 백색(white)을 W, 완전색(full color, 순색)을 C로 하고, 이 3가지의 혼합량을 기호화하여 색채를 표시하는 체계이다.
㉢ 오스트발트는 백색량(W), 흑색량(B), 순색량(C)의 합을 100%로 하였기 때문에 등색상면뿐만 아니라 어떠한 색이라도 혼합량의 합은 항상 일정하다. 순색량이 있는 유채색은 W+B+C=100%가 된다.

44 먼셀의 색상환에서 PB는 무슨 색인가?

① 주황   ② 청록
③ 자주   ④ 남색

[해설] 먼셀 색상은 적(red), 황(yellow), 녹(green), 청(blue), 자(purple)의 기본 5색상으로 하고, 다음 주황(YR), 연두(GY), 청록(BG), 남색(PB), 자주(RP)의 중간색을 두어 10개의 색상으로 등분한다.

45 오스트발트 표색계에 대한 설명으로 틀린 것은?

① yellow, ultramarine blue, red, sea green이 기준색이다.
② 순색, 하양, 검정의 혼합비에 의해 표시한다.
③ 기호 앞의 문자는 흑색량, 기호 뒤의 문자는 백색량을 표시한다.
④ 24색상환을 사용한다.

[해설] 오스트발트(W. Ostwald) 표색계
㉠ 오스트발트 표색계는 헤링의 4원색설을 기본으로 색량의 대소에 의하여, 즉 혼합하는 색량(色量)의 비율에 의하여 만들어진 색체계이다.
㉡ 황, 적, 청, 녹(yellow, red, ultramarine blue, sea green)의 4가지 주요 색상을 기준으로 그 중간색인 주황, 자, 청록, 황록의 8가지 색상을 만들고, 이것을 다시 3색상씩 분할해 24색상으로 만들어 24색환이 된다.
㉢ 백색량(W), 흑색량(B), 순색량(C)의 합을 100%로 하고 어떤 색이라도 혼합량의 합은 항상 일정하다.
㉣ 기호 앞의 문자는 백색량, 기호 뒤의 문자는 흑색량을 표시한다.

46 색입체에 관한 내용으로 잘못된 것은?

① 색의 3속성을 3차원 공간에 계통적으로 표현한 것이다.
② 명도는 위로 갈수록 높아진다.
③ 채도는 중심에서 멀어질수록 낮아진다.
④ 색상은 스펙트럼 순으로 둥글게 배열하였다.

[해설] 색입체(color soild)
색의 3속성인 색상, 명도, 채도에 의해 색을 조직적으로 배열하여 한눈에 알아볼 수 있도록 입체적으로 만든 구조체로 1898년 먼셀이 창안했고 색채나무(color tree)라 한다.
㉠ 색상(hue) : 원의 형태로 무채색을 중심으로 배열된다.
㉡ 명도(value) : 수직선 방향으로 아래에서 위로 갈수록 명도가 높아진다.
㉢ 채도(chroma) : 방사형의 형태로 안쪽에서 밖으로 나올수록 높아진다.

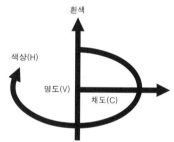

47 오스트발트는 색상과 명도 단계를 몇 등분하여 등색상 삼각형이 되게 하고 이를 기본으로 색채조화의 이론을 발표하였는가?

① 24색상, 명도 10단계
② 24색상, 명도 8단계
③ 20색상, 명도 7단계
④ 20색상, 명도 5단계

[해설] 오스트발트(W. Ostwald) 표색계
㉠ 황, 적, 청, 녹의 4가지 주요 색상을 기준으로 그 중간색 주황, 자, 청록, 황록의 8가지 색상을 만들고 이것을 다시 3색상씩 분할해 24색상으로 만들어 24색환이 된다.
㉡ 무채색의 명도 단계는 8단계로 하고, 각각에 a, c, e, g, i, l, n, p의 기호를 붙여 a가 가장 밝은 색표의 백색, p가 가장 어두운 색표의 흑색을 나타내고 있다

[정답] 45 ③ 46 ③ 47 ②

48 먼셀 색상환에서 GY는 어떤 색인가?

① 초록   ② 연두

③ 노랑   ④ 하늘색

해설 먼셀 색상환

먼셀 색상은 각각 적(red), 황(yellow), 녹(green), 청(blue), 자(purple)의 R, Y, G, B, P 기본 5색상으로 하고, 다음 주황(YR), 연두(GY), 청록(BG), 남색(PB), 자주(RP)의 중간색을 두어 10개의 색상으로 등분한다.

49 다음은 먼셀의 기본표색계이다. (A)에 맞는 요소는?

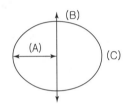

① White   ② Hue

③ Chroma   ④ Value

해설 먼셀(Munsell)의 표색계

먼셀(A. H. Munsell)에 의해 1905년 창안된 체계로서 색의 3속성인 색상, 명도, 채도로 색을 기술하는 체계방식이다.

㉠ 색상(hue) : 원의 형태로 무채색을 중심으로 배열된다.

㉡ 명도(value) : 수직선 방향으로 아래에서 위로 갈수록 명도가 높아진다.

㉢ 채도(chroma) : 방사형의 형태로 안쪽에서 밖으로 나올수록 높아진다.

50 색채환경분석에서 경쟁업체의 관용색채 분석 대상으로 가장 거리가 먼 것은?

① 기업색   ② 상품색

③ 포장색   ④ 기호색

해설 색채환경분석

㉠ 기업색, 상품색, 선전색, 포장색 등 경합업체의 관용색 분석·색채예측 데이터의 수집

㉡ 색채예측 데이터의 수집 능력, 색채의 변별, 조색 능력 필요

51 오스트발트 표색계에 대한 설명 중 틀린 것은?

① 등색상 삼각형에서 무채색축과 평행선 상에 있는 색들은 순색 혼량이 같은 색 계열이다.

② 무채색에 포함되는 백에서 흑까지의 비율은 백이 증가하는 방법을 등비급수적으로 선택하고 있다.

③ 헤링의 4원색설을 기본으로 하여 색상 분할을 원주의 4등분이 서로 보색이 되도록 하였다.

④ Ostwald의 색입체는 원통형의 모양이 된다.

해설 오스트발트의 색입체는 1923년 헤링의 4원색설을 기본으로 하여 색상분할을 원주의 4등분이 서로 보색이 되도록 하였다. 정삼각형의 꼭짓점에 순색, 하양, 검정을 배치한 3각 좌표를 만든 등색상 삼각형의 형태로 색입체는 복원추체이다.

52 다음 오스트발트 색기호 표기에서 '17'이 뜻하는 것은?

17nc

① 순색량   ② 흰색량

③ 검정량   ④ 색상

해설 오스트발트 색기호 표기에서 흰색량·검정량의 함량비율 비교표

기호	a	c	e	g	i	l	n	p
흰색량	89	56	35	22	14	8.9	5.6	3.5
검정량	11	44	65	78	86	91.1	94.4	96.5

'17nc'는 색상번호가 17이고, 흰색량은 5.6%, 흑색량은 44%로 순색량 C는 50.4%[＝100−(5.6+44)]를 의미한다.

53 먼셀의 색입체 수직 단면도에서 중심축 양쪽에 있는 두 색상의 관계는?

① 인접색
② 보색
③ 유사색
④ 약보색

해설 ㉠ 보색
- 서로 반대되는 색상, 즉 색상환에서 180° 반대편에 있는 색이다.
- 보색인 색광을 혼합하여 백색광이 되었을 때 두 색광은 서로 상대에 대한 보색이라 하는데 빨강과 청록, 파랑과 노랑, 녹색과 자주를 혼합하면 백색광이 된다.

㉡ 먼셀(Munsell)의 색입체 단면도
- 색입체를 수평으로 잘라 보면 방사형태의 색상이 나타나며 같은 명도의 색이 나타나므로 등명도면이라 한다.
- 색입체를 수직으로 잘라 보면 같은 색상이 나타나므로 등색상면이라 한다.

54 다음 중 식물의 이름에서 유래된 관용색명은?

① 피콕 블루(peacock blue)
② 세피아(sepia)
③ 에메랄드 그린(emerald green)
④ 올리브(olive)

해설 관용색명(慣用色名, individual color name)
고유색명 중에서 비교적 잘 알려져 예부터 습관적으로 사용되고 있는 색명을 말한다. 고유한 색명으로 동물, 식물, 지명, 인명 등이 있으며, 쥐색, 새먼 핑크(salmon pink), 피콕 블루(peacock blue) 등의 동물과 관련된 색이름 및 밤색, 살구색, 호박색, 올리브(olive) 등 식물과 관련된 이름, 광물 또는 보석과 관련된 에메랄드 그린(emerald green) 등이 있다.

55 오스트발트의 색상환을 구성하는 4가지 기본색은 무엇을 근거로 한 것인가?

① 헤링(Hering)의 반대색설
② 뉴턴(Newton)의 광학이론
③ 영·헬름홀츠(Young−Helmholtz)의 색각이론
④ 맥스웰(Maxwell)의 회전색 원판 혼합이론

해설 오스트발트(W. Ostwald) 표색계
㉠ 오스트발트 표색계는 헤링의 반대색설을 기본으로 색량의 대소에 의하여, 즉 혼합하는 색량(色量)의 비율에 의하여 만들어진 색체계이다.
㉡ 헤링의 4원색설을 기본으로 하여 색상분할을 원주의 4등분이 서로 보색의 관계가 되도록 하였다.

56 다음 관용색과 계통색에 관한 내용으로 틀린 것은?

① 고동색은 관용색이름이다.
② 풀색은 계통색이름이다.
③ 관용색이름은 옛날부터 전해 내려오는 습관상으로 사용하는 색이다.
④ '어두운 녹갈색'은 계통색이름의 표시 예이다.

해설 색명(色名)
㉠ 계통색명(系統色名, systematic color name) : 일반색명이라고 하며 색상, 명도, 채도를 표시하는 색명이다.
㉡ 관용색명(慣用色名, individual color name) : 고유색명 중에서 옛날부터 전해 내려오는 습관상으로 사용하는 색명을 말한다. 고유한 색명으로 동물, 식물, 지명, 인명 등이 있으며, 쥐색 등의 동물과 관련된 색이름 및 밤색, 살구색, 호박색, 풀색 등은 식물과 관련된 이름이다

57 그림과 같은 색입체를 만드는 원리에서 수직 축(A)에 해당되는 요소는?

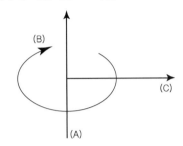

① 색상 ② 명도
③ 순도 ④ 채도

해설 **먼셀(Munsell)의 색입체(color soild)**
색의 3속성인 색상, 명도, 채도에 의해 색을 조직적으로 배열하여 한눈에 알아볼 수 있도록 입체적으로 만든 구조체이다
㉠ 색상(hue) : 원의 형태로 무채색을 중심으로 배열된다.
㉡ 명도(value) : 수직선 방향으로 아래에서 위로 갈수록 명도가 높아진다.
㉢ 채도(chroma) : 방사형의 형태로 안쪽에서 밖으로 나올수록 높아진다.

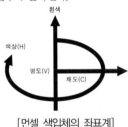

[먼셀 색입체의 좌표계]

58 먼셀(Munsell) 색상의 기준색상은 몇 가지인가?

① 3가지 ② 5가지
③ 7가지 ④ 8가지

해설 **먼셀(Munsell)의 표색계**
㉠ 먼셀 색상은 각각 red(적), yellow(황), green(녹), blue(청), purple(자)의 R, Y, G, B, P 5가지 기본색과, 주황(YR), 연두(GY), 청록(BG), 남색(PB), 자주(RP)의 5가지 중간색으로 10등분된다.

㉡ 각 색상에는 1~10의 번호가 붙어 5번이 색상의 대표색이다.

59 계통색명에 관한 내용으로 옳은 것은?

① 색상, 명도, 채도에 따라 분류
② 감상적 부정확성
③ 고유색명
④ 기억, 상상이 용이

해설 **계통색명**
기본색명 앞에 색상을 나타내는 수식어와 톤을 나타내는 수식어를 붙여 표현하는 것이 계통색명이다.
㉠ 색상을 나타내는 수식어는 빨간(적)__, 노란(황)__, 초록빛(녹)__, 파란(청)__, 보랏빛_, 자주빛(자)__, 분홍빛_, 갈__, 흰__, 회__, 검은(흑)__ 등으로 표현할 수 있다. 즉, 빨간 주황, 노란 분홍, 초록빛 갈색, 보랏빛 회색, 자줏빛 분홍 등으로 표현된다.
㉡ 명도와 채도의 차이인 톤을 나타내는 수식어는 선명한, 밝은, 진한, 연한, 흐린, 탁한, 어두운, 흰, 밝은 회, 회, 어두운 회, 검은 등으로 표현할 수 있다.

60 한국산업표준의 색이름에 대한 수식어 사용방법을 따르지 않은 색이름은?

① 어두운 보라 ② 연두 느낌의 노랑
③ 어두운 적회색 ④ 밝은 보랏빛 회색

해설 한국산업표준의 색이름에 대한 수식어

수식어	적용되는 기본 색이름
빨강 기미의	보라 – (빨강) – 노랑, 무채색의 기본 색이름
노랑 기미의	빨강 – (노랑) – 녹색, 무채색의 기본 색이름
녹색 기미의	노랑 – (녹색) – 파랑, 무채색의 기본 색이름
파랑 기미의	녹색 – (파랑) – 보라, 무채색의 기본 색이름
보라 기미의	파랑 – (보라) – 빨강, 무채색의 기본 색이름

※ 수식어 순서 : 수식어는 일반적으로 기본 색이름을 앞에, 색상에 관한 수식어, 명도와 채도에 관한 수식어의 순으로 붙인다.

예 빨강 기미의 보라, 노랑 기미의 녹색

※ 주의 : ( )를 한 것은 '빨강 기미의 빨강' 등으로 쓰지 않는다.

61 색채표준화의 기본요건으로 거리가 먼 것은?

① 국제적으로 호환되는 기록방법
② 색채 간의 지각적 등보성 유지
③ 특수집단을 위한 범용적이고 실용적인 목적
④ 모호성을 배제한 정량적 표기

해설 색채표준화

색채표준화는 색의 정확한 측정·전달, 보관, 관리 및 재현을 위해 색채를 표준화한 것이다. 표준화 조건은 다음과 같다.

㉠ 과학적, 합리적 체계
㉡ 사용 용이
㉢ 색채 간 지각적 등보성 유지
㉣ 일반안료로 재현 가능

62 오스트발트(W. Ostwald) 표색계의 원리에 대한 설명 중 틀린 것은?

① 빛을 100% 완전히 반사하는 백색
② 빛을 100% 완전히 흡수하는 흑색
③ 유채색축을 중심으로 하는 24색상을 가진 등색상 삼각형
④ 특정 영역의 파장만 완전히 반사하고 나머지는 완전히 흡수하는 순색

해설 오스트발트(W. Ostwald) 표색계

㉠ 오스트발트 표색계의 특징은 색량의 많고 적음에 의하여 만들어진 것으로 혼합하는 색량의 비율에 따라 무채색축을 중심으로 24색상을 가진 등색상 삼각형의 체계를 이루고 있다.

㉡ 오스트발트 표색계의 기본이 되는 색채(related color)

• 모든 파장의 빛을 완전히 흡수하는 이상적인 흑색(black) : B
• 모든 파장의 빛을 완전히 반사하는 이상적인 백색(white) : W
• 완전색(full color, 이상적인 순색) : C

63 먼셀 시스템에서 10가지 기본색상에 해당되지 않는 것은?

① red-purple   ② blue
③ yellow-blue   ④ green

해설 먼셀(Munsell)의 표색계

㉠ 미국의 화가이며 색채연구가인 먼셀에 의해 1905년 창안된 체계로서 색의 3속성인 색상, 명도, 채도로 색을 기술하는 체계방식이다.

㉡ 먼셀 색상은 각각 red(적), yellow(황), green(녹), blue(청), purple(자)의 R, Y, G, B, P 5가지 기본색과, 주황(YR : yellow-red), 연두(GY : green-yellow), 청록(BG : blue-green), 남색(PB : purple-blue), 자주(RP : red-purple)의 5가지 중간색으로 10등분하였다.

64 오스트발트 색채체계와 관련이 없는 것은?

① 헤링의 4원색설
② C+W+B=100%
③ 20색상환
④ 등순계열

해설 오스트발트(W. Ostwald) 표색계

㉠ 오스트발트 표색계는 헤링의 4원색설을 기본으로 색량의 대소에 의하여, 즉 혼합하는 색량(色量)의 비율[백색량(W), 흑색량(B), 순색량(C)의 합을 100%)]에 의하여 만들어진 색체계이다.

㉡ 황, 적, 청, 녹의 4가지 주요 색상을 기준으로 그 중간색 주황, 자, 청록, 황록의 8가지 색상을 만들고, 이것을 다시 3색상씩 분할해 24색상으로 만들어 24색환이 된다.

색의 지각적인 효과

CHAPTER 04 색의 지각적인 효과

4.1 색의 감각

색의 감각과 지각은 확실히 구별되는데 우리들이 일상생활에서 경험하는 색의 세계는 대부분 지각색에 해당된다. 색이 지각되는 현상적인 상태와 나타나는 양상은 다음과 같이 분류한다.

색은 시각을 통하여 인간에게 지각되며, 이 자극은 생리지각적인 효과와 동시에 감정을 일으키는 심리적인 효과를 유발한다. 이것은 물리적·화학적 현상과는 뚜렷이 구별되며, 이를 종합적으로 색채의 지각적 효과라 할 수 있다.

(1) 색의 대비

색의 세계는 상대적인 것으로, 둘러싸고 있는 주위의 색의 영향을 받아 같은 색이라도 '다른 색과의 관계'로 느껴진다. 이와 같이 어떤 색이 다른 색의 영향을 받아서 본래의 색과는 다른 색으로 보이는 현상을 '색채대비'라고 부른다. 이러한 색채의 대비현상은 눈의 망막에서 일어나는 생리적인 측면과 뇌신경과의 과정에서 기인한다고 알려져 있다.

색의 대비는 크게 나누어 동시대비와 계속대비로 나뉜다. 색채는 단독으로 사용되는 경우보다는 항상 다른 색과 인접하여 사용된다. 따라서 색채 간의 영향관계, 즉 대비이론을 이해하는 것이 매우 중요하다.

① 동시대비(同時對比)

2가지 이상의 색들을 한꺼번에 볼 때 일어나는 '동시대비'(simultaneous contrast)는 시선을 한 점에 동시적으로 고정시키려는 색채지각에 일어나는 현상이다.

㉮ 명도대비(明度對比) : 명도가 다른 두 색이 서로의 영향으로 밝은색은 더 밝게 어두운색은 더 어둡게 보이는 현상으로 명도차가 클수록 대비현상이 강하게 일어난다. 명도대비는 자극의 명도와 그것을 둘러싼 사물의 명도 사이의 차이에 비례한다. 즉, 2개의 색료가 지니는 명도차가 클수록 명도대비는 강하게 일어난다.

예를 들어, 검정색 위의 회색이 흰색 위에 회색보다 밝아 보인다. 이와 같이 같은 색이라도 뒷배경이 밝으면 어둡게 보이고 배경이 어두우면 밝게 보인다.

㉯ 채도대비(彩度對比) : 채도가 다른 두 색이 배색되어 있을 때에는 채도가 높은 색은 더욱 선명하게, 채도가 낮은 색은 더욱 흐려 보인다. 채도가 높은 색 가운데 채도가 낮은 색을 둘 때는 원래 채도보다 더욱 채도가 낮아 보이고, 낮은 채도 가운데 있는 높은 채도의 색은 한층 더 채도가 높게 보이며, 무채색 위에 위치하는 유채색은 훨씬 맑은 색으로 채도가 높아져 보인다.

예를 들어, 회색 위에 어두운 주황이 빨강색 위에 어두운 주황보다 채도가 더 높아 보인다. 그러나 무채색끼리는 채도대비가 일어나지 않는다.

㉰ **색상대비(色相對比)** : 색상대비는 명도와 채도를 일치시키는 조건에서 두 색 사이의 색상차가 크게 일어나는 경우를 가리킨다. 색상환에서 인접하는 두 색을 동시대비시키면 대비는 그 두 색의 서로 반대방향쪽으로 색상의 차이가 크게 변한다.

예를 들어, 주황과 빨강을 서로 대비시킬 때 주황은 심리보색인 청록방향으로 다소 치우친 색조를 느낄 수 있는 노랑의 방향으로 강하게 느껴지면서, 빨강보다는 노랑이 더 많이 혼합된 것처럼 느껴진다.

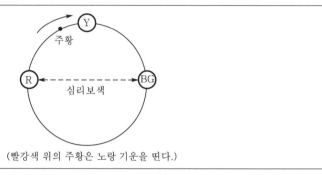

(빨강색 위의 주황은 노랑 기운을 띤다.)

[그림 4-1] 색상대비

㉱ **보색대비(補色對比)** : 색상이 정반대되는 보색끼리 배색되었을 때에는 각기의 색은 자체색의 색상이 더욱 뚜렷해지며 채도가 높아져 보이는 현상으로 색상대비는 명확하지 않다. 이와 같이 서로 보색인 색을 대비시켰을 때는 채도만 더욱 높게 보일 뿐 색상이 다른 색상으로 변해 보이지는 않는다.

예를 들면, 회색을 빨강, 또는 초록색 위에 두고 보면 빨강색 위의 회색은 초록 기운을 띠고 초록색 위의 회색은 빨강색 기운을 띤다. 이것은 빨강과 초록의 보색이 회색에 영향을 주고 있기 때문이다. 특히 빨강이나 초록 또는 노랑과 파랑과 같은 보색계열을 나란히 놓고 보면 제각기 채도가 높아지고 더욱 밝게 보이는 현상을 말한다.

② **계속대비(繼續對比)**

계시대비라고도 하며 어떤 색을 보고 난 후에 다른 색을 보는 경우 먼저 본 색의 영향으로 인해 다음에 보는 색이 다르게 보이는 현상으로, 먼저 본 색과 나중에 보는 색이 시간적으로 계속해서 생기는 대비현상이다. 유채색의 경우 보색잔상의 영향으로 먼저 본 색의 보색이 나중에 보는 색에 혼합되어 보인다.

예를 들어, 흰색 바탕에 빨강색을 놓고 한참 보다가 갑자기 빨강색을 없애 버리면 그 자리에 빨강색의 보색인 녹색이 보인다. 또 적색을 보다 황색을 보면 yellow green으로 보인다. 이러한 현상을 보색잔상이라고 한다.

③ 그 밖의 대비

㉮ **연변대비(緣邊對比)** : 어떤 두 색이 맞붙어 있을 때 그 경계 언저리는 멀리 떨어져 있는 부분보다 색상대비, 명도대비, 채도대비의 현상이 더 강하게 일어나는 현상이다.

예를 들어, 빨강색 종이에 작은 구멍을 뚫고 회색 종이 위에 덮으면 회색 종이는 그 경계가 되는 빨강색과 보색관계가 되든가 또는 그 보색에 가까운 초록색조를 띠게 된다. 또한 흰색과 회색이 접한 변이 검정색과 회색이 접한 변보다 진하게 보인다. 무채색은 명도 단계 배열 시, 유채색은 색상별로 배열 시 나타난다.

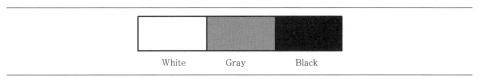

White　　　　Gray　　　　Black

[그림 4-2] 연변대비

[헤르만 그리드 현상(Hermann grid illusion)]

인접하는 2색을 망막세포가 지각할 때, 2색의 차이가 본래의 상태보다 강조된 상태로 지각되는 경우가 있는데, 교차되는 지점에 회색 잔상이 보이며 대비효과를 보이는 현상이다. [그림 4-3]에서처럼 사각의 검정 사각형 사이로 백색 띠가 교차하는 곳에 그림자가 보이게 된다. 이는 백색 교차 부분이 다른 것에 비해 검은색으로부터 거리가 있기 때문에 대비가 약해져 거무스름하게 보이는 것이다.

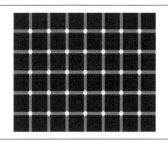

[그림 4-3] 헤르만 격자

㉯ **면적대비(面積對比)** : 면적대비란 면적의 크고 작음에 의해서 색이 다르게 보이는 현상이다. 즉, 면적이 커지면 명도, 채도가 증대되어 실제보다 더 밝고 선명하게 보이고 또 면적이 작아지면 명도와 채도가 감소되어 실제보다 어둡고 희미하게 보이는 현상이다.

예를 들어, 프랑스 국기는 빨강, 하양, 파랑의 3색 띠가 시각적으로 똑같은 크기로 느껴지게 분할되어 보이지만 실제로는 빨강, 하양, 파랑의 비율은 30 : 33 : 37로 되어 있다.

[표 4-1] 명도와 색면비

구 분	노랑	주황	빨강	보라	파랑	초록
괴테의 명도비율	9	8	6	3	4	6
잇텐의 색면비율	3	4	6	9	8	6

㉓ 한난대비(寒暖對比) : 모든 색채는 대체로 따뜻한 색채나 차가운 색채로 나뉘는데 빨강, 주황, 노랑과 같은 색들은 따뜻한 것으로 느껴진다. 반면 파랑, 남색, 청록 등은 차갑게 느껴진다.

색의 온도감은 빨강, 주황, 노랑, 연두, 초록, 파랑, 하양 등의 순서로, 즉, 파장이 긴 쪽이 따뜻하게 느껴지고, 파장이 짧은 쪽이 차갑게 느껴지는 것이 보통이다. 그러나 노랑연두, 연두, 풀색, 녹색, 초록, 보라, 붉은보라, 자주, 연지는 따뜻하지도 차갑지도 않은 중간온도의 느낌을 주는데 이러한 색을 '중성색'이라 한다. 또한 일반적으로 낮은 명도의 색은 높은 명도의 색보다 따뜻하게 느껴지는 편이다. 빨강보다는 노랑이 명도가 높으므로 빨강이 더 따뜻하게 느껴진다.

음양의 논리에서는 빨강색 계열과 초록색 계열로 양의 색과 음의 색을 나눈다. 즉 보라·자주·빨강·주황·노랑의 색들을 '양'(陽)의 색, 연두·초록·청록·파랑·남색의 색들을 '음'(陰)의 색으로서 구분 짓는다. 이러한 구분은 양이 더운 열을 가진 것으로, 음이 차가움을 가진 것으로 대별시켜 온 사고방식에서 나온 것이다.

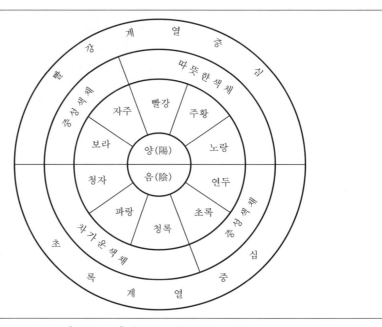

[그림 4-4] 음양에 의한 색의 2분법

④ **색의 동화(assimilation effect)**

2개 이상의 색을 보게 될 때는 반드시 색채대비만 일어나는 것은 아니다. 색채의 동시대비는 주위의 영향으로 인접색과 서로 반대되는 경향이 있는 현상이었으나 주위색의 영향으로 오히려 인접색에 가깝게 느껴지게 되는 현상을 동화효과(assimilation effect, spreading effect)라고 한다. 그래서 동화효과는 대비현상과는 반대되는 색채이며, 대체로 줄무늬와 같이 배경색의 면적이 작거나 주위색에 비슷한 색이 있거나 좁은 사이에 복잡한 색채 무늬들로 구성되어 있는 경우에 일어난다.

예를 들면, 회색 줄무늬라도 청색 줄무늬에 섞인 것은 청색처럼 보이고 노랑색 줄무늬에 섞인 것은 노랑색처럼 보인다. 또한 2가지 형의 중심 회색은 대비현상과는 반대의 현상으로 동화를 일으키기 위해서는 색의 영역이 하나로 종합되는 것이 필요하며, 둘러싸인 면적이 작거나 둘러싸인 색이 주위의 색과 비슷하거나 또는 복잡하고 섬세한 무늬에서 일어나는 현상이다. 여기에 대하여 대비현상을 일으키기 위해서는 색의 영역이 뚜렷이 분리되어야 한다.

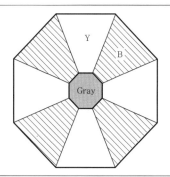

[그림 4-5] 색의 동화현상

앞의 2가지 형의 중심 회색은 노란색을 중심으로 보면 노랗게 보이고 푸른색을 중심으로 보면 푸르게 보인다. 이런 동화현상은 명도, 채도 및 색상 동화가 있으나 일반적으로 이러한 동화현상은 동시에 일어난다고 볼 수 있다. 동화효과가 생겨나려면 무늬의 폭은 좁고, 수는 비교적 많을 필요가 있으며, 무늬의 형상은 여러 가지일수록 좋다.

㉮ 동시대비와는 반대현상이며 주위의 영향으로 인접색과 닮은 색으로 변해 보이는 현상이다.

㉯ 색상동화, 명도동화, 채도동화가 있으나 이들은 모두 동시적으로 일어나는 현상으로 줄무늬와 같이 주위를 둘러싼 면적이 작거나 하나의 좁은 사이에 복잡하고 섬세하게 배치되었을 때에 일어난다.

㉰ 바탕에 비해 도형이 작고 선분이 가늘며, 그 간격이 좁을수록 더 효과가 나타나고, 배경색과 도형의 색이 명도와 색상 차이가 작을수록 효과가 현저하다.

  ㉠ 베졸드 효과(Bezold effect) : 색을 직접 섞지 않고 색점을 섞어 배열함으로써 전체 색조를 변화시키는 효과이며, 대비와는 반대되는 효과로 배경색이 더 밝아 보인다. 이것은 명도대비와 반대되는 효과로 동화현상 혹은 베졸드 효과라 불리는 현상이다.

ⓒ 애브니 효과(Abney effect) : 색의 파장이 같아도 채도가 달라지면 색이 다르게 보이는 것으로 채도가 달라진 그 색이 원래보다 색 주변의 인접색으로 기울어 보이는 현상이다.

ⓒ 단말효과(end effect) : 색의 순도가 보는 방향성에 따라 더 높아 보이는 현상이다.

ⓒ 색음현상(colored shadow) : 주위색의 보색이 중심에 있는 색에 겹쳐져 보이는 현상이다. 작은 면적의 회색이 채도가 높은 유채색으로 둘러싸일 때 회색이 유채색의 보색의 색조를 띠어 보이는 현상을 말한다. 색을 띤 그림자라는 의미로 괴테현상이라고도 한다.

ⓜ 매컬로 효과(McCollough effect) : 보색의 잔상이 이동되어 보이는 것으로 녹색+검정 가로줄무늬와 빨강+검정 세로줄무늬를 본 후 검정색 가로줄과 세로줄 두 방향에 회색 가로에는 연한 녹색 잔상이 흰색 세로에는 연한 빨강 잔상이 생기는 현상이다.

(2) 보색과 잔상

① 보색(補色)

색상환에서 서로 마주 보고 있는 색을 말하며 빨강과 청록, 주황과 파랑, 노랑과 남색, 연두와 보라, 녹색과 자주 등이 서로 보색이다.

보색의 특징 ┌ 색광일 경우 혼합하면 백색광이 된다.
　　　　　　│ ⇒ 녹색광+마젠타 색광=백색광
　　　　　　└ 색료의 경우 혼합하면 회색, 즉 무채색이 된다.
　　　　　　　 ⇒ 노란색 물감+청자색 물감=흑색

보색은 잔상현상이 일어나며, 보색이 되는 두 색을 배색하면 서로 상대방 쪽의 색을 돋보이게 하는 효과가 있다.

② 잔상(殘像)

눈에 비쳤던 자극을 치워 버려도 색의 감각은 곧 소멸하지 않고 흥분과 여운을 남기어 원자극과 같은 성질 또는 반대되는 성질의 감각경험을 일으키는데 이것을 잔상(after image)이라 한다. 일반적으로 원래의 자극의 강도, 지속기간, 크기에 비례한다. 시적 잔상(視的殘像)이라고 하는 이 현상은 부의 잔상(negative after image)과 정의 잔상(positive after image)으로 나뉜다.

㉮ 부(負)의 잔상 : 정반대의 상을 느끼는 것으로 우리가 일반적으로 많이 느끼는 잔상이며, 밝기의 관계가 원래 자극에 반대되는 것과 색상이 원래 자극의 보색이 되는 것도 있다. 이 잔상이 보이기 시작하는 것은 자극이 끝난 1초 정도 후 대개 30초가량 지속된다. 어느 시간 내에 일정한 자극이 눈에 주어지면 감각반응은 그 시간 내에서 변화하는데, 자극이 주어진 후 0.05초에서 0.2초 정도 사이에 감각은 최고가 되며, 이것을 초과하면 바로 저하하여 보통 수준으로 안정된다고 한다. [그림 4-6]은 이와 같은 내용을 도식화한 그래프이다.

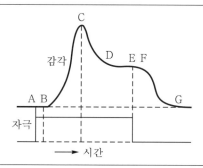

[그림 4-6] 자극과 감각시간

그림에서 A의 위치에서 빛의 자극이 시작되면 B의 위치에서 흥분이 상승하고, C점에서 최고에 달하며, 저하하여 D가 되어 안정된다. 자극은 E의 위치에서 사라지고, 이 상태는 F까지 지속되었다가 급격하게 저하하여 G에서 완전하게 없어진다.

어느 대상을 보고 흰 지면이나 벽면에 시선을 옮겼을 때 잘 나타난다. TV 화면을 보고 있으면 화면에 투사한 인물이 사라진 뒤에 그 검은 상이 남아 보이는 것도 잔상현상이다. 유채색의 경우는 원래 자극의 보색상이 보여지므로 붉은색의 상을 보면 밝은 청록색의 잔상이 보이고, 청색을 보면 주황색의 잔상이 보인다. 또 잔상의 색상은 혼색의 경우 보색과는 다소 차이가 있으며, 청의 잔상은 빨강색 쪽으로 기우는데 이 경우를 물리보색(物理補色)에 대한 심리보색(心理補色)이라 한다.

색채조절의 한 예로 외과병원에서 수술실 벽면의 색을 밝은 청록색으로 칠하는 것도 수술 도중 의사가 시선을 벽면으로 옮겼을 때 생기는 잔상으로 인한 시각의 흥분상태를 방지하기 위한 방법이다.

㉯ **정(正)의 잔상** : 정의 잔상은 강하고 짧은 자극 후에도 망막에 주어진 색의 자극이 흥분된 상태가 그대로 지속됨으로써, 그 자극이 없어졌을 때도 원래의 자극과 같은 자극으로 남게 된다. 이와 같은 긍정적 잔상은 다음에 오는 자극인 부정적 잔상보다 더 오랫동안 지속된다. 예를 들면, 어두운 곳에서 빨간 불꽃을 돌리면 길고 선명한 빨간 원을 볼 수 있다. 이것은 정의 잔상이 계속해서 일어나고 있기 때문으로 원래 자극에 대하여 밝기의 관계가 같고, 색도 같은 색을 느끼게 된다. 이때 원자극과 흡사한 색이나 잔상을 등색잔상(homochromatic after image)이라고 하는데 망막의 흥분상태가 지속되는 것이 원인이다. 어떤 자극이 이동한 후에도 그 자극이 시신경에 그대로 계속되고 있는 결과인 것이다.

정의 잔상은 원자극과 같은 성질의 잔상으로서 주로 짧고 강한 자극으로 생기기 쉬우며, 1/3초 정도의 짧은 자극을 주어도 일어난다고 한다. 그러나 사람들은 끊임없이 눈을 깜박거리고 자유롭게 움직이기 때문에 잔상이 어느 정도까지는 상쇄된다. 따라서 항상 잔상을 의식하고 있지 않은 것으로 느끼고 있는 것이다.

㉰ **보색(심리)잔상** : 어떤 원색을 보다가 백색면으로 시선을 옮기면 그 원색의 보색이 보이는 현상으로 망막의 피로 때문에 생기는 현상이다. 잔상현상은 형태와 색상에 의하여 망막이

자극을 받게 되면 시세포의 흥분이 중추에 전해져 자극이 끝난 후에도 계속해서 생기는 시감각 현상을 말한다. 외과병원 수술실 벽면을 밝은 청록색으로 칠한다거나 수술실에서는 초록색 수술복을 입는 것은 바로 보색잔상을 방지하려는 것이다. 수술하면서 붉은 피를 계속해서 보고 있으면 빨간색을 감지하는 원추세포가 피로해지고 빨간색의 보색인 녹색의 잔상이 남게 된다. 이 잔상은 의사의 시야를 혼동시켜 집중력을 떨어뜨릴 수 있기에 잔상을 느끼지 못하도록 하는 것이다.

4.2 지각현상

(1) 시인성(視認性)

명시성(明視性), 주목성(注目性)이라고도 한다. 같은 거리에 같은 크기의 색이 있을 경우 확실히 보이는 색과 확실히 보이지 않는 색이 있다. 전자를 명시도(시인성)가 높다고 하고, 후자를 명시도가 낮다고 한다.

① 색의 명시성

㉮ 색의 명시성을 색의 명시도라 한다. 명시도가 높은 색은 두 색을 서로 대비시켰을 때 멀리서도 확실하게 보이는 것을 말한다.

㉯ 명시도가 높은 배색은 명도차가 큰 것을 말하며 색상차나 채도차가 클 때도 명시도가 높다.

㉰ 색의 명시성은 배경과의 명도대비에 따라 나타나기 때문에 명시성을 높이기 위해 배경과 명도차가 큰 색을 사용해야 효과적이다.

㉱ 교통표지나 각종 광고 등에 많이 사용되며, 눈에 띄기 쉽고 알아보기 쉬우며 보다 빨리 정보를 전달할 수 있다.

㉲ 색의 명시성은 간상체와 추상체의 작용과 관련이 있다. 이 두 색식별 세포가 동시에 작용할 때인 노랑의 경우는 간상체만이 작용할 때인 하양의 경우보다 명시도가 높아진다.

[명시성이 높은 배경색과 주조색]
- 흰색 배경 위에서는 녹색, 빨강, 파랑, 보라, 주황, 노랑색의 순이다.
- 회색 배경 위에서는 노랑, 주황, 빨강, 초록, 파랑, 보라색의 순이다.
- 검정 배경 위에서는 노랑, 주황, 녹색, 파랑, 빨강, 보라의 순이다.

[표 4-2] 먼셀 10색에 의한 명시도의 시인거리

순 위	1	2	2	3	3	4	5	5	6	6	7	7	7	8	8	9	9	10	11	12
바탕색	BK	Y	BK	P	P	B	Gr	W	Y	Y	G	BK	R	P	O	R	BK	R	W	Y
주조색	Y	BK	W	Y	W	W	W	BK	G	B	R	B	P	BK	Gr	B	P	G	Y	W
시인거리(m)	51	50	50	49	49	47	46	46	45	45	28	28	28	27	27	26	26	25	22	14

② **색의 주목성(유목성)**

자극이 강하여 눈에 잘 띄는 색을 주목성이라 하는데, 명시도가 높은 색은 주목성도 높다. 유목성은 채도가 높을수록 크며, R, YR, Y 등의 색이 높고, G, B 등의 색은 낮다.

㉮ 빨강, 노랑, 주황 등 따뜻한 느낌의 명도나 채도가 높은 색들이 눈에 잘 띈다.

㉯ 고채도, 고명도의 색과 한색보다 난색이 주목성이 높다.

㉰ 색상차가 작거나 채도, 명도차가 작은 배색은 색의 주목성이 약하다.

㉱ 색의 주목성을 높이기 위해서는 배경색과 명도차를 크게 하되 보색관계는 피한다.

[주목성이 높은 색의 순서]

• 흰색 배경 위에서는 빨강, 주황, 노랑, 녹색, 파랑, 보라의 순이다.

• 회색 배경 위에서는 노랑, 빨강, 주황, 파랑, 녹색, 보라의 순이다.

• 검정 배경 위에서는 노랑, 주황, 빨강, 녹색, 파랑, 보라의 순이다.

③ **가독성**

일반적으로 도표가 간단한 문자, 숫자, 그림인 경우는 도표를 무채색, 바탕을 유채색으로 하는 편이 가독성이 높다.

13가지의 색조합을 사용하여 실험한 결과에 의하면 가독성이 높은 색의 대비표는 [표 4-3]과 같으며 1에서 13의 순으로 가독성이 높다.

[표 4-3] 가독성이 높은 색채의 대비표

가독성 순위	바 탕	글자 및 심벌	가독성 순위	바 탕	글자 및 심벌
1	yellow	black	8	red	white
2	white	green	9	green	white
3	white	red	10	black	white
4	blue	white	11	yellow	red
5	white	blue	12	red	green
6	white	black	13	green	red
7	black	yellow			

주) 가독성이란 표식 등에 표시된 내용으로 문자, 그림문자(pictograph) 등의 읽기 쉬움의 정도를 나타내는 것으로, 가독 거리, 가독 시간, 가독에 필요한 조도, 대상색과 배경색의 크기 및 가독 정답률 등을 지표로 하는 경우가 많다.

(2) 지각도

사람의 눈을 가장 쉽게 끄는 인상적이고 자극적인 색과 색자극을 성취하기 위해서는 색의 대비, 강조색의 배치 등이 필요하다.

[표 4-4] 색의 지각도 순위

색	주황	빨강	파랑	검정	녹색	노랑	보라	회색
지각도	21.4%	18.6%	17.0%	13.4%	12.6%	12.0%	5.5%	0.7%

[색지각의 4가지 요건(색지각의 4요소)]

① 밝기 : 빛에 근거한 모든 색지각에는 빛의 밝기가 가장 기초적인 조건이다.
② 크기 : 색을 느끼는 데는 시각상의 크기가 문제되므로 적당한 사물의 크기가 조건이 된다.
③ 대비 : 어떤 색이 지각되기 위해서는 그 색의 배경(바탕)이나 인접색의 영향조건이 문제가 된다.
④ 노출시간 : 색을 보는 시간이 너무 짧거나, 너무 길면 착각이 일어날 수 있다.

(3) 색의 진출과 후퇴

같은 위치에 있으면서 더 가깝게 튀어나와 보이는 색을 진출색(advancing color)이라 하고, 멀리 물러나 보이는 색을 후퇴색(receding color)이라고 한다. 일반적으로 빨강, 주황, 노랑색 등의 난색계통이 진출해 보이고, 파랑색이나 남색 등의 한색계통이 후퇴해 보인다. 명도관계에는 배경이 어두울 때는 밝은색일수록 진출해 보이고, 배경이 밝을 때는 어두운 쪽이 진출하여 보인다.

예를 들어, 검정 바탕 위에 빨강, 노랑, 흰색, 남색, 파랑, 회색 등이 있을 경우 빨강, 노랑, 흰색은 진출해 보이고, 남색, 파랑, 회색 등은 후퇴해 보인다. 반면에 흰색 바탕일 경우는 그 반대현상이 일어난다.

① 진출색 : 고명도, 고채도, 따뜻한 느낌의 색
② 후퇴색 : 저명도, 저채도, 차가운 느낌의 색
③ 난색계는 한색계보다 진출성이 있음
④ 배경색의 채도보다 높을 경우 색은 진출성이 있음
⑤ 배경색보다 명도차를 크게 한 밝은색은 진출성이 있음

(4) 색의 팽창과 수축

색에 따라 실제보다 커 보이는 색과 작아 보이는 색이 있다. 커 보이는 색은 팽창색(expansive color)이라 하고 작아 보이는 색은 수축색(contractive color)이라고 한다. 색의 팽창과 수축은 명도에 크게 좌우된다. 한색이라도 밝은색은 난색의 어두운색보다 커보인다. 순색에서는 노랑, 주황, 녹색, 빨강, 보라, 파랑 순으로, 대체로 명도의 순서와 같다.

① 팽창색 : 고명도, 고채도, 따뜻한 느낌의 색
② 수축색 : 저명도, 저채도, 차가운 느낌의 색

[특징]
• 따뜻한 색 쪽이 차가운 색보다 크게 보인다.
• 밝은색 쪽이 어두운색보다 크게 보인다.
• 배경색이 밝으면 그림은 작아 보인다.
• 홀쭉한 사람은 팽창색의 옷을 입고, 뚱뚱한 사람은 수축색의 옷을 입어야 효과적이다.

01 두 개의 색을 동시에 비교할 때 크기가 달라 보이는 예가 있다. 색의 이러한 영향으로 물체의 크기를 다르게 조절하는 경우에 해당하는 것은?

① 자동차   ② 냉장고

③ 바둑돌   ④ 책상

해설 면적대비(area contrast)

ⓐ 같은 색이라도 면적의 크고 작음에 따라 색의 명도, 채도가 다르게 보이는 현상이다.

ⓑ 큰 면적의 색은 실제보다 명도와 채도가 높아 보이며 밝고 선명하게 보이나, 작은 면적의 색은 실제보다 명도와 채도가 낮아 보인다

02 배경색은 다르고 녹색은 동일한 다음 그림에 대한 설명으로 옳은 것은?

① A의 녹색은 B의 녹색보다 파랑 기미를 띤다.

② A의 녹색은 B의 녹색보다 노랑 기미를 띤다.

③ A의 녹색은 B의 녹색보다 어두워 보인다.

④ B의 녹색은 A의 녹색보다 앞으로 나와 보인다.

해설 색상대비

색상이 서로 다른 색끼리 배색되었을 때 각 색상이 색상환 둘레에서 시계 반대방향으로 기울어져 보이는 현상이다. 색상환에 각도가 커짐에 따라 색상은 그 선명한 정도가 증대되고, 180°의 거리가 되었을 때 두 색의 특성이 최대한으로 발휘된다. 이 대비는 일정한 방향성을 가지고 있으므로 서로 반대되는 방향에서만 색상변화를 감지한다.

03 대비효과를 이루는 배색은?

① 빨강, 보라

② 주황, 연두

③ 녹색, 남색

④ 노랑, 남색

해설 서로 보색관계인 두 색을 나란히 놓으면 서로의 영향으로 인하여 각각의 채도가 더 높아져 보이는 색채대비효과이다. 어떤 무채색이 그 옆에 놓여진 유채색이 잔상으로 인하여 보색끼리의 유채색으로 보이는 경우가 있는데, 이런 경우를 보색효과라고 한다.

04 보색에 관한 설명으로 틀린 것은?

① 보색인 2색은 색상환상에서 90° 위치에 있는 색이다.

② 두 가지 색광을 섞어 백색광이 될 때 이 두 가지 색광을 서로 상대색에 대한 보색이라고 한다.

③ 두 가지 색의 물감을 섞어 회색이 되는 경우, 그 두 색은 보색관계이다.

④ 물감에서 보색의 조합은 적 – 청록, 녹 – 자주이다.

해설 색상환에서 서로 마주 보고(180°) 있는 색을 보색이라고 한다. 보색은 색상환에서 색상 거리가 가장 멀고 색상 차이도 가장 크다. 보색을 혼합하면 어느 경우든지 무채색이 된다.

ⓐ 색광의 보색혼합 : 색광에 의한 보색의 혼합은 백색광이 된다.

ⓑ 물감의 보색혼합 : 물감의 보색을 혼합하면 검정에 가까운 어두운 회색이 된다.

ⓒ 색팽이의 회전에 의한 보색혼합 : 색팽이에 보색관계에 있는 2가지 색을 칠하여 돌리면 회색으로 보인다.

정답 01 ③ 02 ② 03 ④ 04 ①

05 색채의 유목성(주목성)에 관한 설명 중 거리가 먼 것은?

① 어떤 대상을 의도적으로 보고자 하지 않아도 사람의 시선을 끄는 색의 성질을 말한다.

② 어떤 색 자체보다도 배경색이 무엇이냐에 따라 그 정도가 달라진다.

③ 글자나 기호, 그림글자(픽토그램) 등 알아보기 쉬운 정도를 가리킨다.

④ 보통 잘 보지 않는 색, 특수한 연상을 일으키는 색 등은 주목성이 변할 수 있다.

해설 주목성(注目性)

주위의 색과 얼마나 구별이 잘 되느냐에 따라 잘 보이는 색과 잘 보이지 않는 색이 있는데, 두 색의 밝기 차이에 따라서 멀리서도 식별이 가능함을 나타내는 것으로 얼마만큼 색이 눈에 잘 띄는가에 대한 성질을 이른다. 명시성(明視性)과 시인성(視認性)이라고도 하며, 그 정도에 따라 가시도가 높거나 낮아진다.

06 잔상에 관한 설명으로 잘못된 것은?

① 시신경이나 뇌의 이상으로 원래의 자극과 다른 감각을 일으키는 현상이다.

② 어떤 자극에 의해 원자극과 동질 또는 이질의 감각경험을 일으키는 현상이다.

③ 망막의 흥분상태의 지속성에 기인하는 현상이다.

④ 충동이 시신경에 발한 그대로 계속되고 있는 결과이다.

해설 잔상(after image)

형태와 색상에 의하여 망막이 자극을 받게 되면 시세포의 흥분이 중추에 전해져 자극이 끝난 후에도 계속해서 생기는 시감각 현상을 말한다. 시적 잔상이라고 말하는 이 현상에는 정의 잔상, 부의 잔상, 보색잔상이 있다.

07 색채에서 수반 감정은 색채가 인간에게 미치는 기본적인 효과를 말한다. 색이 수반하는 감정에 관한 설명으로 가장 거리가 먼 것은?

① 난색계의 채도가 높은 색은 흥분을 유발시킨다.

② 장파장 쪽의 색이 따뜻하게 느껴진다.

③ 저명도의 색은 무겁게 느껴진다.

④ 개인별로 느낌의 차이가 대단히 많이 난다.

해설 색채의 공감각(수반 감정)

색채는 색채의 시각, 미각, 청각, 후각, 촉각에 따라 색채의 공감각을 갖게 되는데 보는 것과 동시에 다른 감각의 느낌을 수반하게 된다. 개인별로 느낌의 차이가 대단히 많이 나지는 않는다.

08 색의 명시성이 가장 높은 것은?

① 백색 바탕에 황색 글씨

② 황색 바탕에 흑색 글씨

③ 흑색 바탕에 백색 글씨

④ 적색 바탕에 청록색 글씨

해설 명시성

㉠ 두 색의 밝기 차이에 따라서 멀리서도 식별이 가능함을 나타내는 것으로 얼마만큼 색이 눈에 잘 띄는가에 대한 성질을 명시성 또는 가시성이라 한다.

㉡ 명시도를 결정하는 조건은 명도차를 크게 하는 것, 물체의 크기, 대상색과 배경색의 크기, 주변 환경의 밝기, 조도의 강약, 거리의 원근 등이다.

09 실제의 위치보다 가깝게 있는 것처럼 보이는 색을 뜻하는 것은?

① 후퇴색

② 수축색

③ 무채색

④ 진출색

진출과 후퇴, 팽창과 수축

난색계의 따뜻한 색은 진출성, 팽창성이 있고, 같은 색상일 경우 명도가 높으면 팽창해 보이고, 명도가 낮으면 수축해 보인다. 또한 저채도의 배경에서는 고채도의 색이 진출성이 높다.

ⓐ 진출, 팽창색 : 고명도, 고채도, 난색계열의 색
　예 적, 황
ⓑ 후퇴, 수축색 : 저명도, 저채도, 한색계열의 색
　예 녹, 청

10 대비현상과는 달리 인접된 색과 닮아 보이는 현상은?

① 잔상현상
② 퇴색현상
③ 동화현상
④ 연상감정

동화현상(assimilation effect)

ⓐ 동시대비와는 반대현상이며 주위의 영향으로 인접색과 닮은 색으로 변해 보이는 현상이다.
ⓑ 색상동화, 명도동화, 채도동화가 있으나 이들은 모두 동시적으로 일어나는 현상으로 줄무늬와 같이 주위를 둘러싼 면적이 작거나 하나의 좁은 사이에 복잡하고 섬세하게 배치되었을 때에 일어난다.

11 어떤 두 색이 맞붙어 있을 때 두 색의 인접 부분에 강한 대비현상이 일어나는 것은?

① 채도대비
② 반전대비
③ 보색대비
④ 연변대비

연변대비

ⓐ 어느 두 색이 맞붙어 있을 때 그 경계 부분은 멀리 떨어져 있는 부분보다 색상대비, 명도대비, 채도대비 현상이 더 강하게 일어나는 현상이다.
ⓑ 무채색은 명도 단계 배열 시, 유채색은 색상별로 배열 시 나타난다.

12 명시도가 가장 높은 배색은?

① 흰 종이 위의 노란색 글씨
② 빨간색 종이 위의 보라색 글씨
③ 노란색 종이 위의 검은색 글씨
④ 파란색 종이 위의 초록색 글씨

명시성

ⓐ 두 색의 밝기 차이에 따라서 멀리서도 식별이 가능함을 나타내는 것으로 얼마만큼 색이 눈에 잘 띄는가에 대한 성질을 명시성 또는 가시성이라 한다.
ⓑ 명시도를 결정하는 조건은 명도차를 크게 하는 것으로 검정색 배경일 때는 노랑, 주황이 명시도가 높고, 자주, 파랑 등은 낮으며, 흰색 배경일 때는 이와 반대이다. 유채색끼리일 때는 노랑, 주황과 파랑, 자주와의 보색관계가 명시도가 높다.

13 명시도에 관한 설명 중 틀린 것은?

① 색이 잘 보인다는 것은 이웃하는 색과의 관계에 의해 결정된다.
② 검은 종이 위의 파란색 글씨보다 노란색 글씨가 명시도가 낮다.
③ 노란색 바탕 위의 검은색 글씨가 가장 명시도가 높다.
④ 빨간 배경에 녹색 글씨는 색상차는 크지만 명도차가 작아 명시도가 낮다.

명시도(시인성)

ⓐ 두 색의 밝기 차이에 따라서 멀리서도 식별이 가능함을 나타내는 것으로 얼마만큼 색이 눈에 잘 띄는가에 대한 성질을 시인성이라 하며 명시성(明視性)이라고도 한다.
ⓑ 명시성은 그 배경과의 관계에 의해 결정되는 것으로 명도의 차를 크게 하는 것이다
ⓒ 검정색 배경일 때는 노랑, 주황이 명시도가 높고, 자주, 파랑 등은 낮으며, 흰색 배경일 때는 이와 반대이다. 유채색끼리일 때는 빨강과 녹색, 노랑, 주황과 파랑, 자주와의 보색관계가 명시도가 높다.

정답 10 ③　11 ④　12 ③　13 ②

14 녹색 잔디 구장 위에서 가장 눈에 잘 띄는 유니폼 색은?

① 자주　　　　　② 보라
③ 파랑　　　　　④ 연두

해설 보색

㉠ 색상환에서 180° 반대편에 있는 색으로 자주(magenta)의 보색은 초록(green)이다.
㉡ 색상이 다른 두 색을 적당한 비율로 혼합하여 무채색(흰색·검정·회색)이 될 때 이 두 빛의 색으로 여색(餘色)이라고도 한다.
㉢ 색상환 속에서 서로 마주 보는 위치에 놓인 색은 모두 보색관계를 이루는데 이들을 배색하면 선명한 인상을 준다. 이것은 눈의 망막상의 색신경이 어떤 색의 자극을 받으면 그 색의 보색에 대한 감수성이 높아지기 때문이다.

15 어떤 대상의 필요조건을 보다 합리적으로 해결하여 그 결과로서 선택된 배색을 기능배색이라고 한다. 기능배색에는 신호등, 표지류 등이 있는데 다음 중 가장 고려해야 할 점은?

① 기호성(嗜好性)　② 유목성(誘目性)
③ 유행성(流行性)　④ 환경성(環境性)

해설 유목성(주목성)

㉠ 어떤 대상을 의도적으로 보고자 하지 않아도 사람의 시선을 끄는 색의 성질을 말한다.
㉡ 일반적으로 고명도, 고채도의 색, 난색계통의 색이 주목성이 높다.
㉢ 네온사인, 신호등, 표지판, 스위치 색 등에 사용한다.

16 색의 진출성에 대한 설명으로 틀린 것은?

① 어두운색보다 밝은색일수록 진출색이 높다.
② 순색과 혼색의 경우 혼색이 진출성이 높다.

③ 저채도의 배경에서는 고채도색이 진출성이 높다.
④ 한색보다 난색이 진출성이 높다.

해설 진출과 후퇴, 팽창과 수축

난색계의 따뜻한 색은 진출성, 팽창성이 있고, 같은 색상일 경우 명도가 높으면 팽창해 보이고, 명도가 낮으면 수축해 보인다. 또한 저명도의 배경에서는 고채도의 색이 진출성이 높다.
㉠ 진출, 팽창색 : 고명도, 고채도, 난색계열의 색
　예 적, 황
㉡ 후퇴, 수축색 : 저명도, 저채도, 한색계열의 색
　예 녹, 청

17 교통표지판은 주로 색의 어떤 성질을 이용한 것인가?

① 잔상　　　　　② 대비
③ 시인성　　　　④ 관습

해설 명시성(시인성)

㉠ 두 색의 밝기 차이에 따라서 멀리서도 식별이 가능함을 나타내는 것으로 얼마만큼 색이 눈에 잘 띄는가에 대한 성질을 명시성 또는 가시성이라 한다.
㉡ 명시도를 결정하는 조건은 명도 차를 크게 하는 것, 물체의 크기, 대상색과 배경색의 크기, 주변 환경의 밝기, 조도의 강약, 거리의 원근 등이다.

18 동시대비 중 무채색과 유채색 사이에 일어나지 않는 대비는?

① 명도대비　　　② 색상대비
③ 채도대비　　　④ 보색대비

해설 동시대비(contrast) 현상

2색 이상을 동시에 볼 때 일어나는 대비현상으로 색상의 명도가 다를 때 구별되는 정도이다.
동시대비에는 색상대비, 명도대비, 채도대비, 보색대비 등이 있다.

정답　14 ①　15 ②　16 ②　17 ③　18 ②

○ 색상대비(hue contrast)
- 2가지 이상의 색을 동시에 볼 때 각 색상의 차이가 실제의 색과는 달라 보이는 현상
- 배경이 되는 색이나 근접색의 보색잔상의 영향으로 색상이 몇 단계 이동된 느낌을 받는다.
- 빨간 바탕 위의 주황색은 노란색의 느낌이, 노란색 바탕 위의 주황색은 빨간색의 느낌이 난다.
- 무채색의 대비, 유채색의 대비, 무채색과 유채색의 대비가 일어나지 않는다.

○ 명도대비(lightness contrast) : 어두운색 가운데서 대비되는 밝은색은 한층 더 밝게 느껴지고, 밝은색 가운데 있는 어두운색은 더욱 어둡게 느껴지는 현상

○ 채도대비(saturation contrast)
- 어떤 색의 주위에 그것보다 선명한 색이 있으면 그 색의 채도가 원래 가지고 있는 채도보다 낮게 보이는 현상
- 배경색의 채도가 낮으면 도형의 색이 더욱 선명해 보임

○ 보색대비(comlementary contrast) : 색상차가 가장 큰 보색끼리 조합했을 때 서로 다른 색의 채도를 강조하기 위해 더 선명하게 보이는 현상

19 민속의상, 자수, 민예풍에서 보여지는 원시적 환희를 주로 느낄 수 있는 대비는?

① 명도대비
② 색상대비
③ 연변대비
④ 계시대비

해설 **색상대비(hue contrast)**
○ 2가지 이상의 색을 동시에 볼 때 각 색상의 차이가 실제의 색과는 달라 보이는 현상이다.
○ 배경이 되는 색이나 근접색의 보색잔상의 영향으로 색상이 몇 단계 이동된 느낌을 받는다.
○ 빨간 바탕 위의 주황색은 노란색의 느낌이, 노란색 바탕 위의 주황색은 빨간색의 느낌이 난다.
○ 무채색의 대비, 유채색의 대비, 무채색과 유채색의 대비가 일어나지 않는다.

20 잔상에 대한 설명 중 잘못된 것은?

① 부의 잔상은 원자극과 모양은 닮았지만 밝기는 반대이다.
② 정의 잔상의 예로 빨간 성냥불을 어두운 곳에서 계속 돌리면 길고 선명한 빨간 원을 그리는 것을 느낀다.
③ 잔상이란 어떤 자극을 주어 색각이 생긴 뒤에 자극을 제거한 후에도 그 흥분이 남아서 감각경험을 일으키는 것을 말한다.
④ 보색잔상은 빨간색을 보다가 흰색 면을 보면 청록으로 느껴지는 것으로 일종의 정의 잔상이다.

해설 **잔상(after image)**
형태와 색상에 의하여 망막이 자극을 받게 되면 시세포의 흥분이 중추에 전해져 자극이 끝난 후에도 계속해서 생기는 시감각 현상을 말한다. 시적 잔상이라고 말하는 이 현상에는 정의 잔상, 부의 잔상, 보색잔상이 있다.
○ 정(양성)의 잔상 : 자극으로 생긴 상의 밝기와 색이 똑같은 느낌으로 계속해서 보이는 현상(예 영화, TV 등과 같이 계속적인 움직임의 영상)
○ 부(음성)의 잔상 : 자극으로 생긴 상의 밝기나 색상 등이 정반대로 느껴지는 현상
○ 보색(심리)잔상 : 어떤 원색을 보다가 백색면으로 시선을 옮기면 그 원색의 보색이 보이는 현상으로 망막의 피로 때문에 생기는 현상(예 수술실의 녹색 가운)

21 인접한 색끼리 서로의 영향을 받아 인접한 색에 가깝게 느껴지는 경우를 무엇이라 하는가?

① 정의 잔상
② 연변대비
③ 동화현상
④ 면적대비

해설 동화현상(assimilation effect)

㉠ 동시대비와는 반대현상이며 주위의 영향으로 인접색과 닮은 색으로 변해 보이는 현상이다.

㉡ 색상동화, 명도동화, 채도동화가 있으나 이들은 모두 동시적으로 일어나는 현상으로 줄무늬와 같이 주위를 둘러싼 면적이 작거나 하나의 좁은 사이에 복잡하고 섬세하게 배치되었을 때에 일어난다.

22 어떤 색이 같은 색상의 선명한 색 위에 위치하면 원래의 색보다 훨씬 탁한 색으로 보이고, 무채색 위에 위치하면 원래의 색보다 맑은 색으로 보이는 대비현상은?

① 명도대비　　　② 채도대비
③ 색상대비　　　④ 연변대비

해설 채도대비(saturation contrast)

㉠ 어떤 색의 주위에 그것보다 선명한 색이 있으면 그 색의 채도가 원래 가지고 있는 채도보다 낮게 보이는 현상

㉡ 도형보다 배경색의 채도가 낮으면 도형의 색이 더욱 선명해 보인다.

23 9개의 검정 정사각형 사이의 교차되는 흰 부분에 약간 희미한 점이 나타나 보이는 착각이 일어난다. 이와 같은 현상은?

① 한난대비　　　② 채도대비
③ 계시대비　　　④ 연변대비

해설 연변대비

㉠ 어느 두 색이 맞붙어 있을 때 그 경계 부분은 멀리 떨어져 있는 부분보다 색상대비, 명도대비, 채도대비 현상이 더 강하게 일어나는 현상이다.

㉡ 무채색은 명도 단계 배열 시, 유채색은 색상별로 배열 시 나타난다.

24 우리가 영화 화면을 볼 때 규칙적으로 화면이 연결되어 언제나 지속되어 보이는 것과 관련 있는 것은?

① 정의 잔상　　　② 부의 잔상
③ 대비효과　　　④ 동화효과

해설 잔상(after image)

형태와 색상에 의하여 망막이 자극을 받게 되면 시세포의 흥분이 중추에 전해져 자극이 끝난 후에도 계속해서 생기는 시감각 현상을 말한다. 시적 잔상이라고 말하는 이 현상에는 정의 잔상, 부의 잔상, 보색잔상이 있다.

㉠ 정(양성)의 잔상 : 자극으로 생긴 상의 밝기와 색이 똑같은 느낌으로 계속해서 보이는 현상(예 영화, TV 등과 같이 계속적인 움직임의 영상)

㉡ 부(음성)의 잔상 : 자극으로 생긴 상의 밝기나 색상 등이 정반대로 느껴지는 현상

㉢ 보색(심리)잔상 : 어떤 원색을 보다가 백색면으로 시선을 옮기면 그 원색의 보색이 보이는 현상으로 망막의 피로 때문에 생기는 현상(예 수술실의 녹색 가운)

25 주변의 색의 순도를 올리면 그대로 색상이 유지되지 않고 채도의 단계에 따라 색상이 달라져 보이는 현상은?

① 베졸드 브뤼케 현상
② 색음현상
③ 색각항상현상
④ 애브니 효과 현상

해설 색의 효과

㉠ 베졸드 브뤼케 현상 : 빛의 세기가 높아지면 색상이 같아 보이는 위치가 달라지는 현상

㉡ 색음현상 : 주위색의 보색이 중심에 있는 색에 겹쳐 보이는 현상. 작은 면적의 회색이 채도가 높은 유채색으로 둘러싸일 때 회색이 유채색의 보색의 색조를 띠어 보이는 현상

㉢ 애브니 효과 : 순도를 높이면 같은 파장의 색이라도 그 색상이 다르게 보이는 현상

26 색의 동화현상이 가장 잘 발생하는 경우는?

① 좁은 시야에 복잡하고 섬세하게 배치되었을 때

② 채도 차이가 클 때

③ 명도는 비슷하며 색상이 서로 보색관계에 있을 때

④ 조명이 밝고 무늬가 클 때

해설 동화현상(assimilation effect)

㉠ 동시대비와는 반대현상이며 주위의 영향으로 인접색과 닮은 색으로 변해 보이는 현상이다.

㉡ 색상동화, 명도동화, 채도동화가 있으나 이들은 모두 동시적으로 일어나는 현상으로 줄무늬와 같이 주위를 둘러싼 면적이 작거나 하나의 좁은 시야에 복잡하고 섬세하게 배치되었을 때에 일어난다.

27 다음 항목의 배색에서 가장 시인성(視認性)이 높은 것은?

① 흰색 바탕 위의 파랑 글씨

② 검정 바탕 위의 흰색 글씨

③ 검정 바탕 위의 노랑 글씨

④ 노랑 바탕 위의 빨강 글씨

해설 시인성(視認性)

㉠ 두 색의 밝기 차이에 따라서 멀리서도 식별이 가능함을 나타내는 것으로 얼마만큼 색이 눈에 잘 띄는가에 대한 성질을 시인성이라 하며 명시성(明視性)이라고도 한다.

㉡ 명시성은 그 배경과의 관계에 의해 결정되는 것으로 명도의 차를 크게 해야 한다.

㉢ 검정색 배경일 때는 노랑, 주황이 명시도가 높고, 자주, 파랑 등은 낮으며, 흰색 배경일 때는 이와 반대이다. 유채색끼리일 때는 노랑, 주황과 파랑, 자주와의 보색관계가 명시도가 높다.

28 색상에 의하여 망막이 자극을 받게 되면 시세포의 흥분이 중추에 전해져 자극이 끝난 후에도 계속해서 생기는 시감각 현상은?

① 대비　　　　② 융합

③ 조화　　　　④ 잔상

해설 잔상(after image)

㉠ 색상에 의하여 망막이 자극을 받게 되면 시세포의 흥분이 중추에 전해져 자극이 끝난 후에도 계속해서 생기는 시감각 현상이다.

㉡ 영화, TV 등과 같이 계속적인 움직임의 영상은 정의 잔상 현상을 이용한 것이고, 보색잔상은 부의 잔상의 예라 할 수 있다.

㉢ 병원의 의사는 장시간의 수술로 빨간색의 피를 오랫동안 보기 때문에 눈의 피로를 경감하기 위하여 그 보색이 되는 청록색 계통의 수술복을 입는다.

29 적색을 본 후 황색을 보게 되면 색상이 황록색으로 보이게 된다. 이러한 현상은?

① 명도대비　　　　② 연변대비

③ 동시대비　　　　④ 계시대비

해설 계시대비(successive contrast)

㉠ 계속대비 또는 연속대비라고도 하며 시간적인 차이를 두고, 2개의 색을 순차적으로 볼 때에 생기는 색의 대비현상이다.

㉡ 어떤 색을 본 후에 다른 색을 보면 나중에 보았던 색은 처음에 보았던 색의 보색에 가까워져 보이며, 채도가 증가해서 선명하게 보인다.

30 동시대비현상과 관계없는 것은?

① 명도대비

② 마하 밴드 효과

③ 진출과 후퇴

④ 잔상효과

해설 ㉠ 동시대비현상 : 시간의 간격 없이 색을 동시에 보 았을 때 주위색의 영향으로 색이 달라져 보이는 대비이다.
- 명도대비
- 채도대비
- 보색대비
- 연변대비
- 면적대비
- 한난대비

㉡ 마하 밴드 효과(Mach band effect) : 무채색의 회색띠를 밝기순으로 배열한 것을 말하는데 점차 적으로 대비가 감소하는 띠가 서로 인접해 있을 때, 띠의 경계에서 색이 더 진해 보이거나 더 밝게 보이는 현상이다.

31 다음 중 교통표지판에 주로 이용된 시각적 성 질은?

① 명시성　　② 심미성
③ 반사성　　④ 편의성

해설 명시성
㉠ 두 색의 밝기 차이에 따라서 멀리서도 식별이 가 능함을 나타내는 것으로 얼마만큼 색이 눈에 잘 띄는가에 대한 성질을 명시성 또는 가시성이라 한다.
㉡ 명시도를 결정하는 조건은 명도 차를 크게 하는 것, 물체의 크기, 대상색과 배경색의 크기, 주변 환경의 밝기, 조도의 강약, 거리의 원근 등이다.

32 다음 중 진출·팽창과 후퇴·수축을 가장 크게 나타내는 관계는?

① 검정과 흰색　　② 노랑과 초록
③ 빨강과 초록　　④ 파랑과 보라

해설 진출과 후퇴, 팽창과 수축
난색계의 따뜻한 색은 진출성, 팽창성이 있고, 같은 색상일 경우 명도가 높으면 팽창해 보이고, 명도가 낮으면 수축해 보인다. 또한 저채도의 배경에서는 고채도의 색이 진출성이 높다.
㉠ 진출, 팽창색 : 고명도, 고채도, 난색계열의 색
㉡ 후퇴, 수축색 : 저명도, 저채도, 한색계열의 색

33 우리가 영화를 볼 때 규칙적으로 화면이 연결 되어 언제나 상이 지속되어 보이는 것은 어떤 현상에 의한 것인가?

① 푸르킨예 현상
② 잔상현상
③ 동화현상
④ 연상작용

해설 잔상(after image)
형태와 색상에 의하여 망막이 자극을 받게 되면 시세 포의 흥분이 중추에 전해져 자극이 끝난 후에도 계속 해서 생기는 시감각 현상을 말한다. 시적 잔상이라고 말하는 이 현상에는 정의 잔상, 부의 잔상 , 보색잔상 이 있다.
㉠ 정(양성)의 잔상 : 자극으로 생긴 상의 밝기와 색 이 똑같은 느낌으로 계속해서 보이는 현상(예 영 화, TV 등과 같이 계속적인 움직임의 영상)
㉡ 부(음성)의 잔상 : 자극으로 생긴 상의 밝기나 색 상 등이 정반대로 느껴지는 현상

34 정상적인 눈을 가진 사람도 미세한 색을 볼 때 일어나는 색각혼란은?

① 색상이상
② 잔상현상
③ 소면적 제3 색각이상
④ 주관색 현상

해설 자극 공간적 속성에 의한 영향
㉠ 소면적 제3 색각이상 : 보이는 것과 같이 정상적 인 눈을 가지고 있어도 미세한 색을 볼 때에는 색각 이상자와 같은 색각의 혼란이 오는 상태
㉡ 주관색 현상 : 흰색과 검은색으로만 된 선이나 면 으로 도판을 회전시키거나 격자의 선을 보고 있 을 때 본래의 그림에는 없었던 색이 보이는 현상

35 다음 중 글자가 가장 가늘게 보이는 배색은?

① 노랑 배경색 위의 파랑 글자

② 검정 배경색 위의 연두 글자

③ 진회색 배경색 위의 흰 글자

④ 녹색 배경색 위의 노랑 글자

해설 진출과 후퇴, 팽창과 수축

난색계의 따뜻한 색은 진출성, 팽창성이 있고, 같은 색상일 경우 명도가 높으면 팽창해 보이고, 명도가 낮으면 수축해 보인다. 또한 저채도의 배경에서는 고채도의 색이 진출성이 높다.

㉠ 진출, 팽창색 : 고명도, 고채도, 난색계열의 색

㉡ 후퇴, 수축색 : 저명도, 저채도, 한색계열의 색

36 황색의 심벌을 눈에 잘 뜨이게 하려면 배경색은 다음 어느 색이 가장 좋은가?

① 밝은 회색   ② 백색

③ 청색   ④ 흑색

해설 명시성은 그 색 고유의 특성에 의한 것이라기보다는 배경과의 관계에 의해 결정되는 것으로, 검정색 배경일 때는 노랑, 주황이 명시도가 높고, 자주, 파랑 등은 낮으며, 흰색 배경일 때는 이와 반대이다. 유채색 끼리일 때는 노랑, 주황과 파랑, 자주와의 관계가 명시도가 높다. 명시도를 높이는 결정적인 조건은 명도의 차를 크게 하는 것이다.

37 잔상이 원래의 감각과 같은 밝기 및 색상을 가지는 것은?

① 컬러대비(color contrast)

② 동화현상(assimilation effect)

③ 음성잔상(negative after image)

④ 양성잔상(positive after image)

해설 잔상(after image)

㉠ 정(양성)의 잔상 : 자극으로 생긴 상의 밝기와 색이 똑같은 느낌으로 계속해서 보이는 현상

㉡ 부(음성)의 잔상 : 자극으로 생긴 상의 밝기나 색상 등이 정반대로 느껴지는 현상

38 동일한 색이라도 면적이 커지게 되면 어떤 현상이 발생하는가?

① 명도가 증가하고 채도도 증가한다.

② 채도는 증가하고 명도는 감소한다.

③ 명도와 채도가 같아진다.

④ 채도가 감소하고 명도도 감소한다.

해설 면적대비(area contrast)

㉠ 같은 색이라도 면적의 크고 작음에 따라 색의 명도, 채도가 다르게 보이는 현상

㉡ 큰 면적의 색은 실제보다 명도와 채도가 높아 보이며 밝고 선명하게 보이나, 작은 면적의 색은 실제보다 명도와 채도가 낮아 보인다.

39 명시도가 가장 높은 경우는?

① 흰 배경의 파란색

② 검정 배경의 파란색

③ 흰 배경의 주황색

④ 검정 배경의 주황색

해설 명시성

㉠ 두 색의 밝기 차이에 따라서 멀리서도 식별이 가능함을 나타내는 것으로 얼마만큼 색이 눈에 잘 띄는가에 대한 성질을 명시성 또는 가시성이라 한다.

㉡ 명시도를 결정하는 조건은 명도차를 크게 하는 것, 물체의 크기, 대상색과 배경색의 크기, 주변 환경의 밝기, 조도의 강약, 거리의 원근 등이다.

40 동일한 크기일 때 가장 작게 보이는 색은?

① 노랑   ② 파랑

③ 주황   ④ 빨강

해설 진출과 후퇴, 팽창과 수축

난색계의 따뜻한 색은 진출성, 팽창성이 있고, 같은 색상일 경우 명도가 높으면 팽창해 보이고, 명도가 낮으면 수축해 보인다.

정답 35 ①   36 ④   37 ④   38 ①   39 ①   40 ②

41 외과병원 수술실 벽면의 색을 밝은 청록색으로 처리한 것은 어떤 현상을 막기 위한 것인가?

① 푸르킨예 현상　　② 연상작용
③ 동화현상　　④ 잔상현상

해설 잔상현상

잔상현상은 형태와 색상에 의하여 망막이 자극을 받게 되면 시세포의 흥분이 중추에 전해져 자극이 끝난 후에도 계속해서 생기는 시감각 현상을 말한다. 외과병원 수술실 벽면의 색을 밝은 청록색으로 처리한 것과 수술실에서는 초록색 수술복을 입는 것은 잔상현상을 방지하기 위해서이다. 수술하면서 붉은 피를 계속해서 보고 있으면 빨간색을 감지하는 원추세포가 피로해지고 빨간색의 보색인 녹색의 잔상이 남게 된다. 이 잔상은 의사의 시야를 혼동시켜 집중력을 떨어뜨릴 수 있기에 잔상을 느끼지 못하도록 하려는 것이다.

42 다음 중 동시대비에서 일어날 수 없는 현상은?

① 명도대비　　② 계시대비
③ 면적대비　　④ 연변대비

해설 계시대비(successive contrast)

㉠ 계속대비 또는 연속대비라고도 하며 시간적인 차이를 두고, 2개의 색을 순차적으로 볼 때에 생기는 색의 대비현상이다.
㉡ 어떤 색을 본 후에 다른 색을 보면 나중에 보았던 색은 처음에 보았던 색의 보색에 가까워 보이며, 채도가 증가해서 선명하게 보인다.

43 다음 중 가장 밝은색은?

① 선명한 빨강
② 흐린 파랑
③ 밝은 파랑
④ 연한 파랑

해설 명도와 채도의 차이인 톤을 나타내는 수식어는 선명한, 밝은, 진한, 연한, 흐린, 탁한, 어두운, 흰, 밝은 회, 회, 어두운 회, 검은 등으로 표현할 수 있다.

44 한색과 난색에 대한 설명이 잘못된 것은?

① 노랑계통은 난색이고, 진출색, 팽창색이다.
② 파랑계통은 한색이고, 후퇴색, 수축색이다.
③ 보라계통은 한색이고, 후퇴색, 수축색이다.
④ 빨강계통은 난색이고, 진출색, 팽창색이다.

해설 진출과 후퇴, 팽창과 수축

난색계의 따뜻한 색은 진출성, 팽창성이 있고, 같은 색상일 경우 명도가 높으면 팽창해 보이고, 명도가 낮으면 수축해 보인다. 또한 저채도의 배경에서는 고채도의 색이 진출성이 높다.
㉠ 진출, 팽창색 : 고명도, 고채도, 난색계열의 색
　　예 적, 황
㉡ 후퇴, 수축색 : 저명도, 저채도, 한색계열의 색
　　예 녹, 청

45 다음 중 보색대비의 효과가 가장 크게 나타나는 배색은?

① 빨강, 청록　　② 빨강, 노랑
③ 빨강, 검정　　④ 빨강, 보라

해설 보색대비(comlementary contrast)

색상차가 가장 큰 보색끼리 조합했을 때 서로 다른 색의 채도를 강조하기 위해 더 선명하게 보이는 현상으로 서로 보색관계인 두 색을 나란히 놓으면 서로의 영향으로 인하여 각각의 채도가 더 높아져 보이는 색채대비이다. 어떤 무채색이 그 옆에 놓여진 유채색의 잔상으로 인하여 보색끼리의 유채색으로 보이는 경우가 있는데 이런 경우는 보색효과라고 한다.

46 배경색과의 관계로 이루어지는 명시도를 높이는 결정적인 조건은?

① 색상차　　② 명도차
③ 채도차　　④ 대비차

명시도(명시성)

ㄱ 주위의 색과 얼마나 구별이 잘 되느냐에 따라 잘 보이는 색과 잘 보이지 않는 색이 있기 마련이다. 두 색의 밝기 차이에 따라서 멀리서도 식별이 가능함을 나타내는 것으로 얼마만큼 색이 눈에 잘 띄는가에 대한 성질을 명시성 또는 가시성이라 하며, 그 정도에 따라 가시도가 높거나 낮다.

ㄴ 명시도를 높이는 결정적인 조건은 명도의 차를 크게 하는 것이다.

47 명시도가 높은 배색을 하기 위해서 ⓐ의 색으로 다음 중 가장 적합한 것은?

검정

ⓐ

① 연두   ② 녹색
③ 빨강   ④ 자주

명시도(시인성)

ㄱ 명시성은 그 배경과의 관계에 의해 결정되는 것으로 명도의 차를 크게 한다.

ㄴ 검정색 배경일 때는 노랑, 주황이 명시도가 높고, 자주, 파랑 등은 낮으며, 흰색 배경일 때는 이와 반대이다. 유채색끼리일 때는 노랑, 주황과 파랑, 자주와의 관계가 명시도가 높다.

ㄷ 명시도를 높이는 결정적인 조건은 명도의 차를 크게 하는 것이다.

48 다음 중 명시도를 가장 중요시하는 분야는?

① 안전사고 방지표시
② 실내장식
③ 포장디자인
④ 마크 디자인

두 색의 밝기 차이에 따라서 멀리서도 식별이 가능함을 나타내는 것으로 얼마만큼 색이 눈에 잘 띄는가에 대한 성질을 명시성 또는 가시성이라 한다. 네온사인, 신호등, 표지판, 스위치 색 등에 쓰이는데, 특히 명시도를 가장 중요시하는 분야는 교통표지판과 안전사고 방지표시 등이다.

49 베졸드 효과와 관련이 있는 것은?

① 색의 대비   ② 동화현상
③ 연상과 상징   ④ 계시대비

베졸드 동화효과(Bezold effect)

회색 바탕에 검정 선을 그리면 바탕의 회색은 더 어둡게 보이고 하얀 선을 그리면 바탕의 회색이 더 밝아 보이는 현상으로, 색을 직접 섞지 않고 색점을 섞어 배열함으로써 전체 색조를 변화시키는 효과이다. 바탕에 비해 도형이 작고 선분이 가늘며 그 간격이 좁을수록 더 효과가 나타나고 배경색과 도형의 색의 명도와 색상 차이가 작을수록 효과가 현저하다.

50 난색에 관한 설명 중 옳은 것은?

① 대체로 진출색과 일치한다.
② 같은 정도의 색조일 때 한색보다 자극이 약하다.
③ 한색보다는 사람에게 친근감을 덜 준다.
④ 한색보다 사람을 차분하게 하는 효과가 있다.

ㄱ 진출과 후퇴, 팽창과 수축

• 진출, 팽창색 : 고명도, 고채도, 난색계열의 색 예 적, 황
• 후퇴, 수축색 : 저명도, 저채도, 한색계열의 색 예 녹, 청

ㄴ 흥분색과 진정색

• 흥분색 : 적극적인 색 – 빨강, 주황, 노랑 – 난색계통의 채도가 높은 색
• 진정색 : 소극적인 색, 침정색 – 청록, 파랑, 남색 – 한색계통의 채도가 낮은 색

51 빨간색을 30초 이상 응시하다 흰색 화면을 보면 나타나는 색은?

① 주황 ② 청록
③ 검정 ④ 파랑

해설 잔상(after image)
㉠ 색상에 의하여 망막이 자극을 받게 되면 시세포의 흥분이 중추에 전해져 자극이 끝난 후에도 계속해서 생기는 시감각 현상이다.
㉡ 영화, TV 등과 같이 계속적인 움직임의 영상은 정의 잔상현상을 이용한 것이고, 색의 보색으로 나타나는 보색잔상은 부의 잔상의 예라 할 수 있다.

52 왼쪽 검은 원반 중심을 40초 동안 바라보다 오른쪽 검은 점으로 옮기면 무슨 현상이 일어나는가?

① 명도대비
② 부의 잔상
③ 면적대비
④ 정의 잔상

해설 잔상(after image)
㉠ 색상에 의하여 망막이 자극을 받게 되면 시세포의 흥분이 중추에 전해져 자극이 끝난 후에도 계속해서 생기는 시감각 현상이다.
㉡ 시적 잔상이라고 말하는 현상에는 정의 잔상, 부의 잔상 또는 보색잔상이 있다.
• 정(양성)의 잔상 : 자극으로 생긴 상의 밝기와 색이 똑같은 느낌으로 계속해서 보이는 현상
• 부(음성)의 잔상 : 자극으로 생긴 상의 밝기나 색상 등이 정반대로 느껴지는 현상

53 다음 색의 진출, 후퇴의 일반적인 성질 중 틀린 것은?

① 배경색과의 명도차가 큰 밝은색은 진출되어 보인다.
② 무채색보다는 난색계의 유채색이 진출되어 보인다.
③ 난색계는 한색계보다 진출되어 보인다.
④ 배경색의 채도가 높은 것에 대한 낮은 색은 진출되어 보인다.

해설 진출과 후퇴, 팽창과 수축
㉠ 진출, 팽창색 : 고명도, 고채도, 난색계열의 색
예 적, 황
㉡ 후퇴, 수축색 : 저명도, 저채도, 한색계열의 색
예 녹, 청
※ 배경색의 채도가 낮은 것에 대한 높은 색은 진출되어 보인다.

54 다음 중 주목성이 가장 높은 색은?

① 적색 ② 회색
③ 녹색 ④ 청색

해설 주목성(유목성)
사람의 시선을 끄는 색의 성질을 말한다. 명시도가 높은 색은 어느 정도 주목성이 높아진다. 빨강, 노랑, 주황 등의 난색이 눈에 잘 띈다.

55 잔상현상에 관한 내용으로 틀린 것은?

① 잔상이란 자극제거 후에도 감각경험을 일으키는 것이다.
② 부(negative)의 잔상과 정(positive)의 잔상이 있다.
③ 잔상현상을 이용하여 영화를 만들었다.
④ 부의 잔상은 매우 짧은 시간 동안 강한 자극이 작용할 때 많이 생긴다.

잔상(after image)

색상에 의하여 망막이 자극을 받게 되면 시세포의 흥분이 중추에 전해져 자극이 끝난 후에도 계속해서 생기는 시감각 현상을 말한다.

㉠ 정(양성)의 잔상 : 자극으로 생긴 상의 밝기와 색이 똑같은 느낌으로 계속해서 보이는 현상

㉡ 부(음성)의 잔상 : 자극으로 생긴 상의 밝기나 색상 등이 정반대로 느껴지는 현상

※ 영화, TV 등과 같이 계속적인 움직임의 영상은 정의 잔상현상을 이용한 것이다.

56 다음 중 주목성이 가장 높은 배색은?

① 자극적이고 대조적인 느낌의 배색
② 온화하고 부드러운 느낌의 배색
③ 초록이나 자주색 계통의 배색
④ 중성색이나 고명도의 배색

주목성(유목성)

㉠ 어떤 대상을 의도적으로 보고자 하지 않아도 사람의 시선을 끄는 색의 성질을 말한다.

㉡ 배색은 자극적이고 대조적인 느낌의 배색이 주목성이 가장 높다

㉢ 일반적으로 고명도, 고채도의 색, 난색계통의 색이 주목성이 높다.

57 인접된 주위의 색과 가깝게 보이는 현상은?

① 대비
② 동화
③ 잔상
④ 향상성

동화현상(assimilation effect)

동시대비와는 반대현상이며 주변에 있는 색과 닮은 색으로 변해 보이는 현상이다. 줄무늬와 같이 주위를 둘러싼 면적이 작거나 하나의 좁은 시야에 복잡하고 섬세하게 배치되었을 때에 일어난다.

58 색의 진출, 후퇴에 관한 일반적인 성질 설명 중 틀린 것은?

① 난색계는 한색계보다 진출성이 크다.
② 배경색의 채도가 낮은 것에 대하여 채도가 높은 색은 진출한다.
③ 배경색과의 명도차가 큰 밝은색은 진출한다.
④ 유채색 배경일 때 무채색은 가장 진출성이 크다.

진출과 후퇴, 팽창과 수축

㉠ 진출, 팽창색 : 고명도, 고채도, 난색계열의 색 예 적, 황

㉡ 후퇴, 수축색 : 저명도, 저채도, 한색계열의 색 예 녹, 청

※ 무채색보다는 난색계의 유채색이 진출되어 보인다.

59 교통표지판은 주로 색의 어떤 성질을 이용하는가?

① 진출성　　　　② 반사성
③ 대비성　　　　④ 명시성

명시성

㉠ 두 색의 밝기 차이에 따라서 멀리서도 식별이 가능함을 나타내는 것으로 얼마만큼 색이 눈에 잘 띄는가에 대한 성질을 명시성 또는 가시성이라 한다.

㉡ 명시도를 결정하는 조건은 명도차를 크게 하는 것, 물체의 크기, 대상색과 배경색의 크기, 주변환경의 밝기, 조도의 강약, 거리의 원근 등이다.

㉢ 교통표지판은 멀리서도 식별이 가능해야 하므로 명시성이 높은 배색을 한다.

60 중간채도의 빨간색을 회색 바탕 위에 놓는 것보다 선명한 빨강 바탕 위에 놓았을 때 채도가 더 낮아 보이는 현상은?

① 채도대비　　　② 색상대비
③ 명도대비　　　④ 보색대비

해설 채도대비

두 색 이상을 동시에 볼 때 일어나는 대비현상으로 채도대비는 어떤 색의 주위에 그것보다 선명한 색이 있으면 그 색의 채도가 원래 가지고 있는 채도보다 낮게 보이며, 어떤 색의 주위에 그것의 채도보다 낮은 색이 있으면 그 색의 채도가 원래 가지고 있는 채도보다 선명해 보이는 현상이다.

61 베졸드 효과와 관련이 있는 것은?

① 색의 대비
② 동화현상
③ 연상과 상징
④ 계시대비

해설 베졸드 동화효과(Bezold effect)

회색 바탕에 검정 선을 그리면 바탕의 회색은 더 어둡게 보이고 하얀 선을 그리면 바탕의 회색이 더 밝아 보이는 현상으로, 색을 직접 섞지 않고 색점을 섞어 배열함으로써 전체 색조를 변화시키는 효과이다. 바탕에 비해 도형이 작고 선분이 가늘며 그 간격이 좁을수록 더 효과가 나타나고, 배경색과 도형의 색의 명도와 색상 차이가 작을수록 효과가 현저하다.

62 보색 상호 간의 혼합결과는?

① 무채색
② 유채색
③ 인근색
④ 유사색

해설 보색(complementary color)

㉠ 서로 반대되는 색상, 즉 색상환에서 180° 반대편에 있는 색이다.
㉡ 보색을 적당한 비율로 혼합하면 무채색(흰색·검정·회색)이 되는데, 이 두 빛의 색은 여색(餘色)이 된다. 빨강과 녹색, 노랑과 파랑, 녹색과 보라 등의 색광은 서로 보색이며, 이들의 어울림을 보색대비라 한다.

63 색채 동시대비 현상의 명도대비, 채도대비, 보색대비, 색상대비 중 유채색과 무채색을 나란히 배열하였을 때 관련 있는 것은?

① 명도대비뿐이다.
② 명도대비, 채도대비가 있다.
③ 명도대비, 채도대비, 색상대비가 있다.
④ 명도대비, 채도대비, 보색대비, 색상대비가 있다.

해설 동시대비(contrast) 현상

㉠ 색상대비 : 무채색의 대비, 유채색의 대비, 무채색과 유채색의 대비가 일어나지 않는다.
㉡ 명도대비 : 무채색의 대비, 유채색의 대비, 무채색과 유채색의 대비가 일어난다.
㉢ 채도대비 : 유채색의 대비, 무채색과 유채색의 대비가 일어난다.
㉣ 보색대비 : 유채색의 대비, 무채색과 유채색의 대비가 일어난다.

64 다음 현상을 옳게 설명한 것은?

> 줄무늬의 녹색 셔츠를 구입하기 위해 옷을 살펴보는데, 녹색 바탕의 셔츠 줄무늬가 노란색일 경우와 파란색일 경우 옷 색깔이 다르게 보였다.

① 면적대비 : 노란색 줄무늬는 밝아 보이고 파란색 줄무늬는 검게 보인다.
② 보색대비 : 노란색 줄무늬는 밝게 보이고 파란색 줄무늬는 검게 보인다.
③ 명도동화 : 노란색 줄무늬는 어둡게 보이고 파란색 줄무늬는 밝게 보인다.
④ 색상동화 : 노란색 줄무늬 부근은 황록색으로, 파란색 줄무늬 부근은 청록색으로 보인다.

해설 베졸드 효과(Bezold effect, 동화효과)

회색 바탕에 검정 선을 그리면 바탕의 회색은 더 어둡게 보이고 하얀 선을 그리면 바탕의 회색이 더 밝아보이는 현상으로, 색을 직접 섞지 않고 색점을 섞어배열함으로써 전체 색조를 변화시키는 색상동화효과이다. 바탕에 비해 도형이 작고 선분이 가늘며 그 간격이 좁을수록 더 효과가 나타나고, 배경색과 도형의색의 명도와 색상 차이가 작을수록 효과가 현저하다.

65 크기가 같은 물건일 경우 가장 커 보이는 물체의 색은?

① 흰색   ② 빨간색
③ 초록색   ④ 파란색

해설 면적감

같은 모양, 같은 크기라도 색에 따라서 크게 보이기도 하고 작게 보이기도 한다. 팽창색은 실제 크기보다 팽창되어 커 보이는 색을 말하며, 수축색은 실제크기보다 작게 보이는 색을 말한다.
㉠ 팽창성 : 고명도, 고채도, 난색계통의 색
㉡ 수축성 : 저명도, 저채도, 한색계통의 색
※ 무채색의 흰색은 크게, 검은색은 작게 보인다.

66 유채색의 경우 보색잔상의 영향으로 먼저 본 색의 보색이 나중에 보는 색에 혼합되어 보이는 현상은?

① 계시대비   ② 명도대비
③ 색상대비   ④ 동시대비

해설 계시대비(successive contrast)

㉠ 계속대비 또는 연속대비라고도 하며, 시간적인차이를 두고 2개의 색을 순차적으로 볼 때에 생기는 색의 대비현상이다.
㉡ 어떤 색을 본 후에 다른 색을 보면 나중에 보았던색은 처음에 보았던 색의 보색에 가까워져 보이며 채도가 증가해서 선명하게 보인다.

67 색의 동화현상(同化現象)에 대한 설명 중 틀린것은?

① 회색 줄무늬라도 청색 줄무늬에 섞인것은 청색을 띠어 보이는 현상
② 주위 색의 영향으로 인접색과 서로 반대되는 경향에 있는 현상
③ 동화를 일으키기 위해서는 색의 영역이하나로 종합되는 것이 필요함
④ 대비현상과는 반대의 현상

해설 동화현상(assimilation effect)

㉠ 동시대비와는 반대현상이며 주위의 영향으로 인접색과 닮은 색으로 변해 보이는 현상이다.
㉡ 색상동화, 명도동화, 채도동화가 있으나 이들은모두 동시적으로 일어나는 현상으로, 줄무늬와같이 주위를 둘러싼 면적이 작거나 하나의 좁은사이에 복잡하고 섬세하게 배치되었을 때에 일어난다.

05

색의 감정적인 효과

CHAPTER 05 색의 감정적인 효과

5.1 색이 주는 감각

(1) 색의 연상(association of color)

색채에는 색상에 따라 각각 특유한 색의 감정이 담겨 있는데 이는 사람의 감정을 자극하는 효과가 있으며, 이것은 곧 연상감정으로 성별, 연령, 기후, 풍토, 국민성, 문화수준, 개인의 경험에 따라 차이가 있으나, 여러 사람을 조합해 보면 공통된 느낌을 찾을 수 있다. 색에 대한 느낌을 잘 알아야 배색 등 색을 효과적으로 사용할 수 있다.

① 구체적 연상

적색을 보고 '불'이라는 구체적인 대상을 연상하거나 하늘색을 보고 '하늘'을 연상하는 것이다.

② 추상적 연상

적색을 보고 '정열', '애정'이라는 감정을 느끼는 것이다.

색 상	추상적 연상(개념)	구체적 연상(현실)	치료, 효과
빨강(R)	정열, 활동, 흥분, 피(血), 위험, 혁명, 잔인, 야만, 더위	태양, 불(火), 사과, 붉은 깃발	노쇠, 빈혈, 방화, 정지
주황(YR)	온정, 양기, 의혹, 쾌락, 적극, 약동, 희열, 만족, 풍부, 건강, 밝음	오렌지, 감, 호박, 가을	강장제, 완화제, 무기력, 공장의 위험 표시
노랑(Y)	희망, 명랑, 야심, 질투, 광명, 향상, 성실, 발전, 명쾌, 경박, 팽창	바나나, 유채꽃, 해바라기, 금, 병아리, 금발, 노란 국화	신경질, 염증, 신경제, 주의색(공장, 도로), 방부제, 피로회복
연두(GY)	휴식, 위안, 안일, 친애, 신성, 생장	새싹, 잔디, 푸른 대나무, 초여름, 완두콩	위안, 피로회복, 강장, 방부
녹색(G)	평화, 안전, 무력, 휴식, 건전, 평정, 성장, 지성, 공평, 이상, 순정, 중성, 염원	전원, 초목, 숲, 밀림, 수박, 여름	안전색, 중정색, 해독
청록(BG)	심원, 태동, 비방, 이지, 차가움, 외로움	깊은 바다, 깊은 수풀, 보석, 찬바람	이론적인 생각을 추진시킴, 상담실의 벽
파랑(B)	침정, 냉정, 경계, 소원, 영원, 침착, 명상, 진실, 정숙, 성실	물(水), 하늘, 바다, 사파이어, 푸른 새, 깊은 계곡	침정제, 눈의 피로회복, 염증, 피서

색 상	추상적 연상(개념)	구체적 연상(현실)	치료, 효과
남색(PB)	숭고, 냉철, 심원, 장려, 청초, 고독, 고집, 무한	도라지, 꽃, 가지, 난꽃	정화, 살균, 출산
보라(P)	창조, 우아, 예술, 위험, 고귀, 불안, 병약, 신비, 영원	포도	중성색, 예술감, 신앙심을 유발시킴
자주(RP)	열정, 정열, 화려, 요염함, 몽상, 환상, 비애, 공포, 감미	요정, 주점, 입술 연지, 자두, 오팔, 모란꽃	우울증, 저혈압, 노이로제, 월경불순
흰색(W)	결백, 소박, 신성, 순결, 청춘, 정직, 명쾌, 냉혹, 불신, 순수, 청결, 희망	눈, 솜, 흰종이, 분필, 흰모래, 신부, 눈사람	마음을 깨끗하게 씻어버림, 고독감을 일으킴
회색(GY)	평화, 온화, 겸양, 중립, 중성, 평범, 실의, 우울, 공포, 음기, 침울	구름, 재, 쥐, 제복, 아스팔트, 안개	소속이나 경향, 노선 등이 뚜렷하지 않음
검정(BK)	엄숙, 시체, 죽음, 어둠, 주검, 사멸, 침묵, 비애, 공포, 신비, 절망, 허무, 죄	밤, 석탄, 숯, 칠판, 까마귀, 흑장미, 머리카락	예복, 상복

③ 중량감(重量感)

색에는 무거운 것으로 보이는 색과 가벼운 것으로 보이는 색이 있다. 색채에 의한 무게의 느낌은 색상과는 관계가 없으며 주로 명도에 의해 좌우되고 채도에는 영향을 받지 않는다.

㉮ **가벼운 느낌의 색** : 명도가 높은 색, 즉 밝은색은 부드럽고 경쾌감을 주며 가벼운 느낌을 주는데 흰색, 노랑, 밝은 하늘색 등이 해당된다.

㉯ **무거운 느낌의 색** : 명도가 낮은 색, 즉 어두운색은 가라앉은 중압감과 무거운 느낌을 주는데 검정, 남색, 남보라, 감청 등이 해당된다.

㉰ **가벼운 느낌의 색과 무거운 느낌의 색의 관계** : 같은 사물이라도 위쪽이 가벼운 느낌의 색이고 아래쪽이 무거운 느낌의 색일 때는 안정감을 느끼며, 이와 반대로 위쪽이 무거운 느낌의 색이고 아래쪽이 가벼운 느낌의 색일 때는 불안감을 느낀다.

④ 경연감(硬軟感)

색채가 딱딱한 느낌이나 부드러운 느낌을 주는 것을 경연감이라 하는데, 명도에 의한 무게감과 채도에 의한 강약감이 복합적으로 작용할 때 경연감을 지닌다. 경연감은 색의 채도와 명도가 함께 작용한다.

딱딱한 느낌	←———— 중 간 ————→	부드러운 느낌
고채도의 색		저채도의 색
어두운색		밝은색
차가운 색		따뜻한 색
저명도의 색		고명도의 색

⑤ **강약감(强弱感)**

색채의 무게감이 명도와 깊은 관련이 있는 데 비해서 색채의 채도는 강한 느낌이나 약한 느낌을 주기도 한다.

㉮ 채도가 높은 색은 강한 느낌을 준다.

㉯ 채도가 낮은 색은 약한 느낌을 준다.

⑥ **온도감(temperature of color)**

색의 온도감은 빨강, 주황, 노랑, 연두, 초록, 파랑, 하양 등의 순서로, 즉 파장이 긴쪽이 따뜻하게 느껴지고 파장이 짧은쪽이 차갑게 느껴진다.

먼셀의 시스템에서 빨간색을 1로 하고 Red Purple을 20으로 할 때 hot color는 1~5, cool color는 10~15, neuter color(중성색)는 6~9, 16~20이다.

색채의 온도감은 어떤 색의 색상에서 강하게 일어나지만 명도에 의해 영향을 받는다.

따뜻한 색	차가운 색
낮은 명도의 색(예 빨강)	높은 명도의 색(예 노랑)
저명도	고명도
난색	한색

⑦ **화려한 색, 점잖은 색**

색에는 화려하게 보이는 색과 점잖고 의젓해 보이는 색이 있다. 흰색이나 금색, 은색은 화려한 느낌으로 될 수 있으나 검정색은 사용방법에 따라 화려하거나 점잖하게도 보인다.

화려한 느낌	점잖은 느낌
고채도의 색	저채도의 색
따뜻한 색(난색계열)	차가운 색(한색계열)
밝은색	어두운색

⑧ **흥분색과 진정색**

일반적으로 빨강, 주황, 노랑을 흥분색 또는 적극적인 색이라고 하고, 순색인 청록, 파랑, 남색 등은 침착한 느낌을 줌으로써 침정색 또는 소극적인 색이라 한다. 녹색과 자주색은 흥분이나 침착 중 어디에도 속하지 않으므로 중성색이라 한다. 밝고 선명한 색은 원기왕성하고 활발한 운동감이 있으며, 어두운색은 가라앉은 분위기를 내어 차분함을 느끼게 한다.

예로서 푸른 방에는 흥분된 환자를, 붉은 방에는 우울증 환자를 배정하는 색채치료요법을 쓰기도 한다.

흥분색	진정색
난색계열	한색계열
고채도	저채도

⑨ **부드러운 색과 딱딱한 색**

부드러운 느낌과 딱딱한 느낌을 주는 색은 색상과 관계없이 명도와 채도에 의한 것이다.

부드러운 색	딱딱한 색
고명도	저명도
고채도	저채도와 순색
밝은 회색	검정색

⑩ **시간성**

미국의 색채학자 비렌(F. Birren)은 붉은색으로 장식된 실내에서는 시간의 경과가 길게 느껴지고, 푸른색의 실내에서는 시간의 경과가 짧게 느껴진다고 지적한 바 있다.

황록색, 황색, 적색, 주황색은 속도감을 주는 색상으로 커피숍 등에 저색과 주황색 등으로 장식을 하면 손님의 회전율이 빨라져서 효과적이며, 대합실이나 병원의 실내벽은 지루한 감을 감소시키기 위해 차가운 색 계통으로 장식하면 효과적이다.

빠른 속도감	느린 속도감
고채도의 맑은 색	저채도의 칙칙한 색
고명도	저명도

⑪ **명랑한 색, 우울한 색**

순색에 흰색을 섞으면 명랑한 느낌이 되고 순색에 검은색을 섞으면 우울한 느낌이 된다.

명랑한 색	우울한 색
고명도	저명도
고채도	저채도

⑫ **기억색(memory color)**

하늘의 색, 바다의 색, 땅의 색, 과일의 색 등은 특정한 색으로 기억되고 있다. 이러한 사물 등에 대한 색의 기억을 기억색이라 하며, 기억하는 동안 실물보다 색이 강조되어 기억되는데, 색상은 원색에 가까워지고, 명도, 채도 또한 높아지게 된다. 예를 들면, 하늘의 푸르름은 더욱 더 푸르게 기억되고 사과의 빨강은 더 빨강색으로 기억된다. 기억색은 다른 색의 체험에 있어 무의식적으로 영향을 준다.

이 기억색은 관념적이기 때문에 관념색이라고도 한다.

(2) 색과 형

다음은 색을 형과 깊은 관련성으로 설명하는 심리학자들의 색과 형이다.

① 배빗(Edwin Babbit)의 이론

각이 없는 원은 파란색과 같이 편안함을 표현하며, 완강하고 예리한 각을 지닌 삼각형은 빨간색처럼 활동적이며, 둥글지도 예리하지도 않은 육각형은 편안함과 활동성을 같이 표현하는 노란색과 공통된다고 설명한다.

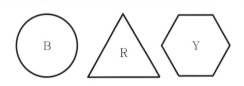

[그림 5-1] 배빗의 형과 색

② 독일의 생리학자 베버(E. H. Weber)와 페히너(G. T. Fechner)의 이론

빨강은 정사각형의 성격인 중량감, 안정감에, 주황은 직사각형의 성격인 긴장감에, 노랑은 삼각형의 성격인 주목성에, 초록은 육각형의 성격인 원만성에, 파랑은 원의 성격인 유동성에, 보라는 타원의 성격인 유동성에 연관 짓고 있다.

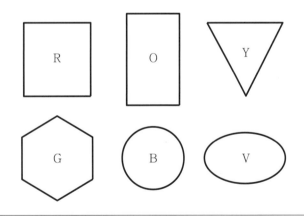

[그림 5-2] 베버와 페히너의 형과 색

③ 미국의 색채학자 비렌(F. Birren)의 이론

빨강은 정사각형 또는 입방체, 주황은 직사각형, 노랑은 삼각형 또는 삼각추, 초록은 육각형 또는 정20면체, 파랑은 원 또는 공 모양, 보라는 타원형을 암시한다.

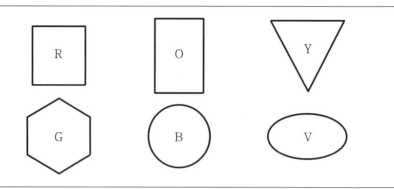

[그림 5-3] 비렌의 형과 색

5.2 색의 상징

(1) 색채의 상징성(symbolical expression of color)

색의 연상은 많은 사람에게 공통성을 띠며 전통과 결합되어 일반화되면 하나의 색은 특정한 것을 뜻하는 상징성을 갖게 된다. 색의 상징은 세계적으로 공통된 것도 있고 민족의 습관에 따라 다른 것도 많다.

색의 상징성은 색이 심리적 작용을 통해서 어떤 정서적 반응을 주는 것과는 달리 어떤 사회적 규범으로서, 즉 일종의 사회적 약속 언어로서의 기능도 가진다.

① 등급을 상징하는 색

우리나라에서는 계급과 신분을 상징하는 데 색채를 사용하였다. 일반백성은 거의 색채를 생활화하지 못한 반면 왕가를 비롯한 특수 귀족계급만 색채를 사용하였다. 평민은 혼례 때만 색동과 같은 유채색의 활옷을 입었다. 신라시대에는 진골(眞骨)이 사가(私家) 이상의 건물에 오채(五彩)를 사용했으며 궁궐이나 사원에도 오채로 단청(丹靑)하였다. 조선시대에는 1품(品), 2품과 3품정(品正)은 홍색(紅色), 3품종과 4~6품은 청색, 7~9품은 녹색, 법사(法司)는 조색(皁色, 검정색) 등 품계(品階)에 따라 색채로 구분하였다.

② 방위(方位)를 상징하는 색

예로부터 음양오행사상에 의해서 관념적 우주관으로 오방색(五方色)을 표준색상으로 기준하고 빨강(赤), 파랑(靑), 노랑(黃), 흰색(白), 검정(玄黑)을 오정색(五正色)이라 부르고, 연지(紅), 밝은 파랑(碧), 풀색(綠), 밝은 주황(朱黃), 보라(紫)를 오간색(五間色)이라 하였다.

오정색은 동·서·남·북의 방위를 나타낼 때, 동쪽은 파랑(靑龍)·서쪽은 하양(白虎)·남쪽은 빨강(朱雀)·북쪽은 검정(玄武)으로 중앙은 노랑으로 하였다. 또한 빨간색은 화(火), 노란색은 토(土), 파란색은 목(木), 흰색은 금(金), 검정색은 수(水)를 상징하였다. 이것은 지역과 환경과 풍습의 차이 등에 의하여 색의 상징성을 나타내고 있다.

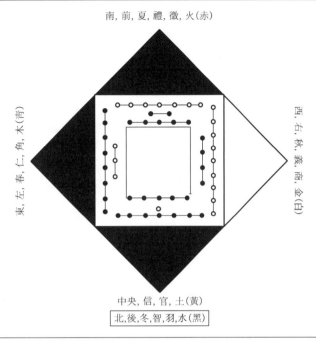

南, 前, 夏, 禮, 徵, 火(赤)

東, 左, 春, 仁, 角, 木(靑)

西, 右, 秋, 義, 商, 金(白)

中央, 信, 官, 土(黃)

北,後,冬,智,羽,水(黑)

[그림 5-4] 오방색

③ 학문을 상징하는 색

종합대학과 단과대학별(전공) 구분을 위하여 다른 색채를 사용한다.

대학별	상징색	대학별	상징색
철학	dark blue	무역·회계·상업	olive drab
인문과학	white	치과학	lilac
미술·건축학	brown	경제학	copper
교육	light blue	공학	orange
자연과학	golden yellow	산림학	russet
사회학	citron	신문학	grimson
신학	scalet	도서관학	lemon
음악학	pink	공중보건학	salmon pink
수사학	silber gray	수의학	gray
법학	purple	행정·외교학	peacock blue
의학	green	간호학	apricot
농학	maize	약학	olive green
가정·경제학	maroon	체육학	sage green
미학	black		

④ **지역을 상징하는 색**

5개의 원으로 된 마크의 각 원은 5대양주를 상징하는 5가지 색으로 되어 있다.
청(유럽주), 황(아시아주), 흑(아프리카주), 녹(오세아니아주), 적(아메리카주)

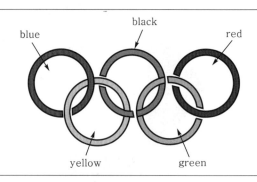

[그림 5-5] 오륜기

⑤ **민족의 습관에 따른 상징색**

㉮ **빨강** : 서구(西歐)에서는 그리스도의 피라고 간주되는 포도주의 색으로서 성찬이라든가 제
전(祭典)을 나타낸다. 한편, 위험을 의미해서 교통신호 정지의 색, 소방차의 색으로 이용된
다. 또한 서구에서는 같은 빨강계통이라 하여도 진한 빨간색은 질투, 학살을 뜻하며 악마의
상징으로 보고 있는 데 비해 연분홍색은 건강을 나타낸다.

㉯ **노랑** : 햇빛과 결부되어 중국에서는 예부터 제왕(帝王)의 색으로 일반인은 사용하지 못했고
고대 로마에서도 고귀한 색으로 취급되었으나 그리스도교에서는 예수를 배반한 유다의
의복색이라 하여 최하등의 색으로 인식되고 있다. 따라서 서구에서는 비겁하고 사악한
사람을 '노랑이'(yellow dog)라고 한다. 우리나라에서도 지나치게 인색한 사람을 '노랑이'
라고 부른다.

㉰ **초록** : 대자연의 초목의 색으로 자연이나 성장을 의미하지만 인간으로서 미숙함을 나타내
기도 한다. 서구에서는 질투의 악마, 어떤 일에 경험이 부족한 사람임을 의미한다. 일반적
으로 평화와 안전의 표상으로 쓰인다.

㉱ **파랑** : 행복의 색, 희망을 나타내는 색이다. 서구에서는 고귀한 신분을 나타내기도 하며,
절망에 싸인 슬픈 음악을 '블루 뮤직'(blue music)이라고도 한다. 우리나라에서는 청년,
청춘, 풋내기 등으로 인생의 문턱에 있는 세대를 상징한다.

⑥ **그 밖에 색이 주는 공감각**

감각영역의 자극으로부터 하나의 감각이 연쇄적으로 다른 영역의 감각을 불러일으키는 현상을
색의 공감각이라 한다. 색채는 색채의 시각, 미각, 청각, 후각, 촉각에 따라 공감각을 갖게
되는데 보는 것과 동시에 다른 감각의 느낌을 수반하게 된다.

⑦ **미각(색채와 맛)** : 잘 익은 빨간 과일은 입맛을 돋우듯이 색채의 느낌이 미각을 수반하여 즐거운 식생활을 만들어 준다. 주황색은 강한 식욕감을 느끼게 하고, 한색계열은 쓴맛, 난색계열은 단맛 등 배색에 따라서 느낌의 차이가 생긴다.

  ㉠ 단색(甘味色) : 밝은 색조 중 난색－오렌지색, 적색

  ㉡ 신색(酸味色) : 한색과 난색의 배색－황색 기미를 띤 녹색, 녹색 기미를 띤 황색

  ㉢ 매운색(辛色) : 보색대비의 배색－녹색 바탕의 빨간색

  ㉣ 쓴색(苦味色) : 대체적으로 저채도의 색－청색, 갈색, 보라색, 올리브 그린(olive-green)

  ㉤ 떫은 색(澁色) : 저채도의 색－황토색 계열

⑭ **청각(색채와 소리)** : 음(音)에서 색을 느끼는 현상을 색청(color audition)이라고 한다. 이러한 느낌을 이용하여 표준음계는 순색의 스펙트럼, 낮은 음은 저명도, 높은 음은 밝고 강한 채도, 예리한 음은 선명한 적색, 탁음은 둔하고 어두운 회색 기미의 색, 마찰음은 거칠게 칠한 색을 연상케 한다.

⑭ **후각(색채와 향)** : 레몬색은 톡쏘는 듯한 냄새의 느낌을 가지고 있다. 또한 좋은 냄새의 색들은 맑고 순수하며, 나쁜 냄새의 색채는 어둡고 흐린 난색계열의 색이다. 은은한 향기의 색은 자색 또는 라일락색 계통이며 짙은 색의 향기는 녹색계열의 색이다.

⑭ **촉각(색채와 촉감)** : 색의 농담과 색조(color tone)에서 촉감을 느낄 수 있다. 밝고 강한 채도의 색은 매끄러운 광택을 느낄 수 있으며, 은색은 딱딱하고 찬 느낌, 어두운 회색조의 색은 거친 느낌, 따뜻하고 밝은 색조는 부드러움을 느끼게 한다.

(2) 색채의 언어적 이미지

괴테(J. W. Goethe)는 기본색에 대하여 노랑·주황·주홍의 색은 '능동적이고 활성적이며 투쟁적인' 태도를 유발하는 양성적인 색으로, 파랑, 남보라, 자주색은 '불안정하고 부드러우며 동경하는' 기분에 적절한 음성적인 색으로 색의 이미지를 표현하였다. 이것은 색이 일종의 언어적 기능을 담당할 수 있음을 암시한다.

근래에는 행동주의 심리학자인 오스굿(C. E. Osgood)에 의해서 대표되는 화행의미론적(話行意美論的) 말의 정서적 의미에 대한 언어척도법인 SD법(Semantic Differential method)을 사용하는 색의 이미지에 대한 연구가 발표되고 있다. 이 SD법은 추상적인 성질로만 설명하거나 형용밖에 되지 않는 색·맛·음성·광고물 등에 대한 이미지를 정량화하기 위한 연구에서 환영받고 있다. SD법에서는 색의 감정적인 효과를 크게 3개의 인자로 분류한다.

[표 5-1]은 3개의 감정인자에 대한 대표적인 인상을 분류한 것이다.

[표 5-1] 3개의 감정인자에 대한 인상

제1인자	제2인자	제3인자
아름다움(美)	경연감(硬軟感)	동정감(動靜感)
호감(好感)	강약감(强弱感)	남녀성감(男女性感)
조화감(調和感)	난랭감(暖冷感)	긴장감(緊張感)
양기(陽氣) 또는 음기(陰氣)	경중감(輕重感)	화려하고 수수한 느낌

이러한 오스굿의 감정인자들은 서로 반대되는 감정인자들의 쌍으로 되어 있는 것이 특징이다. 이러한 서로 반대되는 쌍들을 형용사로 된 수식어로 사용하여 5~7단계의 이미지 강도로 척도화(尺度化)한다. 예를 들어, 제2인자인 난랭감을 '따뜻한─차가운'이라는 형용사로 대립시키고는 그 사이에 '약간', '어느 쪽도 아니다', '상당히', '아주' 등의 척도 단계를 둠으로써 색의 언어적 이미지를 객관적으로 측정할 수 있다.

일반적으로 '크다─작다', '좋다─나쁘다', '빠르다─느리다'와 같이 상반되는 의미의 형용어를 짝지은 '평정(評定)척도'를 10~50개를 사용하여 어떤 '개념'의 말이 우리의 뇌리에 연상시키는 내용을 그 강도에 따라 평정하여 각 개인이 목적물의 의미를 어떻게 받아들이는가를 측정하기 위하여 사용된다.

최근에는 SD법을 통계학적인 '인자분석법'(factor analysis method)에 결합시켜서, 색의 '언어적 이미지'를 색의 '즉물적 이미지'(pragmatic image)로 변환시키는 데에까지 적용하려고 한다. 다시 말해서 '평가성'(evaluation), '활동성'(activity), '잠재성'(potency) 등의 3가지 인자를 SD법의 감정인자들과 함께 결합시켜서 색의 이미지를 확실하고 구체적인 '통합적 이미지'(syntactic image)로 확인할 수 있다.

01 호수, 명상, 영원, 성실, 심원 등의 연상 및 상징을 갖는 색은?

① 파랑　　　　② 빨강
③ 보라　　　　④ 초록

해설 색의 추상적 연상
㉠ 파랑의 연상단어 : 젊음, 차가움, 명상, 심원, 성실, 영원, 냉정, 냉혹, 추위, 바다, 호수
㉡ 치료효과 : 눈, 신경의 피로회복, 염증, 침정제, 맥박저하, 피서

02 가볍게 보이려면 색의 속성을 어떻게 조절해야 하는가?

① 명도는 낮추고, 채도는 높인다.
② 명도를 높인다.
③ 명도와 채도 모두 낮춘다.
④ 채도를 높인다.

해설 중량감
색채의 중량감은 색상보다는 명도에 의해 좌우된다. 명도가 낮은 색은 무겁게 느껴지고 명도가 높은 색은 가볍게 느껴진다.
㉠ 가벼운 색 : 명도가 높은 색, 밝은색, 난색계통
　예 빨강, 노랑
㉡ 무거운 색 : 명도가 낮은 색, 어두운색, 한색계통
　예 초록, 남색

03 색이 전달하는 감성을 적절히 활용한 예는?

① 커피캔의 색을 파랑으로 한다.
② 새콤한 맛은 밝은 연두로 표현한다.
③ 보라색으로 식욕을 돋운다.
④ 정력제는 흰색으로 한다.

해설 색채의 공감각
색채는 색채의 시각, 미각, 청각, 후각, 촉각에 따라 색채의 공감각을 갖게 되는데 보는 것과 동시에 다른 감각의 느낌을 수반하게 된다. 커피캔의 색은 브라운색이 좋고, 난색(빨강색 계통)은 식욕을 돋우며, 정력제는 파랑색이 적절하다.

04 색채의 감정에 대한 설명으로 옳은 것은?

① 주황색·황색 등의 색상은 수축감을 느끼게 하며 생리적·심리적으로 긴장감을 준다.
② 붉은색 계통의 색은 시간의 경과가 짧게 느껴지고, 푸른색 계통은 시간의 경과가 길게 느껴진다.
③ 난색계통의 고명도·고채도를 사용하면 흥분감을 준다.
④ 색의 중량감은 주로 채도에 의하여 좌우된다.

해설 색채의 감정적인 효과(연상)
㉠ 흥분감 : 난색계통의 고명도, 고채도의 색상
㉡ 중량감 : 색상보다는 명도에 의해 좌우되는 것으로 명도가 낮은 색은 무겁게 느껴지며, 명도가 높은 색은 가볍게 느껴진다.
㉢ 수축성 : 저명도, 저채도, 한색계통의 색
㉣ 시간감 : 붉은색 계통의 색은 시간의 경과가 짧게 느껴지고, 푸른색 계통은 시간의 경과가 길게 느껴진다.

05 불안감을 느끼는 사람에게 안정을 취하게 할 수 있는 공간색으로 적합한 것은?

① 파랑　　　　② 흰색
③ 회색　　　　④ 노랑ㄲ

해설 파랑은 상쾌함, 차분함, 시원함, 세련, 미래, 신뢰, 성장 등을 연상시켜 불안감을 느끼는 사람에게 안정을 취하게 할 수 있는 공간색으로 적합하다.

06 미각과 색채의 관계로 연결된 것 중 잘못된 것은?

① 쓴맛 : gray
② 단맛 : red
③ 신맛 : yellow
④ 짠맛 : blue-green

해설 색채의 공감각
색채는 색채의 시각, 미각, 청각, 후각, 촉각에 따라 색채의 공감각을 갖게 되는데 보는 것과 동시에 다른 감각의 느낌을 수반하게 된다.
※ 쓴맛 : 진한 청색, 올리브그린

07 색채의 시간성과 속도감에 대한 설명 중 옳은 것은?

① 3속성 중 명도가 주로 큰 영향을 미친다.
② 장파장의 색은 시간이 길게 느껴진다.
③ 단파장의 색은 속도감이 빠르다.
④ 저명도의 색은 속도가 빠르게 느껴진다.

해설 시간성과 속도감
㉠ 빠른 속도감 : 고명도, 고채도, 난색계열의 색, 장파장 계열색
㉡ 느린 속도감 : 저명도, 저채도, 한색계열의 색, 단파장 계열색
㉢ 장파장 계열의 실내 : 시간이 길게 느껴진다.
㉣ 단파장 계열의 실내 : 시간이 짧게 느껴진다.

08 색의 중량감과 가장 관계가 깊은 것은?

① 순도 　　　② 채도
③ 색상 　　　④ 명도

해설 중량감
색채의 중량감은 색상보다는 명도에 의해 좌우되고, 명도가 낮은 색은 무겁게, 명도가 높은 색은 가볍게 느껴진다.
㉠ 가벼운 색 : 명도가 높은 색, 밝은색, 난색계통
　　예 빨강, 노랑
㉡ 무거운 색 : 명도가 낮은 색, 어두운색, 한색계통
　　예 초록, 남색

09 색의 연상작용에서 우아, 신비, 불안, 우월감 등을 나타내는 색은?

① Red
② Green
③ Yellow
④ Purple

해설 ㉠ 빨강(R) : 자극적, 정열, 흥분, 애정, 위험, 혁명, 피, 분노, 더위, 열
㉡ 녹색(G) : 평화, 상쾌, 희망, 휴식, 안전, 안정, 안식, 평정, 지성, 자연, 초여름, 잔디, 죽음
㉢ 노랑(Y) : 명랑, 환희, 희망, 광명, 접근, 유쾌, 팽창, 천박, 황금, 바나나, 금발
㉣ 보라(P) : 창조, 우아, 고독, 신비, 공포, 추함, 예술, 공허, 신앙, 위엄

10 한국 전통의 음양오행설에 기초한 오방색에 속하지 않는 것은?

① 청 　　　② 황
③ 자 　　　④ 흑

해설 오방색(五方色)
㉠ 우주만물은 음양과 오행으로 이루어져 있다는 음양오행사상에 의해 만들어졌으며, 그 요소들이 서로 균형 있는 통합을 이루어야 질서를 유지하게 된다는 논리이다.
㉡ 오방에는 각 방위에 해당하는 5가지 정색이 있다. 동쪽이 청색, 서쪽이 백색, 남쪽이 적색, 북쪽이 흑색, 가운데는 황색이다.

정답 06 ① 07 ② 08 ④ 09 ④ 10 ③

11 올림픽 마크의 5색은 어떤 성질을 이용한 것인가?

① 시대성

② 상징성

③ 기호성

④ 기억성

> **해설** 상징성(symbol of color)
> ㉠ 색을 보았을 때 특정한 형상이나 뜻이 상징되어 느껴지는 것이다.
> ㉡ 올림픽 마크의 5대양주 색 : 올림픽 마크 동그라미의 색상은 깃대로부터 파랑, 노랑, 검정, 녹색, 빨강의 순서로 되어 각각 5대륙을 상징하고 있다.
> ※ 청 – 유럽주, 황 – 아시아주, 흑 – 아프리카주, 녹 – 오세아니아주, 적 – 아메리카주

12 색의 온도감에 관한 설명으로 틀린 것은?

① 유채색의 경우 중성색은 온도감이 느껴지지 않는다.

② 장파장보다 단파장 쪽의 색이 차게 느껴진다.

③ 일반적으로 명도보다 색상에 의한 효과가 크다.

④ 무채색의 경우 명도가 높으면 따뜻하게 느껴진다.

> **해설** 온도감
> ㉠ 따뜻해 보이는 색을 난색이라고 하고 일반적으로 적극적인 효과가 있으며, 추워 보이는 색을 한색이라고 하고 진정적인 효과가 있다. 중성은 난색과 한색의 중간으로 따뜻하지도 춥지도 않은 성격으로 효과도 중간적이다.
> ㉡ 무채색에서 고명도보다 저명도의 색이 따뜻하게 느껴진다.
> ㉢ 색채의 온도감은 어떤 색의 색상에서 강하게 일어나지만 명도에 영향을 받는다.

13 한국의 전통색 중 동쪽, 봄을 의미하는 오정색은?

① 녹색　　　　② 청색

③ 백색　　　　④ 홍색

> **해설** 오방색(五方色)
> ㉠ 우주만물은 음양과 오행으로 이루어져 있다는 음양오행사상에 의해 만들어졌으며, 그 요소들이 서로 균형 있는 통합을 이루어야 질서를 유지하게 된다는 논리이다.
> ㉡ 음양오행사상의 색채체계는 동서남북 및 중앙의 오방으로 이루어지며, 이 오방에는 각 방위에 해당하는 5가지 정색이 있다. 동쪽이 봄, 청색, 서쪽이 가을, 백색, 남쪽이 여름, 적색, 북쪽이 겨울, 흑색, 가운데는 황색이다.

14 황색이나 레몬색에서 과일 냄새를 느끼는 것과 같은 감각현상은?

① 시인성　　　② 상징성

③ 공감각　　　④ 시감도

> **해설** 색채의 공감각
> 색채는 색채의 시각, 미각, 청각, 후각, 촉각에 따라 색채의 공감각을 갖게 되는데, 보는 것과 동시에 다른 감각의 느낌을 수반하게 된다.
> ㉠ 후각 : 색채와 소리
> ㉡ 시각 : 색채와 모양
> ㉢ 미각 : 색채와 맛
> ㉣ 후각 : 색채와 향
> ㉤ 촉각 : 색채와 촉감

15 기억색에 대한 설명으로 가장 옳은 것은?

① 대상의 실제색보다 색상차를 크게 기억한다.

② 대상의 실제색보다 그 색의 주된 특징을 더 강하게 기억한다.

③ 대상의 실제색과 같게 기억한다.

④ 대상의 실제색보다 더 채도가 낮은 것으로 기억한다.

정답 11 ② 　12 ④ 　13 ② 　14 ③ 　15 ②

관념색이라고도 하며, 사물 등에 대한 기억을 기억색이라 한다.

㉠ 하늘의 색, 바나나색 등 대상의 표면색에 대한 무의식적 추론에 의해 결정되는 색채이다.

㉡ 기억하는 동안 실물보다 색이 더 강조된다.

㉢ 색상은 원색에 가까워지게 되고 명도와 채도 또한 높아지게 된다.

㉣ 대상의 실제색보다 그 색의 주된 특징은 더 강하게 기억한다.

16 색채가 주는 감정적 효과에 대한 내용으로 틀린 것은?

① 난색, 고채도일수록 무거운 느낌이다.

② 저채도, 저명도일수록 어두운 느낌이다.

③ 고채도, 고명도일수록 화려한 느낌이다.

④ 한색, 저채도일수록 차분한 느낌이다.

해설 색채의 감정적 효과

㉠ 가벼운 색 : 명도가 높은 색, 밝은색, 난색계통
 예 빨강, 노랑

㉡ 무거운 색 : 명도가 낮은 색, 어두운색, 한색계통
 예 초록, 남색

㉢ 화려한 느낌의 색 : 명도가 높은 색, 고채도의 색, 난색계열

㉣ 차분한 느낌의 색 : 명도가 낮은 색, 저채도의 색, 한색계열

17 색의 연상에 관한 내용 중 틀린 것은?

① 빨강, 주황 등은 식욕을 증진시키는 데 효과적인 색이다.

② 파랑, 하늘색 등은 일반적으로 청결한 이미지를 나타낸다.

③ 금속색(주로 은회색 등)은 첨단적, 현대적인 이미지를 나타낸다.

④ 검정색은 죽음, 공포, 암흑을 연상시켜 공업제품의 색으로는 부적합하므로 사용하고 있지 않다.

해설 색의 연상

어떤 색을 보았을 때 색에 대한 평소의 경험적 감정과 연상의 정도에 따라 그 색과 관계되는 여러 가지 사항을 연상하게 된다. 검정은 허무, 불안, 절망, 정지, 침묵, 암흑, 부정, 죽음, 공포, 밤을 연상시키나 강함과 세련된 느낌으로 공업제품에 사용되고 있다. 색의 연상에는 구체적 연상과 추상적인 연상이 있다.

㉠ 구체적 연상 : 적색을 보고 불이라는 구체적인 대상을 연상하거나, 하늘색을 보고 하늘을 연상하는 것

㉡ 추상적인 연상 : 적색을 보고 정열, 애정이라는 감정을 느끼는 것

18 색채와 모양에 대한 공감각이 삼각형의 형태를 상징하는 색으로 명시도가 높아 날카로운 이미지를 갖고 있어서 항상 유동적이고 운동량이 많은 느낌의 색은?

① 빨강 ② 보라

③ 노랑 ④ 녹색

해설 색채와 모양에 대한 공감각

㉠ 빨강 : 사각형 ㉡ 노랑 : 삼각형

㉢ 초록 : 육각형 ㉣ 파랑 : 원

㉤ 보라 : 타원 ㉥ 흰색 : 반원

㉦ 검정 : 사다리꼴

19 색의 온도감에 관한 설명 중 옳은 것은?

① 빨강, 노란색은 한색이다.

② 무채색에서 높은 명도의 색은 난색이다.

③ 자주, 청록색은 중성색이다.

④ 녹색은 중성색이고, 주황색은 난색이다.

해설 온도감

㉠ 온도감은 색상에 의한 효과가 극히 강하다.

㉡ 따뜻한 색 : 장파장의 난색, 차가운 색 : 단파장의 한색

㉢ 중성색은 난색과 한색의 중간으로 따뜻하지도 춥지도 않은 성격으로 효과도 중간적이다.

㉣ 저명도, 저채도는 찬 느낌이 강하다.

20 한국의 오방색과 방향의 연결로 옳은 것은?

① 청색 – 동 ② 적색 – 서

③ 황색 – 남 ④ 백색 – 북

해설 **오방색(五方色)**

㉠ 우주만물은 음양과 오행으로 이루어져 있다는 음양오행사상에 의해 만들어졌으며, 그 요소들이 서로 균형 있는 통합을 이루어야 질서를 유지하게 된다는 논리이다.

㉡ 음양오행사상의 색채체계는 동서남북 및 중앙의 오방으로 이루어지며, 이 오방에는 각 방위에 해당하는 5가지 정색이 있다. 동쪽이 청색, 서쪽이 백색, 남쪽이 적색, 북쪽이 흑색, 가운데는 황색이다.

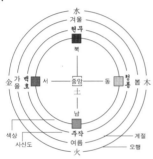

21 비렌(Birren)의 색과 형의 연결로 틀린 것은?

① 빨강색 – 정사각형

② 노랑색 – 삼각형

③ 파랑색 – 육각

④ 주황색 – 직사각형

해설 **파버 비렌(Faber Birren)의 이론(색채와 형태)**

㉠ 빨강 : 정사각형 또는 입방체

㉡ 주황 : 직사각형

㉢ 노랑 : 삼각형 또는 삼각추

㉣ 초록 : 육각형 또는 정20면체

㉤ 파랑 : 공 모양 또는 원

㉥ 보라 : 타원형

22 다음 중 노란색과 배색하였을 때 가장 부드러운 느낌으로 조화되는 색은?

① 회색 ② 빨강

③ 보라 ④ 남색

해설 **경연감**

색채가 부드럽거나 딱딱하게 느껴지는 것을 말하며 명도와 채도에 영향을 받는다.

㉠ 부드러운 느낌 : 고명도의 색, 저채도의 색, 밝은 색, 따뜻한 색

㉡ 딱딱한 느낌 : 저명도의 색, 고채도의 색, 어두운 색, 차가운 색

23 오륜기에서 유럽을 상징하는 색은?

① 녹색 ② 황색

③ 적색 ④ 청색

해설 **올림픽 마크의 5대양주 색**

올림픽 마크 동그라미의 색깔은 깃대로부터 파랑, 노랑, 검정, 녹색, 빨강의 순서로 되어 이 동그라미는 각각 5대륙을 상징하고 있다.

※ 청 – 유럽주, 황 – 아시아주, 흑 – 아프리카주, 녹 – 오세아니아주, 적 – 아메리카주

24 무채색 계통의 색의 온도감의 요인으로 가장 강하게 작용하는 것은?

① 색상 ② 채도

③ 명도 ④ 순도

해설 온도감 중 따뜻해 보인다고 느끼는 색을 난색이라고 한다. 추위 보인다고 느끼는 색을 한색이라고 하며 진정적인 효과가 있다. 중성은 난색과 한색의 중간으로 따뜻하지도 춥지도 않은 성격이다. 색채의 온도감은 어떤 색의 색상에서 강하게 일어나지만 주로 명도에 의해 영향을 받는다.

정답 20 ① 21 ③ 22 ① 23 ④ 24 ③

25 다음 중 가장 가벼운 느낌을 주는 배색은?

① 녹색 – 검정　　② 주황 – 노랑

③ 빨강 – 파랑　　④ 청록 – 녹색

해설 중량감

색채의 중량감은 색상보다는 명도에 의해 좌우되는 것으로 명도가 낮은 색은 무겁게 느껴지며, 명도가 높은 색은 가볍게 느껴진다.

㉠ 가벼운 색 : 명도가 높은 색, 밝은색, 난색계통
　　예 빨강, 노랑

㉡ 무거운 색 : 명도가 낮은 색, 어두운색, 한색계통
　　예 초록, 남색

26 색의 온도감이 가장 낮은 것은?

① 연두　　　　　② 흰색

③ 녹색　　　　　④ 노랑

해설 온도감

㉠ 온도감은 색상에 의한 효과가 극히 강하다.

㉡ 따뜻한 색 : 장파장의 난색, 차가운 색 : 단파장의 한색

㉢ 중성색은 난색과 한색의 중간으로 따뜻하지도 춥지도 않은 성격으로 효과도 중간적이다.

㉣ 저명도, 저채도와 흰색은 찬 느낌이 강하다.

27 색채의 수반 감정에 대한 설명으로 잘못된 것은?

① 난색계통의 고명도 색상은 흥분감을 주며 몸의 기능을 촉진시켜 내분비작용을 활발하게 해 준다.

② 한색계통의 저명도 색상은 진정작용의 효과가 있다.

③ 동일한 색채의 큰 면적은 작은 면적보다 채도와 명도가 상승되어 보인다.

④ 한색계통의 색채가 난색계통의 색채보다 주목성이 높다.

해설 색채의 공감각

색채는 색채의 시각, 미각, 청각, 후각, 촉각에 따라 색채의 공감각을 갖게 되는데 보는 것과 동시에 다른 감각의 느낌을 수반하게 된다.

㉠ 흥분색 : 적극적인 색 – 빨강, 주황, 노랑 – 난색계통의 채도가 높은 색

㉡ 진정색 : 소극적인 색, 침정색 – 청록, 파랑, 남색 – 한색계통의 채도가 낮은 색

㉢ 주목성 : 일반적으로 고명도, 고채도의 색, 난색계통의 색이 주목성이 높다.

28 색의 연상에 대한 설명으로 틀린 것은?

① 개인의 경험, 기억, 사상, 의견 등이 색의 이미지에 반영된다.

② 유채색은 연상이 강하며, 무채색은 추상적인 연상이 나타난다.

③ 빨강, 파랑, 노랑 등 원색과 같은 해맑은 톤일수록 연상언어가 많다.

④ 색을 보았을 때 시각적인 표면색을 의미한다.

해설 색의 연상

어떤 색을 보았을 때 색에 대한 평소의 경험적 감정과 연상의 정도에 따라 그 색과 관계되는 여러 가지 사항을 연상하게 된다. 검정은 허무, 불안, 절망, 정지, 침묵, 암흑, 부정, 죽음, 공포, 밤을 연상시키나 강함과 세련된 느낌으로 공업제품에 사용되고 있다. 색의 연상에는 구체적 연상과 추상적인 연상이 있다.

29 색채의 연상은 그 색을 보았을 때 기본적으로 떠올리게 되는 감성적 특징이다. 보라색이 순색이었을 경우 연상되는 것은?

① 기쁨, 정열, 위험, 혁명

② 희망, 이상, 진리, 냉정, 젊음

③ 화려함, 약동, 무질서, 명예

④ 고귀, 섬세함, 권력, 우아

해설 보라는 우아, 신비와 불안을 의미하지만 고귀함, 권력을 뜻하기도 한다. 빨강과 파랑을 혼합해 만든 색으로 그 연상이 다소 복잡하게 나타난다.

30 대륙과 연상시키는 색이 잘못 연결된 것은?

① 아시아 – 노랑
② 유럽 – 파랑
③ 아프리카 – 빨강
④ 오세아니아 – 녹색

해설 올림픽 마크의 5대양주 색

올림픽 마크 동그라미의 색깔은 깃대로부터 파랑, 노랑, 검정, 녹색, 빨강의 순서로 되어 이 동그라미는 각각 5대륙을 상징하고 있다

※ 청 – 유럽, 황 – 아시아, 흑 – 아프리카, 녹 – 오세아니아, 적 – 아메리카

31 색채의 온도감에 대한 설명 중 틀린 것은?

① 색의 3가지 속성 중에서 주로 채도에 영향을 받는다.
② 무채색에서 고명도보다 저명도의 색이 따뜻하게 느껴진다.
③ 장파장 쪽의 색이 따뜻하고, 단파장 쪽의 색이 차갑게 느껴진다.
④ 흑색이 흰색보다 따뜻하게 느껴진다.

해설 온도감

㉠ 온도감은 색상에 의한 효과가 극히 강하다.
㉡ 따뜻한 색 : 장파장의 난색, 차가운 색 : 단파장의 한색
㉢ 중성색은 난색과 한색의 중간으로 따뜻하지도 춥지도 않은 성격으로 효과도 중간적이다.
㉣ 저명도, 저채도는 찬 느낌이 강하다.

32 다음 중 가장 무거운 느낌의 색은?

① 명도가 높은 적색
② 명도가 높은 황색
③ 중명도의 자색
④ 명도가 낮은 청색

해설 중량감

색채의 중량감은 색상보다는 명도에 의해 좌우되는 것으로 명도가 낮은 색은 무겁게 느껴지며, 명도가 높은 색은 가볍게 느껴진다.
㉠ 가벼운 색 : 명도가 높은 색, 밝은색, 난색계통
　　예 빨강, 노랑
㉡ 무거운 색 : 명도가 낮은 색, 어두운색, 한색계통
　　예 초록, 남색

33 다음 중 가장 부드러운 느낌을 주는 색은?

① 저명도, 고채도의 색
② 저명도, 저채도의 색
③ 고명도, 저채도의 색
④ 고명도, 고채도의 색

해설 경연감

색채가 부드럽게 느껴지거나 딱딱하게 느껴지는 것을 말한다. 경연감은 명도와 채도에 영향을 받는다.
㉠ 부드러운 느낌 : 고명도의 색, 저채도의 색, 밝은색, 따뜻한 색
㉡ 딱딱한 느낌 : 저명도의 색, 고채도의 색, 어두운 색, 차가운 색

34 한국의 전통적인 오방색에 해당하는 것은?

① 적, 황, 녹, 청, 자
② 적, 황, 청, 백, 흑
③ 적, 황, 녹, 청, 백
④ 적, 황, 백, 자, 흑

해설 한국 전통공간에 나타나는 오방색(五方色)

음양오행사상의 색채체계는 동서남북 및 중앙의 오방으로 이루어지며, 이 오방에는 각 방위에 해당하는 5가지 정색이 있다. 동쪽이 청색, 서쪽이 백색, 남쪽이 적색, 북쪽이 흑색, 가운데는 황색이다.

35 색채의 중량감에 대한 설명으로 틀린 것은?

① 중량감은 사용색에 따라 가볍게 느끼기도 하고 무겁게 느끼기도 하는 것이다.
② 중량감을 적절히 활용하면 작업 능률을 높일 수 있다.
③ 중량감은 색상보다 명도의 영향이 큰 편이다.
④ 중량감은 채도와 관련이 있어 일반적으로 채도가 낮은 색이 가볍게 느껴진다.

해설 중량감

색채의 중량감은 색상보다는 명도에 의해 좌우되는 것으로 명도가 낮은 색은 무겁게 느껴지며, 명도가 높은 색은 가볍게 느껴진다.
㉠ 가벼운 색 : 명도가 높은 색, 밝은색, 난색계통
　㈎ 빨강, 노랑
㉡ 무거운 색 : 명도가 낮은 색, 어두운색, 한색계통
　㈎ 초록, 남색

36 소방차에 빨간색을 사용하는 원리가 아닌 것은?

① 연상　　　　② 주목성
③ 대비　　　　④ 상징성

해설 색의 연상과 상징

어떤 색을 보았을 때 색에 대한 평소의 경험적 감정과 연상의 정도에 따라 그 색과 관계되는 여러 가지 사항을 연상하게 된다.
㉠ 구체적 연상 : 적색을 보고 불이라는 구체적인 대상을 연상하거나, 청색을 보고 바다를 연상하는 것
㉡ 추상적인 연상 : 적색을 보고 정열, 애정이라는 추상적 관념을 연상하거나, 청색을 보고 청결이라는 관념을 연상하는 것
※ 소방차에 빨간색을 사용하는 원리는 주목성(유목성), 즉 시선을 끄는 색의 성질이다.

37 다음 색채의 온도감에 관한 설명 중 틀린 것은?

① 빨강, 노랑, 주황은 난색이다.
② 청록, 파랑, 남색은 한색이다.
③ 연두, 보라는 중성색이다.
④ 무채색에서 저명도색은 차가운 느낌을 준다.

해설 온도감

㉠ 온도감은 색상에 의한 효과가 극히 강하다.
㉡ 따뜻한 색 : 장파장의 난색, 차가운 색 : 단파장의 한색
㉢ 중성색은 난색과 한색의 중간으로 따뜻하지도 춥지도 않은 성격으로 효과도 중간적이다.
㉣ 저명도, 저채도는 찬 느낌이 강하다. 단, 무채색에서는 저명도의 색은 따뜻한 느낌을 준다.

38 다음 색채가 지닌 연상 감정에서 광명, 희망, 활동, 쾌활 등의 색은?

① 빨강(red)
② 주황(yellow red)
③ 노랑(yellow)
④ 자주(red purple)

해설 색의 연상

색을 지각할 때 경험이나 심리작용에 의하여 어떤 활동 또는 상태와 관련지어 보이게 되는 것을 말한다.
㉠ 빨강(red) : 자극적, 정열, 흥분, 애정, 위험, 혁명, 피, 분노, 더위, 열
㉡ 주황(yellow red) : 기쁨, 원기, 즐거움, 만족, 온화, 건강, 활력, 따뜻함, 광명, 풍부, 가을
㉢ 노랑(yellow) : 명랑, 환희, 희망, 광명, 접근, 유쾌, 팽창, 천박, 황금, 바나나, 금발
㉣ 자주(red purple) : 사랑, 애정, 화려, 아름다움, 흥분, 슬픔

39 다음 중 색채의 감정적 효과로서 가장 흥분을 유발시키는 색은?

① 한색계의 높은 채도
② 난색계의 높은 채도
③ 난색계의 낮은 명도
④ 한색계의 높은 명도

해설 흥분과 진정색

㉠ 흥분색 : 난색계통의 채도가 높은 색
㉡ 진정색 : 한색계통의 채도가 낮은 색

40 다음 색의 설명 중 틀린 것은?

① 주황색은 녹색보다 따뜻하게 보인다.
② 황색은 녹색보다 진출하여 보인다.
③ 황색은 청색보다 커 보인다.
④ 노랑은 중명도색보다 무겁게 느껴진다.

해설 중량감

색채의 중량감은 색상보다는 명도에 의해 좌우되고, 명도가 낮은 색은 무겁게, 명도가 높은 색은 가볍게 느껴진다.
㉠ 가벼운 색 : 명도가 높은 색, 밝은색, 난색계통
　　　예 빨강, 노랑
㉡ 무거운 색 : 명도가 낮은 색, 어두운색, 한색계통
　　　예 초록, 남색

06

색채조화와 배색

CHAPTER 06 색채조화와 배색

6.1 색채조화

(1) 조화로운 배색

아름다운 배색은 질서와 혼돈이 균형을 이룬 결과이다. 이는 색채계에 의한 색상차와 명도차, 채도차 등을 어떻게 조화시키는가에 달린 것이다.

[색채조화의 공통원리]

① **질서(秩序)의 원리(principle of order)**

색채의 조화는 의식할 수 있으며 효과적인 반응을 일으키는 질서 있는 계획에 따라 선택된 색채들에서 생긴다.

② **비모호성(非模糊性)의 원리(principle of unambiguity)**

색채조화는 2색 이상의 배색에 있어서 석연치 않은 점이 없는 명료한 배색에서만 얻어진다.

③ **친근성(親近性)의 원리(principle of familiarity)**

가장 가까운 색채끼리의 배색은 보는 사람에게 친근감을 주며 조화를 느끼게 한다.

④ **동류(同類)의 원리(principle of similarity)**

배색된 색채들이 서로 공통되는 상태와 속성을 가질 때 그 색채군(色彩群)은 조화된다.

⑤ **대비(對比)의 원리(principle of contrast)**

배색된 색채들의 상태와 속성이 서로 반대되면서도 모호한 점이 없을 때 조화된다.

(2) 색채조화론

① 슈브뢸의 조화론

슈브뢸(M. E. Chevreul, 1786~1889)의 색의 대비에 기초한 배색이론은 12색상과 12단계의 순도로 되어 있는 색상환, 즉 색의 3속성 개념을 도입한 색상환에 의해서 색의 조화를 유사한 조화와 대비의 조화로 나누고, 정량적 색채조화론을 제시하였다. 슈브뢸이 색의 대비에 의해서 체계화시킨 요점은 다음의 3가지이다.

㉠ 2색의 대비적인 조화는 2개의 대립색상에 의해서 얻을 수 있다.

㉡ 색료의 3원색인 빨강·노랑·파랑 가운데 2색의 짝맞춤은 그 중간색상의 짝맞춤보다도 한층 잘 조화된다.

⑭ 2색의 짝맞춤이 조화되지 않을 때는 그 사이에 하양이나 검정을 놓으면 보다 잘 조화된다.

[조화의 원리]

    ㉠ 인접색의 조화 : 가까운 관계에 있거나 유사할 때 또는 보색관계에 있거나 강한 대비상태일 때 조화가 이루어진다.

    ㉡ 반대색의 조화 : 반대색끼리의 대조는 서로 상대색의 강도를 높여 주며 가장 쾌적함을 준다.

    ㉢ 근접보색의 조화 : 하나의 기조색이 그 양옆 정반대 색의 2색과 결합하는 것으로, 적, 황, 청과 2차색(주황, 녹색, 자색)을 기조로 하고 그 상대되는 두 근접보색을 택하는 것이 중간색(황록, 청록, 청자색 등)을 기조로 해서 그 상대가 되는 두 인접보색을 택하는 것보다 조화롭다.

    ㉣ 등간격 3색의 조화 : 등간격 3색의 배열로 풍부한 색감을 가질 수 있을 뿐만 아니라 미적이고 감정적인 효과에 관한 범위도 넓다.

② **먼셀의 색채조화론**

먼셀의 색채조화론은 균형이론으로, 회전혼색법을 사용하여 2개 이상의 색을 배색했을 때 이 결과가 N5인 것이 가장 안정된 균형을 이루며 조화되는 것을 말한다.

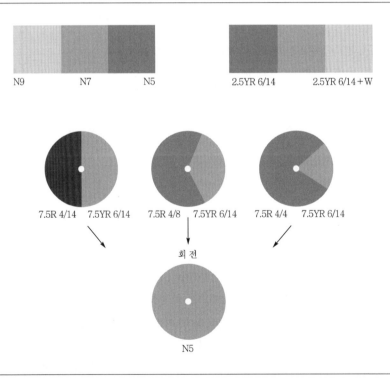

[그림 6-1] 회전혼색법

㉮ 먼셀 색채조화의 원리

　　㉠ 중간채도의 반대색끼리는 중간회색 N5에서 연속성이 있으며, 같은 넓이로 배합하면 조화된다.

　　㉡ 명도는 같으나 채도가 다른 반대색끼리는 강한 채도에 작은 면적을 주면 조화된다.

　　㉢ 채도가 같고 명도가 다른 보색끼리는 회색척도에 관하여 정연한(일정한) 간격을 주면 조화된다.

　　㉣ 채도가 모두 다른 반대색끼리는 회색척도에 준하여 정연한(일정한) 간격을 주면 조화된다.

㉯ 먼셀의 색채조화론

　　㉠ 회색 단계의 그라데이션은 조화한다.

　　㉡ 각색의 평균명도가 N5일 때 조화롭다.

　　㉢ 동일색상에서 채도는 같고 명도가 다른 색채들은 조화한다.

　　㉣ 동일색상에서 명도는 같고 채도가 다른 색채들은 조화한다.

　　㉤ 동일색상에서 순차적으로 변화하는 같은 색채들은 조화한다.

　　㉥ 보색관계의 색상 중 채도가 5인 색끼리 같은 넓이로 배색하면 조화한다.

　　㉦ 명도가 같고 채도가 다른 보색관계에서 채도가 일정하게 변하면 조화한다.

　　㉧ 명도와 채도가 같은 색상끼리는 조화한다.

　　㉨ 색채의 3속성이 함께 그라데이션을 이루면서 변화하면 조화한다.

　　㉩ 동일명도에서 채도와 색상이 일정하게 변화하면 조화한다.

③ **오스트발트의 색채조화론**

오스트발트(W. F. Ostwalt, 1853~1932)는 '조화는 질서'라고 정의하고 질서를 구현하기 위해 구성색 간의 질서를 찾으려 하였다. 즉, 오스트발트 색입체에서 규칙적으로 선택한 배색은 조화를 이룬다. 무채색의 조화를 얻기 위해서는 무채색의 단계 속에서 같은 간격의 색채를 선택해 나열하거나 일정한 간격의 회색 단계를 선택하여 배색하면 된다.

㉮ **무채색의 조화** : a, c, e, g, i, l, n, p 등의 무채색 단계 속에서 같은 간격의 순서로 나열하거나 일정한 규칙에 따라 간격이 변화하게 나열하면 조화된다.

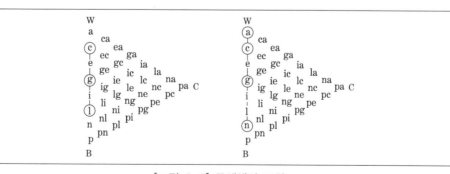

[그림 6-2] 무채색의 조화

㉯ **등백색 계열(isotint series)의 조화** : 단색상 삼각형에 있어서 순색(C)과 검정(B)의 평행선 위에 있는 색은 어떤 단색상 삼각형일지라도 백색량이 모두 같은 색의 계열로 조화롭다.

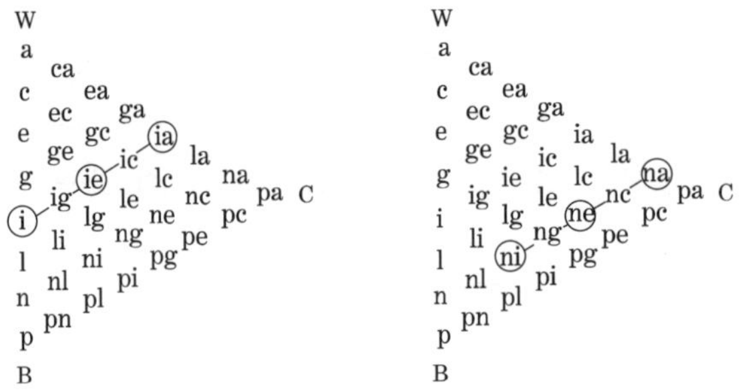

[그림 6-3] 등백색 계열의 조화

ⓓ 등흑색 계열(isotone series)의 조화 : 단색상 삼각형에 하양(W)과 순색(C)의 평행선 위에 있는 색은 어떤 단색상 삼각형일지라도 흑색량이 모두 같은 색의 계열로 조화롭다.

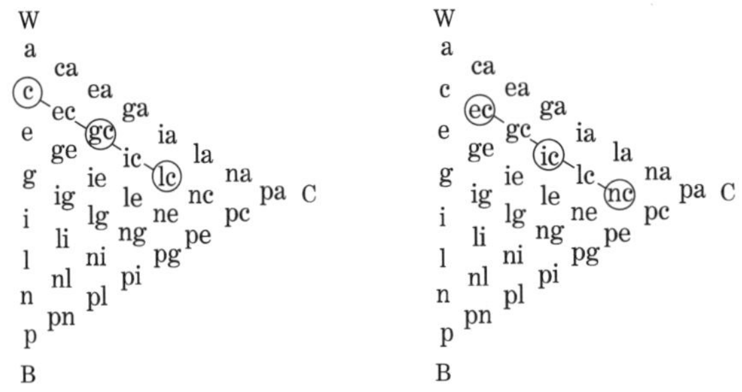

[그림 6-4] 등흑색 계열의 조화

ⓔ 등순색 계열(isochrome series)의 조화 : 단색상 삼각형에 하양(W)과 검정(B)의 평행선 위에 있는 색은 어떤 단색상 삼각형일지라도 순색량이 모두 같은 색의 계열로 조화롭다.

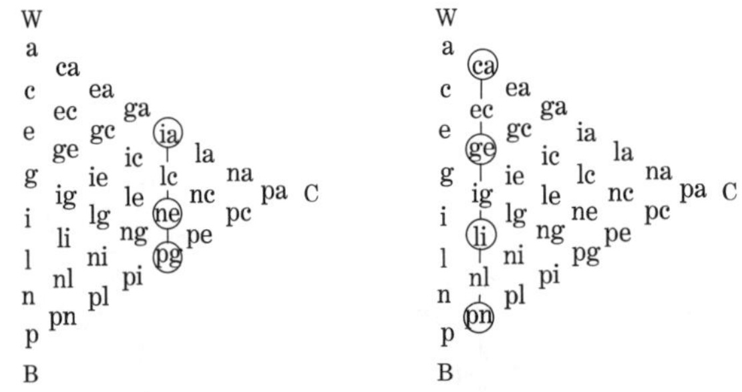

[그림 6-5] 등순색 계열의 조화

ⓕ 등색상 계열의 조화 : 색상이 공통된 같은 단색상 삼각형 안에 있는 색들은 서로 조화되기 쉬운 편이지만 앞의 등순색, 등백색, 등흑색 계열을 모두 조합시키면 보다 나은 조화가 일어난다.

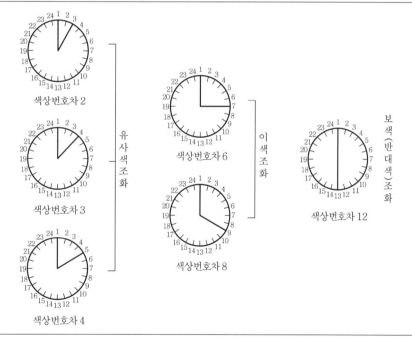

[그림 6-6] 등색상의 조화

ⓑ **등가색환의 조화** : 오스트발트 색입체에서의 색환은 24가지 색상번호를 가지기 때문에 색
상번호의 차이가 서로 12가 되는 색끼리는 완전 보색이 된다. 그러므로 보색 마름모꼴에서
서로 수평으로 마주 보는 색 중 알파벳 기호가 같은 색들은 등가색환 위에 있는 보색이기에
'등가색환 보색조화'라고 한다. 거리가 4 이하로 가까우면 유사색조화이고, 6~8로 떨어져
있으면 이색조화, 색환의 반대 위치에 있으면 보색(반대색)조화가 일어난다.

[그림 6-7] 등가색환에서 두 색상의 조화

ⓢ **보색 마름모꼴에서의 조화(보색대 등가치색의 조화)** : 보색 마름모꼴의 무채색축을 지나는
수평 또는 사선은 단색상 삼각형의 등순색 계열의 연장이거나 등백색 계열과 등흑색 계열이
서로 만나는 연장이 된다. 특히 사선으로 횡단하는 색끼리는 명도와 채도의 변화가 같이
주어지기 때문에 강한 대조를 이루는 색들의 조화가 된다. 예 lc-lc. nl-nl

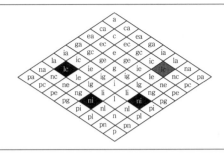

[그림 6-8] 보색 마름모꼴에서의 조화

㉠ **보색이 아닌 마름모꼴의 조화(보색대 횡단색의 조화)** : 색상 차이가 12 이하인 경우의 마름모꼴에서, 알파벳 기호가 같을 경우는 등가색환 계열로 조화되며, 그렇지 않을 경우는 보색 마름모꼴에서와 같이 사선횡단 조화가 일어난다. 예 ia-pi, ga-pg

㉣ **2색이나 3색의 조화** : 다음과 같은 관계에 있는 색들 가운데서 2색이나 3색은 서로 조화한다.

  ㉠ 색상이 같은 2색(예 5ge-5ne)

  ㉡ 표색기호가 같은 2색(예 5ne-8ne)

  ㉢ 어떤 유채색과 표색기호가 같은 무채색(예 gc-c, gc-g)

  ㉣ 표색기호 가운데 앞의 알파벳이 같은 2색(예 ga-ge)

  ㉤ 표색기호 가운데 뒤의 알파벳이 같은 2색(예 ec-nc)

  ㉥ 표색기호 가운데 앞의 알파벳과 뒤의 알파벳이 같은 2색(예 la-pl)

  ㉦ 임의의 2색과 조화하는 3번째 색은 2색과 서로 속성이 같은 색(예 lc-ig는 ic, lg, gc, li)

㉥ **윤성조화** : 오스트발트 색입체의 단색상 삼각형 안에 있는 하나의 색을 지나는 등순색·등백색·등흑색·등가색환 계열의 선상에 놓여 있는 색은 모두 조화하며, 이렇게 해서 얻어지는 조화색은 37개이다. 이것으로 다색조화를 일으킬 수 있다.

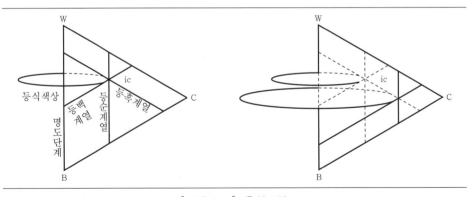

[그림 6-9] 윤성조화

㉠ 등백색 계열의 조화 : 저사변의 평행선상의 조화(기호 뒤 앞 알파벳이 같은 것)

　　㉡ 등흑색 계열의 조화 : 위사변의 평행선상의 조화(기호 뒤 알파벳이 같은 것)

　　㉢ 등순색 계열의 조화 : 수직선상의 조화

　　㉣ 등색상 계열의 조화 : 먼저 등순색 계열 속에서 2색을 선택하고 이들의 등백계열, 등흑
　　　계열의 교점에 해당하는 색을 선택

④ **문·스펜서의 조화론**

미국의 조명학자 문(P. Moon)과 스펜서(D. E. Spencer)가 연구한 것으로 종래 감성적이고 비정량적으로 다루어졌던 색채조화론의 주관적 모호성을 배제시키려 했다는 점에서 의미가 있다. 이들은 지각적으로 고른 감도의 오메가 공간(ω space)이라는 색입체 공간을 설정하여 색채조화에 관한 원리들을 정량적인 색좌표에 의해 과학적으로 설명하였다. 오메가 공간의 체계적 기반은 먼셀의 색입체와 같은 개념으로 이들의 조화이론은 먼셀의 표색계[그림 6-10(a)]에 대응된다. 오메가 공간은 먼셀 표색계의 3속성으로 대응시킬 수 있으므로 이 조화이론은 보통 먼셀 표색계의 3속성인 색상(H), 명도(V), 채도(C)의 단위로 설명된다.

　문·스펜서는 색을 고찰하는 경우의 배경색이 어떤 색이냐에 따라서 색을 보는 방법이 변화한다는 점에 주목한다. 그래서 색순응에서의 순응점을 먼셀 표색계의 무채색 N5(반사효율 20%)로 선택하여, 감각적인 색의 성질이 색공간 내의 두 점 사이의 거리에 비례해서 나타난다고 보았다. 여기서 지각적으로 등보도(等步度)인 색공간, 즉 오메가 공간을 설정한다. 오메가 공간은 CIE 색도도 위에서 똑같은 밝기를 가진 2개의 다른 색자극의 색도를 분별할 수 있는 최소의 차이를 두며, 그것을 먼셀 색입체와 똑같은 원통좌표로 만들었다. 따라서 이것은 맥아담(D. L. MacAdam)이 1942년에 〈광학협회지〉에 발표했던 논문 '*Visual Sensitivties to Color Differences in Daylight*'에서의 '최소 식별역 타원'에 기초하여 그것을 똑같은 크기를 갖는 색공간에 투영시켜 변화시키고, 먼셀 색입체의 명도축을 약 8배 정도 세로로 연장한 형태와 대체로 일치시킨 것이 된다. 이 오메가 공간을 그림으로 나타내면 [그림 6-10(b)]와 같이 표시된다.

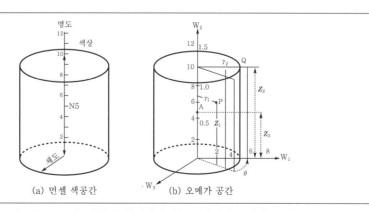

[그림 6-10] 먼셀의 색공간과 문·스펜서의 오메가 공간

㉮ **색채조화와 부조화** : 문·스펜서는 종래의 색채조화론을 비교, 검토하여 다음과 같은 2가지 가정을 만족할 때 명쾌한 배색을 얻을 수 있다고 하였다. 첫째는 2색의 간격이 애매하지 않은 배색, 둘째는 오메가 공간에 간단한 기하학적 관계가 되도록 선택된 배색이다. 그리고 이 가정하에 다음과 같은 조화와 부조화의 종류를 분류하였다.

    ㉠ 조화
- 동일(동등)(identity)조화 : 같은 색의 배색
- 유사(similarity)조화 : 유사한 색의 배색
- 대비(contrast)조화 : 대비관계에 있는 배색

    ㉡ 부조화
- 제1 부조화(first ambiguity) : 서로 판단하기 어려운 배색
- 제2 부조화(second ambiguity) : 유사조화와 대비조화 사이에 있는 색의 배색
- 눈부심(glare) : 극단적인 반대색의 부조화

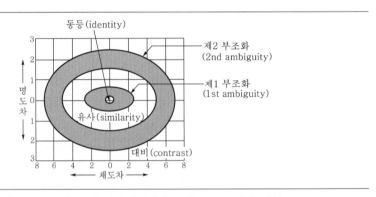

[그림 6-11] 먼셀 색상면에서의 조화와 부조화의 범위

㉯ **조화의 면적효과** : 문·스펜서는 색채조화에 배색이 면적에 미치는 영향을 고려하여 종래의 저채도의 약한 색은 면적을 넓게, 고채도의 강한 색은 면적을 좁게 해야 균형이 맞는다는 원칙을 정량적으로 이론화하였다.

    문·스펜서는 면적의 비율을 어떻게 하면 조화시킬 수 있는지에 대해 순응점($N5$)을 정하고 이 순응점과의 거리에 따라서 색의 면적이 결정되며, 같은 명도나 채도인 색이라도 면적이 커지면 고명도, 고채도로 보이고, 면적이 작아지면 저명도, 저채도로 보이는 성질이 있다고 하였다.

    조화는 배색에 사용된 각색의 오메가 공간에서 스칼라 모멘트(scala moment, 색순응점으로부터 오메가 공간에 있는 각각의 색까지의 거리)가 동일할 때 얻어진다.

    ㉠ 채도와 면적 : 고채도의 강한 색과 저채도의 약한 색과의 배색일 때
- 저채도인 색의 면적을 넓게 하고 고채도의 색을 좁게 하면 균형이 맞고 수수한 느낌
- 고채도를 넓게 저채도를 좁게 하면 매우 화려한 배색이 됨. 특히, 넓은 면적의 무채색에 강한 고채도의 순색이 좁은 면적을 차지하면 보색과 같이 강조될 수도 있음

ⓛ 한란색과 면적
  - 한색계의 색을 넓게 하고 난색계의 색을 좁게 하면 침정적인 배색이 됨
  - 난색계의 색을 넓게 하고 한색계의 색을 좁게 하면 매우 자극적인 배색이 됨

ⓒ 명도와 면적 : 고명도의 색을 좁게 하고 저명도의 색을 넓게 하면 명시도가 높아 보이고, 이와 반대의 경우는 명시도가 낮아짐

ⓑ 미도(美度) : 배색에서 아름다움의 정도를 수량적으로 계산에 의해 구하는 것을 가능하게 하였는데 페히너(G. T. Fechner)의 명제인 "미는 변화 중의 통일로서 표현되는 것이다"라는 것을 분석한 버코프(G. D. Birkhoff)의 공식 'M=O/C'(M : 미도, O : 질서요소, C : 복잡성 요소)를 사용하여 어떤 수치에 의해 조화의 정도를 비교하는 정량적 처리를 보여 주고 있다. 즉, 복잡성 요소가 적을수록, 질서요소가 많을수록 미도는 높아진다는 것이다.
  ⓐ 등색상(等色相)의 조화는 미도가 높다.
  ⓛ 등명도(等明渡)의 배색은 미도가 낮다.
  ⓒ 무채색의 배색은 유채색의 배색과 함께 미도가 높다.
  ⓔ 등채도(等彩渡)의 배색은 미도가 높다.
  ⓜ 미도는 0.5 이상의 값을 나타낼 경우 배색이 좋은 것으로 제안하였다.

⑤ 비렌의 조화론

비렌(F. Birren)의 조화이론은 색삼각형의 연속된 선상에 위치한 색들을 조합하면, 그 색들 사이에는 공통된 시각적 요소가 포함되어 있기 때문에 서로 조화롭다는 것이다. 이 조화론은 오스트발트의 조화이론과 유사하나 색삼각형을 활용하여 단순화함으로써 조화론의 실용성을 확대시켰다.

비렌의 색삼각형은 검정색과 흰색을 각각 100으로 놓고 이 2색의 값을 뺀 나머지가 순색의 값이 된다. 1차 요소에는 color(순색), white(흰색), black(검정색)으로 고정되어 있고, 2차 요소는 2개의 1차 요소가 합쳐질 때 나타날 것으로 예측되는 특징으로 각각 독특한 용어로서 표시된다.

ⓐ 순색 + 흰색 = 명색조(tint) : 흰색과 순색이 합쳐진 밝은 색조
ⓑ 흰색 + 검정색 = 회색조(gray) : 흰색과 검정이 합쳐진 회색조
ⓒ 검정색 + 순색 = 암색조(shade) : 순색과 검정이 합쳐진 어두운 색조
ⓓ 순색 + 흰색 + 검정색 = 톤(tone) : 순색과 흰색, 검정이 합쳐진 톤

1차 요소는 순색(color), 하양(white), 검정(black)으로 고정되어 있고, 2차 요소는 2개의 1차 요소가 합쳐질 때 나타날 것으로 예측되는 특징으로서 각각 독특한 용어로 표시된다.
- 순색＋하양＝명색조(tint)
- 하양＋검정＝회색(gray)
- 검정＋순색＝암색조(shade)

또한 크고 작은 원의 모든 요소가 합쳐져서 나타나는 특징에 대해서는 톤(tone)으로 표시하였다. 이와 같이 1차, 2차 요소와 톤의 요소를 7개의 원으로 표시하고 그것 중에서 특정한 1개의 요소를 정하는데 그것과 연결되는 선상에 위치하는 2개의 요소들을 근거로 한 색들은 서로 조화된다.

즉, 어느 방향이든지 하나의 선상에 놓이는 3개의 색채요소 간에는 조화할 수 있는 공통적 속성이 존재하게 되므로 결과적으로 조화된다는 것이다. 또한 다양한 심리적 효과를 얻기 위해서는 회전혼색의 결과가 유채색이어야 한다. 이러한 비렌의 색삼각형을 도표로 나타내면 [그림 6-12]와 같다.

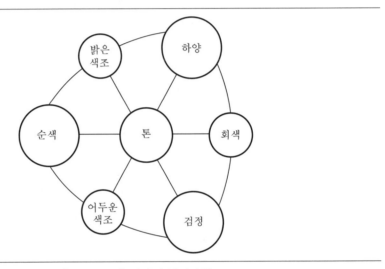

[그림 6-12] 비렌의 색삼각형

비렌은 흰색, 검정색, 순색(빨강)을 꼭짓점으로 하는 색삼각형에서 color(순색), white(흰색), black(검정색), gray(회색), tint(밝은 색조), shade(어두운 색조), tone(톤)의 7가지 기본범주에 의한 조화이론을 펼치고 있다.

이 7가지 색채군의 조화에서 비렌이 주장하는 첫 번째 원리는 '색삼각형의 직선상의 연속은 모두 자연스럽고 조화된다'라는 것이다. 이것은 서로 관련된 시각적 요소가 포함되었다는 간단한 이유에서 호감이 일어난다는 설명이다. 그래서 밝은 색조의 색은 순색과 하양과 함께 조화하고, 어두운 색조의 색은 순색과 검정과 함께 조화하며, 순색·하양·검정을 모두 배합하고 있는 톤은 대각선 방향에서 조정되고 통합된다고 주장한다. 비렌의 조화는 [그림 6-13]과 같이 8가지로 요약할 수 있다.

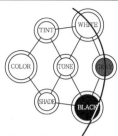

하양-회색-검정의 조화
⇒ 안정감이 있고 검정색은 무겁게 흰색은 가볍게 보임

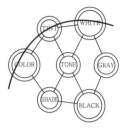

하양-명색조-검정의 조화
⇒ 매우 조화롭고 깨끗하고 신선하게 보임

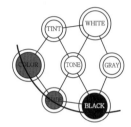

순색-암색조-검정의 조화
⇒ 색채의 깊이와 풍부함이 있음

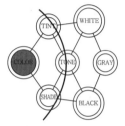

명색조-톤-암색조의 조화
⇒ 명암법이라 하며 색삼각형에서 가장 세련되고 감동

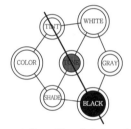

명색조-톤-검정의 조화
⇒ 명색조는 순색과 흰색을 포함하므로 잘 조화됨

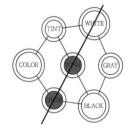

하양-톤-암색조의 조화
⇒ 암색조는 순색과 검정색을 포함하므로 잘 조화됨

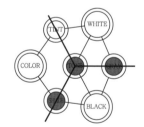

명색조-톤-암색조-회색의 조화
⇒ 세련되고 억제된 느낌의 **융합적인** 조화

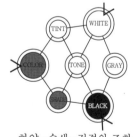

하양-순색-검정의 조화
⇒ 기본구조로 잘 어울림

[그림 6-13] 비렌의 8가지 조화

⑥ 저드의 조화론

미국의 색채학자 저드(D. B. Judd)가 일반적인 색채조화의 4가지 원칙을 정립시킨 것은 새로운 색채조화론의 관점을 위하여 음미해 볼 가치가 있다.

4가지 원칙은 다음과 같다.

㉮ 질서(order)의 원칙 : 색의 체계에서 규칙적으로 선택된 색들끼리의 조화

㉯ 친근성(familiarity)의 원칙 : 사람들에게 쉽게 어울릴 수 있는 배색의 조화

㉰ 동류성(similiarity)의 원칙 : 색들끼리 공통된 양상과 성질(색상, 명도, 채도)이 내포된 조화

㉱ 명료성(unambiguity)의 원칙 : 색상, 명도, 채도 또는 면적의 차이가 분명한 배색

6.2 배 색

(1) 배색(配色)의 목적

배색이란 2가지 이상의 색을 어떤 특별한 효과나 목적에 알맞게 조화하도록 만드는 것을 말하며, 색의 조화란 배색을 통하여 통일감과 변화가 요구되므로, 그 통일과 변화가 균형을 잘 맞출 때 색의 조화가 있다고 한다.

색은 추상적으로 쓰는 것이 아니라 어디까지나 구체물(具體物)에 쓰는 것으로 기능에 알맞은 색의 맞춤이 아니면 효과를 보기가 어렵다. 결국 조화감 있는 배색이란 배색의 대상물이 지니고 있는 목적에 맞게 배색과 조화가 이루어진 것이다.

① 배색 시 유의점

㉮ 사용하는 목적과 환경에 적합하도록 할 것

㉯ 색의 배치나 면적을 고려하여 목적하는 효과를 얻도록 할 것

㉰ 사용되는 재질과 형체를 고려하여 조화되도록 할 것

㉱ 밝은 배색인지 어두운 배색인지를 미리 계획할 것

② 배색이 잘 안 될 때

㉮ 색상이나 명도·채도·배치·면적 등을 바꾸어 볼 것

㉯ 대조되는(또는 융화되는) 색을 놓아 볼 것

㉰ 색과 색 사이에 다른 색을 넣어 볼 것

(2) 배색의 기초

배색의 조화에서 색상, 명도, 채도의 차이가 그 기초가 된다. 따라서 색상, 명도, 채도의 차이 가운데서도 색상대비, 명도대비, 채도대비를 배색의 기초로 한다.

색상이 가지는 이미지에 명도와 채도의 표현을 결부시키면 [표 6-1]과 같은 배색이 된다.

[표 6-1] 색상 3속성 차이에 따른 표현감

색상 차이	동등 또는 유사한 색상	따뜻한 색끼리의 조합	동적·따뜻함
		차가운 색끼리의 조합	정적·차가움
	대립색상	따뜻한 색과 차가운 색의 조합	쾌적함
		보색의 조합	강함·원초적
명도 차이	명도 차이가 작음	높은 명도끼리의 조합	가벼움·밝음
		낮은 명도끼리의 조합	무거움·어두움
	명도 차이가 큼	높은 명도와 낮은 명도의 조합	강함·명쾌함
채도 차이	채도 차이가 작음	높은 채도끼리의 조합	젊음·활기·뜨거움
		낮은 채도끼리의 조합	차가움·은근함
	채도 차이가 큼	높은 채도와 낮은 채도의 조합	긴장감·화려함

(3) 색상배색

배색하는 방법에는 동일색상의 배색, 동일채도의 배색, 유사색조의 배색 등 여러 가지 방법이 있다. 배색의 조화로움은 색과 색 사이에 일종의 공통성 또는 유사성이 있을 때 이루어진다. 이것에 색상이 공통되거나 유사한 것에는 색조를 바꾸는 것으로, 색조가 공통되고 유사한 것에는 색상을 바꿈으로써 변화를 줄 수 있다.

배색에 통일감을 주려면 색상이 대조적일 때에는 채도나 색조를 낮추고, 색조가 대조적인 것에는 공통되거나 유사한 색상을 맞추어 효과를 낸다.

유사조화나 대조조화는 통일감이 주가 되는가, 변화가 주가 되는가에 따라서 결정된다. 이러한 통일과 변화가 균형 있게 정돈되려면 색이 차지하는 면적을 생각하여 강한 느낌을 주는 색의 면적은 비교적 좁게, 약한 느낌을 주는 색의 면적은 비교적 넓게 하면 균형이 생긴다.

① 동일색조의 배색

페일(pale)과 페일, 디프(deep)와 디프 같은 방식으로 같은 색조의 색끼리 배색하는 것으로 색조란 명도와 채도를 일체화한 색의 분류를 말하며 다음과 같이 표현한다.

㉮ 페일(p, pale) : 해맑은, 엷은, 약한, 희미한

㉯ 라이트(lt, light) : 약한, 묽은

㉰ 브라이트(b, bright) : 밝은, 투명한

㉱ 그레이시(g, grayish) : 회색을 띤

㉲ 덜(d, dull) : 우중충한, 둔한, 흐린

㉳ 다크(dk, dark) : 어두운, 검은

㉴ 디프(dp, deep) : 짙은, 진한

㉵ 스트롱(s, strong) : 강한, 강렬한

㉶ 비비드(v, vivid) : 산뜻한, 발랄한

때에 따라서는 밝은 회색띤(light grayish), 어두운 회색띤(dark grayish), 더 밝은(high bright) 등으로 활용하기 편리하도록 하고 있다.

② 유사색조의 배색

상하좌우에 인접해 있는 색조에서 고른 색의 맞춤에 의한 배색을 유사색조 배색이라 한다. 유사색조의 배색도 동일색조에서와 같이, 채도가 동일하거나 유사하기 때문에 통일감 있고 조화되기 쉬운 배색이다. 페일, 라이트, 브라이트와 같이 비슷하게 인접하고 있는 배색은 오스트발트 조화론의 등흑색량계열(isotones) 조화에 해당되며 디프, 다크의 맞춤은 등백색량계열(isotints) 조화에 해당한다. 또 페일, 라이트, 그레이시의 맞춤과 같이 세로로 이웃하고 있는 배색은 등순색량계열(isochromes)의 조화에 해당하는 것으로 채도가 거의 같아 조화되기 쉬운 것이다.

③ 대조색조의 배색

색조의 대조적인 맞춤은 명도의 대조가 되는 색조(페일과 다크 등)의 색을 맞추는 경우와, 채도가 대조적인 색조(라이트 그레이시 등)의 색을 맞추는 2가지 경우가 있다. 색조의 대조적인 배색은 뚜렷하고 명쾌한 느낌을 표현하거나, 배색 전체를 긴축시키는 효과를 노리는 데 활용한다. 대조적인 배색은 아무래도 변화가 커지므로, 색상을 동일하거나 유사한 것으로 하면 통일되고 조화 있는 배색이 가능해진다.

④ 색상을 주로 한 배색

배색을 생각할 때 3속성의 차에 의한, 즉 동일, 유사, 대조의 적당한 밸런스를 고려하여 배치하는 것이 기본이다. 색상을 주로 한 배색을 각도배색법(角度配色法)이라고 하듯이 이것은 색상의 위치 선정에 따라 여러 가지로 변한다. 동일색상의 배색은 빨강이라면 빨강에 흰색, 검정색, 회색을 섞어서 구성되는 등색상(等色相)에서 골라낸 색의 배색이며, 색상이 같다는 공통성 때문에 통일감은 있지만 명도나 채도에 의한 변화를 고려해야 할 필요가 뒤따른다.

유사색상의 배색은 인접색상의 배색이라고 하며 난색은 난색끼리, 한색은 한색끼리 성질이 닮은 공통성을 고려하여 맞추는 일이 필요하다. 그렇지 않은 경우 조화가 잘 이루어지지 않는다. 반대색의 배색이란, 일반적으로 반대되는 색상을 맞추는 것을 말하며, 반대되는 색상관계는 보색관계이다. 보색에는 물리보색(物理補色, 색팽이를 회전시켰을 때, 2색이 혼색되어 어느 쪽의 색도 아닌 회색이 되는 색상끼리의 관계)과 심리(心理) 또는 생리(生理) 보색이 있다. 심리보색이란 빨강을 보고 있으면 그 색의 자극으로 눈이 피로해지는 것이다. 이 피로를 풀기 위해서 정반대되는 색을 우리들의 눈 속에 유발시킨다. 이같이 빨강에 대해서는 청록색이 유발색이기 때문에 이 색의 관계를 심리보색 또는 생리보색이라 한다. 반대색은 12색상환 안에 정삼각형을 그리고 그 정점의 색에 대하여 밑변에 있는 색상이 모두 반대색이다. 색상이 대조적인 배색은 강한 자극과 큰 변화를 주기 때문에 단조로운 배색에 반대색을 사용하면 전체에 생기가 돌게 된다.

색상환		
0°	동일색상의 배색	서로의 색이 동일한 색상을 가지고 있어 이런 경우 통일감은 있어 보이지만 단조롭고 뭔가 아쉬운 느낌이 든다. 따라서 배합할 때 명도, 채도에 적당한 차이를 두어 변화를 주어야 한다.
30° 60°	인접(유사)색상의 배색	색상환에서 서로 유사한 색상의 밝고, 어둡고, 선명하고 둔한 색들 중에서 각각 적당한 색을 골라 배색하면 그 효과는 동일색상의 조화보다 색상에 폭이 생겼기 때문에 조화 속에서도 변화가 있는 아름다움이 느껴지게 된다.
120°	반대색에 가까운 배색	색상이 반대요소가 되기 때문에 고채도끼리의 배색으로 하면 강렬하게 되어 지나칠 우려가 있기 때문에 명도, 채도에 변화를 가지게 하든지 면적비율의 변화를 주어 조화를 얻도록 한다.
150°	반대색의 배색	대립색상의 배색은 자극이 강하고 화려한 효과가 있는 반면에 분열되고 통일성이 없어지기 쉬우므로 사용하는 대립색상이 유사한 톤이 되도록 조정해 본다.
	난색의 배색	난색계의 배색에서는 특히 명도의 변화를 크게 한 배색을 고려하여 조화를 얻는다.
	한색의 배색	한색계의 배색은 조용하고 정적인 효과를 얻을 수 있다. 특히 착 가라앉은 환경의 색채관리 등에 효과적인 역할을 한다.
	중성색의 배색	사용하는 방법에 따라서는 난·온 어느 쪽도 사용할 수 있는 색이 있지만 양면성을 갖고 있기 때문에 상대방 색에 끌려들기 쉬운 결점이 있다. 색의 감정으로는 녹색계통은 평화롭고 정적인 느낌, 자주계통은 다정한 느낌을 준다.
	대립색상의 배색	대립색상(보색, 준보색)의 배색에서 주황과 파랑은 상호 중간명도에서 명도차가 없어 강렬하고 지나친 느낌을 주므로 어느 한쪽의 명도, 채도에 차이를 줌으로써 명쾌한 배색을 얻을 수 있다.
	보색의 배색	노란색은 명도가 높고 남색은 명도가 낮기 때문에 순색계통의 배색에서도 분명하고 명쾌한 배색을 얻을 수 있다. 명도, 채도에 변화를 주면 매우 아름다운 배색을 얻을 수 있다.
	동일색 조화	보라색의 동일배색에서 선명한 색조에 회색의 대조색조를 이용하여 조화시키면 전체 분위기가 착 가라앉은 배색이 된다.

	등차 3색조화	빨강색의 요소를 배치한 배색으로 대단히 정리된 느낌을 주며 색조를 유사하게 잡고 채도의 강약으로 조화를 모색한 배색이다.
		청록과 녹색의 유사한 색상에서 진한 색상을 주로 하여 대조적인 밝은색으로 변화를 주었기 때문에 순수한 가운데 빛나는 변화를 표현하고 있다.
	보색 조화	녹색과 빨강의 배색으로 순색 무리의 강한 배색이지만, 같은 색상의 배색에서 상태를 변화시키면 은근하고 조용한 느낌을 준다.
	등비 3색조화	자주, 노랑연두, 녹색의 배색으로 어둡고, 밝은 색조로 변화를 줌으로써 젊은 느낌을 낼 수 있다.

[그림 6-14] 색상을 이용한 배색 및 효과

⑤ 명도를 주로한 배색

모든 색(무채색을 포함)에는 명도라고 하는 밝기의 차가 있다. 배색 중에서도 가벼운 느낌, 무거운 느낌, 두드러짐, 눈에 띔 등의 배색을 생각할 때 그 배색의 효과를 크게 좌우하는 커다란 요소가 명도차에 의한 변화라 할 수 있다. 색상차가 어중간한 배색이나 채도가 높은 것끼리의 배색에서와 같이 조화되기 어려운 배색에서는 채도를 같게 하고 명도에 변화를 주면 조화를 얻을 수 있다.

㉮ 동일명도의 배색 : 융화적이며 명랑, 경쾌한 느낌으로 대체적으로 융화감을 주나 명도가 비슷한 것은 조화가 잘 안 되는 경우가 있다. 색상차나 채도차를 크게 하는 것이 좋다.

　㉠ 고명도끼리의 배색 : 가벼움, 밝음

　㉡ 중명도끼리의 배색 : 변화가 적고 단조로움

　㉢ 저명도끼리의 배색 : 무거움, 어두움

㉯ 유사명도의 배색 : 명도차가 적어 비교적 통일감을 주나 채도 차이를 주어 변화 있는 조화를 꾀한다.

　㉠ 고명도와 중명도끼리의 배색 : 경쾌, 온건함

　㉡ 중명도와 저명도끼리의 배색 : 다소 어둡고 안정감

㉰ 대조명도의 배색 : 명도차가 큰 배색은 대체로 콘트라스트(contrast, 대조)가 강하여 통일감있는 조화가 되기 쉽다.

　• 고명도와 저명도의 배색 : 대조적, 명쾌함

⑥ 채도를 주로한 배색

배색의 좋고 나쁨은 채도의 선택방법에 있다고 할 만큼 채도는 배색의 조화 및 부조화를 좌우하는 중요한 요소이다. 강한 느낌, 약한 느낌, 다정한 느낌, 활발한 느낌 등을 표시하는 결정적인 수단이 된다.

㉮ **동일채도의 배색** : 명도 차이와 색상 차이를 많이 두면 적당한 변화와 차분하고 아름다운 배색이 얻어진다.

　㉠ 고채도끼리의 배색 : 젊고 화사한 느낌

　㉡ 중채도끼리의 배색 : 안정감이 있고 점잖은 느낌

　㉢ 저채도끼리의 배색 : 차가움, 은근함, 약함

㉯ **유사채도의 배색** : 채도차가 작은 배색은 조화가 잘 이루어진다.

　㉠ 고채도와 중채도끼리의 배색 : 연약함

　㉡ 중채도와 저채도끼리의 배색 : 안정감, 융화적

㉰ **대조채도의 배색** : 채도차가 심한 배색은 명도 차이는 작고 색상 차이를 크게 배색하면 효과적이다.

　• 고채도와 저채도끼리의 배색 : 긴장감

⑦ **배색과 조화**

㉮ 명도 차이가 클 때는 채도 차이가 작고, 채도 차이가 클 때는 명도 차이가 작은 것이 조화되기 쉽다.

㉯ 색상환의 각도가 작을 때는 명도 차이가 클수록 조화롭다.

㉰ 색상 차이가 작으면서 명도 차이도 작다면 조화롭지 못하다.

㉱ 색상 차이가 클 때는 명도 차이보다는 채도 차이에 의해서 조화가 결정되기 쉽다.

㉲ 동등색상의 배색은 대단히 조화가 잘된다.

㉳ 동등명도의 배색은 덜 조화된다.

㉴ 동등색상이면서 동등 채도인 배색은 아름답다.

㉵ 명도 차이가 작으면 덜 조화롭다.

㉶ 명도 차이가 크면 조화되기 쉽다.

㉷ 색상 차이가 작을 때는 채도 차이가 작은 것이 조화롭다.

㉸ 색상 차이가 클 때는 채도 차이가 큰 것이 조화롭다.

㉹ 보색에 의한 배색은 선명하면서도 풍부한 조화를 이룬다(분명한 구분과 동시에 서로의 융합으로 양감 처리 가능). 적색－청록, 황색－청색, 자색－황록색, 백색－흑색, 핑크－암색의 청록색

㉺ 흑색 바탕에 보라, 자주 등은 모든 색채를 돋보이게 한다.

㉻ 밝은 회색은 다른 색채효과를 돋보이게 한다.

㉮ 유사색의 조화－5R : 2.5YR~7.5YR, 10P : 2.5R

㉯ 이색조화－5R : 2.5GY~5G, 5P : 10G

㉰ 보색조화－5R : 5G~5B, 7.5B : 10YR

(4) 조화

조화는 유사조화와 인접색의 조화, 대비조화로 나눌 수 있는데, 보통 조형의 기본요소인 선, 형태, 색채가 같은 성질이나 흡사한 성질로서 잘 어울릴 때에는 유사조화라 하고, 다른 성질이나 반대되는 성질로서 잘 어울릴 때에는 대비조화라 한다.

① 유사조화

색상환에서 30~60° 범위 내에 있는 색은 서로 유사한 색상으로 매우 조화로운 색이다.
예 5R과 2.5YR~7.5YR / 10P와 2.5YR / 5

㉮ 명도에 따른 조화 : 하나의 색상에 각기 다른 여러 명도의 조화를 단계적으로 동시에 배색하여 얻어지는 조화이다.

㉯ 색상에 따른 조화 : 명도가 비슷한 인접색상을 동시에 배색했을 때 얻어지는 조화이다.

㉰ 주조색에 따른 조화 : 자연에서 볼 수 있는 일출이나 일몰과 같이 여러 가지 색들 가운데서 한 가지 색이 주조를 이룰 때 얻어지는 조화이다.

② 인접색의 조화

색상환에서의 인접색채끼리는 시각적 안정감이 있고, 정리된 조화가 이루어진다.
예 연두 – 녹색 – 청록 / 귤색 – 주황 – 다홍 / 자주 – 보라 – 남색 / 빨강 – 자주 – 보라

③ 반대색의 조화

반대색의 동시대비효과는 강한 배색으로 서로 상대색의 강도를 높여 주며 쾌적감을 준다.
예 빨강 – 녹색 / 다홍 – 청록 / 주황 – 파랑 / 귤색 – 남색

④ 근접보색의 조화

하나의 기조색(基調色)이 반대편 그 양옆의 정반대색의 2색과 조화하는 것으로, 보색조화의 격조 높은 다양한 효과를 얻을 수 있다.
예 빨강 – 연두 – 남색 / 주황 – 청록 – 남색 / 노랑 – 남색 – 자주 / 연두 – 보라 – 빨강

⑤ 등간격(등비) 3색의 조화

색상환에서 등간격 3색의 배열에 있는 3색의 배합으로 근접보색의 배열보다 변화를 주어 한층 화려하고 원색적인 효과가 있는 방법이다.

㉮ 3원색 조화 : 빨강 – 파랑 – 노랑

㉯ 2차색 조화 : 주황 – 녹색 – 보라

㉰ 중간색 조화 : 다홍 – 연두 – 남색 / 주황 – 청록 – 자주

(5) 톤에 의한 배색기법

① 도미넌트(dominant) 배색

색이나 형태, 질감 등에 공통조건을 만들어 전체에 통일감을 주는 배색기법이다. 색상, 채도, 명도, 톤 도미넌트 배색의 4종류가 있다.
- 공통적, 통일감이 느껴지는 배색

② 톤 온 톤(tone on tone) 배색

동일색상 내에서 2가지 이상 톤의 명도 차이를 주어 톤의 차이를 크게 하는 배색으로 통일성을 유지하면서 극적인 효과를 준다. 일반적으로 많이 사용한다.
- 화합적, 평화적, 안정적, 차분함이 느껴지는 배색

③ 카마이외(camaieu) 배색

동일한 색상, 명도, 채도 내에서 미세한 차이를 주는 배색으로 거의 하나의 색으로 보일 만큼 색상차가 없는 배색이다.
- 온화한 이미지의 배색

④ 포 카마이외(faux camaieu) 배색

카마이외(camaieu) 배색과 거의 동일하나 비슷한 색상의 톤으로 약간의 변화를 준 배색방법이다.
- 통일감 있는 조화로운 배색

⑤ 토널(tonal) 배색

톤 인 톤 배색과 비슷하며 중명도·중채도의 중간색조의 덜(dull) 톤을 사용하는 배색기법이다.
- 소극적, 안정, 편안함이 느껴지는 배색

⑥ 톤 인 톤(tone in tone) 배색

동일색상이나 인접 또는 유사색상의 관계에서 유사한 톤을 조합시키는 것으로 살구색과 라벤더색의 조합 등 색조의 선택에 따라 다양한 느낌을 줄 수 있다.
- 차분함, 통일성, 시원함, 일관성이 느껴지는 배색

⑦ 세퍼레이션(seperation) 배색

배색관계가 모호하거나 대비가 강한 경우 색과 색 사이에 분리색을 삽입함으로써 색들을 조화시키는 효과를 주는 것으로, 예를 들어 흰색, 검정의 무채색에 금색, 은색 등의 메탈릭 색을 삽입하여 배색의 미적 효과를 높일 수 있다.
- 분리색으로는 주로 무채색을 사용

⑧ 리피티션(repetition) 배색

2가지 색 이상을 하나의 단위로 하여 일정한 질서를 주어 반복하는 것으로 변화와 질서를 한번에 연출할 수 있다.
- 리듬감이 느껴지는 배색

⑨ 강조(accent) 배색

단조로운 배색에 대조색을 소량 덧붙여서 전체를 돋보이게 하는 배색으로 악센트 컬러는 대조 색상이나 톤을 사용하여 강조한다.
- 시선집중의 효과

⑩ 그라데이션(gradation) 배색

3가지 이상의 다색배색에서 점진적 변화의 기법을 사용한 배색이다. 색상이나 명도, 채도, 톤의 변화를 통해 배색을 할 수 있으며 시각적인 유목감을 준다.
- 서정적인 이미지, 자연적인 흐름, 리듬감이 느껴지는 배색

(6) 대비효과의 특징

① 대비효과는 2색이 떨어져 있는 경우에 나타나지만, 2색 사이의 간격이 클수록 효과는 감소된다.
② 대비효과는 유도야(검사야가 아닌 나머지 배경 부분)가 커질수록 커진다.
③ 대비효과는 검사야(한쪽 색의 변화만을 문제시할 때의 주된 도형 부분)가 작을수록 현저하게 나타난다.
④ 대비효과는 색의 차이가 커질수록 증대된다.
⑤ 명도대비가 최소일 때 색대비는 최대가 된다.
⑥ 명도가 같을 경우 유도야색의 채도가 증가하면 색대비도 증대된다.

01 색의 이미지를 통일하기 위하여 고려할 사항이 아닌 것은?

① 색의 3속성 중 하나 혹은 2가지는 공통되게 한다.
② 따뜻한 색 계통과 찬색계통을 고루 선택해야 한다.
③ 모두 동일한 색조에서는 악센트 색상이 필요하다.
④ 색이 흩어져 떨어지는 느낌을 주어서는 안 된다.

해설 색의 이미지 통일화
㉠ 동일색상 배색 : 한 가지 색상에서 명도나 채도를 달리한 배색
㉡ 동일색조 배색 : 동일색조끼리 색상에 변화만 준 배색으로 차분함, 시원함, 통일성, 일관성이 느껴지는 배색

02 문·스펜서 색채조화론의 내용으로 틀린 것은?

① 배색의 심리적인 효과는 균형점(balance point)에 의해 정해진다.
② 배색조화를 동일조화, 유사조화, 대비조화로 구분하였다.
③ 어느 기준점에 대하여 각 색채의 스칼라 모멘트가 같을 때 조화된다.
④ 미도(美度)는 M = C / O로 C는 복잡성 요소의 수이고, O는 질서성 요소의 수를 나타낸다.

해설 미도(美度)
㉠ 배색에서 아름다움의 정도를 수량적으로 계산에 의해 구하는 것

㉡ 버코프(G. D. Birkhoff) 공식 : M = O / C
여기서, M : 미도(美度), O : 질서성의 요소,
C : 복잡성의 요소
• 어떤 수치에 의해 조화의 정도를 비교하는 정량적 처리를 보여 주는 것이다.
• 복잡성의 요소가 적을수록, 질서성의 요소가 많을수록 미도는 높아진다는 것이다

03 비렌의 색채조화론에서 사용되는 색조군에 대한 설명 중 옳은 것은?

① 흰색과 검정이 합쳐진 밝은 색조(tint)
② 순색과 흰색이 합쳐진 톤(tone)
③ 순색과 검정이 합쳐진 어두운 색조(shade)
④ 순색과 흰색 그리고 검정이 합쳐진 회색조(gray)

해설 비렌(F. Birren)의 색채조화론
제시된 색삼각형의 연속된 위치에서 색을 조합하면 그 색들 간에는 관련된 시각적 요소가 포함되어 있기 때문에 서로 조화롭다는 이론이다.
㉠ 순색+흰색＝명색조(tint)
㉡ 흰색+검정색＝회색(gray)
㉢ 검정색+순색＝암색조(shade)
㉣ 톤(tone) : 순색과 흰색과 검정이 합쳐진 톤

04 색채조화이론 중 문·스펜서 이론과 가장 거리가 먼 것은?

① 조화와 부조화
② 색삼각형의 원리
③ 조화의 면적효과
④ 조화와 부조화의 미도 계산

문·스펜서(P. Moon & D. E. Spencer)의 조화론
㉠ 색채조화
  • 조화의 원리 : 동등조화, 유사조화, 대비조화
  • 부조화의 원리 : 제1 부조화, 제2 부조화, 눈부심
㉡ 면적효과 : 색채조화에 배색이 면적에 미치는 영향을 고려하여 종래의 저채도의 약한 색은 면적을 넓게, 고채도의 강한 색은 면적을 좁게 해야 균형이 맞는다는 원칙을 정량적으로 이론화함
㉢ 미도(美度) : 배색에서 아름다움의 정도를 수량적으로 계산에 의해 구하는 것

05 오스트발트의 등색상 삼각형에 있어서 등백색 계열을 나타내는 것은?

① pl − pi − pg
② la − na − pa
③ nl − ni − pi
④ lg − ni − pl

오스트발트의 색채조화론
등백색 계열의 조화는 등색상 삼각형 속에서 등백계열 선상의 색이 조화하는 것으로 기호 앞의 문자가 같은 것을 선택하면 된다.
예 ni − ne − na, pl − pi − pg

06 배색된 색채들이 서로 공통되는 상태와 속성을 가질 때의 조화원리는?

① 질서의 원리
② 비모호성의 원리
③ 유사의 원리
④ 대비의 원리

색채조화의 공통원리
㉠ 질서의 원리 : 질서 있는 계획
㉡ 비모호성(명료성)의 원리 : 명료한 배색
㉢ 동류의 원리 : 친근감을 주는 조화
㉣ 유사의 원리 : 서로 공통되는 상태와 속성을 갖는 조화
㉤ 대비의 원리 : 상태와 속성이 반대되면서 모호한 점이 없을 때의 조화

07 오스트발트의 색채조화론에 관한 설명으로 틀린 것은?

① 무채색의 여러 단계 속에서 같은 간격으로 선택된 배색은 조화를 이루게 한다.
② 색입체를 수평으로 자르면 백색량, 흑색량, 순색량이 같은 28개의 등가색환이 된다.
③ 윤성조화(輪星調和)란 다색조화를 설명하는 것이며, 37개의 조화색을 얻어낼 수 있다.
④ 배색의 아름다움을 계산으로 구하고 수치적으로 미도(美度)를 비교할 수 있다.

오스트발트의 색채조화론
㉠ 무채색의 조화
㉡ 동일색상의 조화 : 등백색 계열의 조화, 등흑색 계열의 조화, 등순색 계열의 조화
㉢ 등가색환에서의 조화
㉣ 보색 마름모꼴에서의 조화
㉤ 보색이 아닌 마름모꼴에서의 조화
㉥ 다색조화(윤성조화) 등의 조화론을 체계화

08 색채조화론에 관한 설명 중 틀린 것은?

① 문·스펜서 조화론에서의 미도(美度)는 배색이 복잡할수록 커진다.
② 문·스펜서 조화론에서는 먼셀의 색체계와 마찬가지로 명쾌한 기하학적인 관계를 중시하였다.
③ 색채조화론에서는 정량적인 것과 정성적인 것이 있다.
④ 오스트발트 조화론은 정량적인 것이다.

문·스펜서(P. Moon & D. E. Spencer) 조화론의 미도(美度)
배색에서 아름다움의 정도를 수량적으로 계산에 의해 구하는 것이다.
㉠ 어떤 수치에 의해 조화의 정도를 비교하는 정량적 처리를 보여 주는 것이다.

ⓛ 복잡성의 요소가 적을수록, 질서성의 요소가 많을수록 미도는 높아진다는 것이다

09 서로 조화되지 않는 두 색을 조화되게 하기 위한 일반적인 방법으로 가장 타당한 것은?

① 두 색의 사이에 백색 또는 검정색을 배치하였다.

② 두 색 중 한 색과 반대되는 색을 두 색의 사이에 배치하였다.

③ 두 색 중 한 색과 유사한 색을 두 색의 사이에 배치하였다.

④ 두 색의 혼합색을 만들어 두 색의 사이에 배치하였다.

해설 세퍼레이션(seperation) 배색
배색관계가 모호하거나 대비가 강한 경우 분리색을 삽입하여 색들을 조화시키는 효과를 주는 것으로, 예를 들어 흰색, 검정의 무채색에 금색, 은색 등의 메탈릭 색을 삽입하여 배색의 미적 효과를 높일 수 있다. 따라서 서로 조화되지 않는 두 색을 조화되게 하기 위한 일반적인 방법은 두 색의 사이에 백색 또는 검정색을 배치하는 것이다.

10 다음 배색 중 그라데이션(gradation) 효과가 가장 적은 경우는?

① 노랑 – 초록 – 파랑

② 흰색 – 회색 – 검정

③ 분홍 – 빨강 – 자주

④ 파랑 – 보라 – 노랑

해설 그라데이션(gradation)
3가지 이상의 다색배색에서 점진적 변화의 기법을 사용한 배색으로 색채의 연속적인 배열에 의해 시각적인 유동성을 주고 점진적인 변화의 효과를 얻을 수 있다. 색상이나 명도, 채도, 톤의 변화를 통해 배색을 할 수 있으며, 차분하고 서정적인 이미지를 주고 단계적인 순서성이 있기 때문에 자연적인 흐름과 리듬감이 생긴다.

11 오스트발트(Ostwald)의 색채조화론과 관련이 있는 것은?

① 동일조화

② 스칼라 모멘트

③ 등순색 계열의 조화

④ 미도

해설 오스트발트의 색채조화론
㉠ 무채색의 조화
ⓛ 등색상 삼각형에서의 조화 : 등백색 계열의 조화, 등흑색 계열의 조화, 등순색 계열의 조화, 등색상 계열의 조화
㉢ 등가색환의 조화
㉣ 보색 마름모꼴의 조화
㉤ 보색이 아닌 마름모꼴의 조화
㉥ 2색 또는 3색 조화
㉦ 윤성조화

12 문·스펜서 색채조화론에서 미도(美度)는 일반적으로 얼마 이상이면 그 배색이 좋다고 하는가?

① 0.9

② 0.7

③ 0.5

④ 0.3

해설 문·스펜서 색채조화론의 미도(美度)
㉠ 배색에서 아름다움의 정도를 수량적으로 계산에 의해 구하는 것으로 그 수치에 의하여 조화의 정도를 비교한다는 정량적 처리방법이다.
ⓛ 버코프(G. D. Birkhoff) 공식 : M＝O／C
여기서, M : 미도(美度), O : 질서성의 요소, C : 복잡성의 요소
㉢ 복잡성의 요소가 적을수록, 질서성의 요소가 많을수록 미도는 높아진다.
㉣ 미도는 0.5 이상의 값을 나타낼 경우 배색이 좋은 것으로 제안하였다.

정답 09 ① 10 ④ 11 ③ 12 ③

13 오스트발트 표색기호 중 가장 강한 색상대비가 느껴지는 조화는?

① 4ie − 12ie

② 3ne − 21ne

③ 1na − 21na

④ 14na − 17na

해설 오스트발트 표색계

㉠ 독일의 오스트발트(W. Ostwald)에 의해 창안된 것이다.

㉡ 색상은 황·주황·적·자·청·청록·녹·황록의 8가지 주요 색상을 기본으로 하고, 이를 3색상씩 분할해 24색환으로 하여 1에서 24까지의 번호가 매겨져 있다.

㉢ 24색상환의 보색은 마주 보는 12번째 색에 있게 되며 가장 강한 색상대비가 느껴지는 조화이다.

14 스칼라 모멘트라는 면적비례를 적용하여 조화론을 전개한 학자는?

① 오스트발트　　② 먼셀

③ 문·스펜서　　④ 비렌

해설 문·스펜서의 면적효과

㉠ 우리의 눈이 어떤 밝기의 시야에서 순응하고 있는가에 따라서 색의 느낌이 달라진다.

㉡ 색채조화에 배색이 면적에 미치는 영향을 고려하여 종래의 저채도의 약한 색은 면적을 넓게, 고채도의 강한 색은 면적을 좁게 해야 균형이 맞는다는 원칙을 정량적으로 이론화하였다.

㉢ 문·스펜서는 색공간 속에서 순응의 기준이 되는 색으로 명도 5도의 무채색, 즉 N5를 순응점으로 정하고 "작은 면적의 강한 색과 큰 면적의 약한 색은 어울린다"라고 하는 데서 색의 균형을 찾았다.

㉣ 조화는 배색에 사용된 각 색의 오메가 공간에서 스칼라 모멘트가 동일할 때 얻어진다.

㉤ 명도가 6.5 이상일 때는 명랑하고 쾌활한 느낌을 주며, 3.5 이하는 침울한 느낌을 준다.

㉥ 채도가 5 이상이면 감정효과가 나타나지만 5 이하이면 적어지고 3 이하이면 자극이 없어진다.

15 색채조화의 공통되는 원리에 대한 설명으로 틀린 것은?

① 색채조화는 두 색 이상의 배색에 있어서 모호한 점이 있는 배색에서만 얻어진다.

② 가장 가까운 색채끼리의 배색은 보는 사람에게 친근감을 주며 조화를 느끼게 한다.

③ 배색된 색채들이 서로 공통되는 상태와 속성을 가질 때 그 색채군은 조화된다.

④ 배색된 색채들의 상태와 속성이 서로 반대되면서도 모호한 점이 없을 때 조화된다.

해설 색채조화의 공통되는 원리

㉠ 질서의 원리 : 색채의 조화는 의식할 수 있고 효과적인 반응을 일으키는 질서 있는 계획에 따른 색채들에서 생긴다.

㉡ 비모호성의 원리 : 색채조화는 2가지 색 이상의 배색선택에 석연하지 않은 점이 없는 명료한 배색에서만 얻어진다.

㉢ 동류의 원리 : 가장 가까운 색채끼리의 배색은 보는 사람에게 가장 친근감을 주며 조화를 느끼게 한다.

㉣ 유사의 원리 : 배색된 색채들이 서로 공통되는 상태와 속성을 가질 때 그 색채군은 조화된다.

㉤ 대비의 원리 : 배색된 색채들이 상태와 속성이 서로 반대되면서도 모호한 점이 없을 때 조화된다.

위의 여러 가지 원리는 각각 색상, 명도, 채도별로 해당하나, 이들 속성이 적절하게 결합되어 조화를 이룬다.

16 오스트발트 색체계의 'W＋B＋C＝100'에서 'C'가 의미하는 것은?

① 백색량　　② 흑색량

③ 순색량　　④ 회색량

해설 오스트발트(W. Ostwald) 표색계

㉠ 오스트발트 표색계는 헤링의 4원색설을 기본으로 색량의 대소에 의하여, 즉 혼합하는 색량(色量)의 비율에 의하여 만들어진 색체계이다.

㉡ 각 색상은 황, 주황, 적, 자, 청, 청록, 녹, 황록의 8가지 주요 색상을 기본으로 하고, 이것을 다시 3색상씩 분할해 24색상으로 만들어 24색환이 된다.

㉢ 24색상환의 보색은 반드시 마주 보는 12번째 색에 있게 된다.

㉣ 백색량(W), 흑색량(B), 순색량(C)의 합을 100%로 하고 어떤 색이라도 혼합량의 합은 항상 일정하다. 순색량이 없는 무채색은 W+B=100%가 되도록 하고, 순색량이 있는 유채색은 W+B+C=100%가 된다.

㉤ 오스트발트 색입체는 주판알 모양 같은 복원추체가 된다.

17 저드(Judd)의 색채조화론 중 다음 내용이 설명하는 것은?

색채조화는 두 색 이상의 배색에서 애매하지 않은 명료한 배색에서만 조화롭다.

① 질서의 원리
② 비모호성의 원리
③ 유사의 원리
④ 대비의 원리

해설 저드(D. B. Judd)의 색채조화론(정성적 조화론)

㉠ 질서성의 원리 : 규칙 있는 계획에 따라 선택된 색채는 조화된다.

㉡ 친근성(숙지)의 원리 : 사람들에게 잘 알려져 있는 색의 배색이 조화를 이룬다.

㉢ 동류성(공통성)의 원리 : 배색된 색들끼리 공통된 양상과 성질이 내포되어 있을 때 조화된다.

㉣ 비모호성(명료성)의 원리 : 색상차나 명도, 채도, 또는 면적의 차이가 분명한 배색이 조화롭다.

18 먼셀 색채조화의 원리로 틀린 것은?

① 명도는 같으나 채도가 다른 반대색끼리는 강한 채도에 넓은 면적을 주면 조화된다.

② 채도가 같고 명도가 다른 반대색끼리는 회색척도에 관하여 정연한 간격을 주면 조화된다.

③ 중간채도의 반대색끼리는 중간회색 N5에서 연속성이 있으며, 같은 넓이로 배합하면 조화된다.

④ 명도와 채도가 모두 다른 반대색끼리는 회색척도에 준하여 정연한 간격을 주면 조화된다.

해설 먼셀 색채조화의 원리

㉠ 중간채도의 반대색끼리는 중간회색 N5에서 연속성이 있으며, 같은 넓이로 배합하면 조화된다.

㉡ 명도는 같으나 채도가 다른 반대색끼리는 강한 채도에 작은 면적을 주면 조화된다.

㉢ 채도가 같고 명도가 다른 보색끼리는 회색척도에 관하여 정연한(일정한) 간격을 주면 조화된다.

㉣ 채도가 모두 다른 반대색끼리는 회색척도에 준하여 정연한(일정한) 간격을 주면 조화된다.

19 슈브뢸(M. E. Chevreul)은 그의 저서 ≪Contrast on Color≫에서 배색조화이론을 체계적으로 설명하였다. 다음 중 그의 배색조화론과 맞지 않는 것은?

① 2색의 대비적 조화는 2개의 대립색상에 의하여 나타난다.

② 2색이 부조화일 때는 그 사이에 2색의 중간색을 넣으면 조화된다.

③ 색료의 3원색(적, 황, 청) 중 2색의 배색은 중간배색보다 조화된다.

④ 전체적으로 하나의 주된 색의 배색은 조화된다.

슈브뢸(M. E. Chevreul, 1786~1889)의 이론으로 색의 대비에 기초한 배색이론은 12색상과 12단계의 순도로 되어 있는 색상환, 즉 색의 3속성 개념을 도입한 색상환에 의해서 색의 조화를 유사한 조화와 대비의 조화로 나누고 정량적 색채조화론을 제시하였다.
㉠ 2색의 대비적 조화는 2개의 대립색상에 의하여 나타난다.
㉡ 2색이 부조화일 때는 그 사이에 흰색이나 검정색을 넣으면 조화된다.
㉢ 색료의 3원색(적, 황, 청) 중 2색의 배색은 중간배색보다 조화된다.
㉣ 전체적으로 하나의 주된 색의 배색은 조화된다.

20 오스트발트의 조화론 중 등백계열 조화에 해당되는 것은?

① pa–ia–ca ② pa–pg–pn
③ ca–ga–ge ④ gc–lg–pl

해설 오스트발트의 조화론
㉠ 오스트발트의 색채조화론의 등색상 삼각형에서의 조화에는 등백색 계열의 조화, 등흑색 계열의 조화, 등순색 계열의 조화, 등색상 계열의 조화가 있다.
㉡ 등백색 계열의 조화는 등색상 삼각형 속에서 등백계열 선상의 색은 조화하는 것으로 기호 앞의 문자가 같은 것을 선택하면 된다.
예 ni – ne – na

21 두 색이 부조화한 색이라면 서로의 색을 적당하게 섞어 어느 정도 공통의 양상과 성질을 가진 것으로 배색하면 조화한다는 저드의 색채조화 원리는?

① 질서의 원리
② 숙지의 원리
③ 유사의 원리
④ 비모호성의 원리

해설 저드(D. B. Judd)의 색채조화론(정성적 조화론)
㉠ 질서성의 원리 : 질서 있는 계획에 따라 선택될 때 색채는 조화된다.
㉡ 친근성(숙지)의 원리 : 관찰자에게 잘 알려져 있는 배색이 조화를 이룬다.
㉢ 유사성(동성성)의 원리 : 배색된 색들끼리 공통된 양상과 성질이 내포되어 있을 때 조화된다.
㉣ 비모호성(명료성)의 원리 : 색상차나 명도, 채도, 면적의 차이가 분명한 배색이 조화롭다.

22 다음 중 동일색상의 배색은?

① 노랑 – 갈색
② 노랑 – 빨강
③ 노랑 – 연두
④ 노랑 – 검정

해설 동일색상 배색이란 동일한 색상들 간의 조화로 하나의 색상에 다른 명도, 채도의 변화를 가지고 배열하는 것이다. 동일색상으로 배색하면 그 색상이 가진 단색 이미지를 효과적으로 표현하기 쉽고 통일감이 있으며, 세련된 주조색 효과를 줄 수 있다.

23 색채조화의 원리 중에서 가장 보편적이며 공통적으로 적용할 수 있는 원리의 조합은?

① 질서성 – 친근성 – 동류성 – 명료성
② 동류성 – 비모호성 – 친근성 – 합리성
③ 질서성 – 친근성 – 상대성 – 전통성
④ 상대성 – 합리성 – 예술성 – 객관성

해설 색채조화의 공통원리
㉠ 질서성의 원리 : 규칙 있는 계획에 따라 선택된 색채는 조화된다.
㉡ 친근성(숙지)의 원리 : 사람들에게 잘 알려져 있는 색의 배색이 조화를 이룬다.
㉢ 동류성(공통성)의 원리 : 배색된 색들끼리 공통된 양상과 성질이 내포되어 있을 때 조화된다.
㉣ 비모호성(명료성)의 원리 : 색상차나 명도, 채도, 또는 면적의 차이가 분명한 배색이 조화롭다.

정답 20 ② 21 ③ 22 ① 23 ①

24 문·스펜서의 색채조화에 적용되는 미도의 일반적 논리가 아닌 것은?

① 균형 있게 잘 선택된 무채색의 배색이 미도가 높다.

② 등색상의 조화는 매우 쾌적한 경향이 있다.

③ 등색상 및 등채도의 배색이 미도가 높다.

④ 명도 차이가 작을수록 미도가 높다.

[해설] 미도(美度)

㉠ 배색에서 아름다움의 정도를 수량적으로 계산에 의해 구하는 것으로 그 수치에 의하여 조화의 정도를 비교한다는 정량적 처리방법이다.

㉡ 버코프(G. D. Birkhoff) 공식 : M=O / C
여기서, M : 미도(美度), O : 질서성의 요소,
　　　　C : 복잡성의 요소

㉢ 균형 있게 잘 선택된 무채색의 배색과 등색상 및 등채도의 배색이 미도가 높고, 복잡성의 요소가 적을수록, 질서성의 요소가 많을수록 미도는 높아진다.

㉣ 미도는 0.5 이상의 값을 나타낼 경우 배색이 좋은 것으로 제안하였다.

25 문·스펜서는 색채조화론을 1944년 미국 광학회의 잡지(OSA)에 발표했는데 이 논문의 주된 내용과 관련 없는 것은?

① 고전적인 색채조화론의 기하학적 공식화

② 톤을 이용한 효과

③ 색채조화에서의 미도측정

④ 색채조화에서의 면적

[해설] 문·스펜서(P. Moon & D. E. Spencer)의 조화론
2색의 간격이 애매하지 않은 배색, 오메가(ω) 공간에 간단한 기하학적 관계가 되도록 선택한 배색을 가정으로 조화와 부조화로 분류하고, 색채조화에 관한 원리들을 정량적인 색좌표에 의해 과학적으로 설명하였다.

㉠ 색채조화

• 조화의 원리 : 동등조화, 유사조화, 대비조화

• 부조화의 원리 : 제1 부조화, 제2 부조화, 눈부심

㉡ 면적효과 : 색채조화에 배색이 면적에 미치는 영향을 고려하여 종래의 저채도의 약한 색은 면적을 넓게, 고채도의 강한 색은 면적을 좁게 해야 균형이 맞는다는 원칙을 정량적으로 이론화하였다.

㉢ 미도(美度)

• 배색에서 아름다움의 정도를 수량적으로 계산에 의해 구하는 것

• 버코프(G. D. Birkhoff) 공식 : M=O / C
여기서, M : 미도(美度), O : 질서성의 요소,
　　　　C : 복잡성의 요소

– 어떤 수치에 의해 조화의 정도를 비교하는 정량적 처리를 보여 주는 것이다.

– 복잡성의 요소가 적을수록, 질서성의 요소가 많을수록 미도는 높아진다는 것이다.

26 19세기의 화학자로 ≪Contrast on Color≫를 저술하여 근대 색채조화론의 기초를 만든 사람은?

① 슈브뢸(M. E. Chevreul)

② 베졸드(W. V. Bezold)

③ 오스트발트(W. Ostwald)

④ 브뤼케(E. Brucke)

[해설] 슈브뢸(Chevreul)의 색의 대비(contrast on color)
슈브뢸(M. E. Chevreul, 1786~1889)의 이론으로 색의 대비에 기초한 배색이론은 12색상과 12단계의 순도로 되어 있는 색상환, 즉 색의 3속성 개념을 도입한 색상환에 의해서 색의 조화를 유사한 조화와 대비의 조화로 나누고 정량적 색채조화론을 제시하였다.

㉠ 두 색의 대비적 조화는 두 개의 대립색상에 의하여 나타난다.

㉡ 두 색이 부조화일 때는 그 사이에 흰색이나 검정색을 넣으면 조화된다.

㉢ 색료의 3원색(적, 황, 청) 중 두 색의 배색은 중간 배색보다 조화된다.

㉣ 전체적으로 하나의 주된 색의 배색은 조화된다.

27 정량적(定量的) 색채조화론으로 1944년에 발표되었으며, 고전적인 색채조화의 기하학적 공식화, 색채조화의 면적, 색채조화에 적용되는 심미도 등의 내용으로 구성되어 있는 것은?

① 슈브뢸(M. E. Chevreul)의 조화론
② 저드(Judd)의 조화론
③ 그레이브스(M. Graves)의 조화론
④ 문(P. Moon) · 스펜서(D. E. Spencer)의 조화론

해설 문 · 스펜서(P. Moon & D. E. Spencer)의 조화론
2색의 간격이 애매하지 않은 배색, 오메가(ω) 공간에 간단한 기하학적 관계가 되도록 선택한 배색을 가정으로 조화와 부조화로 분류하고, 색채조화에 관한 원리들을 정량적인 색좌표에 의해 과학적으로 설명하였다.
㉠ 색채조화
　• 조화의 원리 : 동등조화, 유사조화, 대비조화
　• 부조화의 원리 : 제1 부조화, 제2 부조화, 눈부심
㉡ 면적효과 : 색채조화에 배색이 면적에 미치는 영향을 고려하여 종래 저채도의 약한 색은 면적을 넓게, 고채도의 강한 색은 면적을 좁게 해야 균형이 맞는다는 원칙을 정량적으로 이론화하였다.
㉢ 미도(美度)
　• 배색에서 아름다움의 정도를 수량적으로 계산에 의해 구하는 것
　• 버코프(G. D. Birkhoff) 공식 : $M = O / C$
　　여기서, M : 미도(美度), O : 질서성의 요소,
　　　　　　C : 복잡성의 요소
　　－ 어떤 수치에 의해 조화의 정도를 비교하는 정량적 처리를 보여 주는 것이다.
　　－ 복잡성의 요소가 적을수록, 질서성의 요소가 많을수록 미도는 높아진다.

28 오스트발트의 조화배열 중 등흑색 조화에 해당하는 색으로 연결된 것은?

① ie – ia – pc　　② ea – ie – ni
③ ge – le – pe　　④ pn – pg – pa

해설 오스트발트의 색채조화론의 삼각형에서의 조화
㉠ 등백색 계열의 조화 : 저사변의 평행선상의 조화 (앞의 알파벳이 같은 것)
㉡ 등흑색 계열의 조화 : 위사변의 평행선상의 조화 (뒤의 알파벳이 같은 것)
㉢ 등순색 계열의 조화 : 수직선상의 조화
㉣ 등색상 계열의 조화 : 먼저 등순색 계열 속에서 2색을 선택하고 이들의 등백계열, 등흑계열의 교점에 해당하는 색을 선택

29 저드의 색채조화론과 관계없는 것은?

① 질서의 원리
② 동류의 원리
③ 숙지의 원리
④ 모호성의 원리

해설 저드(D. B. Judd)의 색채조화론(정성적 조화론)
㉠ 질서성의 원리 : 질서 있는 계획에 따라 선택될 때 색채는 조화된다.
㉡ 친근성(숙지)의 원리 : 관찰자에게 잘 알려져 있는 배색이 조화를 이룬다.
㉢ 유사성(동류성)의 원리 : 배색된 색들끼리 공통된 양상과 성질이 내포되어 있을 때 조화된다.
㉣ 비모호성(명료성)의 원리 : 색상차나 명도, 채도, 면적의 차이가 분명한 배색이 조화롭다.

30 색채조화에 관한 설명 중 틀린 것은?

① 동일 · 유사조화는 강렬한 느낌을 준다.
② 보색배색은 색상대비가 크다.
③ 대비조화는 동적인 느낌을 준다.
④ 보색배색의 눈부심 현상을 없애기 위해서는 간격을 준다.

해설 색채조화는 색상, 명도, 채도별로 해당되나 부조화의 원인이 되는 요인 중에서 가장 주의해야 할 것은 명도차의 애매함으로 이들 속성이 적절하게 결합되어야 조화를 이룬다. 동일색상과 유사조화의 배색은 일반적으로 융화적이고 온화한 조화가 얻어진다.

---

31 오스트발트의 색채조화론과 관계있는 것은?

① 동등조화, 유사조화

② 등백색 계열 조화, 등순색 계열 조화

③ 대비조화, 유사조화

④ 제1 부조화, 제2 부조화

해설 오스트발트의 색채조화론

㉠ 무채색의 조화

㉡ 등색상 삼각형에서의 조화 : 등백색 계열의 조화, 등흑색 계열의 조화, 등순색 계열의 조화, 등색상 계열의 조화

㉢ 등가색환의 조화(등치색환의 조화)

㉣ 보색 마름모꼴의 조화

㉤ 보색이 아닌 마름모꼴의 조화

㉥ 2색 또는 3색 조화의 일반법칙

㉦ 윤성조화

32 미국의 색채학자 저드가 주장하는 색채조화의 4가지에 해당되는 것은?

① 동류성 – 비모호성 – 친근성 – 합리성

② 질서성 – 친근성 – 동류성 – 명료성

③ 질서성 – 친근성 – 상대성 – 전통성

④ 상대성 – 합리성 – 예술성 – 객관성

해설 저드(D. B. Judd)의 색채조화론(정성적 조화론)

㉠ 질서성의 원리 : 질서 있는 계획에 따라 선택될 때 색채는 조화된다.

㉡ 친근성(숙지)의 원리 : 관찰자에게 잘 알려져 있는 배색이 조화를 이룬다.

㉢ 유사성(동류성)의 원리 : 배색된 색들끼리 공통된 양상과 성질이 내포되어 있을 때 조화된다.

㉣ 비모호성(명료성)의 원리 : 색상차나 명도, 채도, 면적의 차이가 분명한 배색이 조화롭다.

33 오스트발트 색체계의 색채조화 원리가 아닌 것은?

① 등백계열　　　　② 등흑계열

③ 등순계열　　　　④ 등명계열

해설 오스트발트의 색채조화론

㉠ 등백색 계열의 조화 : 저사변의 평행선상

㉡ 등흑색 계열의 조화 : 위사변의 평행선상

㉢ 등순색 계열의 조화 : 수직선상

㉣ 등색상 계열의 조화 : 먼저 등순색 계열 속에서 2색을 선택하고, 이들의 등백계열, 등흑계열의 교점에 해당하는 색을 선택

34 소극적인 인상을 주는 것이 특징으로 중명도, 중채도인 중간색계의 덜(dull) 톤을 사용하는 배색기법은?

① 포 카마이외 배색

② 카마이외 배색

③ 토널 배색

④ 톤 온 톤 배색

해설 톤에 의한 배색기법

㉠ 톤 온 톤(tone on tone) 배색 : 동일색상 내에서 톤의 차이를 크게 하는 배색으로 통일성을 유지하면서 극적인 효과를 준다. 일반적으로 많이 사용한다.

㉡ 카마이외(camaieu) 배색 : 동일한 색상, 명도, 채도 내에서 미세한 차이를 주는 배색이다.

㉢ 포 카마이외(faux camaieu) 배색 : 카마이외(camaieu) 배색과 거의 동일하나 톤으로 약간의 변화를 주는 배색방법이다. 거의 같은 색으로 보일 만큼 미묘한 색채배색이다.

㉣ 토널(tonal) 배색 : tone on tone 배색과 비슷하며 중명도, 중채도의 중간색계의 덜(dull) 톤을 사용하는 배색기법으로 안정되고 편안한 느낌을 준다.

㉤ 톤 인 톤(tone in tone) 배색 : 동일색상이나 인접 또는 유사 색상의 톤을 조합시키는 것으로 살구색과 라벤더색의 조합 등 색조의 선택에 따라 다양한 느낌을 줄 수 있다.

정답　31 ②　32 ②　33 ④　34 ③

35 문·스펜서의 조화분류에서 미도(美度)를 설명한 것으로 틀린 것은?

① 균형 잡힌 무채색의 배색은 유채색 못지않은 미도를 나타낸다.

② 동일색상의 조화는 매우 좋은 느낌의 미도를 나타낸다.

③ 같은 명도의 조화는 미도가 높다.

④ 동일색상, 동일채도의 단순한 디자인은 복잡한 디자인보다 좋은 조화가 될 때가 많다.

해설 문·스펜서 색채조화론의 미도(美度)

㉠ 배색에서 아름다움의 정도를 수량적으로 계산에 의해 구하는 것

㉡ 버코프(G. D. Birkhoff) 공식 : M=O / C
여기서, M : 미도(美度), O : 질서성의 요소,
C : 복잡성의 요소

• 복잡성의 요소가 적을수록, 질서성의 요소가 많을수록 미도는 높아진다는 것이다.

• 균형 잡힌 무채색의 배색은 유채색 못지않은 미도를 나타낸다.

• 동일색상의 조화는 매우 좋은 느낌의 미도를 나타낸다.

• 미도는 0.5 이상의 값을 나타낼 경우 만족할 만한 것으로 제안하였다.

36 다음 배색 중 인접색의 조화에 가장 가까운 것은?

① 연두 – 보라 – 빨강

② 주황 – 청록 – 자주

③ 빨강 – 파랑 – 노랑

④ 자주 – 보라 – 남색

해설 인접색의 조화
색상환에서 배열이 가까운 관계에 있는 것으로 인접색채끼리는 시각적 안정감이 있는 조화가 이루어진다.

37 저드의 색채조화론에서 '친근성의 원리'를 옳게 설명한 것은?

① 공통점이나 속성이 비슷한 색은 조화된다.

② 자연계의 색으로 쉽게 접하는 색은 조화된다.

③ 규칙적으로 선택된 색들끼리는 잘 조화된다.

④ 색의 속성 차이가 분명할 때 조화된다.

해설 저드(D. B. Judd)의 색채조화론(정성적 조화론)

㉠ 질서성의 원리 : 질서 있는 계획에 따라 선택될 때 색채는 조화된다.

㉡ 친근성(숙지)의 원리 : 우리에게 잘 알려져 있거나 자연계의 색으로 쉽게 접하는 색은 배색이 조화를 이룬다.

㉢ 유사성(동류성)의 원리 : 배색된 색들끼리 공통된 양상과 성질이 내포되어 있을 때 조화된다.

㉣ 비모호성(명료성)의 원리 : 색상차나 명도, 채도, 면적의 차이가 분명한 배색이 조화롭다.

38 문·스펜서의 조화론에 대한 설명 중 틀린 것은?

① 인간의 주관적인 미적 감각을 최대한 활용하여 개성을 중시하였다.

② 오메가 공간으로 설명하였다.

③ 동등, 유사, 대비의 원리를 정량적 색표에 의해 총괄적·과학적으로 설명하였다.

④ 먼셀의 색표계에 근원을 두었다.

해설 문·스펜서(P. Moon & D. E. Spencer)의 조화론
두 색의 간격이 애매하지 않은 배색, 먼셀의 색입체와 같은 개념으로 먼셀 표색계의 3속성에 대응될 수 있는 오메가(ω) 공간에 간단한 기하학적 관계가 되도록 선택한 배색을 가정으로 동등조화, 유사조화, 대비조화와 부조화로 분류하고, 색채조화에 관한 원리들을 정량적인 색좌표에 의해 과학적으로 설명하였다.

39 색체계에서 "규칙적으로 선택된 색은 조화된다"라는 원리는?

① 동류성의 원리   ② 질서의 원리
③ 친근성의 원리   ④ 명료성의 원리

해설 색채조화의 공통원리
㉠ 질서의 원리 : 질서 있는 계획
㉡ 비모호성(명료성)의 원리 : 명료한 배색
㉢ 동류의 원리 : 친근감을 주는 조화
㉣ 유사의 원리 : 서로 공통되는 상태와 속성
㉤ 대비의 원리 : 상태와 속성이 반대되면서 모호한 점이 없을 때의 조화

40 오스트발트 색채조화론에 관한 설명으로 틀린 것은?

① 무채색 단계에서 같은 간격으로 선택한 배색은 조화된다.
② 등색상 삼각형의 아래쪽 사변에 평행한 선상의 색들은 조화된다.
③ 등색상 삼각형의 위쪽 사변에 평행한 선상의 색들은 조화된다.
④ 색상 일련번호의 차가 8~9일 때 유사색조화가 생긴다.

해설 유사색조화
24색상환에서 색상차 2~4 이내의 범위에 있는 색은 조화를 이룬다.
㉠ 이색조화(중간대비) : 24색상환에서 색상차 6~8 이내의 범위에 있는 색은 조화를 이룬다.
㉡ 반대색조화(강한 대비, 보색조화) : 24색상환에서 색상차 12 이상인 경우 2색은 조화를 이룬다.

41 2가지 이상의 색을 목적에 알맞게 조화되도록 만드는 것은?

① 배색   ② 대비조화
③ 유사조화   ④ 대비

해설 배색(配色)은 2가지 이상의 색상을 잘 어울리도록 배치하는 일이다. 2색 이상의 색을 섞어서 한 색만으로는 만들어 낼 수 없는 색채심리적, 색채생리적 효과를 만들어 내는 것으로 배색에는 질서와 균형감각이 중요하다.

42 색채조화에서 공통되는 원리가 아닌 것은?

① 부조화의 원리   ② 질서의 원리
③ 동류의 원리   ④ 유사의 원리

해설 색채조화에서 공통되는 원리
㉠ 질서의 원리 : 색채의 조화는 의식할 수 있고 효과적인 반응을 일으키는 질서 있는 계획에 따른 색채들에서 생긴다.
㉡ 비모호성의 원리 : 색채조화는 2가지 색 이상의 배색선택에 석연하지 않은 점이 없는 명료한 배색에서만 얻어진다.
㉢ 동류의 원리 : 가장 가까운 색채끼리의 배색은 보는 사람에게 가장 친근감을 주며 조화를 느끼게 한다.
㉣ 유사의 원리 : 배색된 색채들이 서로 공통되는 상태와 속성을 가질 때 그 색채군은 조화된다.
㉤ 대비의 원리 : 배색된 색채들이 상태와 속성이 서로 반대되면서도 모호한 점이 없을 때 조화된다.
위의 여러 가지 원리는 각각 색상, 명도, 채도별로 해당되나 이들 속성이 적절하게 결합되어 조화를 이룬다.

43 다음 문·스펜서의 색채조화론 중 맞지 않는 것은?

① 동일의 조화(identity)
② 유사의 조화(similarity)
③ 대비의 조화(contrast)
④ 통일의 조화(unity)

해설 문·스펜서(P. Moon & D. E. Spencer)의 색채조화론의 종류
㉠ 동등(identity)조화 : 같은 색의 배색
㉡ 유사(similarity)조화 : 유사한 색의 배색
㉢ 대비(contrast)조화 : 대비관계에 있는 배색

정답 39 ② 40 ④ 41 ① 42 ① 43 ④

44 문·스펜서의 조화론에서 모든 색의 중심이 되는 순응점은?

① N5
② N7
③ N9
④ N10

> **해설** 문·스펜서의 조화론
> 문·스펜서(P. Moon & D. E. Spencer)는 색공간 속에서 순응의 기준이 되는 색으로 명도 5도의 무채색, 즉 N5를 순응점으로 정하고, "작은 면적의 강한 색과 큰 면적의 약한 색은 어울린다"라고 하는 데서 색의 균형을 찾았다. 명도가 6.5 이상일 때는 명랑하고 쾌활한 느낌을 주며, 3.5 이하는 침울한 느낌을 준다.

45 비렌의 색채조화 원리에서 가장 단순한 조화이면서 일반적으로 깨끗하고 신선해 보이는 조화는?

① color − shade − black
② tint − tone − shade
③ color − tint − white
④ white − gray − black

> **해설** 비렌(F. Birren)의 색채조화론
> ㉠ 비렌의 조화론은 제시된 색삼각형의 연속된 위치에서 색들을 조합하면 그 색들 간에는 관련된 시각적 요소가 포함되어 있기 때문에 서로 조화롭다는 것이다.
> ㉡ 비렌은 흰색, 검정색, 순색(빨강)을 꼭짓점으로 하는 색삼각형에서 color(순색), white(흰색), black(검정색), gray(회색), tint(밝은 색조), shade(어두운 색조), tone(톤)의 7가지 기본범주에 의한 조화이론을 펼치고 있다.
> ㉢ 비렌의 색채조화 원리에서 가장 단순한 조화이면서 일반적인 깨끗하고 신선해 보이는 조화는 순색(color) − tint(명색조) − white(흰색)이다.

46 문·스펜서의 색채조화론의 부조화의 종류가 아닌 것은?

① 제1 부조화
② 제2 부조화
③ 제3 부조화
④ 눈부심

> **해설** 문·스펜서(P. Moon & D. E. Spencer)의 색채조화론
> 2색의 간격이 애매하지 않은 배색, 오메가(ω) 공간에 간단한 기하학적 관계가 되도록 선택한 배색을 가정으로 조화와 부조화로 분류하고, 색채조화에 관한 원리들을 정량적인 색좌표에 의해 과학적으로 설명하였다.
> ㉠ 제1 부조화(first ambiguity) : 서로 판단하기 어려운 배색
> ㉡ 제2 부조화(second ambiguity) : 유사조화와 대비조화 사이에 있는 배색
> ㉢ 눈부심(glare) : 극단적인 반대색의 부조화

47 다음 배색에 대한 설명 중 옳은 것은?

① 색상, 명도를 같게 하거나 유사로 하면 활기 있는 배색이 된다.
② 색상을 녹색계로 하면 서늘하고, 청색계로 하면 따뜻하다.
③ 명도가 높은 배색은 경쾌하며, 명도가 낮은 배색은 어둡고 무거운 느낌이다.
④ 채도가 높은 색은 수수하고 평정된 느낌이다.

> **해설** 색상·채도·명도 배색
> ㉠ 색상·채도·명도가 상이할 때 색상이 서로 접근해 있고, 명도가 크게 다를 때는 상쾌한 자극을 낳는다.
> ㉡ 명도가 높은 배색은 경쾌하고, 명도가 낮은 배색은 어둡고 무거운 느낌이다.
> ㉢ 색상을 한색계로 하면 서늘하고, 난색계로 하면 따뜻하다.
> ㉣ 채도가 낮은 색은 수수하고 평정된 느낌이다.

48 색의 조합에 관한 설명 중 틀린 것은?

① 보색의 조합은 강함, 원초적인 의미를
  갖는다.
② 따뜻한 색끼리의 조합은 동적이며 따뜻
  하다.
③ 채도가 높은 색과 낮은 색의 조합은 화
  려함을 준다.
④ 높은 명도끼리의 조합은 강한 느낌을
  준다.

해설 색의 조합
ㄱ 명도는 색채의 밝기를 나타내는 성질로 높은 명도
  끼리의 조합은 약한 느낌을 준다.
ㄴ 보색의 조합은 대비가 강해 강함, 원초적인 의미
  를 갖는다.
ㄷ 따뜻한 색끼리(난색)의 조합은 동적이며 따뜻하다.
ㄹ 채도가 높은 색(고채도)과 낮은 색(저채도)의 조
  합은 화려함을 준다.

49 우리에게 잘 알려진 배색으로서 저녁노을, 가
을의 붉은 단풍잎, 동물과 곤충 등의 색들이
조화된다는 색채조화의 원리는?

① 질서성의 원리
② 친근성의 원리
③ 유사성의 원리
④ 비모호성의 원리

해설 저드(D. B. Judd)의 색채조화론(정성적 조화론)
ㄱ 질서성의 원리 : 질서 있는 계획에 따라 선택될
  때 색채는 조화된다.
ㄴ 친근성(숙지)의 원리 : 우리에게 잘 알려져 있는
  배색이 조화를 이룬다.
ㄷ 유사성(동류성)의 원리 : 배색된 색들끼리 공통된
  양상과 성질이 내포되어 있을 때 조화된다.
ㄹ 비모호성(명료성)의 원리 : 색상차나 명도, 채도,
  면적의 차이가 분명한 배색이 조화롭다.

50 색채조화의 원리 중 가장 보편적이며 공통적
으로 적용할 수 있는 원리로 저드가 주장하는
정성적 조화론에 속하지 않는 것은?

① 질서의 원리
② 친근성의 원리
③ 명료성의 원리
④ 보색의 원리

해설 저드(D. B. Judd)의 색채조화론(정성적 조화론)
ㄱ 질서성의 원리 : 질서 있는 계획에 따라 선택될
  때 색채는 조화된다.
ㄴ 친근성(숙지)의 원리 : 우리에게 잘 알려져 있는
  배색이 조화를 이룬다.
ㄷ 유사성(동류성)의 원리 : 배색된 색들끼리 공통된
  양상과 성질이 내포되어 있을 때 조화된다.
ㄹ 비모호성(명료성)의 원리 : 색상차나 명도, 채도,
  면적의 차이가 분명한 배색이 조화롭다.

51 동일색상의 경우 큰 면적의 색은 작은 면적의
색견본을 보는 것보다 화려하고 박력이 가해
진 인상으로 보이는 것을 무엇이라고 하는가?

① 색각이상   ② 게슈탈트의 해석
③ 매스 효과   ④ 연변대비

해설 매스 효과(mass effect)
같은 모양 같은 크기라도 색에 따라서 크게 보이기도
하고 작게 보이기도 한다. 같은 색상이라도 큰 면적
의 색은 작은 면적의 색보다 화려하고 박력이 있어
보이는 것을 말한다

52 'M=O/C'는 문·스펜서의 미도를 나타내는
공식이다. 'O'는 무엇을 나타내는가?

① 환경의 요소
② 복잡성의 요소
③ 구성의 요소
④ 질서성의 요소

해설 문·스펜서 색채조화론의 미도(美度)

ㄱ 배색에서 아름다움의 정도를 수량적으로 계산에 의해 구하는 것

ㄴ 버코프(G. D. Birkhoff) 공식 : M=O/C
여기서, M : 미도(美度), O : 질서성의 요소,
C : 복잡성의 요소

---

53 오스트발트(Ostwald)의 조화론 중 등흑계열 조화에 해당되는 것은?

① pa − pg − pn ② pa − ia − ca
③ ca − ga − ge ④ gc − lg − pl

해설 등흑계열(isotone series) 조화

오스트발트 표색계의 등색상 삼각형에서 흑색량(B)이 같은 평행선상에 있는 모든 색들이 해당된다. 흑색량이 모두 같은 색의 계열로 색표기에서 흑색량을 나타내는 뒤의 기호가 같다.

---

54 조화배색에 관한 설명 중 틀린 것은?

① 대비조화는 다이내믹한 느낌을 준다.
② 동일·유사조화는 강렬한 느낌을 준다.
③ 차이가 애매한 색끼리의 배색에서는 그 사이에 가는 띠를 넣어서 애매함을 해소할 수 있다.
④ 보색배색은 대비조화를 가져온다.

해설 배색에서 애매한 조화와 관계하는 것은 명도 차이이다. 명도가 동일한 경우에는 색과 색과의 경계가 확실하지 않게 되어 흐릿하게 보인다. 동일·유사조화는 부드러운 느낌을 준다. 차이가 애매한 색끼리의 배색에서는 그 사이에 가는 띠를 넣는 세퍼레이션 배색을 함으로써 애매함을 해소할 수 있다.

---

55 다음 중 유사색상 배색의 느낌이 아닌 것은?

① 화합적   ② 평화적
③ 안정적   ④ 자극적

해설 유사색상(인근색) 배색

인접한 색을 이용하는 배색방법으로 유사색 배색은 색상차가 작기 때문에 톤의 차를 두어 명쾌한 배색을 시도할 수 있다. 협조적, 온화함, 상냥함, 건전한 느낌이 든다.

---

56 문·스펜서의 색채조화론에서 조화의 경우가 아닌 것은?

① 동일(identity)조화
② 유사(similarity)조화
③ 대비(contrast)조화
④ 통일(unity)조화

해설 문·스펜서(P. Moon & D. E. Spencer)의 색채조화론

ㄱ 동등(identity)조화 : 같은 색의 조화
ㄴ 유사(similarity)조화 : 유사한 색의 조화
ㄷ 대비(contrast)조화 : 반대색의 조화

---

57 색채조화에 관한 내용으로 타당성이 가장 작은 것은?

① 채도가 높은 색끼리 조화시키기가 어렵다.
② 대비조화는 변화감과 극적인 느낌을 줄 수 있다.
③ 색채조화는 주로 색상에 관계되고, 명도와 채도는 관계없다.
④ 배색된 색들이 일정한 질서를 가질 때 조화된다.

해설 색채조화는 색상, 명도, 채도별로 해당되나 이들 속성이 적절하게 결합되어 조화를 이룬다. 색상·채도·명도가 상이할 때 색상이 서로 접근해 있고, 명도가 크게 다를 때는 상쾌한 자극을 낳는다. 따라서 자극이 크고 색상거리가 가장 먼 보색의 인접배치는 채도·명도가 가까울수록 강하나, 백(白)이나 흑(黑)을 가하면 안정된 보색대비가 된다.

---

58 다음 중 유사색상의 배색은?

① 빨강 – 노랑 ② 연두 – 녹색
③ 흰색 – 흑색 ④ 검정 – 파랑

해설 유사색(인근색)조화

색상환에서 30~60° 범위 내에 있는 색은 서로 유사한 색상으로 매우 조화로운 색이다. 유사색상 배색의 느낌은 화합적, 평화적, 인상적이다.

예 5R와 2.5YR~7.5YR, 10P와 2.5YR, 5Y(노랑)와 10YR(귤색)

59 다음 문·스펜서의 색채조화론과 거리가 먼 것은?

① 동일의 조화(identity)
② 유사의 조화(similarity)
③ 대비의 조화(contrast)
④ 통일의 조화(unity)

해설 문·스펜서(P. Moon & D. E. Spencer)의 색채조화론

㉠ 동등(identity)조화 : 같은 색의 배색
㉡ 유사(similarity)조화 : 유사한 색의 배색
㉢ 대비(contrast)조화 : 대비관계에 있는 배색

60 다음 색채조화론 중 색입체로서 오메가 공간을 설정한 조화이론은?

① 오스트발트의 조화론
② 문·스펜서의 조화론
③ 저드의 조화론
④ 오스트발트와 저드의 조화론

해설 문·스펜서(P. Moon & D. E. Spencer)의 색채조화론은 2색의 간격이 애매하지 않은 배색, 오메가(ω) 공간에 간단한 기하학적 관계가 되도록 선택한 배색을 가정으로 조화와 부조화로 분류하고, 색채조화에 관한 원리들을 정량적인 색좌표에 의해 과학적으로 설명하였다.

61 문·스펜서의 색채조화론에 해당하지 않는 것은?

① 유사성의 조화
② 동일성의 조화
③ 대비의 조화
④ 명도의 조화

해설 문·스펜서(P. Moon & D. E. Spencer)의 색채조화론

색채조화론은 2색의 간격이 애매하지 않은 배색, 오메가(ω) 공간에 간단한 기하학적 관계가 되도록 선택한 배색을 가정으로 조화와 부조화로 분류하고, 색채조화에 관한 원리들을 정량적인 색좌표에 의해 과학적으로 설명하고 있다.

㉠ 조화의 원리 : 동등조화, 유사조화, 대비조화
㉡ 부조화의 원리 : 제1 부조화, 제2 부조화, 눈부심

62 자연계에서 볼 수 있는 색의 변화와 같이 보는 사람에게 익숙한 배색은 조화를 느끼게 한다. 이것은 색채조화의 원리 중 어디에 해당되는가?

① 친근의 원리
② 질서의 원리
③ 대비의 원리
④ 공통성의 원리

해설 저드(D. B. Judd)의 색채조화론(정성적 조화론)

㉠ 질서성의 원리 : 질서 있는 계획에 따라 선택될 때 색채는 조화된다.
㉡ 친근성(숙지)의 원리 : 관찰자에게 잘 알려져 있는 배색이 조화를 이룬다.
㉢ 유사성(동류성)의 원리 : 배색된 색들끼리 공통된 양상과 성질이 내포되어 있을 때 조화된다.
㉣ 비모호성(명료성)의 원리 : 색상차나 명도, 채도, 면적의 차이가 분명한 배색이 조화롭다.

07

생활과 색채

생활과 색채

7.1 색채계획

색채는 주관적으로 감지되는데 이러한 색채감각은 개인적인 체험의 축적이나 학습에 의해서 얻어지기 때문이다. 색채는 민족문화와 관련되어 논의되기도 하고, 색채감각이 유년기에서부터 노년기까지 감성이나 감각기능 면에서 진화하거나 퇴화하는 복잡성 때문에 색채환경의 문제가 더욱더 어려워지고 있다. 우리는 빛이 물체에 의해서 반사된 것을 색채로 느끼기 때문에 다른 소재의 재질에 의한 색채의 느낌은 복잡해진다. 색채계획에 있어 우리는 색의 지표로서 먼셀기호를 이용하여 색견본장에서 색을 고르지만, 색견본의 색은 실제 색과 많이 다르다. 실물의 색채는 빛과 음영이 있는 3차원의 깊이가 느껴지므로 평면의 컬러 칩만으로 색채계획을 하는 데는 상당한 경험이 필요하다.

원래 색채는 적색계나 청색계로 종합하여 설명하는 경우가 많았으나, 현재는 색조, 즉 색의 농담이나 톤에 주목하여 톤 온 톤(ton on ton, 유사한 색상의 톤으로 변화시킨다)이나 톤 인 톤(ton in ton, 유사한 톤의 색상으로 변화시킨다. 색의 다양성을 즐긴다)으로 설명되는 것이 일반적이다.

이와 같이 색은 물리적으로 광선에 의하여 생기는 감각이다. 색과 인간의 기분과의 관계는 색채가 지니고 있는 일반적 의미에서의 표정이나 상징으로부터 감각적인 연상에 의해 어떠한 감정을 부여하는 것과, 그러한 모든 것이 추상화되어 우리의 정서에 어떠한 반응을 일으키는 것 모두가 심리적인 작용이라고 할 수 있다.

색채계획은 색채학에 관한 내용을 기본으로 인간생활에 실용화하는 단계로 볼 수 있다. 즉, 색의 성질, 표시, 배색 및 효과 등을 고려하여 소기의 목적한 바를 사람들에게 가장 적절히 적용시키는 것을 말한다.

(1) 기업색채(corporate color)

기업은 기업활동의 일관성을 유지함과 동시에 경영이념과의 일체성을 이루어야 한다. 이러한 기업의 경영이념, 활동과 기업의 이미지를 일치시키고자 하는 일련의 활동을 경영전략에 의한 기업이미지 통합(corporate identity program)이라 한다. 그중 가장 중요한 한 부분이 기업색채(corporate color)이다. 색채에 의한 기업 이미지는 상품의 이미지와 직결되며 성공적인 색채사용을 위해서는 색채전략이 필요하다.

색채는 기업을 연상시키는 데 큰 역할을 하는데 그것은 이미지 동일화(同一化, identification)에 있어 중요한 요소가 되고 있다.

색채는 문자나 형태보다는 감각적 소구가 강한 것이 요구되며 색의 지각적 효과를 고려하여 명시성(明視性)과 유목성(誘目性)이 높은 색채를 선택해야 한다.

[기업색채의 규정요건]
① 기업의 이념과 실체에 맞는 이상적 이미지를 나타내는 데 어울리는 색채
② 눈에 띄기 쉬운 색이고 타사와의 차별성이 뛰어난 색채
③ 여러 가지 소재로서의 재현이 용이하고 관리하기 쉬운 색채
④ 사람에게 불쾌감을 주거나 경관을 손상시켜서는 안 되며 주위와 조화하기 쉬운 색채

(2) 색채계획과정

색채계획을 세우기 위해서는 먼저 어떠한 색이 있는가 하는 색채환경분석이 필요하다. 또한 어떠한 이미지를 가지고 있는가 하는 색재심리분식과 어떠한 색채로 결정할 것인가 하는 색채전달계획을 거쳐 디자인에 적용시켜야 한다.

색채계획과정을 도표로 알아보면 [표 7-1]과 같다.

[표 7-1] 색채계획과정

No.	연구단계	연구항목	필요한 능력
1	색채환경분석 (어떤 색이 있는가?)	• 경쟁업체의 사용 색채 분석(기업, 상품, 광고물, 포장, 전시물 색채) • 색채재료의 사용색 분석 • 색채예측 데이터의 분석	색채변별 능력 색채조색 능력 자료수집 능력
2	색채심리분석 (어떠한 이미지를 가지고 있는가?)	• 기업 이미지의 측정 • 컬러 이미지의 측정 • 유행 이미지의 측정 • 색채기호의 측정 • 상품 이미지의 측정 • 전시물 이미지의 측정 • 광고물 이미지의 측정	심리조사 능력 색채구성 능력
3	색채전달계획 (어떤 색으로 결정할 것인가?)	• 판매 데이터와 대조 • 색재현의 코디네이션 • 기업의 이상상 책정 • 상품 이미지의 예측계획 • 소비계층의 선택계획 • 컬러 이미지의 등가변환 • 유행요인의 코디네이션 • 기업색채의 결정 • 상품색채의 결정 • 광고물색채의 결정 • 타사 계획과의 차별화	컬러 이미지의 계획 능력 컬러 컨설턴트의 능력 마케팅 능력

[표 7-1] 색채계획과정 (계속)

No.	연구단계	연구항목	필요한 능력
4	디자인에 적용	• 색채규격과 색채시방 • 컬러 매뉴얼의 작성	아트 디렉션 (art direction)의 능력

(3) 색채심리

괴테(J. W. von Goethe)는 인간은 일반적으로 색에서 많은 즐거움을 경험하며, 색은 양과 음으로 구분된다고 보고 양성에 해당하는 색으로는 빨간색, 노란색, 오렌지색을 들고 음성에 해당하는 색으로는 파란색, 보라색을 들었다.

심리학자 웰스(N. A. Wells)는 사람의 기분과 스펙트럼의 색과의 관계에 대한 연구에서 어두운 오렌지색이 가장 자극적인 영향력을 가졌으며 빨간색, 노란색, 오렌지색의 순으로 강하고, 또 가장 평온감을 주는 것은 연두색, 그다음이 녹색이며, 가장 진정시키는 힘을 가진 것은 자주색, 그다음이 보라색이라고 했다.

웰먼(W. A. Wellmann)은 빨간색은 환희의 색, 노란색은 따뜻함과 즐거움의 색, 녹색은 충만함과 건강을 나타내는 색, 파란색은 정신력과 사고의 색, 갈색은 우울한 색, 회색은 노색, 백색은 열성과 앎의 색이며, 흑색은 어두움의 색이라고 했다.

색의 속성 및 감정과의 관계와 색채의 특성 및 상징에 대해 여러 문헌에서 고찰된 바를 표로 정리해서 보이면 각각 다음과 같다.

① 색의 속성 및 감정과의 관계

속 성	분 류	감정상태
색상	온	따뜻함, 희열, 충만, 활동적, 정적
	중성	평정, 평범
	한	차가움, 비애, 지적
명도	고	양기, 경쾌, 경박
	중	안정감
	저	음기, 둔중, 중후
채도	고	신선
	중	안정감
	저	고상함, 안정감

② 색채의 특성 및 상징

색 채	특 성	상 징
적색 (red)	적극적, 공격적이며 흥분시킨다. 여성에게 인기 있는 색이다.	원시적인 정열 또는 감정, 악마, 위험
황색 (yellow)	모든 색채 중 가장 밝은색이나 대중적이 아니며, 특히 어두운 음영색으로 쓰인다.	태양, 행복, 영광, 쾌활, 부력
녹색 (green)	감정적 효과에 중성적, 수동적인 경향, 가장 아늑한 색이다.	신앙, 불멸, 명상, 청춘, 평화
청색 (blue)	차고 청명하며 수동적이고 고요하다.	진리, 신비, 냉담
자색 (purple)	장엄하고 풍부하며 호화로우며 인상적이다.	고귀, 영웅, 장엄
백색 (white)	회색과 흑색에 비해 적극적, 자극적, 화려하고 경쾌하며 밝고 고상하다.	진실, 순결, 청춘, 결백
중간 회색 (middle gray)	백색과 흑색의 성질을 고루 가지고 있다. 가장 대중적이며 유쾌한 경향이 있다.	점잖은 노년, 비애, 음기, 불길, 겸손
흑색 (black)	억제하고 압박하며, 엄숙하고 심원한 성질을 갖고 있다.	슬픔, 죽음, 암흑, 공포

③ 색채와 계절감

   ㉮ 봄 이미지 : 연두, 초록, 핑크

   ㉯ 여름 이미지 : 무채색, 순백색, 파랑, 물색, 엷은 청록, 보라

   ㉰ 가을 이미지 : 갈색, 보라, 짙은 살색

   ㉱ 겨울 이미지 : 흑색, 회색, 초콜릿색

④ 색채와 촉감

   ㉮ 광택감 : 밝은 톤의 색

   ㉯ 윤택감 : 깊은 톤의 색

   ㉰ 경질감 : 은회색, 회색

   ㉱ 거친감 : 진한 색, 회색 톤의 색

   ㉲ 유연감 : 따뜻하고 가벼운 톤의 색

⑤ 실내에서 인간의 색채감각

색 상	한/난	거리	건/습	크기 및 무게	감정
흰색	매우 냉담하다	떨어진다	매우 습하다	크다	중립
노란색	따뜻하다	매우 가깝다	건조하다	가볍다	밝게 한다

색 상	한/난	거리	건/습	크기 및 무게	감정
갈색	따뜻하다	제한되었다	건조하다	무겁다	안정시킨다
빨간색	뜨겁다	가깝다	건조하다	크다	활발하게 한다
파란색	차갑다	매우 멀다	습하다	더 작다	억제시킨다
오렌지색	매우 뜨겁다	매우 가깝다	매우 건조하다	상당히 크다	흥분시킨다
초록색	냉담하다	매우 떨어졌다	매우 눅눅하다	작다	억압한다
황토색	매우 따뜻하다	한층 가깝다	건조하다	더 크다	즐겁다
보라색	매우 냉담하다	매우 멀다	눅눅하다	무겁다	신비하다
검은색	매우 따뜻하다	매우 가깝다	중립	매우 무겁다	낙담시킨다

(4) 색의 이미지

색이 가지는 이미지를 크게 나누면 화려함, 온화함, 산뜻함의 3가지로 분류할 수 있다. 예를 들어, 오렌지색은 화려하고 베이지는 온화하며 초록은 산뜻하다고 할 수 있다. 화려한 색은 따뜻한 계열의 밝은색에 많으며, 한색은 탁한 색 계열에 많다. 또한 산뜻한 색은 맑고 차가운 색 계열에 많다.

베이지나 회색, 회연두와 같은 탁한 색을 좋아하는 사람은 그 색이 가지는 온화한 이미지를 좋아하기 때문에 색의 기호에 그 사람의 심리상태가 반영된다.

① **화려한 그룹**
  ㉮ 귀여운 이미지 : 선명한 분홍, 크림색
  ㉯ 명랑하고 부담 없는 이미지 : 노랑, 오렌지
  ㉰ 호화로운 이미지 : 암적색, 황금색, 청색
  ㉱ 대담하고 강렬한 이미지 : 빨강, 검정

② **온화한 그룹**
  ㉮ 여성스러운 이미지 : 부드러운 분홍계열
  ㉯ 부드럽고 소박한 이미지 : 베이지 계열
  ㉰ 간소하고 산뜻한 이미지 : 연두색
  ㉱ 우아한 이미지 : 옅은 자주색 계열, 장미색
  ㉲ 차분한 이미지 : 갈색계열, 어두운 회보라
  ㉳ 안정감 있는 이미지 : 짙은 갈색, 회연두

③ **산뜻한 그룹**
  ㉮ 산뜻하고 단순한 이미지 : 밝은 푸른색
  ㉯ 젊고 상쾌한 이미지 : 원색의 파랑, 녹색
  ㉰ 이지적인 이미지 : 어두운 회보라, 검정

(5) 색채의 이미지 스케일

색채 이미지 스케일은 색에 대해 느끼는 사람들의 공통감각을 알기 쉽게 형용사로 표현하여 색과 이미지와의 관계를 따뜻함(warm), 차가움(cool), 부드러움(soft), 딱딱함(hard)으로 구분하여 세로축과 가로축의 사각형 공간 안에 색과 이미지를 등가적으로 배치함으로써 각각의 의미를 갖는 색을 관련지어 표현한 것이다. 1966년 설립된 일본의 색채디자인 연구소(Nippon Color)에서 개발한 방법으로, 언어 이미지와 그에 맞는 색채, 목표 소비자의 성향을 파악할 수 있어 색채계획을 하는 데 많은 참고가 된다.

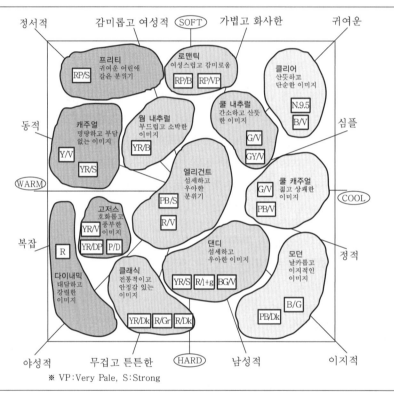

[그림 7-1] 색채 이미지 스케일

[표 7-2] 톤의 분류

톤(영어)	약 호	톤	색 조	색의 조합	명도/채도	색의 느낌
pale	p	엷다	명청 색조 (tint)	순색+백색량	고명도/저채도	약함
light	lt	연하다	명탁 색조 (moderate)	순색+회미량	고명도/중채도	가벼움
bright	b	밝다	명청 색조 (tint)	순색+백색량	고명도/저채도	맑음

[표 7-2] 톤의 분류 (계속)

톤(영어)	약 호	톤	색 조	색의 조합	명도/채도	색의 느낌
vivid	v	선명하다	순색조 (pure)	순색	중명도/고채도	맑음, 분명함, 강함
dull	d	희미하다	중탁 색조 (moderate)	순색+회미량	중명도/중채도	약함, 수수함, 흐림, 어렴풋함
deep	dp	진하다	암청 색조 (shade)	순색+흑색량	저명도/고채도	강함, 무거움, 두꺼움, 깊음, 투명함
dark	dk	어둡다	암청 색조 (shade)	순색+흑색량	저명도/중채도	무거움, 두꺼움, 깊음, 수수함, 단단함
light grayish	ltg	밝은 회색빛	중탁 색조 (grayish)	순색+회미량	중명도/저채도	수수함, 약함, 흐림, 온화함, 어렴풋함
grayish	g	회색빛	중탁 색조 (grayish)	순색+회미량	중명도/저채도	
dark grayish	dkg	어두운 회색빛	저탁 색조 (grayish)	순색+회미량	저명도/저채도	

(6) 색채조절

색채조절(color conditioning)이란 말은 1930년대 초 미국의 듀폰(Dupong)사에서 처음으로 사용하였으며, 다른 회사에서는 컬러 다이내믹(color dynamics)이란 말로 사용하였는데 그 뜻은 모두 같다. 우리말로 번역하면 'color conditioning'은 '색채조절', '색채조정' 또는 '기능배색'이며, 'color dynamics'는 '색채역학'이다.

이 밖에도 'color engineering', 'color planning', 'color tuning' 등의 말이 쓰이고 있다. 색채조절이란 뜻은 색을 단순히 개인적인 기호에 의해서 건물, 설비, 집기 등에 사용하는 것이 아니라 색 자체가 가지고 있는 심리적·생리적 또는 물리적 성질을 이용하여 인간의 생활이나 작업의 분위기 또는 환경을 쾌적하게 보다 능률적으로 만들기 위하여 색이 가지고 있는 독특한 기능을 발휘하도록 조절한다는 것이다. 따라서 색채의 기본성질을 알고 그에 따른 색채계획이 진행되어야 색채를 통한 진열이나 공간계획에 무리가 없게 된다.

이러한 색채조절의 실시로 일어나는 효과는 다음과 같다.

첫째, 심리적으로 쾌적감을 느끼게 해 준다.

둘째, 종업원 및 고객의 피로감을 잊게 해 준다.

셋째, 생활에 의욕을 불러일으킨다.

넷째, 상품 진열효과에 있어서 보다 빠른 판단을 하게 해 준다.

다섯째, 정리, 정돈, 청결을 유지하도록 한다.

여섯째, 유지 및 관리가 손쉽고 경제적이다.

이러한 색채조절계획을 도식화하면 [그림 7-2]와 같다.

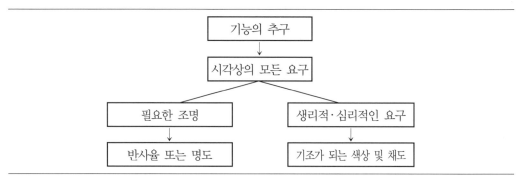

[그림 7-2] 색채조절의 계획방법

(7) 조명과 색채

물체색이 광원에 의해시 시로 다르게 보이는 현상은 색이 광원과 밀접한 관계가 있기 때문이다. 물체색은 태양을 기준으로 자연조명과 인공조명으로 분류된다.

① 인공조명

인공조명은 1879년 에디슨(T. A. Edison)에 의해 백열전구가 발명되었으며, 인공광원은 열이 포함된 발광현상이나 1938년에는 열관계가 없는 형광램프가 만들어져 사용되었다.

② 인공광원의 종류

㉮ 백열전구 : 1879년 미국의 에디슨이 발명, 필라멘트 사용, 3000K 범위의 발광이 된다.

㉯ 방전등 : 형광등, 네온사인, 나트륨 및 수은 램프 등이 있다. 형광등의 색온도는 6500K 범위이다.

③ 광원의 연색성

㉮ 연색성은 물체의 색이 조명에 의해 어떻게 보이는가 하는 것으로 백열전등은 붉은빛 계통이며 푸른색 계통이 부족하다. 따라서 백열전구는 붉은색 계통이 생생하게 보인다.

㉯ 형광등 조명은 붉은색이 어둡게 보이고 푸른색 계통이 강조되어 시원한 느낌이 있다.

7.2 색채환경

(1) 실내공간의 색채계획

색채환경에도 마찬가지로 무의미한 색의 범람을 피해야 한다. 색채계획은 색채조화와 색채조절의 안배가 기본이다. 따라서 눈에 거슬리는 부분은 배제하고 조화로운 공간을 지향한다. 그리고 조화가 잘 이루어진 인테리어 공간에 존재하는 생활용구도 가능한 한 절제된 색채와 모양으로 공간에 융합시킴으로써 지적인 라이프 스타일이 될 수 있다. 같은 톤으로 배색되는 개성 없는 공간은 너무 단조롭고 활기가 없다. 자연광이나 인공광의 제어기술에 의한 일률적이고 단조로운 밝은 환경이 얼마나 따분하고 자극이 없는 것인지 상상할 수 있을 것이다.

　동서양을 불문하고 일몰 시 아련한 황혼의 정경은 하루 중에서 가장 매력적인 한때임을 느끼게 해 주며, 이때야말로 인공적인 빛의 제어로부터 해방되기를 소망하게 된다. 인테리어를 집이라는 그릇의 안쪽이라 생각하고, 그 안쪽 공간의 조화와 배색이 잘 구성되어 있다면, 그 공간에 놓인 생활용구야말로 생활의 색채를 연출하는 요정이라고 말할 수 있다. 생활용구를 생활활성화의 소도구로 이용함으로써 자극이나 리듬이 생겨 활기찬 생활을 즐길 수 있으며, 일상생활에서 다채로운 변화를 추구할 수 있게 될 것이다.

　색채는 실내공간의 거주자에게 즉각적이며, 강력한 영향을 미치는 매우 중요한 디자인 요소이다. 루돌프 아른하임(Rudolf Arnheim)은 여러 디자인 요소 중 색채가 가장 먼저 인간에게 지각되고 그다음 형태가 지각된다고 하였다. 공간의 크기나 형태가 동일한 실내공간에서 오직 색채의 변화만을 주었을 때도 공간감에 큰 영향을 미치게 되는 것이다.

　실내공간의 크기와 형태에 있어, 천장이 높고 큰 공간에는 난색 톤의 진출색을 중채도로, 천장이 낮고 작은 공간에는 한색 톤의 수축색을 저채도로 사용한다.

　실내공간은 바닥, 벽, 천장으로 한정되는데, 이처럼 둘러싸인 내부의 색채계획에서 가장 중요한 것은 명도의 균형이다. 즉, 바닥, 벽, 천장의 순으로 명도를 높여 빛의 방향이 위에서 아래로 자연스럽게 떨어지는 흐름을 갖게 한다. 이것은 반드시 바닥을 블랙으로 하고, 천장을 화이트로 하는 것이 아니고, 이때 채도와 명도의 관계는 고명도일수록 저채도의 색을, 저명도일수록 고채도의 색을 사용할 수 있다. 실내공간에서 색의 면적 역시 고려해야 할 중요한 사항이다.

[그림 7-3] 실내공간의 색채계획

① **실내색채계획**

실내환경의 색채는 우리들의 생활에 많은 영향을 미치고 있다. 인간은 색에 매우 민감하며 물리적·생리적 자극을 많이 받게 된다. 실내의 색채를 어떻게 조절하느냐에 따라서 작업능률의 향상과 심리적 안정감, 그리고 위험방지 등 여러 효과를 볼 수 있다. 실내 디자인에 있어 시각적인 효과는 일차적으로는 색채에 의해서 시작된다. 우리의 생활 원천이 되고 에너지를 재충전시켜 주는 주거공간의 색채조절을 하는 데 고려해야 할 사항을 살펴보면 다음과 같다.

㉮ **실별 기능에 따라 색채를 선택한다** : 주거공간에는 매우 활동적인 방과 아늑하고 정적인 방이 있다. 또한 가족 전원이 모이는 방과 침실, 서재 등의 개인적인 프라이버시를 중요시하는 방도 있다. 이와 같이 각 기능에 맞는 색채계획이 필요하다.

㉯ **실별 상호 간의 조화를 고려한다** : 각각의 방이 제아무리 아름답게 되어 있다고 하더라도 주거 전체로서의 색채조화가 이루어지지 않으면 이상해 보인다. 그러므로 주거공간의 전체적인 주소색상을 먼저 성한 후에 이에 맞추어 조금씩 변화를 주는 것이 바람직하다.

㉰ **실내조명을 고려한다** : 같은 색상이라고 할지라도 조명의 방식과 밝기에 따라서 전혀 다르게 느껴지기도 한다. 자연조명의 경우 남향과 북향을 고려하고 인공조명인 경우 광원의 종류에 따라서도 색과 분위기가 달라지므로 이를 고려해야 한다.

㉱ **자연적인 색조를 고려한다** : 실내공간의 색채구성에 있어 너무 인공적인 색채만을 사용하면 곧 싫증이 나고 지루한 감을 느끼게 된다.

㉲ **마감재료의 질감에 따른 색채를 고려한다** : 같은 색상이라고 하더라도 마감재료와 질감에 따라서 매우 달라져 보이므로 이를 충분히 고려한 색채계획을 하는 것이 바람직하다.

㉳ **계절에 따른 색채조절을 하는 것이 좋다** : 방의 색채를 계절에 따라 변화시켜 보는 것도 센스 있는 주거공간계획의 한 가지 방법이다. 이 경우 천장, 벽, 바닥의 면적이 넓어 변화시키는 것이 어려울 경우 부분적으로 띠벽지를 바꾸어 볼 수도 있다.

㉴ **주조색과 보조색을 제한한다** : 여러 가지 색상을 주거공간에 사용하게 되면 혼란스러워 보인다. 주조색을 먼저 정한 후에 그 농담으로 배색하고 악센트가 되는 곳에 보색을 사용하면 비교적 무난한 배색이 이루어진다.

② **실내 색채계획의 일반**

㉮ 위(천장)에서부터 아래(바닥)로 향하여 명도를 낮추어야 안정감이 생긴다.

㉯ 밝은 부분과 어두운 부분이 인접하면 어두운 부분은 더욱 어둡게 하고 밝은 부분은 더욱 밝게 해 주면 입체감과 볼륨감이 생긴다.

㉰ 밝은 물건은 어두운 배경에, 어두운 것은 밝은 배경에 배치하면 더욱 돋보인다.

㉱ 회색은 흰색 배경에서는 더 어둡게, 검정 배경에서는 더 밝게 보여진다.

㉲ 넓은 공간은 전체적으로 저채도, 좁은 공간은 고채도가 좋다.

㉳ 흰색 배경일 때 밝은색은 색조가 감소하며, 어두운색은 색조가 증가한다.

㉴ 검정 배경일 때 밝은색은 색조가 증가하며, 어두운색은 색조가 감소한다.

㉵ 문이나 창, 커튼 등 움직이는 면은 눈에 잘 띄는 색이 좋다.

㉗ 밝은 한색(후퇴색)으로 마감한 실내는 더 넓어 보인다.

㉘ 난색(진출색)으로 마감한 실내는 더 좁게 보인다.

㉙ 단색으로 마감한 실내는 무미건조해지기 쉽다.

㉚ 목욕실, 화장실, 세면실 등 작은 실내는 저채도를 사용하면 넓게 느껴진다.

㉛ 천장이 높은 실내나 큰 실내공간은 연한 난색으로 배색한다.

㉜ 공간이 넓을수록 더 밝거나 중성색을 사용한다.

㉝ 창이 있는 벽에는 고명도를 사용한다.

(2) 실내공간의 영역별 색채계획

위의 고려사항을 반영하면서 구체적으로 각 공간영역별로 색채디자인의 방향을 제안하면 다음과 같다(색채라는 요소는 매우 민감한 데가 있어 일반적인 원리와 정반대가 효과적일 수도 있다. 따라서 다음 색채디자인의 방향 제안은 일반적인 가이드라인의 성격을 띤다).

① 주거공간

주거공간은 가정의 따뜻함을 반영하는 난색이 일반적으로 선호되나 한색이나 중성색도 난색을 악센트로 하여 잘 조화시키면 따뜻한 분위기를 만들 수 있다. 주거공간은 작은 공간임에도 불구하고 다양한 성격의 공간이 모여 있는 곳으로 몇 개의 동일한 성격의 공간이나 서로 연결된 공간을 묶어서 계획하면 통일성을 줄 수 있다. 즉, 현관이나 홀, 거실, 식당을 하나의 공간으로 보고 색채디자인을 전개할 수 있다.

주거공간은 전통적으로 브라운 계열의 안정적인 색이 선호되어 왔는데, 현대에는 좀 더 밝은 라이트 브라운, 아이보리, 화이트 등으로 대체되고 있다.

거실과 식당은 크림색, 베이지, 밝은 황갈색 같은 부드러운 난색에서 중성색 톤의 범위를 주조로 사용하면 매우 효과적이다. 창이나 문의 트림, 코니스 몰딩 같은 목재 트림(wood work trim)은 화이트 혹은 벽색과 조금 대비되는 색감의 색을 사용하면 산뜻한 분위기가 조성된다. 거실에서 악센트 색은 가구, 창 처리, 쿠션 같은 액세서리에 보다 강한 색을 부여함으로써 얻을 수 있다. 요즘 한국의 고급주택에서 가족실을 두는 경향이 점차 늘어나고 있는데, 미국의 경우 가족실은 거실에 준하여 거실보다 조금 소박하게 꾸밈으로써 가족만의 편안한 공간으로 계획한다.

부부 침실은 매우 사적인 공간이므로 사용자의 취향을 강하게 반영해 보면서 새로운 색의 사용을 도입하는 기회로 삼아도 좋다. 침대 머리 벽을 강한 오렌지색으로 처리한 주택을 본 적이 있는데 이와 같이 선명하고 원색적인 색채계획이 침실에서는 가능하다. 그러나 천장이나 넓은 벽면에는 강한 색을 피하는 것이 좋다. 침실에서는 침대 커버나 베개, 쿠션과 같은 소품의 색을 악센트 색으로 이용하여 변화를 준다.

아동실은 취침, 놀이, 교육 등 여러 복합적인 기능을 담고 있는 곳이다. 보통, 아동들을 위한 장난감이나 교육용 도구, 가구들이 작지만 원색을 많이 사용하기 때문에, 벽이나 바닥 같은 부위에는 차분하고 억제된 톤을 사용하는 것이 좋다.

부엌은 수납장의 마감색이 거의 벽면에 준해서 계획된다. 작업대의 카운터 탑(counter top)은 음식재료 및 요리상태의 색을 쉽게 분별하기 위해 고명도, 저채도의 색을 사용한다. 싱크대나 카운터 탑, 전기기구와 같은 마감재로 스테인리스 스틸을 많이 사용하므로 이러한 금속 톤의 차가운 느낌을 감소시키기 위해서 바닥이나 일부분에 원색을 도입하는 것도 바람직하다.

욕실은 깨끗하고 위생적인 분위기를 강조하기 위해 화이트를 주로 사용하는데, 편안한 느낌을 주기 위해서 화이트와 그레이 탠(tan)과 같은 고명도의 색을 주조색으로 하고, 부분적으로 강한 악센트 색을 도입하면 효과적이다. 위생공간에는 BG에서 PB 계통의 색이 산뜻한 느낌을 주므로 선호된다. 욕실의 주조색으로 강한 톤의 핑크, 블루, 그린과 같은 색을 사용하면 피부색이 온전하게 보이지 않으므로 삼가는 것이 바람직하다.

② 상업공간

상업공간은 특별히 색의 감각적인 사용이 요구되는 공간인데 이는 부적합한 색채계획이 상업적 손실을 초래할 수 있기 때문이다.

레스토랑과 같은 식음료 공간의 경우 식욕은 조명과 색에 의해 강한 영향을 받는 것으로 연구되었다. 적색은 식욕을 자극하는 색으로 적절하게 사용하면 좋은 효과를 볼 수 있다. 블랙, 다크 그레이, 블루, 보라, 녹황색은 가능한 한 제한하는 것이 좋다. 레스토랑은 업종에 따라 독특한 색채특성을 나타내는데 한식당의 경우, 라이트 브라운을 주조로 한 편안한 분위기, 일식당의 경우 다크 브라운, 라이트 브라운으로 단순하면서 강한 분위기, 중식당의 경우 비비드 레드와 블랙의 대비조화로 전통적인 분위기, 고급 양식당이나 클럽의 경우 브라운이나 탠을 위주로 사용하여 기품 있는 분위기를 조성하는 예가 많다.

호텔과 모텔은 여러 기능을 수용하는 복합공간으로 개개의 공간은 그에 맞는 공간영역의 색채 원리에 준한다. 즉, 호텔의 식당은 레스토랑의 색채원리에 준하며, 객실과 욕실은 주택의 침실과 욕실에 준하는 색을 사용할 수 있다. 그러나 주택의 침실과 호텔의 객실의 차이점은 주택의 경우 사용자가 한정되어 개인적인 선호색이 사용될 수 있는 반면, 호텔의 객실은 사용자의 취향을 모두 반영할 수 없기 때문에 호텔의 성격(비즈니스 호텔, 리조트 호텔 등)과 스타일을 고려하여 모든 객실 사용자에게 거부감 없는 배색으로 계획되어야 한다.

③ 업무공간

사무를 담당하는 업무공간은 주택의 서재나 스터디 룸과 동일한 원리를 적용할 수 있다. 사무공간은 안정적이면서도 작업의 능률을 높일 수 있는 중·고명도의 그레이(warm gray)나 중성색 계통을 주조색으로 하고, 의자의 색에 벽과 반대되는 색을 적용하면 전체적으로 활력을 줄 수 있다.

업무공간의 색채는 그 안에서 생활하는 시간이 길기 때문에 보다 신중하게 계획될 필요가 있다. 업무의 성격을 분석하여 정신집중이 요구되는 경우 한색 톤으로, 활동성이 필요한 경우 난색 톤으로 제안할 수 있으나, 대부분의 오피스에서 이루어지는 일들은 이 2가지 형태의 작업이 혼합된 것이므로 한색과 난색 톤의 적절한 배색조화를 추구해야 한다. 회의실과 미팅

룸에서는 난색 톤을 사용하는 것이 좋다. 실내 바닥과 오피스 가구 표면의 명도차가 지나치면 눈이 피로하다.

㉮ **사무실에서 사무용 기기의 권장 먼셀 명도** : 벽, 바닥, 가구, 설비물의 휘도비율을 균등하게 해야 하며, 사무 책상면은 차분한 느낌을 주기 위해 저명도의 색을 사용하며 5.5~7 정도가 적당하다.

④ **교통 및 산업 공간**

교통 관련 공간에서 티켓팅을 하고, 대기하며, 승차하는 공간에서는 생동력 있는 브라이트한 색을 사용하고, 차량 내부에서보다 차분한 색을 사용하여 안락한 느낌을 제공한다. 차 내부의 제한된 공간 속에서 오랜 시간 머무는 것이 때로는 지루하고 불쾌하기 때문에 차분한 색이 바람직하다.

공장과 같은 산업공간에서는 근로자가 보다 능률적이면서 쾌적하고 편안하게 작업할 수 있도록 배색되어야 한다. 사용 색채의 이미지로 어느 정도 온도감, 중량감, 소리에 대한 자극을 감소시킬 수 있다. 무거운 기계나 기구 등에 고명도의 밝은 톤을 적용하면 심리적으로 부담을 줄여 기분 좋게 일할 수 있으며, 녹색은 소음의 짜증스러움을 감소시켜 준다고 한다. 공장의 넓은 부분에는 중성 톤에 가까운 중명도 색을 사용하고 전반적으로 강한 명도대비는 피하는 것이 피곤함을 덜어 줄 수 있다.

산업시설에서는 연구결과를 바탕으로 한 안전색채를 적용한다. 황색은 방해물이나 돌출된 부분의 표시, 충돌이나 추락 주의, 레벨 차이의 인식을 쉽게 하기 위한 곳에 사용하며, 크레인이나 포크레인 같은 움직이는 기구들을 빨리 인지하게 하기 위해서도 적용된다. 적색은 화재 안전설비, 위험물질 금지, 멈춤을 나타내기 위해, 흰색은 통로 및 정리를 표시하기 위해, 녹색은 비상구나 구호·구급을, 청색은 흰색과 함께 조심을, 자주는 노랑 바탕에 사용하여 방사능 사용지역을 표시하기 위해 사용한다. 설비 파이프는 파이프의 기능을 외적으로 나타내기 위해 도장을 한다.

⑤ **병원의 색채계획**

병원의 색채계획은 환자의 심리상태를 고려해 명랑, 청결, 상쾌한 감각으로 구성되어야 한다. 병원에서는 원칙적으로 밝고 연한 색을 사용해야 한다. 진한 색깔은 빛의 성질을 바꾸어 진찰에도 지장을 초래하는 외에 환자에게도 자극을 주게 된다.

병실에는 보통 녹색을 잘 사용하지만 꼭 녹색에 한정할 필요는 없다. 빛이 잘 들어오는 방은 연한 녹색 또는 청색의 한색으로 하면 좋으나 빛이 잘 들어오지 않는 추워 보이는 방은 크림색이나 아주 엷은 핑크색 등의 난색을 사용하면 효과적일 수도 있다.

수술실 벽을 녹색으로 하면 좋은 이유는 피가 빨간색이고 적색의 보색이 녹색이기 때문이다. 수술자는 장시간의 수술로 빨간색 피를 보아 왔기 때문에 이 적색에 대한 눈의 피로를 덜어 주기 위해서는 그 보색이 되는 녹색을 보여 주는 것이 효과적인 것이다.

원래 색채조절의 기원은 1925년 미국의 어떤 병원에서 장시간의 수술로 피로해진 수술팀을 위하여 플래그(P. J. Flag)가 수술실의 벽에 녹색을 칠해 보자고 제안한 것에서 비롯되었고, 그대로 한 결과 수술자의 피로가 줄어들었다고 해서 일반화된 것이다.

원칙적으로 병실은 난색을 주로 쓰는 것이 무난하다. 일조가 잘되는 병실이나 좁고 후텁지근한 병실은 주로 한색을 쓰는 것이 효과적이다. 반대로 북향 병실로서 일조가 없는 음침한 병실에는 핑크색이나 크림색 등 주로 난색계통을 쓰면 색채의 효과가 나타난다. 이때 유의할 것은 흰색이나 난색 등을 한 가지 색으로만 칠하지 않아야 하고 적당히 반대색을 쓸 필요가 있다. 예를 들면, 벽색을 연한 핑크색으로 한다면 천장이나 커튼 등은 엷은 녹색으로 한다든가, 벽면을 크림색으로 한다면 천장이나 커튼은 엷은 블루색으로 하는 등의 융통성이 있어야 한다. 색이라고 하는 것은 이상한 것이어서 한 가지 색으로만은 거의 색으로서의 효과가 없으며 다른 색이 시야 속에 동시에 들어옴으로써 비로소 그 효과가 나타나는 것이다.

[병원 각 과의 색채설계]
권유별 색상과 병실, 진찰실, 공용부의 관계, 소요실별 권유되는 색채사용 빈도와 병원의 각 소요실에 컬러 이미지 맵(color image map)이 권장하는 색상과 소요실의 관계는 [표 7-3]과 같다.

[표 7-3] 색상과 소요실의 관계

색 상	소요실
자주 B+R(magenta)	재활의학과, 내과, 소아과, 신경정신과
홍(紅) 연지	병동, 치과, 신경정신과, 성형외과, 방사선과, 내과, 수술실, 흉부외과, 이비인후과, 안과, 소아과
빨강(赤) R	안과, 재활의학과, 내과, 산부인과, 치과, 신생아실
주황(orange) R+1/2G	산부인과, 재활의학과, 소아과, 안과, 치과, 방사선과
노랑(黃)	신경정신과, 산부인과, 재활의학과, 치과, 외과, 물리치료, 병실
연두 1/2 R+G	수술실, 병동, 흉부외과, 산부인과
녹색(綠) G	신경정신과, 물리치료, 치과, 재활의학과, 산부인과, 방사선과, 수술실, 집중치료, 병실
청록(靑綠) G+1/2B	산부인과, 안과, 재활의학과
시안(cyan) G+B	핵의학과
파랑(靑) 1/2 G+B	내과, 수술실, 안과, 재활의학과, 이비인후과, 물리치료, 정신과
남색	외과
청자(靑紫) B	재활의학과, 소아과, 신생아실
자주	산부인과, 재활의학과
보라(紫) B+1/2R	내과, 소아과, 이비인후과, 흉부외과, 분만실
하양(白) R+G+B	병동, 소아과, 핵의학과, 안과, 산부인과, 신경정신과, 치과, 재활의학과, 외과
회(灰) 1/2(R+G+B)	방사선과, 수술실, 치과, 신경정신과, 내과, 방사선 치료부, 산부인과
검정(黑) 0=R+G+B	소아과, 재활의학과, 신경정신과, 방사선 치료부, 산부인과

⑥ 학교교실의 실내환경 색채계획

교실은 학생들이 주로 수업을 받는 정적인 공간으로, 칠판을 사용해서 행하는 일률적인 작업공간이다. 오랜 시간을 체류하고 있어야 하므로, 차분하고 집중력이 산만해지지 않는 색채계획이 필요하다. 일반 교실의 경우 교과 위주의 학습이 이루어지며, 그 내용은 학년에 따라서 다르겠지만 대부분 칠판 면이 교사를 향한 시야의 중심이 되므로, 특히 칠판이 있는 벽면과 창호가 있는 면의 눈부심을 방지하는 조치가 필요하다. 실내의 어느 부분도 그늘이 생기지 않는 확산광으로 하여 모두가 같은 조명조건에서 책상 위의 작업이 즐겁고, 칠판의 글자가 어느 자리에서나 잘 보이도록 한다. 또한 다양한 작업에서 시야 내의 휘도대비를 작게 해서 안정된 분위기를 유지할 수 있는 채광이 되도록 한다. 또한 천장에서 바닥에 이르기까지의 반사율의 분포는 천장은 80~85%, 창측과 벽은 75~80%, 기타 벽은 50~60%, 걸레받이는 30~40%, 바닥은 15~20%, 칠판은 15~20%, 책상면은 25~40% 등이 권장된다.

㉮ 천장은 조명의 반사율을 위해 고명도, 저채도의 색을 쓰는 것이 좋다.

㉯ 벽은 주로 시선이 앞으로 많이 집중되므로 2가지 방법을 제시할 수 있는데, 앞쪽에 있는 칠판과 조화를 이룰 수 있는 색을 선정하여 전면에 위치한 칠판 주변에 강조색을 주어 시선을 집중시키거나, 또는 사방의 벽을 동일하게 하여 넓고 편안한 느낌을 줌으로써 차이를 두어 다양한 변화를 주는 방법이다.

㉰ 칠판은 잘 보이는 색을 사용해야 하는데 백묵은 글자 그대로 흰색(반사율 70~80%)을 사용하는 것이 보통인데, 칠판의 반사율이 20%를 초과할 경우 대비가 약하여 글자가 잘 보이지 않는다. 이상적인 칠판의 명도는 3~4가 좋다. 실내의 다른 벽면 색과 조화가 되도록 하고, 채도는 4~6 정도의 색상이면 무난하다.

㉱ 바닥은 조명 효율을 높이기 위해 저명도의 색을 피하도록 하며, 더러움이 타지 않도록 중채도, 중명도의 색이 요구된다.

㉲ 책상과 의자 등은 바닥의 상당 부분을 차지하기 때문에 책상면의 밝기나 색상은 단순히 학습의 작업면만 생각할 것이 아니라 빛의 반사효과를 고려하여 명도 6~7 정도의 밝은색을 사용하고, 지나치게 차가운 색으로 하면 교사의 눈이 피로해지므로 피하도록 한다.

[표 7-4] 각 학교공간별 색채계획 시 고려사항

공간 요소	학교 색채계획 시 고려사항		
	교 실	복 도	공동실
천장	• 균일한 조도로 휘도대비를 줄여 안정된 분위기 유지 • 고명도, 고채도의 색 사용	교실의 천장색과 동일하게 하거나 고명도, 저채도의 색 선정	• 고명도, 저채도의 색 사용 • 주변과의 조화
벽/창호	• 칠판의 색과 유사 또는 대비 • 칠판은 3~4의 명도, 4~6의 채도가 적당	강조색을 주어 변화를 주도록 하고 슈퍼 그래픽의 사용도 가능	• 더러움이 타지 않도록 약간의 패턴을 응용 • 슈퍼 그래픽 사용

[표 7-4] 각 학교공간별 색채계획 시 고려사항 (계속)

공간 요소	학교 색채계획 시 고려사항		
	교 실	복 도	공동실
바닥	• 조명의 효율을 위해 저명도 의 색은 제외 • 청소의 용이성으로 중명도, 중채도 요구	• 중채도, 중명도의 색과 약간 의 패턴으로 공간에 변화 가능 • 창호는 고명도, 저채도의 색 상 사용이 적당	• 내활성(耐滑性)이 유지되면 서 중명도, 중채도의 색 적용
조명	• 심리적으로 사용자가 안정 되게 하며, 밝은 느낌이 들 도록 함 • 조명의 연색성을 고려하고 실내의 조도 고려 • 복도 또는 다른 교실과의 조 도나 조명의 분포가 적절하 도록 함	대부분은 외부와 맞닿는 경우 가 많으므로 자연채광과 어울 릴 수 있도록 함	• 균일한 조도와 휘도대비를 줄이도록 하여 안정된 공간 의 형성 • 학업의 내용에 따른 조도의 조절
가구	친밀한 느낌을 유지하도록 밝 은 무늬목의 사용과 반사광의 고려	신발장 등의 간단한 가구들은 강조색을 사용하여 통로에 변 화를 줌	• 부드러운 나무의 재질 사용 및 도장 가능 • 강조색으로 방의 분위기를 변화롭게 함

초등학교 도서관은 이용자가 어린이인 만큼 내부의 색채도 활동적이어야 하며, 쾌적하고 효과 있는 시야를 조성해야 한다. 색채는 어린이의 독서능률과 심리적인 측면을 고려하여야 하며, 단순히 어린이들이 좋아하는 색을 선택하기보다는 즐거움과 친근감이 넘치는 도서관의 분위기를 위해 색채조절이 효과적으로 이루어져야 한다.

같은 실내라도 천장, 벽, 바닥, 책상면의 밝기를 달리하여 색채조화를 효과적으로 구사해야 하며 동일한 색상계열로 통일성을 기하는 것이 좋다. 밝은색은 아이들과도 잘 어울리며 실내 조도를 높이는 역할을 한다. 효과 면에 있어 천장, 벽, 바닥 같이 면적이 큰 곳은 채도가 낮은 색을 사용하고 가구나 시설물 같은 작은 면적은 채도가 높은 색을 사용하여 눈에 띄게 한다. 또한 재료의 자연색을 사용하여 심리적 효과를 높이고 실내 분위기를 밝게 하는 것이 좋다. 반사율에 있어 천장은 80~85%, 벽은 보통 50~60%, 비품은 30~50%, 바닥은 15~30%가 적당하다.

[표 7-5] 벽면의 색에 따른 빛의 반사율

색	반사율	색	반사율
흰색	82%	오렌지색	51%
녹색	70%	회색	46%
노랑색	67%	붉은색	12%
핑크색	60%	청록색	10%

⑦ **일반 상점의 색채계획**

인간이 사물을 인지하는 오감(五感) 가운데 시각이 차지하는 비율이 80% 이상으로 시각에 주는 색채의 영향력은 매우 크며 매장의 상품은 각기 저마다의 색상을 가지고 있다. 색채는 색상의 환경과 상품이 갖는 색상으로 크게 구분할 수 있으며, 계획성 있게 배색할 때 능률적이고 상품의 가치를 높이게 된다.

㉮ **색상배열** : 고객의 상품 구매동기 중에 색상이 갖는 비중이 비교적 크므로 상품진열은 일정한 색상배열이 중요하다.

㉠ 가장 자연스러운 느낌을 주는 색상환 대로 나열한다.

㉡ 기본 색상환에 포함되는 색 이외에도 중간색(올리브색, 갈색계통)과 무채색(회색, 검정색)의 배열순서도 고려한다.

㉢ 일반적으로 따뜻한 색, 찬색, 중간색, 무채색 순으로 배열한다.

㉣ 매장별 정책 및 계절감을 위한 경우의 상품배열 방향은 [표 7-6]과 같다.

[표 7-6] 상품배열 방향

따뜻한 색	yellow	위 / 앞
	orange	
	pink	
	red	
	carmine	
찬색	purple	
	violet	
	sky blue	
	blue	
	cobalt blue	
	light green	
	green	
중간색	olive green	
	beige	
	brown	
무채색	light gray	
	gray	
	black	아래 / 뒤

⑧ 그 밖의 색채계획

㉠ 청과물점 : 상점의 색채를 더욱 효과적으로 이용해야 한다. 과일은 일반적으로 YR, GY, R 계통이 많아 이것의 보색인 B, BG, P 계열의 색을 배경색으로 해야 과일색의 선명도가 한층 돋보인다. 과일의 조명색은 R나 YR가 선명해 보이도록 주황색 형광등을 피하고 천연 백색과 백열등을 사용하는 것이 좋다.

㉡ 식육점 : 판매품이 고기가 주이므로 배경색을 G, BG, B, R 등을 쓴다. 조명의 경우 고기색이 붉으므로 YR 등을 사용하면 고기가 신선해 보인다.

㉢ 현대 상품의 색채 마케팅은 상품 이미지를 측정하여 주목색, 유행색, 예상색 및 새로운 제안색 등을 객관적인 조사를 통해 결정하며, 물리적 기능보다 심리적 기능을 파악해 색채 이미지 계획을 세운다.

㉣ 생산작업에 가장 적합한 색의 먼셀 색상은 일반적인 작업이나 중작업실의 실내벽 색상으로 GY, G, BG, B, PB를 사용한다.

(3) 안전색채

[표 7-7] 안전색채 사용 통칙(General Code of Safety Color)

색명 / 기준색	표시사항	사용 예	비고
적색 5R 4/13	• 방화 • 정지 • 금지 • 고도의 위험	• 방화표지, 소화전, 소화기, 화재경보기, 소화 양동이 • 긴급정지 누름단추, 정지신호기 • 금지표지, 바리케이드(접근금지) 금지신호기 • 화약류의 표시, 특히 위험한 노변의 표시, 위험성 물질의 표시	적색을 부각시키기 위해 보조색은 백색
주황 2.5YR 6/13	• 위험 • 항공·선박의 안전시설	• 위험표지, 노출 스위치, 스위치 상자 덮개의 내면 • 관제탑이나 활주로의 표지, 항공장애탑, 비행장용 연료차나 구급차, 구명 뗏목, 구명대, 대빗(Davit), 탐색 기구	보조색은 흑색
황색 2.5Y 8/12	주의	주의표지, 크레인, 지게차, 낮은 보, 바닥 위의 돌출물, 계단의 철판 및 디딤면의 언저리, 도로상의 추월금지선	보조색은 흑색, 테두리, 줄무늬에 사용
녹색 2G 5.5/6	• 안전 • 위생 • 진행	대피소를 나타내는 경고표지, 비상구의 표지, 안전지도 표지, 들것, 구호소 등의 위치나 방향을 가리키는 표식, 위생지도 표지, 진행신호기	보조색은 백색
청색 2.5PB 5/6	조심	수리 중 또는 운전정지 장소를 가리키는 표식, 스위치 상자의 외면	보조색은 백색
자주 2.5RP 4.5/12	방사능	방사능 표시	황색과 조합하여 사용

[표 7-7] 안전색채 사용 통칙(General Code of Safety Color) (계속)

색명/기준색	표시사항	사용 예	비고
백색 N 9.5	• 통로 • 정돈	• 도로의 구획선 및 방향선, 방향표식 • 폐품함, 정지를 요하는 구역의 바닥면 • 안전표지판 등의 문자, 기호, 화살표	적, 녹, 청, 흑색을 잘 보이게 하기 위해 보조적으로 사용
흑색 N 1.5		안전표지판 등의 문자, 기호, 화살표	황적, 황, 백색을 부각시키기 위해 보조적으로 사용

안전색채 사용 통칙은 재해방지 및 구급체제를 위한 시설 또는 장소의 표시를 위해 색을 사용하는 경우에 쓰인다. 이러한 안전색채는 효과를 높이기 위해 장소의 선정, 주위의 상태, 조명, 보수에 유의하여 필요한 상황에 따라 작은 면적으로 사용하는 것이 좋다.

형태는 대상의 특성과 의미를 구체화·형상화·개념화·간결화·계획화함으로써 쉽게, 빨리, 정확히 지각할 수 있도록 한다. 한글, 한자, 숫자 등의 단순한 문자의 경우는 일반적으로 선의 굵기를 문자 높이의 1/6~1/8 정도로 하면 보기가 쉬우며, 흰 글자의 경우는 녹색 바탕, 검은 글자의 경우 수치보다 10~20% 정도로 굵기를 가늘게 하는 편이 일반적으로 보기 쉽다.

7.3 디지털 색채

(1) 디지털 색채

디지털(digital)이란 문자나 영상 등을 0과 1이나 on과 off라는 전자적인 부호로 전환해 생성, 저장, 처리, 출력, 전송하는 표시방식을 말한다. 디지털 색채는 디지털 영화나 컴퓨터 게임, 인터넷 영상 등 디지털 콘텐츠에서 색상으로 구현되는 정보코드를 말한다.

(2) 디지털 색채시스템

컴퓨터에서 표현할 수 있는 포토샵의 컬러피커(color picker)는 HSB, RGB, Lab, CMYK가 있는데 선택하려는 색상의 수치를 입력하거나 색상영역에서 클릭하면 색상의 수치를 보여 준다.

① HSB 시스템

먼셀 색채계와 같이 색의 3속성인 색상(hue), 명도(brightness), 채도(saturation) 모드로 구성되어 있다.

② RGB 시스템

RGB 색상은 RGB(255, 0, 0) 형식으로 표기하며, 색이 하나도 섞이지 않은 상태는 0, 색이 가득 섞인 상태는 255로 표기해, 괄호 안의 각 자리는 차례로 RGB(Red, Green, Blue)값을 나타낸다.

③ LAB 시스템

CIE(Commission International de l'Eclairage, 국제조명위원회)에서 발표한 색체계로서로 다른 환경에서도 이미지의 색상을 최대한 유지시켜 주기 위한 컬러 모드이다. L(명도), a와 b는 각각 빨강/초록, 노랑/파랑의 보색축이라는 값으로 색상을 정의하고 있다.

④ CMYK

인쇄의 4원색으로 C = Cyan, M = Magenta, Y = Yellow, K = Black을 나타내며 모드 각각의 수치범위는 0 ~ 100%로 나타낸다.

⑤ HVC 시스템

먼셀의 색채개념인 3속성에 의한 도장색의 표시법으로 H는 색상, V는 명도, C는 채도를 나타낸다.

(3) 디지털 색채영상

HSB는 컴퓨터 그래픽스(CG)에서 색을 기술하는 데 사용되는 색 모델의 하나인 색상·채도·명도 모델이다. H는 색원(色圓)상의 색인 색상(hue)을 뜻하는데, 0°에 적색, 60°에 황색, 120°에 녹색, 180°에 시안, 240°에 청색, 300°에 마젠타가 있다.

S는 채도(saturation)를 뜻하는데, 어떤 특정 색상의 색의 양으로 보통 0~100%의 백분율로 나타낸다. 채도가 높을수록 색은 강렬해진다. 예를 들면, 소방차의 적색은 고채도의 색이고 분홍색은 고채도가 아니다.

B는 명도(brightness)를 뜻하는데, 어떤 색 중 백색의 양으로 0%이면 흑이고 100%이면 백이다.

HSB 모델을 HLS, 즉 색상-명도-채도 모델이라고도 한다. 색상을 표현하는 방법 중 모니터나 TV 등 CRT는 기본적으로 빛을 이용하여 색상을 표현한다.

① 그래픽 입·출력 장치

㉮ 입력장치(graphic input device) : 키보드, 화면에 나타난 각종 그림이나 자료의 위치를 지적하는 마우스, 게임 등에 사용되는 조이스틱 등이 있다. 사진과 같은 이미지를 입력하기 위한 이미지 스캐너와 같은 입력장치도 있으며, 화상을 입력하기 위해 디지털 카메라와 같은 입력장치도 사용된다. 이 밖에도 광학마크 판독기(OMR), 바코드 판독기(bar code reader), 자기잉크문자 판독기(MICR) 등이 있다.

㉯ 출력장치(graphic output device) : LCD나 CRT 같은 모니터나 프린터, 스피커 등이 가장 널리 사용되지만, 플로터, 빔프로젝터, 그래픽 디스플레이, 음성출력장치 등도 많이 사용되고 있다.

② 색채영상 구성요소

㉮ 비트(bit)

㉠ 컴퓨터 데이터의 가장 작은 단위로 하나의 2진수값(0과 1)을 가진다.

ⓒ 픽셀 1개당 2진수값을 표현할 수 있다(흑과 백).

   ⓒ 8비트(2^8)를 조합하여 256개의 음영단계(grayscale)를 가지게 된다.

  ⓔ 24비트 컬러(24bits color) : 화면상의 1도트 색을 24비트로 표현하는 것이다. 이것은 2^{24} (16,777,216)색의 표현이 가능하다는 것을 의미하고, RGB(적, 녹, 청)의 각각을 256색조로 표현할 수 있다. 자연스러운 화상을 얻기 위해 필요한 색 수이기 때문에 완전컬러(full color), 트루컬러(true color)라고도 한다.

③ 해상도(resolution)

컴퓨터, TV, 팩시밀리, 화상기기 등에서 사용하는 화상표현 능력의 척도이다. 컴퓨터 모니터 화면과 같이 정보를 그래픽으로 표시하는 장치에서 출력되는 정보의 정밀도를 표시하기 위해 쓰이는 용어로서 픽셀(화소점, pixel) 수가 많을수록 해상도가 높다. 해상도는 디스플레이 모니터 안에 있는 픽셀의 숫자로 가로방향과 세로방향의 픽셀의 개수를 곱하면(해상도 표시= 수평해상도×수직해상도) 된다. 척도단위로 dpi를 사용한다.

④ 그래픽 파일

  ㉮ JPEG(Joint Photographic Experts Group, 제이펙) 파일 : 사진이나 색상 수가 많은 그림을 저장할 때 압축률이 매우 높기 때문에 그림의 용량을 크게 줄일 수 있다. 호환성이 우수하며 사진 등 정교한 색상표현에 많이 쓰인다. GIF와 함께 인터넷에서 가장 널리 쓰이는 그래픽 파일 포맷이다.

  ㉯ PNG(Portable Network Graphics) 파일 : 웹에서 최상의 비트맵 이미지를 구현하기 위해 W3C(World Wide Web Consortium)에서 제정한 파일 포맷이다. 보통 핑이라고 발음하며, 지금까지 웹상의 표준 이미지 파일 포맷인 GIF의 대안으로 개발되었다. 넷스케이프 네비게이터 4.0이나 인터넷 익스플로러 4.0부터 이를 지원하고 있다. 이 포맷은 24바이트의 이미지를 처리하면서 어떤 경우는 GIF보다 작은 용량으로도 이미지 표현이 가능하고 원 이미지에 전혀 손상을 주지 않는 압축과 완벽한 알파 채널(alpha channel)을 지원하는 등 이전에는 불가능했던 다양한 기능을 포함하고 있다.

  ㉰ GIF(Graphics Interchange Format) 파일 : JPEG 파일에 비해 압축률은 떨어지지만 사이즈가 작아 전송속도가 빠르고 이미지의 손상도 적다는 장점이 있다. 이미지 파일 내에 그 이미지의 정보는 물론 문자열(comment)과 같은 정보도 함께 저장할 수 있고, 여러 장의 이미지를 1개의 파일에 담을 수도 있다.

(4) 디지털 색채관리

① 색영역 매핑(color gamut mapping)

색영역을 달리하는 장치들의 색영역을 조정하여 재현가능한 색으로 변환시켜 주는 작업을 말하는데, 이는 모니터에서의 재현색과 프린터에서 재현하는 색과의 상대적인 차이를 같게 해주는 것으로서 전체 컬러나 일부를 재현 장비의 색역 가장자리에 붙이거나(clipping), 이 컬러들을 재현 장비의 색역범위 안에 들어가도록 압축시키면, 출력물의 색은 사람 눈의 순응으로 인하여 비슷하게 지각된다.

② 디바이스 조정(device calibration)

디바이스가 항상 정확한 색채정보를 처리할 수 있도록 일정한 상태를 유지하게 만드는 작업이다.

③ 컬러 어피어런스(color appearance)

분석적 지각이 아닌 감성적·시각적 지각 측면에서 외양상 보이는 대로 지각하게 되는 주관적인 색의 현시방법이다.

(5) 컬러 매니지먼트(color management)

색상이론과 색상 모델로부터 장비들이 색상을 해석하고 디스플레이하는 방식과 입력장치 및 출력장치 프로파일(디지털 카메라, 스캐너, 디스플레이, 프린터 등)을 만들 수 있고, 상황에 맞는 색상관리 작업과정을 선별할 수 있으며, 주요 응용프로그램을 넘나들며 색상을 관리하는 방법을 말한다. 색관리(色管理)는 디지털 영상시스템에서 이미지 스캐너, 디지털 카메라, 모니터, TV화면, 필름, 컴퓨터 프린터와 같은 여러 장치의 색표현 간 전환을 가리킨다.

(6) 색차(color difference)

색의 지각적인 차이를 정량적으로 표시한 것이다. 색차 2개의 지각색의 지각적 상위를 수치로 표시함으로써 2가지 색의 감각적인 차이를 나타내는데, 주로 물체의 색에 대하여 사용된다. 색은 색공간의 1점에 의해 나타낼 수 있으며, 일반 색공간에서는 2점 간의 거리와 2색의 감각적인 차가 비례하지 않는다.

예로서 L*a*b* 색공간 내의 2점 간의 기하학적 거리로서 이를 양적으로 나타낸다. 즉, 색차 ΔE는 $\Delta E(L^*, a^*, b^*) = \{(\Delta L^*)^2 + (\Delta a^*)^2 + (\Delta b^*)^2\}^{1/2}$로 표시된다. 이와 같은 식을 색차식이라 한다.

(7) 색역(color gamut)

색을 정확하게 표현하려고 하지만 주어진 색공간이나 특정한 출력장치에 제한을 받으면 이것이 색역(色域)이 된다. 디지털 영상을 처리할 때 가장 이용하기 편리한 색 모델이 RGB 모델이다. 그림을 인쇄할 때는 원래의 RGB 색공간을 프린터의 CMYK 색공간으로 변형하여야 한다. 이 과정을 통하여 색역이 벗어난 RGB로부터의 색을 CMYK 공간의 색역에 있는 적절한 값으로 변환할 수 있다.

[컴퓨터 화면상의 이미지와 출력된 인쇄물의 색채가 다르게 나타나는 원인]
㉮ 컴퓨터상에서 RGB로 작업했을 경우 CMYK 방식의 잉크로는 표현될 수 없는 색채범위가 발생한다.
㉯ RGB의 색역이 CMYK의 색역보다 좁기 때문이다.
㉰ RGB 데이터를 CMYK 데이터로 변환하면 색상손상현상이 나타난다.
㉱ 모니터의 캘리브레이션(calibration) 상태와 인쇄기, 출력용지에 따라서도 변수가 발생한다.

01 실내 색채계획에 관한 설명 중 잘못된 것은?

① 먼저 주조색을 결정한 다음, 그 색과 조화되는 색을 적절한 비율로 선택한다.

② 휴식공간의 색채는 대비조화, 난색계열, 부드러운 색조가 좋다.

③ 명도와 채도를 점이의 수법으로 변화시켜 배색하면 리듬감이 생긴다.

④ 밝은색은 위로, 어두운색은 아래로 배색하면 안정성이 있다.

해설 실내 색채계획

어떤 색채를 사용하느냐에 따라 실내 전체 분위기가 결정되므로 공간의 배색과 조화에 대한 계획이 중시되고 있다. 또 실내 인테리어는 공간 사용목적과 미적 측면이 고려되고 인간 심리에 부담을 주지 않으며 쾌적성과 생리적 욕구를 충족시키는 적당한 빛과 공간의 색채가 필요하다.

ㄱ 주조색과 보조색 : 먼저 주조색을 결정한 다음, 그 색과 조화되는 색을 적절한 비율로 선택한다.

ㄴ 휴식공간의 색채 : 심리적인 안정감을 위해 한색계열이 좋으며 대비관계에 있는 배색은 좋지 않다.

ㄷ 공간배색 : 밝은색은 위로, 어두운색은 아래로 명도를 낮추어야 안정감이 생긴다.

02 광원의 온도가 높아짐에 따라 광원의 색이 변한다. 색온도 변화의 순으로 맞게 짝지어진 것은?

① 빨간색, 주황색, 노란색, 파란색, 흰색

② 빨간색, 주황색, 노란색, 흰색, 파란색

③ 빨간색, 주황색, 파란색, 보라색, 흰색

④ 빨간색, 주황색, 노란색, 파란색, 보라색

해설 색온도(色溫度, color temperature)

광원의 색을 절대온도를 이용해 숫자로 표시한 것이다. 붉은색 계통의 광원일수록 색온도가 낮고, 푸른색 계통의 광원일수록 색온도가 높다

03 사무실의 색채계획에 관한 설명 중 가장 거리가 먼 것은?

① 능률적이고 쾌적한 업무환경을 위해 밝은 색상을 벽면에 사용한다.

② 정신적 업무공간에서는 한색계통을 사용한다.

③ 생동감, 시각적 효과를 위해 부분적으로 강조색을 사용한다.

④ 사무실의 이상적인 빛 반사를 위해서는 벽면의 반사율을 60% 이상으로 조정해야 한다.

해설 사무실의 색채계획은 능률적이고 쾌적한 업무환경을 만들어 주어야 하며 벽 아랫부분의 굽도리는 벽의 윗부분보다 더 어둡게 해 주어야 한다. 실내의 색채 조절 시 벽 아랫부분의 더러움이 눈에 띄지 않도록 하기 위해 색조를 25% 정도의 반사율(다소 어두운 색)로 하는 것이 좋으며 반사율 40%를 넘지 않게 하는 것이 좋다.

04 시안(cyan)이 되는 RGB 코드는?

① (0, 255, 255) ② (255, 255, 0)

③ (255, 0, 255) ④ (255, 0, 0)

해설 RGB 표기법

RGB 색상은 RGB(255, 0, 0) 형식으로 표기하며, 괄호 안의 각 자리는 차례로 red, green, blue의 양을 나타낸다. 시안(cyan)이 되는 RGB 코드는(0, 255, 255)이다.

정답 01 ② 02 ② 03 ④ 04 ①

05 모니터 화면의 검은색 조정에 관한 설명으로 옳은 것은?

① 모니터 화면의 가장자리가 마치 검은색 띠를 두른 것처럼 보이는 부분은 전압(voltage) 영역이다.

② 모니터 화면 중에서 영상이나 텍스트를 디스플레이하는 부분은 전류의 전압이 0인 무전압(non voltage) 영역이다.

③ 모니터에 부착된 이미지 사이즈 조절 버튼으로 전압영역 폭의 넓이를 약 2~3cm가 되도록 한다.

④ RGB 각각에 R=0, G=0, B=0과 같은 수치를 주어 디스플레이하면 전압영역은 검은색이 된다.

해설 캘리브레이션(calibration, 색보정)
모니터의 색온도, 밝기, 명암, 감마 등을 조정하여 어떤 모니터에서든 같은 색상과 명암, 밝기로 화면을 볼 수 있게 하는 것이다.

06 스캔된 원본의 색과 인쇄된 출력물의 색을 맞추기 위한 색채관리시스템(color management system, CMS)의 기준이 되는 색공간은?

① RGB 색체계
② CMYK 색체계
③ CIE XYZ 색체계
④ HSB 색체계

해설 컬러 매니지먼트(color management)
색상이론과 색상 모델로부터 장비들이 색상을 해석하고 디스플레이하는 방식과 입력장치 및 출력장치 프로파일(디지털카메라, 스캐너, 디스플레이, 프린터 등)을 만들 수 있고, 상황에 맞는 색상관리 작업과정을 선별할 수 있으며 주요 응용프로그램을 넘나들며 색상을 관리하는 방법을 말한다. 색상을 표현하는 방법 중 모니터나 TV 등은 기본적으로 빛을 이용하여 색상을 표현한다. CMS의 기준이 되는 색공간은 CIE XYZ 색체계이다.

07 색역 압축방법(color gamut compression method)은 무엇을 극복하기 위하여 고안된 방법인가?

① 색역이 다른 컬러 간의 차이
② 색역이 다른 컬러들의 좌표 재현
③ 색역이 다른 컬러들의 색역 매핑 수행
④ 색역이 다른 클리핑 방법

해설 색역(color gamut)
색의 영역은 컴퓨터 그래픽스와 사진술을 포함하는 색 생산에서 빛깔의 완전한 하부집합을 가리킨다. 색을 정확하게 표현하려고 하지만 주어진 색공간이나 특정한 출력장치에 제한을 받으면 이것이 색역이 된다. 디지털 영상을 처리할 때 가장 이용하기 편리한 색 모델이 RGB 모델이다. 그림을 인쇄할 때 원래의 RGB 색공간을 프린터의 CMYK 색공간으로 변형하여야 한다. 이 과정을 통하여 색역이 벗어난 RGB로부터의 색을 CMYK 공간의 색역에 있는 적절한 값으로 변환할 수 있다.

08 색채판별 및 색채조정 능력을 요구하며 색채계획에서 가장 먼저 진행해야 할 단계는?

① 색채환경분석   ② 색채심리분석
③ 색채전달계획   ④ 디자인에 적용

해설 색채계획과정의 단계
㉠ 색채환경분석 : 색채예측 데이터의 수집 능력, 색채의 변별, 조색 능력 필요
㉡ 색채심리분석 : 심리조사 능력, 색채구성 능력 필요
㉢ 색채전달계획 : 타사 제품과 차별화시키는 마케팅 능력과 컬러 컨설턴트 능력 필요
㉣ 디자인에 적용 : 아트 디렉션의 능력 필요

09 색채조절의 효과로 가장 거리가 먼 것은?

① 마음의 안정을 찾는다.
② 일의 능률을 향상시킨다.
③ 눈과 정신의 피로를 회복시킨다.
④ 바람직한 색채 운영방법을 찾는다

해설 색채조절의 목적(효과)
　ⓐ 눈의 피로를 감소시킨다.
　ⓑ 작업의 활동적인 의욕을 높인다
　ⓒ 위험을 방지하고 안전을 고려한다.

10 사무실에서 사무용 기기의 권장 먼셀 명도로 가장 적합한 것은?

① 9 이상　　　　② 8
③ 5.5~7　　　　④ 3~4

해설 벽, 바닥, 가구, 설비물의 휘도비율을 균등하게 해야 하며, 사무실의 책상면은 차분한 느낌을 주기 위해 저명도의 색을 사용하며 5.5~7 정도가 적당하다.

11 색채계획에 요구되는 디자이너의 자질은?

① 즉흥적이고 연상적인 감각을 가져야 한다.
② 기능성에 주안을 둔 과학적·이성적 처리 능력이 필요하다.
③ 감각적인 것에 치중하여야 한다.
④ 심미적인 관점에서 계획해야 한다.

해설 색채계획에 요구되는 디자이너의 자질
색채계획의 수립과정을 행하는 디자이너는 감각적인 것보다 기능적 색채처리를 위한 과학적이고 이성적인 처리가 요망된다.
　ⓐ 색채의 변별 능력
　ⓑ 색채의 구성 능력
　ⓒ 색채 이미지의 계획 능력

12 색채계획을 세울 때 가장 선행되어야 할 사항은?

① 색채심리분석　　② 색채전달계획
③ 색채환경분석　　④ 색채적용계획

해설 색채계획과정에서 필요한 능력
　ⓐ 색채환경분석 : 색채예측 데이터의 수집 능력, 색채의 변별, 조색 능력이 필요
　ⓑ 색채심리분석 : 심리조사 능력, 색채구성 능력이 필요

　ⓒ 색채전달계획 : 타사 제품과 차별화시키는 마케팅 능력과 컬러 컨설턴트 능력이 필요
　ⓓ 디자인에 적용 : 아트 디렉션의 능력이 필요

13 KS규격의 작업장 및 공공장소 안전표지의 디자인 원칙에서 초록색이 의미하는 것은?

① 화재, 소화　　　② 혈액, 위험
③ 나무, 퇴거　　　④ 안전, 피난

해설 한국산업규격(KS)의 안전색채 사용 통칙
　ⓐ 빨강 : 방화, 멈춤, 위험, 긴급, 금지
　ⓑ 노랑 : 주의(넘어지기 쉽거나 위험성이 있는 것 또는 장소)
　ⓒ 녹색 : 안전, 진행, 구급. 예 비상구, 응급실, 대피소
　ⓓ 파랑 : 경계, 조심. 예 수리 중 또는 운전정지 장소를 가리키는 표식, 전기위험 경고
　ⓔ 검정 바탕 위의 흰색 : 도로장애물이나 불규칙한 상태를 표시
　ⓕ 주황 : 위험(재해, 상해를 일으킬 위험이 있는 곳 또는 장소)
　ⓖ 자주 : 노랑을 바탕으로 방사능 표시
　ⓗ 흰색 : 흰색은 보조색으로 글자, 화살표 등에 사용. 예 비상구, 출입구

14 다음은 디지털 이미지의 특징 중 하나인 해상도(resolution)에 대한 설명이다. 잘못된 것은?

① 동일한 해상도에서 큰 모니터가 더 선명하고, 작은 모니터로 갈수록 선명도가 떨어진다.
② 하나의 이미지 안에 몇 개의 픽셀을 포함하는가에 대한 척도단위로는 dpi를 사용한다.
③ 해상도는 픽셀들의 집합으로 한 시스템 내에서 픽셀의 개수는 정해져 있다.
④ 해상도는 디스플레이 모니터 안에 있는 픽셀의 숫자로 가로방향과 세로방향의 픽셀의 개수를 곱하면 된다.

해설 해상도(resolution)

- ㉠ 컴퓨터, TV, 팩시밀리, 화상기기 등에서 사용하는 화상표현 능력의 척도이다.
- ㉡ 컴퓨터 모니터 화면과 같이 정보를 그래픽으로 표시하는 장치에서 출력되는 정보의 정밀도를 표시하기 위해 쓰이는 용어로서 픽셀(화소점, pixel) 수가 많을수록 해상도가 높다.
- ㉢ 해상도 표시=수평해상도×수직해상도(척도 단위로 dpi를 사용한다.)
  - ㉤ 수평방향으로 640개의 픽셀을 사용하고 수직방향으로 480개의 픽셀을 사용하는 화면장치의 해상도는 640×480으로 표시한다

15 기업색채의 선택요건으로 부적당한 것은?

① 기업의 이념과 실체에 맞는 이상적 이미지를 표현할 수 있는 색채요건
② 눈에 띄기 쉬운 색이며 타사와 구별성이 뛰어난 색채요건
③ 기업의 독특한 이미지를 살리기 위한 복잡하고 개성적인 색채요건
④ 여러 가지 소재로 재현이 용이하고 관리하기 쉬운 색채요건

해설 기업색채의 선택조건

- ㉠ 기업의 이념과 실체에 맞는 이상적 이미지를 나타내는 데 어울리는 색채
- ㉡ 눈에 띄기 쉽고 타사(다른 회사)와의 차별성이 뛰어난 색채
- ㉢ 여러 가지 소재로 응용할 수 있으며 관리하기 쉬운 색채
- ㉣ 사람에게 불쾌감을 주지 않으며 주위 경관을 손상시키지 않고 조화되는 색채

16 색채계획과정을 단계별로 나열한 것 중 가장 합리적인 것은?

① 색채전달계획 → 색채환경분석 → 색채심리분석 → 디자인에 적용
② 색채환경분석 → 색채심리분석 → 색채전달계획 → 디자인에 적용
③ 색채전달계획 → 색채심리분석 → 색채환경분석 → 디자인에 적용
④ 색채환경분석 → 색채전달계획 → 색채심리분석 → 디자인에 적용

해설 색채계획과정 단계별 순서

색채환경분석 → 색채심리분석 → 색채전달계획 → 디자인에 적용

- ㉠ 색채환경분석 : 색채예측 데이터의 수집 능력, 색채의 변별, 조색 능력이 필요
- ㉡ 색채심리분석 : 심리조사 능력, 색채구성 능력이 필요
- ㉢ 색채전달계획 : 타사 제품과 차별화시키는 마케팅 능력과 컬러 컨설턴트 능력이 필요
- ㉣ 디자인에 적용 : 아트 니렉션의 능력이 필요

17 소생과 건강을 상징하는 제약회사의 기업색으로 가장 많이 이용되고 있는 색은?

① 빨강   ② 녹색
③ 파랑   ④ 흰색

해설 기업색채(corporate color)

기업의 경영, 이념, 활동과 기업 이미지 확립을 일치시키고자 하는 일련의 활동을 경영전략에 의한 기업 이미지 통합이라 한다. 기업은 모든 디자인과 색채를 통일하여 좋은 기업상을 만들기 위해 사업의 성격에 알맞은 특정한 색을 지정하여 기업색으로 사용함으로써 색이 가지고 있는 시각적 효과를 이용하여 통일된 기업상을 형성하기 위한 수단으로 활용한다. 기업의 브랜드 아이덴티티를 높이기 위해 가장 사용빈도가 높은 색은 미래지향, 전진, 젊음을 상징하는 파란색이다. 소생과 건강을 상징하는 제약회사의 기업색으로는 녹색이 가장 많이 이용되고 있다.

18 색조(tone)의 개념에 대한 옳은 설명은?

① 채도를 나타내는 개념
② 색상과 명도를 포함하는 복합개념
③ 명도와 채도를 포함하는 복합개념
④ 명도를 나타내는 개념

해설 톤(tone)

색의 3속성 중 명도와 채도를 포함하는 복합적인 색조(色調)의 개념이다. 톤은 색조, 색의 농담, 명암을 이르는데 미국에서는 명암을 의미하고, 영국에서는 주로 그림의 명암과 색채를 의미한다. 톤은 비비드(vivid, 선명한), 브라이트(bright, 밝은) 등으로 표현된다.

19 다음 중 기업색채(corporate color)의 선택에서 거리가 먼 것은?

① 보편적으로 모든 사람들이 좋아할 수 있으며 명도, 채도가 높은 색채
② 사람에게 불쾌감을 주지 않고 주위경관을 손상시키지 않고 조화되는 색채
③ 여러 가지 소재로 응용할 수 있으며 관리하기 쉬운 색채
④ 눈에 띄기 쉽고 타사(다른 회사)와의 차별성이 뛰어난 색채

해설 기업색채(corporate color)

기업의 경영, 이념, 활동과 기업 이미지 확립을 일치시키고자 하는 일련의 활동을 경영전략에 의한 기업 이미지 통합이라 한다. 기업은 모든 디자인과 색채를 통일하여 좋은 기업상을 만들기 위해 사업의 성격에 알맞은 특정한 색을 지정하여 기업색으로 사용함으로써 색이 가지고 있는 시각적 효과를 이용하여 통일된 기업상을 형성하기 위한 수단으로 활용한다.

20 제품의 색채계획에서 가장 먼저 선택해야 할 속성은?

① 색상　　　　② 채도
③ 명도　　　　④ 보색

해설 인간은 색의 3속성에 의해 색을 여러 가지로 지각하게 된다. 제품의 색채계획에서 가장 먼저 선택해야 할 속성은 색상이다. 제품의 색채는 제품의 용도에 맞는 색, 소비자 기호에 맞는 색, 제품환경에 맞는 색으로 함으로써 제품의 이미지를 강조하고 구매력을 일으키도록 색채효과를 고려해야 한다.

21 상품의 색채에 대하여 고려해야 할 사항으로 틀린 것은?

① 책상과 캐비닛의 회색 명도는 N5 이하로 유지해야만 효율적이다.
② 색료를 선택할 때 내광, 내후성을 고려해야 한다.
③ 재현성을 항상 염두에 두고 색채관리를 해야 한다.
④ 제품의 표면이 클수록 더욱 정밀한 색채의 통제가 요구된다.

해설 상품의 색채는 무채색과 유채색을 최대한 면적대비시켜 이 콘트라스트(contrast, 대비)에 의해서 제품의 이미지를 강조하고 고성능 느낌의 색채효과가 나도록 고려해야 한다. 사무영역은 각 벽면의 휘도대비가 크지 않게 배치하여야 한다

22 톤(tone) 분류법의 특징에 대한 설명이 틀린 것은?

① 색채를 기억하기가 쉽다.
② 색채조화를 생각하기가 쉽다.
③ 색상차에 따른 분류를 세분한 것이다.
④ 이미지 반영이 쉽다.

해설 PCCS 표색계의 톤(tone, 색조) 분류법

㉠ 색의 3속성 중 명도와 채도를 포함하는 복합적인 색조(色調)의 개념이다.
㉡ 일본 색채연구소에서 만든 분류법이다.
㉢ 각 색상마다 12톤으로 분류하였다.
㉣ 색채를 기억하기 쉽고, 색채조화를 생각하기가 쉽다.
㉤ 이미지 반영이 쉽다.

23 유채색의 수식형용사 중 '선명한'을 뜻하는 것은? (KS표준 기준)

① Pale　　　　② Light
③ Vivid　　　　④ Dull

유채색의 수식형용사

ⓐ vivid : 선명하다 / 고채도 / 중명도 / 순색
ⓑ light : 연하다 / 중채도 / 고명도 / 순색 + 회미량
ⓒ deep : 진하다 / 고채도 / 저명도 / 순색 + 흑색량
ⓓ pale : 엷다 / 저채도 / 고명도 / 순색 + 백색량

24 실내의 색채조절에서 틀린 설명은?

① 천장색의 경우 반사율이 높으면서 눈이 부시지 않는 무광택 재료로 시공하는 것이 좋다.
② 벽의 아랫부분 굽도리는 벽의 윗부분보다 더 밝게 해 주는 것이 좋다.
③ 바닥의 경우 반사율이 낮은 색이 좋으며, 너무 어둡거나 너무 밝은 것은 좋지 않다.
④ 문의 양쪽 기둥이나 창문틀은 벽의 색과 맞도록 고려하여야 한다.

벽의 아랫부분의 굽도리는 벽의 윗부분보다 더 어둡게 해 주어야 한다. 실내의 색채조절 시 벽 아랫부분의 더러움이 눈에 띄지 않도록 하기 위해 색조를 25% 정도의 반사율(다소 어두운색)로 하는 것이 좋으며 반사율 40%를 넘지 않게 하는 것이 좋다.

25 다음 중 색채조절의 목적과 거리가 먼 것은?

① 눈의 피로를 감소시켜야 한다.
② 작업의 활동적인 의욕을 높인다
③ 위험을 방지하는 안전을 고려한다.
④ 심미적인 조화를 우선적으로 고려한다.

색채조절의 목적
색채조절은 눈의 긴장감과 피로감을 감소시키고, 심리적으로 쾌적한 실내분위기를 느끼게 하여 생활의 의욕을 고취시키며, 능률성, 안전성, 쾌적성 등을 고려하는 것을 말한다.
ⓐ 피로의 경감
ⓑ 생산의 증진
ⓒ 사고나 재해율 감소

26 JPEG 이미지 파일 형식에 대한 설명으로 틀린 것은?

① 사진 등 정교한 색상표현에 많이 쓰인다.
② JPEG 포맷은 256색이라는 한계가 있다.
③ 압축률을 높일수록 이미지는 손상이 커지므로 사용 시 압축 정도를 조절해야 한다.
④ 호환성이 우수하다.

JPEG 이미지 파일 형식
JPEG(Joint Photographic Experts Group) 파일은 사진이나 색상 수가 많은 그림을 저장할 때 압축률이 매우 높기 때문에 그림의 용량을 크게 줄일 수 있다. 호환성이 우수하며 사진 등 정교한 색상표현에 많이 쓰인다. GIF와 함께 인터넷에서 가장 널리 쓰이는 그래픽 파일 포맷이다.

27 아파트 건축물의 색채기획 시 고려해야 할 사항이 아닌 것은?

① 개인적인 기호에 의하지 않고 객관성이 있어야 한다.
② 주변환경과 관계없이 독특한 디자인으로 색채조절을 한다.
③ 전체적으로 질서가 있어야 하며 적당한 변화가 있어야 한다.
④ 주거민을 위한 편안한 디자인이 되어야 한다.

아파트 건축물의 색채기획 시 고려해야 할 사항
인간의 환경을 이루고 있는 여러 가지 요인 중에서 색채는 매우 감각적인 요소로서 정서상태를 즉각적으로 변화시키는 강력한 힘을 지니고 있다. 건축물에 적용되는 색채는 건축물의 모양과 기능 등과 관련하여 색채를 조절함으로써 주거민을 위한 편안한 디자인이 되어야 하며, 객관적이고 그 지역의 주변환경과 어울리는 색채로 기획되어야 한다.

24 ② 25 ④ 26 ② 27 ②

28 상품제작 시 전달색채계획의 첫 조건은?

① 쇼윈도의 이미지를 높인다.

② 상품의 가치를 시각적으로 돋보이게 한다.

③ 상품의 모양을 생각한다.

④ 점포의 분위기를 높인다.

> **해설** 제품의 색채계획
> ㉠ 이미지 동일화(identification)의 중요한 요소로서 의미를 갖는다.
> ㉡ 제품 성격의 이미지를 형성할 수 있는 색채로 한다.
> ㉢ 제품에 흥미를 일으켜 매력을 주는 색채로 한다.
> ㉣ 눈에 띄기 쉽고, 타사 경쟁상품과의 차별성이 뛰어난 색채로 한다.
> ㉤ 제품의 용도·소비자기호·제품환경에 맞는 색채로 한다.

29 용도별 실내색채에 관한 다음 설명 중 틀린 것은?

① 한색계의 색채공간은 정신적 활동에 적합하다.

② 병원 수술실에 가장 많이 쓰이는 색은 녹색이다.

③ 공장에서 안전이 요구되는 부위에는 안전색채를 배색하는 것이 좋다.

④ 사무실 벽은 순백색으로 배색한 것이 눈의 피로를 줄여서 좋다.

> **해설** 사무실 실내 색채계획
> 업무공간의 경우 정신집중이 요구되는 곳에서는 한색계통, 활동성이 필요한 경우는 난색계통이 무난하지만, 대부분의 사무실에서 이루어지는 일이 2가지 혼합형태이므로 한색과 난색 계통의 적절한 배색조화를 이루는 색채계획이 좋다.

30 다음 유채색의 수식형용사 중 가장 채도가 높은 것은?

① 연한

② 선명한

③ 흐린

④ 밝은

> **해설** 유채색의 수식형용사
> ㉠ vivid : 선명하다 / 고채도 / 중명도 / 순색
> ㉡ light : 연하다 / 중채도 / 고명도 / 순색 + 회색량
> ㉢ deep : 진하다 / 고채도 / 저명도 / 순색 + 흑색량
> ㉣ pale : 엷다 / 저채도 / 고명도 / 순색 + 백색량

31 제품의 색채관리는 통상 4단계로 나눌 수 있는데 (3단계)에 해당되는 것은?

> 1. 색의 결정(디자인) → 2. 시색(발색 및 착색) → 3. ( ) → 4. 판매(광고 및 세일즈)

① 색 이미지 조사

② 기호색 조사

③ 검사(시감측색, 계기측색)

④ 색의 감정효과 적용

> **해설** ㉠ 제품의 색채관리 : 색채의 통합적인 활용방법에 따라 색채로써 쾌적한 환경을 유지할 수 있도록 관리하는 기술로, 제품색채의 품질관리, 색채재료의 선정, 시험, 측색, 완성된 색채의 양부 판정, 색견본에 대한 한계 허용범위의 지시, 통계 정리 등을 하는 것을 말한다.
> ㉡ 제품의 색채관리 4단계 : 색의 결정(디자인) → 시색(발색 및 착색) → 검사(시감측색, 계기측색) → 판매(광고 및 세일즈)

32 다음 중 포토샵의 color picker에서 빨강을 표현하는 색채시스템이 아닌 것은?

① R=255, G=0, B=0
② H=0, S=100%, B=100%
③ C=0%, M=99%, Y=100%, K=0%
④ L=100, a=100, b=0

해설 **디지털 색채시스템**

컴퓨터에서 표현할 수 있는 포토샵의 컬러피커 (color picker)는 HSB, RGB, Lab, CMYK가 있는데 선택하려는 색상의 수치를 입력하거나 색상영역에서 클릭한 색상의 수치를 보여 준다.
㉠ HSB 시스템 : 먼셀 색채계와 같이 색의 3속성인 색상(hue), 명도(brightness), 채도(saturation) 모드로 구성되어 있다.
㉡ 16진수 표기법은 각각 두 자리씩 RGB(red, green, blue)값을 나타낸다.
㉢ Lab 시스템 : CIE에서 발표한 색체계로서 서로 다른 환경에서도 이미지의 색상을 최대한 유지시켜 주기 위한 컬러 모드이다. L(명도), a와 b는 각각 빨강 / 초록, 노랑 / 파랑의 보색축이라는 값으로 색상을 정의하고 있다.
㉣ CMYK는 인쇄의 4원색으로 C=Cyan, M=Magenta, Y=Yellow, K=Black을 나타내며 모드 각각의 수치범위는 0~100%로 나타낸다.

33 다음 중 모든 디지털화된 이미지의 기본적 색채특징이 아닌 것은?

① 해상도(resolution)
② 트루컬러(true color)
③ 비트 깊이(bit depth)
④ 컬러 모델(color model)

해설 **디지털**

디지털(digital)은 문자나 영상 등을 0과 1이나 on과 off라는 전자적인 부호로 전환해 표시하는 방식을 말한다. 디지털 색채는 디지털 영화나 컴퓨터 게임, 인터넷 영상 등 디지털 콘텐츠에서 색상으로 구현되는 정보 코드를 말한다.

㉠ 해상도(resolution) : 컴퓨터, TV, 팩시밀리, 화상기기 등에서 사용하는 화상표현 능력의 척도
㉡ 트루컬러(truecolor) : 24비트에 해당하는 색으로, 16,777,216개의 색상을 사용할 수 있다.
㉢ 비트(bit)
• 컴퓨터 데이터의 가장 작은 단위로 하나의 2진수값(0과 1)을 가진다.
• 픽셀 1개당 2진수값을 표현할 수 있다(흑과 백).
• 8비트(2^8)를 조합하여 256개의 음영단계(grayscale)를 가지게 된다.

34 다음 중 페일(pale) 톤과 가장 가까운 것은?

① 저명도, 저채도의 색
② 강하고 힘 있는 고채도의 색
③ 우아하고 부드러운 고명도와 저채도의 색
④ 탁하고 침울한 저명도와 고채도의 색

해설 **페일 톤**

페일 톤(pale tone, 연한 톤)은 명도는 높아지고 채도는 낮아진다. 페일 톤에 의한 배색은 어떠한 색이라도 우아한 조화를 이루며, 특히 페일 톤에 흰색을 가미하면 부드럽고 우아한 느낌이 더해진다.

35 안전색채의 조건이 아닌 것은?

① 기능적 색채효과를 잘 나타낸다.
② 색상차가 분명해야 한다.
③ 재료의 내광성과 경제성을 고려해야 한다.
④ 국제적 통일성은 중요하지 않다.

해설 **안전색채를 표지색으로 사용할 경우의 조건**

㉠ 기능적 색채효과를 잘 나타낼 것
㉡ 각 색상의 차가 분명할 것
㉢ 재료의 내광성과 경제성을 고려할 것
㉣ 국제적으로 통일이 가능할 것

36 공장 내의 안전색채 사용에서 가장 고려해야 할 점은?

① 순응성
② 항상성
③ 연색성
④ 주목성

해설 안전색채를 사용할 경우 기능적 색채효과를 잘 나타내야 하므로 주목성이 가장 고려해야 할 점이다.

37 디지털 색채에 관한 설명으로 틀린 것은?

① HSB 시스템은 hue, saturation, bright 모드로 구성되어 있다.
② 16진수 표기법은 각각 두 자리씩 RGB 값을 나타낸다.
③ Lab 시스템에서 L은 밝기, a는 노랑과 파랑의 색대, b는 빨강과 녹색의 색대를 나타낸다.
④ CMYK 모드 각각의 수치범위는 0~100%로 나타낸다.

해설 디지털 색채시스템
㉠ HSB 시스템 : 먼셀 색채계와 같이 색의 3속성인 색상(hue), 명도(brightness), 채도(saturation) 모드로 구성되어 있다.
㉡ RGB 표기법 : RGB 색상은 RGB(255, 0, 0) 형식으로 표기하며, RGB(Red, Green, Blue) 값을 나타낸다.
㉢ Lab 시스템 : L(명도), a와 b는 각각 빨강 / 초록, 노랑 / 파랑의 보색축이라는 값으로 색상을 정의하고 있다. a는 빨강과 녹색의 색대, b는 노랑과 파랑의 색대를 나타낸다.
㉣ CMYK 시스템 : 인쇄의 4원색으로 C=Cyan, M=Magenta, Y=Yellow, K=Black을 나타내며, 모드 각각의 수치범위는 0~100%로 나타낸다.

38 색채계획과정에 대한 설명 중 잘못된 것은?

① 색채환경분석 : 경쟁업체의 사용색을 분석
② 색채심리분석 : 색채구성 능력과 심리조사
③ 색채전달계획 : 아트 디렉션의 능력이 요구되는 단계
④ 디자인에 적용 : 색채규격과 컬러 매뉴얼을 작성하는 단계

해설 색채계획과정의 단계
㉠ 색채환경분석 : 색채예측 데이터의 수집 능력, 색채의 변별, 조색 능력이 필요
㉡ 색채심리분석 : 심리조사 능력, 색채구성 능력이 필요
㉢ 색채전달계획 : 타사 제품과 차별화시키는 마케팅 능력과 컬러 컨설턴트 능력이 필요
㉣ 디자인에 적용 : 아트 디렉션의 능력이 필요

39 기업의 브랜드 아이덴티티를 높이기 위해 사용되는 색 중 가장 사용빈도가 높은 색에 대한 설명으로 맞는 것은?

① 회색으로 고난, 의지, 암흑을 상징한다.
② 보라색으로 여성적인 이미지와 부를 상징한다.
③ 파란색으로 미래지향, 전진, 젊음을 상징한다.
④ 노란색으로 도전과 화합, 국제적인 감각을 상징한다.

해설 기업색채(corporate color)
기업의 경영, 이념, 활동과 기업 이미지 확립을 일치시키고자 하는 일련의 활동을 경영전략에 의한 기업 이미지 통합이라 한다. 기업은 모든 디자인과 색채를 통일하여 좋은 기업상을 만들기 위해 사업의 성격에 알맞은 특정한 색을 지정하여 기업색으로 사용함으로써 색이 가지고 있는 시각적 효과를 이용하여 통일된 기업상을 형성하기 위한 수단으로 활용한다. 가장 사용빈도가 높은 색은 파란색으로 미래지향, 전진, 젊음을 상징하는 색이다.

정답 36 ④ 37 ③ 38 ③ 39 ③

40 ( ) 안에 들어갈 용어를 순서대로 짝지은 것은?

> 일반적으로 모니터상에서 ( ) 형식으로 색채를 구현하고, ( )에 의해 색채를 혼합한다.

① RGB – 가법혼색
② CMY – 가법혼색
③ Lab – 간법혼색
④ CMY – 감법혼색

해설 색을 정확하게 표현하려고 하지만 주어진 색공간이나 특정한 출력장치에 제한을 받으면 이것이 색역이 된다. 디지털 영상을 처리할 때 가장 이용하기 편리한 색 모델이 RGB 모델이다. 일반적으로 모니터상에서 RGB 형식으로 색채를 구현하고 가법혼색에 의해 색채를 혼합한다. 그림을 인쇄할 때는 원래의 RGB 색공간을 프린터의 CMYK 색공간으로 변형하여야 한다.

41 KS A 0011 유채색의 수식형용사에 의한 다음 색 중 가장 채도가 높은 색은?

① 연한 연두
② 진한 연두
③ 밝은 연두
④ 선명한 연두

해설 KS A 0011(한국산업규격 규정 색명)에는 일반 색명에 대하여 자세히 규정하고 있으며 미국의 ISCC – NBS 색명법에 근거를 두고 있다. 채도가 강한 느낌의 색을 톤(tone)으로 말하면 비비드(vivid, 선명한), 브라이트(bright, 밝은) 등으로 표현할 수 있다.
㉠ vivid : 선명하다 / 고채도 / 중명도 / 순색
㉡ light : 밝다 / 중채도 / 고명도 / 순색+회미량
㉢ deep : 진하다 / 고채도 / 저명도 / 순색+흑색량
㉣ pale : 엷다 / 저채도 / 고명도 / 순색+백색량

42 그림, 사진, 문서 등을 컴퓨터에 입력하기 위한 장치로 반사광, 투과광을 이용, 비트맵 데이터로 전환시키는 입력장치는?

① 디지털 카메라
② 디지타이저
③ 스캐너
④ 디지털 비디오 카메라

해설 ㉠ 디지타이저(digitizer) : 컴퓨터에 그림이나 도표, 설계 화면의 좌표를 검출하여 입력하는 장치로 평면판과 펜으로 구성되어 있으며 위에서 펜을 이동하면 그 좌표가 디지털 데이터로 입력된다. 주로 캐드(CAD), 캠(CAM)에 쓴다.
㉡ 스캐너(scanner) : 대상 이미지에 빛을 비추어 그 반사되거나 투과된 빛을 센서로 읽어 비트맵 이미지 데이터로 변환하여 컴퓨터에 전달하는 방식이다.

43 명도와 채도에 관한 유채색의 수식형용사 중 가장 고채도를 나타내는 것은?

① right
② pale
③ vivid
④ deep

해설 톤(tone)
색조, 색의 농담, 명암으로, 채도가 강한 느낌의 색을 톤(tone)이라 한다.
㉠ vivid : 선명하다 / 고채도 / 중명도 / 순색
㉡ light : 밝다 / 중채도 / 고명도 / 순색+회미량
㉢ deep : 진하다 / 고채도 / 저명도 / 순색+흑색량
㉣ pale : 엷다 / 저채도 / 고명도 / 순색+백색량

44 다음 중 색채측정 및 색채관리에 가장 널리 활용되고 있는 것은 어느 것인가?

① Lab 형식
② RGB 형식
③ HSB 형식
④ CMYK 형식

해설 디지털 색채시스템

컴퓨터그래픽에서 표현할 수 있는 색체계는 크게 HSB, RGB, Lab, CMYK, Grayscale 등이 있다.

㉠ HSB 형식 : 먼셀 색채계와 같이 색의 3속성인 색상(hue), 명도(brightness), 채도(saturation) 모드로 구성되어 있다.

㉡ RGB 형식 : RGB(red, green, blue) 값을 나타낸다.

㉢ Lab 형식 : CIE에서 발표한 색체계로 서로 다른 환경에서도 이미지의 색상을 최대한 유지시켜 주기 위한 컬러 모드이다. L(명도), a와 b는 각각 빨강 / 초록, 노랑 / 파랑의 보색축이라는 값으로 색상을 정의하고 있다

㉣ CMYK 형식 : CMYK는 인쇄의 4원색으로 C=Cyan, =Magenta, Y=Yellow, K=Black을 나타내며 모드 각각의 수치범위는 0~100%로 나타낸다.

45 기업이 색채를 선택하는 요건으로 가장 적당한 것은?

① 좋은 이미지를 얻고 유리한 마케팅 전개에 적합할 것

② 노사 간에 잘 융합될 수 있는 분위기에 적합할 것

③ 기업의 환경 및 배경을 상징하기에 적합할 것

④ 기업의 성장을 한눈에 느낄 수 있을 것

해설 기업색채(corporate color)의 선택요건

㉠ 기업의 이념과 실체에 맞는 이상적 이미지를 나타내는 데 어울리는 색채(기업과 상품 이미지, 기호 이미지가 통합된 이미지)

㉡ 눈에 띄기 쉽고 타사(다른 회사)와의 차별성이 뛰어난 색채

㉢ 여러 가지 소재로 응용할 수 있으며 관리하기 쉬운 색채

㉣ 사람에게 불쾌감을 주지 않으며 주위 경관을 손상시키지 않고 조화되는 색채

46 ( ) 안에 들어갈 내용을 순서대로 맞게 짝지은 것은?

컴퓨터 그래픽 소프트웨어를 활용하여 인쇄물을 제작할 경우 모니터 화면에 보이는 색채와 프린터를 통해 만들어진 인쇄물의 색채는 차이가 난다. 이런 색채 차이가 생기는 이유는 모니터는 ( ) 색채 형식을 이용하고 프린터는 ( ) 색채 형식을 이용하기 때문이다.

① HVC – RGB

② RGB – CMYK

③ CMYK – Lab

④ XYZ – Lab

해설 디지털 색채시스템

㉠ HVC 시스템 : 3속성에 의한 도장색의 표시법으로 H는 색상, V는 명도, C는 채도를 나타낸다.

㉡ RGB 표기법 : RGB(red, green, blue) 값을 나타내며 모니터의 색채 형식이다

㉢ Lab 시스템 : CIE에서 발표한 색체계로 서로 다른 환경에서도 이미지의 색상을 최대한 유지시켜 주기 위한 컬러 모드이다. L(명도), a와 b는 각각 빨강 / 초록, 노랑 / 파랑의 보색축이라는 값으로 색상을 정의하고 있다

㉣ CMYK 시스템 : 인쇄의 4원색으로 C=Cyan, M=Magenta, Y=Yellow, K=Black을 나타내며 모드 각각의 수치범위는 0~100%로 나타낸다. 프린터의 색채 형식이다

47 색채조절(color conditioning)에 관한 설명 중 가장 부적합한 것은?

① 미국의 기업체에서 먼저 개발했고 기능배색이라고도 한다.
② 환경색이나 안전색 등으로 나누어 활용한다.
③ 색채가 지닌 기능과 효과를 최대로 살리는 것이다.
④ 기업체 이외의 공공건물이나 장소에는 부적당하다.

해설 색채조절(color conditioning)
㉠ 색채가 지닌 물리적 성질과 색채가 사람들에게 끼치는 심리적 영향을 효율적으로 응용하여 편리하고 능률적이며 좋은 환경 속에서 생활하게 함을 목적으로 하는 배색의 기술을 색채조절이라고 한다.
㉡ 색채조절의 대상은 가정생활에서 직장환경, 공공생활에 이르기까지 모든 환경이 포함된다. 특히 중요시되는 곳은 공공건물이나 생산공장이다.

48 일반적인 색채조절의 용도별 배색에 관한 내용으로 가장 거리가 먼 것은?

① 천장 : 빛의 발산을 이용하여 반사율이 가장 낮은 색을 이용한다.
② 벽 : 빛의 발산을 이용하는 것이 좋으나 천장보다 명도가 낮은 것이 좋다.
③ 바닥 : 아주 밝게 하면 심리적 불안감이 생길 수 있다.
④ 걸레받이 : 방의 형태와 바닥면적의 스케일감을 명료하게 하는 것으로 어두운 색채가 선택된다.

해설 실내의 색채조절
㉠ 천장색의 경우 반사율이 높은 색으로 눈이 부시지 않는 무광택 재료로 시공해야 한다.
㉡ 벽의 아랫부분의 걸레받이는 벽의 윗부분보다 더 어둡게 해 주어야 한다.

㉢ 바닥의 경우 반사율이 낮은 색이 좋으며, 너무 어둡거나 너무 밝은 것은 좋지 않다.
㉣ 천장, 벽, 바닥 순으로 명도를 낮춰 준다.

49 지역의 명칭에서 유래한 색 이름이 아닌 것은?

① 나일 블루   ② 코발트블루
③ 하바나   ④ 프러시안블루

해설 관용색명(慣用色名, individual color name)
고유색명 중에서 비교적 잘 알려져 예부터 습관적으로 사용되고 있는 색명을 말한다. 고유한 색명으로 동물, 식물, 지명, 인명 등이 있으며 쥐색, 새먼 핑크 (salmon pink, 연어 살색), 피콕블루(peacock blue) 등의 동물과 관련된 색이름 및 밤색, 살구색, 호박색, 올리브(olive) 등 식물과 관련된 이름, 나일 블루, 프러시안블루, 하바나와 같이 지역과 관련된 이름, 원료와 관련 있는 코발트블루(cobalt blue), 광물 또는 보석과 관련된 에메랄드그린(emerald green) 등이 있다.

50 슈퍼그래픽의 기능 중 가장 거리가 먼 것은?

① 벽화적 기능
② 가구장식 기능
③ 정보전달 기능
④ 연출 기능

해설 슈퍼그래픽(super graphic)
1960년대 이후에 나타난 환경 디자인의 유형으로 1960년대 후반부터 유행하였다. 건물 외벽 전체를 디자인으로 장식하거나 아파트, 공장, 학교 등의 외벽을 그래픽 작업으로 장식해 도시의 경관을 아름답게 한다. 1920년대와 1930년대의 멕시코와 미국의 벽화운동에서 유래되었다. 적용대상은 모든 공간과 벽면, 실내외 담장, 거대 광고판, 옹벽, 공사현장의 가림막, 터널, 도로포장면, 스탠드, 심지어 공중과 대지에까지 확대되었다. 옥외벽화, 거리예술, 민중미술, 채색도시, 도시의 판타지, 환경 커뮤니케이션 등의 이름으로 불리기도 한다.

51 다음 중 컴퓨터 입력장치가 아닌 것은?

① 스캐너
② 모니터
③ 디지털카메라
④ 디지타이저

해설 대표적인 입력장치로는 키보드, 화면에 나타난 각종 그림이나 자료의 위치를 지적하는 마우스, 게임 등에 많이 사용되는 조이스틱 등이 있다. 사진과 같은 이미지를 입력하기 위한 이미지 스캐너와 같은 입력장치도 있으며, 화상을 입력하기 위해 디지털카메라와 같은 입력장치도 사용된다. 이 밖에도 광학마크판독기(OMR), 바코드판독기(bar code reader), 자기잉크문자판독기(MICR) 등이 있다.

52 디지털 색채시스템에서 CMYK 형식에 대한 설명으로 옳은 것은?

① CMYK 4가지 컬러를 혼합하면 검정이 된다.
② 가법혼합방식에 기초한 원리를 사용한다.
③ RGB 형식에서 CMYK 형식으로 변환되었을 경우 컬러가 더욱 선명해 보인다.
④ 표현할 수 있는 컬러의 범위가 RGB 형식보다 넓다.

해설 디지털 색채시스템
㉠ CMYK는 인쇄의 4원색으로 C=Cyan, M=Magenta, Y=Yellow, K=Black을 나타내며 모드 각각의 수치범위는 0~100%로 나타낸다.
㉡ RGB 표기법 : RGB 색상은 RGB(255, 0, 0) 형식으로 표기하며, RGB(red, green, blue)값을 나타낸다.
㉢ CMYK 4가지 컬러를 혼합하면 검정이 된다.
㉣ CMYK 형식에서 RGB 형식으로 변환되었을 경우 재현범위가 넓어 컬러가 더욱 선명해 보인다.

53 스캐너를 이용하여 컬러 이미지를 컴퓨터에 입력할 경우 발생하는 현상에 대한 설명 중 틀린 것은?

① 스캐너의 해상도에 따라 입력할 수 있는 색채 단계가 달라진다.
② 동일한 이미지라도 스캐너의 감마값을 높이면 입력되는 색채 단계가 줄어든다.
③ 스캐너에서 만든 색채 데이터는 소프트웨어에 따라 달라진다.
④ 이미지의 크기를 확대하여 스캔하면 파일의 용량은 늘어난다.

해설 스캐너(scanner)
㉠ 그림, 사진, 문서 등을 컴퓨터에 입력하기 위한 장치로 반사광, 투과광을 이용하여 비트맵 데이터로 전환시키는 입력장치이다. 스캐너의 해상도에 따라 입력할 수 있는 색채 단계가 달라진다.
㉡ 스캐너의 4가지 기능 : 해상도, 표현영역, 크기(확대와 축소), 색상과 콘트라스트(감마 보정)

54 디지털 색채에서 256단계의 음영을 갖는 색채와 동일한 의미는?

① 2bit color
② 4bit color
③ 8bit color
④ 10bit color

해설 ㉠ 디지털 색채 : 디지털(digital)이란 문자나 영상 등을 0과 1이나 on과 off라는 전자적인 부호로 전환해 표시하는 방식을 말한다. 디지털 색채는 디지털 영화나 컴퓨터 게임, 인터넷 영상 등 디지털 콘텐츠에서 색상으로 구현되는 정보코드를 말한다. 컴퓨터에서 색채를 표현할 때는 비트(bit)로 나타낸다.
㉡ 비트(bit)
• 컴퓨터 데이터의 가장 작은 단위로 하나의 2진수값(0과 1)을 가진다.
• 픽셀 1개당 2진수값을 표현할 수 있다(흑과 백).
• 8비트(2^8)를 조합하여 256개의 음영단계(gray-scale)를 가지게 된다.

정답 51 ② 52 ① 53 ② 54 ③

55 어떤 색체가 매체, 주변색, 광원, 조도(照度) 등이 서로 다른 환경하에서 관찰될 때 다르게 보이는 현상은?

① 색영역 매핑(color gamut mapping)
② 컬러 어피어런스(color appearance)
③ 메타메리즘(metamerism)
④ 디바이스 조정(device calibration)

해설 ㉠ 색영역 매핑(color gamut mapping) : 색영역을 달리하는 장치들의 색영역을 조정하여 재현 가능한 색으로 변환시켜 주는 작업을 말하는데, 이는 모니터에서의 재현색과 프린터에서의 재현하는 색과의 상대적인 차이를 같게 해 주는 것으로 출력물의 색은 사람 눈의 순응으로 인하여 더욱 비슷하게 보인다.

㉡ 컬러 어피어런스(color appearance) : 분석적 지각이 아닌 감성적·시각적 지각 측면에서 외양상 보이는 대로 지각하게 되는 주관적인 색의 현시방법이다.

㉢ 메타메리즘(metamerism) : 광원에 따라 물체의 색이 달라져 보이는 것과는 달리 분광반사율이 다른 2가지의 색이 어떤 광원 아래서 같은 색으로 보이는 현상을 메타메리즘 또는 조건등색이라 한다.

㉣ 디바이스 조정(device calibration) : 디바이스가 항상 정확한 색채정보를 처리할 수 있도록 일정한 상태를 유지하게 만드는 작업이다

부록 I

01 물체색의 색이름
Names of Non-luminous Object Colours
한국산업규격 KS A 0011 : 2015

(1) 적용범위

이 표준은 물체색의 색이름 중, 특히 표면색의 색이름(이하 '색이름'이라 한다)에 대하여 규정한다. 투과색의 색이름에 대해서는 여기에서 규정하는 색이름을 준용할 수 있다.

(2) 인용규격

다음에 나타내는 규격은 이 규격에 인용됨으로써 이 규격의 규정 일부를 구성한다. 이러한 인용 규격은 그 최신판을 적용한다.

① KS A 0062 : 색의 3속성에 의한 표시방법

② KS A 0064 : 색에 관한 용어

(3) 정의

이 규격에서 사용하는 주요 용어의 정의는 KS A 0064와 다음에 따른다.

① 계통색이름 : 모든 색을 계통적으로 분류해서 표현할 수 있도록 한 색이름

② 관용색이름 : 관용적인 호칭방법으로 표현한 색이름

(4) 색이름의 구별

색이름은 다음과 같이 구별된다.

① 계통색이름

    ㉠ 유채색의 계통색이름

    ㉡ 무채색의 계통색이름

② 관용색이름

(5) 계통색이름

계통색이름은 (6)에 나타낸 기본색이름이나 (7)에 나타낸 조합색이름에 (8)에 나타낸 수식형용사를 붙인 것으로 한다.

(6) 기본색이름

① 유채색의 기본색이름 : 유채색의 기본색이름은 [표 A-1]에 나타낸 것을 사용한다.

[표 A-1] 유채색의 기본색이름

기본색이름	대응 영어(참고)	약호(참고)	3속성에 의한 표시
빨강(적)	red	R	7.5R 4/14
주황	yellow red	YR	2.5YR 6/14
노랑(황)	yellow	Y	5Y 8.5/14
연두	green yellow	GY	7.5GY 7/10
초록(녹)	green	G	2.5G 4/10
청록	blue green	BG	10BG 3/8
파랑(청)	blue	B	2.5PB 4/10
남색(남)	purple blue	PB	7.5PB 3/10
보라	purple	P	5P 3/10
자주(자)	red purple	RP	7.5RP 3/10
분홍	pink	Pk	7.5R 7/8
갈색(갈)	brown	Br	2.5YR 4/8

비고 : 1. ( ) 속의 색이름은 조합색이름의 구성에서 사용한다.
　　　 2. 빨강, 노랑, 파랑(빨간색, 노란색, 파란색)을 제외한 유채색의 기본색이름에는 '색'자를 붙여 사용
　　　　 할 수 있다.
　　　 3. 분홍과 갈색을 제외한 유채색의 기본색이름은 색상이름으로서 사용한다. 그 색상의 상호 관계를
　　　　 [그림 A-1]에 나타낸다.

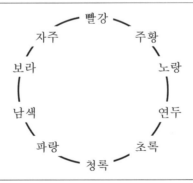

[그림 A-1] 색상의 상호 관계

② 무채색의 기본색이름 : 무채색의 기본색이름은 [표 A-2]에 나타낸 것을 사용한다.

[표 A-2] 무채색의 기본색이름

기본색이름	대응 영어(참고)	약호(참고)
하양(백)	white	Wh
회색(회)	(neutral) grey(영)	Gy
	(neutral) gray(미)	
검정(흑)	black	Bk

(7) 기본색이름의 조합방법

① 2개의 기본색이름을 조합하여 조합색이름을 구성한다.

② 조합색이름의 앞에 붙는 색이름을 색이름 수식형, 뒤에 붙는 색이름을 기준색이름이라 부른다.

③ 조합색이름은 기준색이름 앞에 색이름 수식형을 붙여 만든다.

④ 색이름 수식형에는 3가지 유형이 있다.

　㉠ 기본색이름의 수식형

　　[보기] 빨간, 노란, 파란, 흰, 검은

　㉡ 기본색 이름의 한자 단음절

　　[보기] 적, 황, 녹, 청, 자, 남, 갈, 회, 흑

　㉢ 수식형이 없는 2음절 색이름에 '빛'을 붙인 수식형

　　[보기] 초록빛, 보랏빛, 분홍빛, 자줏빛

　　※ 여기서의 '빛'은 광선을 의미하는 것이 아니라 물체 표면의 색채특징을 나타내는 관형어이다.

⑤ 위의 세 가지 기본색이름 수식형은 [표 A-3]과 같다.

[표 A-3] 색이름의 수식형

색이름 수식형	대응 영어(참고)	약호(참고)
빨간(적)	reddish	r
노란(황)	yellowish	y
초록빛(녹)	greenish	g
파란(청)	bluish	b
보랏빛	purplish	p
자줏빛(자)	red-purplish	rp
분홍빛	pinkish	pk
갈	brownish	br
흰	whitish	wh
회	grayish	gy
검은(흑)	blackish	bk

⑥ 색이름 수식형과 기준색이름은 [표 A-4]와 같이 조합된다.

[표 A-4] 색이름 수식형별 기준색이름

색이름 수식형	기준색이름
빨간(적)	자주(자), 주황, 갈색(갈), 회색(회), 검정(흑)
노란(황)	분홍, 주황, 연두, 갈색(갈), 하양, 회색(회)
초록빛(녹)	연두, 갈색(갈), 하양, 회색(회), 검정(흑)
파란(청)	하양, 회색(회), 검정(흑)
보랏빛	하양, 회색, 검정
자줏빛(자)	분홍
분홍빛	하양, 회색
갈	회색(회), 검정(흑)
흰	노랑, 연두, 초록, 청록, 파랑, 보라, 분홍
회	빨강(적), 노랑(황), 연두, 초록(녹), 청록, 파랑(청), 남색, 보라, 자주(자), 분홍, 갈색(갈)
검은(흑)	빨강(적), 초록(녹), 청록, 파랑(청), 남색, 보라, 자주(자), 갈색(갈)

⑦ 기본색이름을 ①~⑥의 규칙에 따라 조합하여 조합색이름을 만든다. 이 조합색이름과 기본색이름의 색상범위는 [표 A-7]의 '색이름의 색상범위'에 제시되어 있다.

(8) 기본색이름과 조합색이름을 수식하는 방법

기본색이름이나 조합색이름 앞에 수식형용사를 붙여 색채를 세분하여 표현할 수 있다.

① 색이름의 수식에 사용하는 형용사의 구별 : 수식형용사는 다음과 같이 구별한다.

　　㉠ 유채색의 수식형용사

　　㉡ 무채색의 수식형용사

② 유채색의 수식형용사 : 유채색의 수식형용사는 [표 A-5]에 나타낸 것을 사용한다.

[표 A-5] 유채색의 수식형용사

수식형용사	대응 영어(참고)	약호(참고)
선명한	vivid	vv
흐린	soft	sf
탁한	dull	dl
밝은	light	lt
어두운	dark	dk
진(한)	deep	dp
연(한)	pale	pl

비고 : 1. 필요시 두 개의 수식형용사를 결합하거나 부사 '아주'를 수식형용사 앞에 붙여 사용할 수 있다.
　　　　　[보기] 연하고 흐린, 밝고 연한, 아주 연한, 아주 밝은
　　　　2. (　) 속의 '한'은 생략될 수 있다.
　　　　　[보기] 진빨강, 진노랑, 진초록, 진파랑, 진분홍, 연분홍, 연보라

③ 무채색의 수식형용사 : 무채색 수식형용사는 무채색의 기본색이름인 회색에 대하여 [표 A-6]에 나타낸 것을 사용한다.

[표 A-6] 무채색 수식형용사

수식형용사	대응 영어(참고)	약호(참고)
밝은	light	lt
어두운	dark	dk

비고 : 필요시 부사 '아주'를 수식형용사 앞에 붙여 사용할 수 있다.

④ 무채색의 명도, 유채색의 명도와 채도의 상호 관계 : 무채색의 명도, 유채색의 명도와 채도의 상호 관계는 [그림 A-2]와 같다.

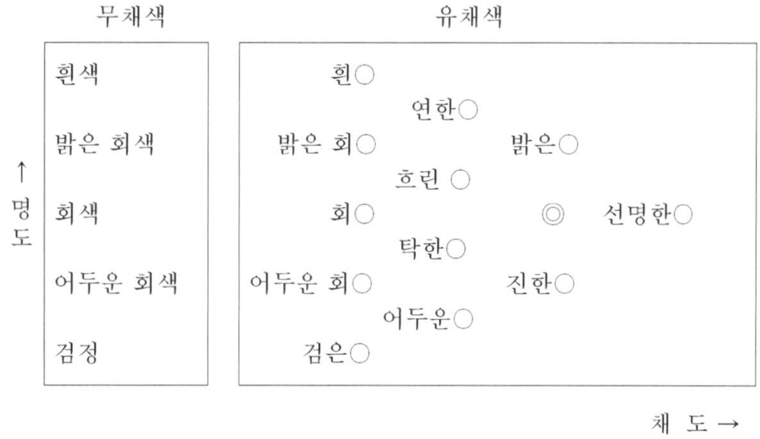

무채색

유채색

흰색

밝은 회색

↑ 명도

회색

어두운 회색

검정

흰○
연한○
밝은 회○   밝은○
흐린 ○
회○   ◎ 선명한○
탁한○
어두운 회○   진한○
어두운○
검은○

채 도 →

비고 : 1. ○는 [표 A-1]에 나타낸 기본색이름이나 조합색이름을 표시한다.
　　　　[보기] 선명한 빨강, 어두운 회녹색, 밝은 남색
　　　 2. ◎는 수식어를 쓰지 않고 [표 1]에 나타낸 기본색이름 및 조합색이름만으로 나타낸다.

[그림 A-2] 무채색의 명도, 유채색의 명도와 채도의 상호 관계

(9) 수식형용사를 적용한 색채표현과 그 적용색상범위

기본색이름과 조합색이름에 수식형용사를 적용하여 나타낸 색채표현과 그 적용범위는 [표 A-7]과 같다. 색채표현 색상범위는 'KS A 0062 색의 3속성에 의한 표시방법'에 따른 색상값으로 표시되어 있다. 색상범위 표시는 The Munsell Book of Color(Glossy)의 40색상(hue)에 기초하였다.

[표 A-7] 색이름의 색상범위

기본색이름	조합색이름	수식형용사 적용 색채표현	색상범위
빨강			2.5R – 7.5R
		선명한 빨강	2.5R – 7.5R
		밝은 빨강	2.5R – 7.5R
		진한 빨강(진빨강)	2.5R – 7.5R
		흐린 빨강	2.5R – 7.5R
		탁한 빨강	2.5R – 7.5R
		어두운 빨강	5R
	회적색		2.5R – 7.5R
		어두운 회적색	2.5R – 7.5R
	검은 빨강		2.5R – 7.5R
주황			10R – 10YR
		선명한 주황	2.5YR
		밝은 주황	2.5YR – 5YR
		진한 주황(진주황)	2.5YR
		흐린 주황	2.5YR
		탁한 주황	2.5YR – 5YR
	빨간 주황		10R
		선명한 빨간 주황	10R
		밝은 빨간 주황	10R
		탁한 빨간 주황	10R
	노란 주황		7.5YR – 10YR
		선명한 노란 주황	7.5YR
		밝은 노란 주황	10YR
		진한 노란 주황	7.5YR
		연한 노란 주황	7.5YR – 10YR
		흐린 노란 주황	7.5YR – 10YR
		탁한 노란 주황	7.5YR
노랑			10YR – 7.5Y
		진한 노랑(진노랑)	2.5Y
		연한 노랑(연노랑)	2.5Y – 7.5Y
		흐린 노랑	2.5Y – 7.5Y
	흰 노랑		10YR – 7.5Y
	회황색		10YR – 7.5Y
		밝은 회황색	10YR – 7.5Y

(계속)

기본색이름	조합색이름	수식형용사 적용 색채표현	색상범위
연두			10Y – 2.5G
		선명한 연두	5GY – 7.5GY
		밝은 연두	5GY – 7.5GY
		진한 연두	5GY – 7.5GY
		연한 연두	5GY – 7.5GY
		흐린 연두	5GY – 7.5GY
		탁한 연두	5GY – 7.5GY
	노란 연두		10Y – 2.5GY
		선명한 노란 연두	10Y – 2.5GY
		밝은 노란 연두	10Y – 2.5GY
		진한 노란 연두	10Y – 2.5GY
		연한 노란 연두	10Y – 2.5GY
		흐린 노란 연두	10Y – 2.5GY
		탁한 노란 연두	10Y – 2.5GY
	녹연두		10GY – 2.5G
		선명한 녹연두	10GY
		밝은 녹연두	10GY – 2.5G
		연한 녹연두	10GY – 2.5G
		흐린 녹연두	10GY – 2.5G
		탁한 녹연두	10GY – 2.5G
	흰 연두		10Y – 10GY
	회연두		10Y – 10GY
		밝은 회연두	10Y – 10GY
초록			10Y – 5BG
		선명한 초록	2.5G
		밝은 초록	10GY – 5BG
		진한 초록(진초록)	7.5GY – 5BG
		연한 초록(연초록)	5G – 5BG
		흐린 초록	10GY – 5BG
		탁한 초록	7.5GY – 5BG
		어두운 초록	7.5GY – 5BG
	흰 초록		2.5G – 5BG
	회녹색		10Y – 5BG
		밝은 회녹색	2.5G – 5BG
		어두운 회녹색	10Y – 5BG
	검은 초록		10Y – 5BG

기본색이름	조합색이름	수식형용사 적용 색채표현	색상범위
청록			7.5BG – 7.5B
		밝은 청록	7.5BG – 2.5B
		진한 청록	7.5BG – 7.5B
		연한 청록	7.5BG – 10BG
		흐린 청록	7.5BG – 7.5B
		탁한 청록	7.5BG – 7.5B
		어두운 청록	7.5BG – 7.5B
	흰 청록		7.5BG – 2.5B
	회청록		7.5BG – 7.5B
		밝은 회청록	7.5BG – 2.5B
		어두운 회청록	7.5BG – 7.5B
	검은 청록		7.5BG – 7.5B
파랑			2.5B – 5PB
		선명한 파랑	10B – 5PB
		밝은 파랑	5B – 5PB
		진한 파랑(진파랑)	10B – 2.5PB
		연한 파랑(연파랑)	2.5B – 5PB
		흐린 파랑	5B – 5PB
		탁한 파랑	5B – 5PB
		어두운 파랑	10B – 2.5PB
	흰 파랑		5B – 5PB
	회청색		5B – 5PB
		밝은 회청색	5B – 5PB
		어두운 회청색	10B – 5PB
	검은 파랑		10B – 2.5PB
남색			5PB – 10PB
		밝은 남색	7.5PB
		흐린 남색	5PB – 7.5PB
		어두운 남색	5PB – 10PB
	회남색		7.5PB
	검은 남색		5PB – 10PB

(계속)

기본색이름	조합색이름	수식형용사 적용 색채표현	색상범위
보라			7.5PB – 10P
		선명한 보라	10PB – 10P
		밝은 보라	7.5PB – 10P
		진한 보라(진보라)	2.5P – 10P
		연한 보라(연보라)	7.5PB – 7.5P
		흐린 보라	7.5PB – 10P
		탁한 보라	7.5PB – 10P
		어두운 보라	10PB – 10P
	흰 보라		7.5PB – 7.5P
	회보라		7.5PB – 10P
		밝은 회보라	7.5PB – 7.5P
		어두운 회보라	10PB – 10P
	검은 보라		2.5P – 10P
자주			2.5RP – 2.5R
		선명한 자주	2.5RP – 10RP
		밝은 자주	2.5RP – 10RP
		진한 자주	2.5RP – 7.5RP
		연한 자주	2.5RP – 10RP
		흐린 자주	2.5RP – 10RP
		탁한 자주	2.5RP – 10RP
		어두운 자주	2.5RP – 7.5RP
	빨간 자주(적자색)		10RP – 2.5R
		진한 적자색	10RP – 2.5R
		탁한 적자색	10RP
		어두운 적자색	10RP – 2.5R
	회자주		2.5RP – 10RP
		어두운 회자주	2.5RP – 10RP
	검은 자주		2.5RP – 10RP
분홍			10P – 7.5YR
		진한 분홍(진분홍)	7.5RP – 7.5R
		연한 분홍(연분홍)	7.5RP – 7.5R
		흐린 분홍	7.5RP – 7.5R
		탁한 분홍	7.5RP – 7.5R
	노란 분홍		10R – 5YR
		진한 노란 분홍	10R
		연한 노란 분홍	10R – 5YR
		흐린 노란 분홍	10R – 5YR
		탁한 노란 분홍	10R

(계속)

기본색이름	조합색이름	수식형용사 적용 색채표현	색상범위
	흰 분홍		10P – 7.5YR
	회분홍		10P – 7.5YR
		밝은 회분홍	10P – 7.5YR
	자줏빛 분홍		10P – 5RP
		진한 자줏빛 분홍	2.5RP – 5RP
		연한 자줏빛 분홍	10P – 5RP
		흐린 자줏빛 분홍	10P – 5RP
		탁한 자줏빛 분홍	10P – 5RP
갈색			7.5R – 5GY
		밝은 갈색	5YR – 7.5YR
		진한 갈색	2.5YR – 10YR
		연한 갈색	2.5YR – 5YR
		흐린 갈색	2.5YR – 7.5YR
		탁한 갈색	2.5YR – 2.5Y
		어두운 갈색	2.5YR – 2.5Y
	빨간 갈색(적갈색)		7.5R – 10R
		밝은 적갈색	10R
		진한 적갈색	7.5R – 10R
		흐린 적갈색	10R
		탁한 적갈색	7.5R – 10R
		어두운 적갈색	7.5R – 10R
	노란 갈색(황갈색)		10YR – 7.5Y
		밝은 황갈색	10YR – 7.5Y
		연한 황갈색	10YR – 7.5Y
		흐린 황갈색	10YR – 7.5Y
		탁한 황갈색	10YR – 7.5Y
	녹갈색		5Y – 5GY
		밝은 녹갈색	10Y – 2.5GY
		흐린 녹갈색	10Y – 2.5GY
		탁한 녹갈색	5Y – 5GY
		어두운 녹갈색	5Y – 5GY
	회갈색		10R – 7.5Y
		어두운 회갈색	10R – 7.5Y
	검은 갈색(흑갈색)		10R – 7.5Y

(계속)

기본색이름	조합색이름	수식형용사 적용 색채표현	색상범위
하양			
	노란 하양		10YR − 2.5GY
	초록빛 하양		5GY − 7.5BG
	파란 하양		10BG − 5PB
	보랏빛 하양		7.5PB − 7.5P
	분홍빛 하양		10P − 7.5YR
회색			
		밝은 회색 어두운 회색	N7 − N8 N3 − N4
	빨간 회색(적회색)		2.5RP − 7.5R
		어두운 적회색	2.5RP − 7.5R
	노란 회색(황회색)		10YR − 2.5GY
	초록빛 회색(녹회색)		10Y − 7.5BG
		밝은 녹회색 어두운 녹회색	5GY − 7.5BG 10Y − 7.5BG
	파란 회색(청회색)		10BG − 7.5PB
		밝은 청회색 어두운 청회색	10BG − 5PB 10BG − 7.5PB
	보랏빛 회색		7.5PB − 10P
		밝은 보랏빛 회색 어두운 보랏빛 회색	7.5PB − 7.5P 10PB − 10P
	분홍빛 회색		10P − 7.5YR
	갈회색		10R − 7.5Y
		어두운 갈회색	10R − 7.5Y
검정			
	빨간 검정		2.5RP − 7.5R
	초록빛 검정		10Y − 7.5BG
	파란 검정		10BG − 7.5PB
	보랏빛 검정		10PB − 10P
	갈흑색		10R − 7.5Y

우리말 계통색이름

색의 3속성

KS A 0062에 의한 표시와 계통색이름의 관계를 [부도 1~40]에 나타낸다.

기본 색이름	계통색이름	기본 색이름	계통색이름	기본 색이름	계통색이름
빨강	선명한 빨강 밝은 빨강 진(한) 빨강 흐린 빨강 탁한 빨강 어두운 빨강 회적색 어두운 회적색 검은 빨강	연두	선명한 연두 밝은 연두 진한 연두 연한 연두 흐린 연두 탁한 연두 노란 연두 선명한 노란연두 밝은 노란연두 진한 노란연두 연한 노란연두 흐린 노란연두 탁한 노란연두 녹연두 선명한 녹연두 밝은 녹연두 연한 녹연두 흐린 녹연두 탁한 녹연두 흰 연두 회연두 밝은 회연두	청록	밝은 청록 진한 청록 연한 청록 흐린 청록 탁한 청록 어두운 청록 흰 청록 회청록 밝은 회청록 어두운 회청록 검은 청록
주황	선명한 주황 밝은 주황 진(한) 주황 흐린 주황 탁한 주황 빨간 주황 선명한 빨간주황 밝은 빨간주황 탁한 빨간주황 노란 주황 선명한 노란주황 밝은 노란주황 진한 노란주황 연한 노란주황 흐린 노란주황 탁한 노란주황			파랑	선명한 파랑 밝은 파랑 진(한) 파랑 연(한) 파랑 흐린 파랑 탁한 파랑 어두운 파랑 흰 파랑 회청색 밝은 회청색 어두운 회청색 검은 파랑
노랑	선명한 노랑 진(한) 노랑 연(한) 노랑 흐린 노랑 흰 노랑 회황색 밝은 회황색	초록	선명한 초록 밝은 초록 진(한) 초록 연(한) 초록 흐린 초록 탁한 초록 어두운 초록 흰 초록 회록색 밝은 회록색 어두운 회록색 검은 초록	남색	밝은 남색 흐린 남색 어두운 남색 회남색 검은 남색
				보라	선명한 보라 밝은 보라 진(한) 보라 연(한) 보라

(계속)

기본 색이름	계통색이름	기본 색이름	계통색이름	기본 색이름	계통색이름
보라	흐린 보라 탁한 보라 어두운 보라 흰보라 회보라 밝은 회보라 어두운 회보라 검은 보라	분홍	회분홍 밝은 회분홍 자줏빛 분홍 진한 자줏빛 분홍 연한 자줏빛 분홍 흐린 자줏빛 분홍 탁한 자줏빛 분홍	하양	노란 하양 초록빛 하양 파란 하양 보랏빛 하양 분홍빛 하양
자주	선명한 자주 밝은 자주 진한 자주 연한 자주 흐린 자주 탁한 자주 어두운 자주 빨간 자주(적자색) 진한 적자색 탁한 적자색 어두운 적자색 회자주 어두운 회자주 검은 자주	갈색	밝은 갈색 진한 갈색 연한 갈색 흐린 갈색 탁한 갈색 어두운 갈색 빨간 갈색(적갈색) 밝은 적갈색 진한 적갈색 흐린 적갈색 탁한 적갈색 어두운 적갈색 노란 갈색(황갈색) 밝은 황갈색 연한 황갈색 흐린 황갈색 탁한 황갈색 녹갈색 밝은 녹갈색 흐린 녹갈색 탁한 녹갈색 어두운 녹갈색 회갈색 어두운 회갈색 검은 갈색(흑갈색)	회색	빨간 회색(적회색) 어두운 적회색 노란 회색(황회색) 녹회색 밝은 녹회색 어두운 녹회색 파란 회색(청회색) 밝은 청회색 어두운 청회색 보랏빛 회색 보랏빛 회색 밝은 보랏빛 회색 어두운 보랏빛 회색 분홍빛 회색 갈회색 어두운 갈회색
분홍	진(한) 분홍 연(한) 분홍 흐린 분홍 탁한 분홍 노란 분홍 진한 노란분홍 연한 노란분홍 흐린 노란분홍 흰 분홍			검정	빨간 검정 초록빛 검정 파란 검정 보랏빛 검정 갈흑색

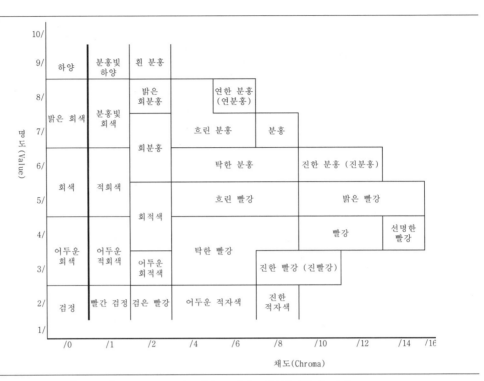

[부도 1] 색의 3속성에 의한 표시와 계통색이름의 관계 2.5R

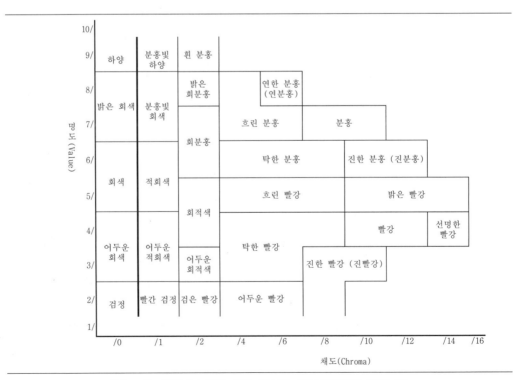

[부도 2] 색의 3속성에 의한 표시와 계통색이름의 관계 5R

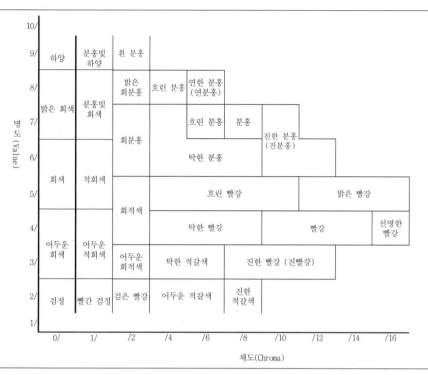

[부도 3] 색의 3속성에 의한 표시와 계통색이름의 관계 7.5R

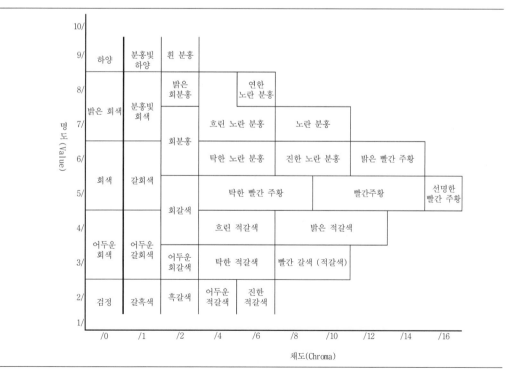

[부도 4] 색의 3속성에 의한 표시와 계통색이름의 관계 10R

2. 우리말 계통색이름 **235**

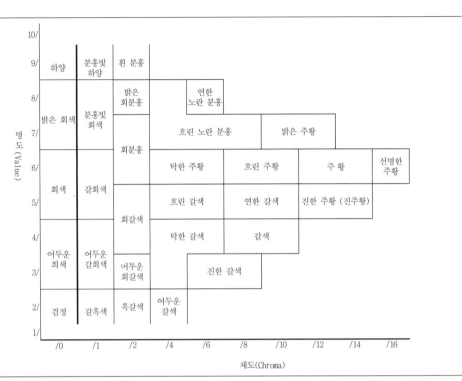

[부도 5] 색의 3속성에 의한 표시와 계통색이름의 관계 2.5YR

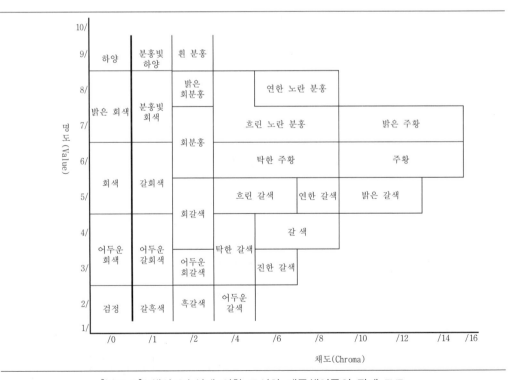

[부도 6] 색의 3속성에 의한 표시와 계통색이름의 관계 5YR

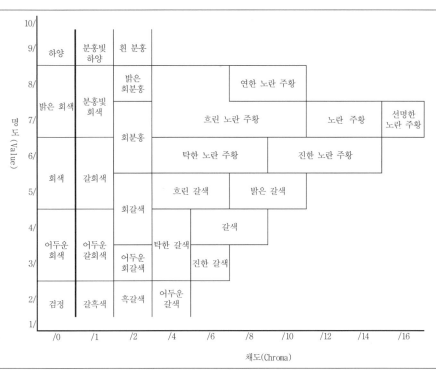

[부도 7] 색의 3속성에 의한 표시와 계통색이름의 관계 7.5YR

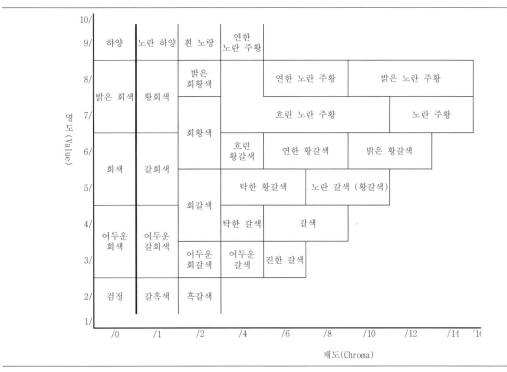

[부도 8] 색의 3속성에 의한 표시와 계통색이름의 관계 10YR

2. 우리말 계통색이름 **237**

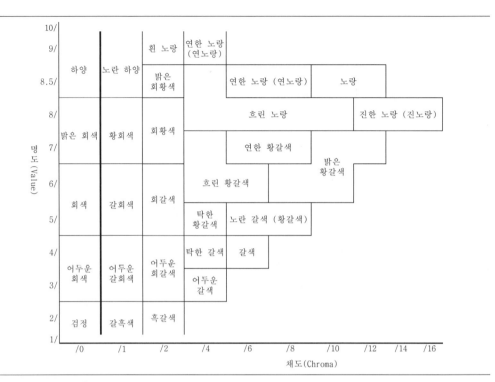

[부도 9] 색의 3속성에 의한 표시와 계통색이름의 관계 2.5Y

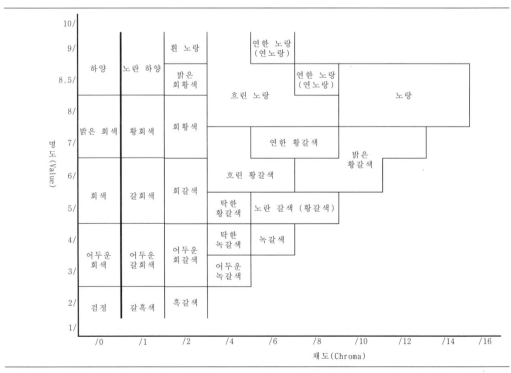

[부도 10] 색의 3속성에 의한 표시와 계통색이름의 관계 5Y

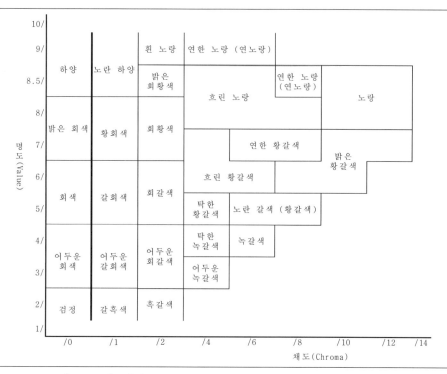

[부도 11] 색의 3속성에 의한 표시와 계통색이름의 관계 7.5Y

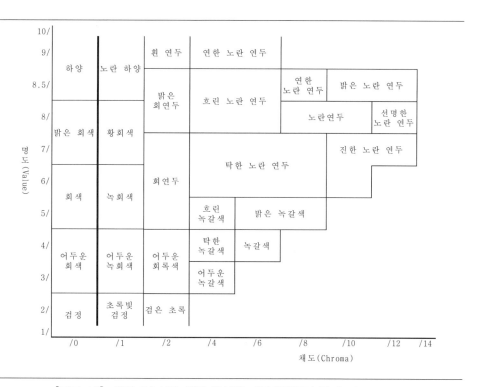

[부도 12] 색의 3속성에 의한 표시와 계통색이름의 관계 10Y

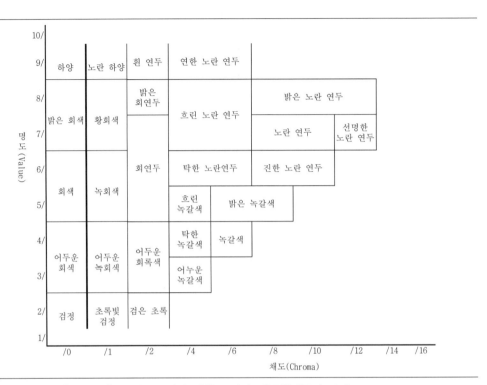

[부도 13] 색의 3속성에 의한 표시와 계통색이름의 관계 2.5GY

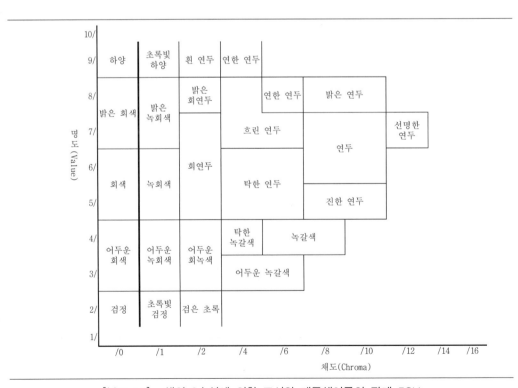

[부도 14] 색의 3속성에 의한 표시와 계통색이름의 관계 5GY

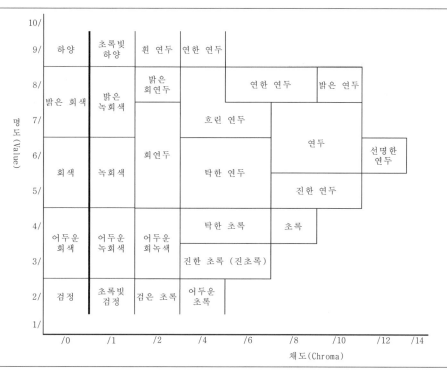

[부도 15] 색의 3속성에 의한 표시와 계통색이름의 관계 7.5GY

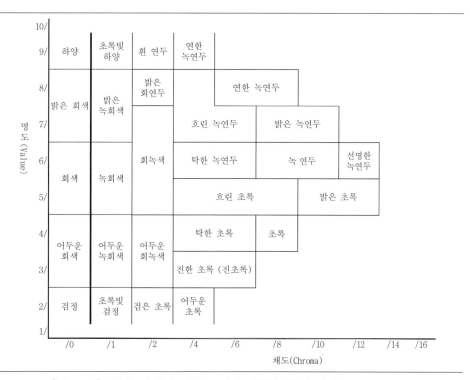

[부도 16] 색의 3속성에 의한 표시와 계통색이름의 관계 10GY

2. 우리말 계통색이름 **241**

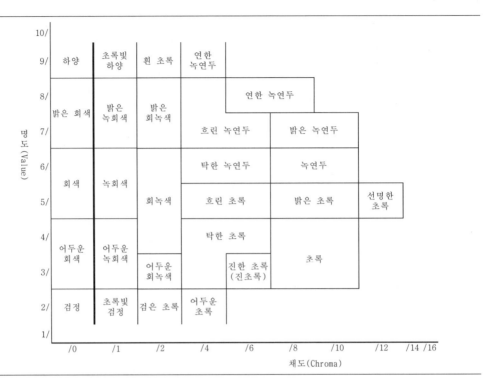

[부도 17] 색의 3속성에 의한 표시와 계통색이름의 관계 2.5G

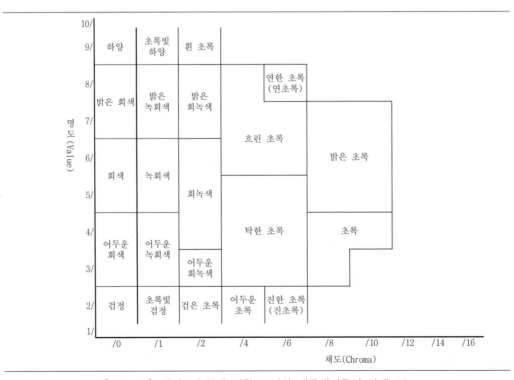

[부도 18] 색의 3속성에 의한 표시와 계통색이름의 관계 5G

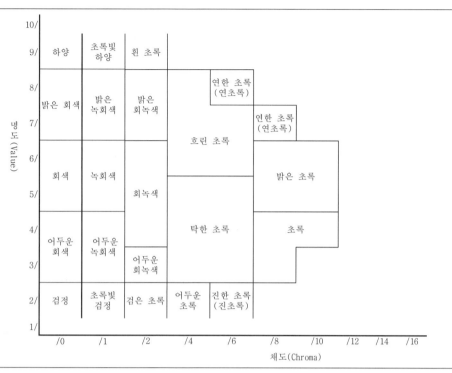

[부도 19] 색의 3속성에 의한 표시와 계통색이름의 관계 7.5G

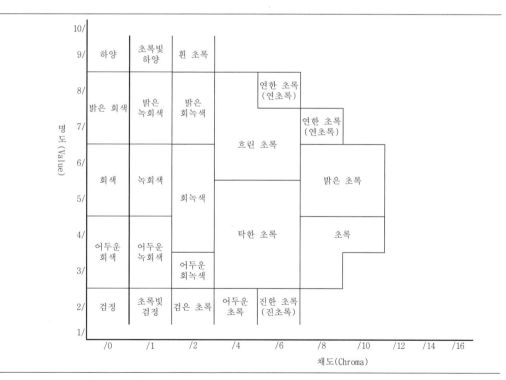

[부도 20] 색의 3속성에 의한 표시와 계통색이름의 관계 10G

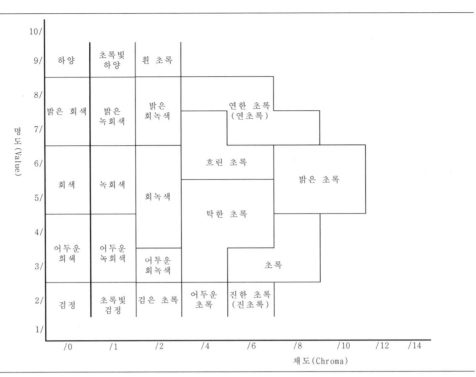

[부도 21] 색의 3속성에 의한 표시와 계통색이름의 관계 2.5BG

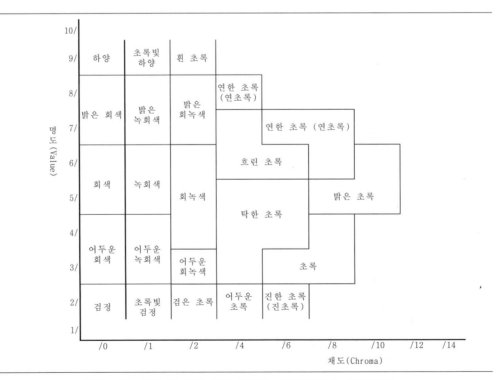

[부도 22] 색의 3속성에 의한 표시와 계통색이름의 관계 5BG

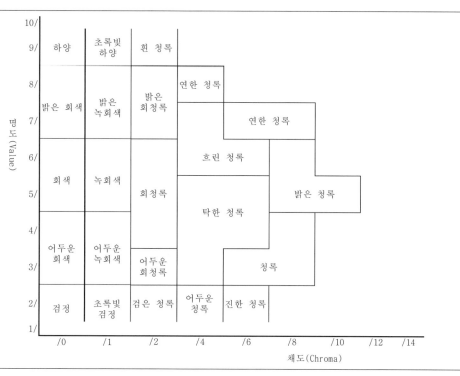

[부도 23] 색의 3속성에 의한 표시와 계통색이름의 관계 7.5BG

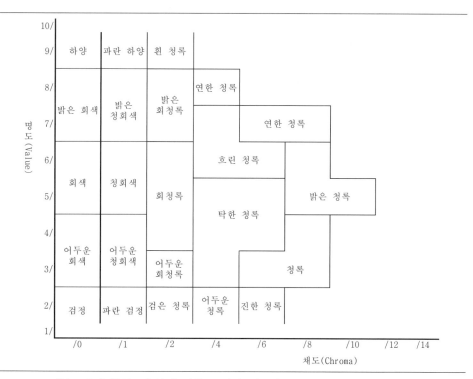

[부도 24] 색의 3속성에 의한 표시와 계통색이름의 관계 10BG

2. 우리말 계통색이름 **245**

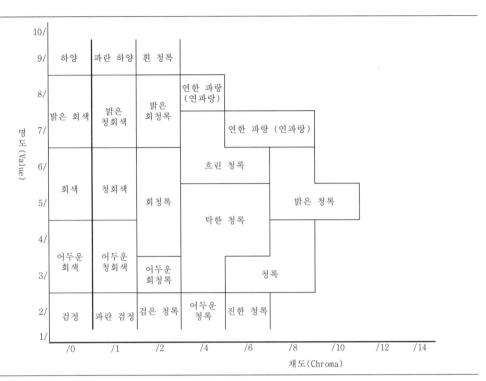

[부도 25] 색의 3속성에 의한 표시와 계통색이름의 관계 2.5B

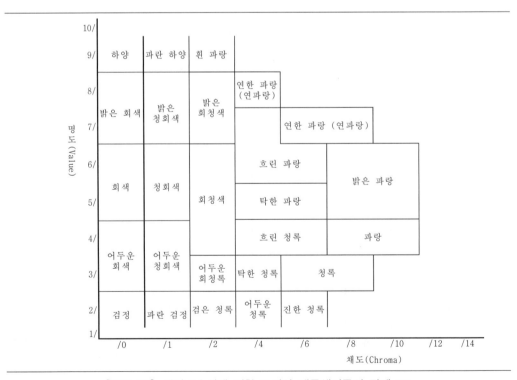

[부도 26] 색의 3속성에 의한 표시와 계통색이름의 관계 5B

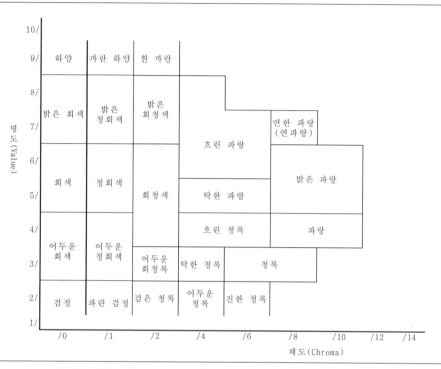

[부도 27] 색의 3속성에 의한 표시와 계통색이름의 관계 7.5B

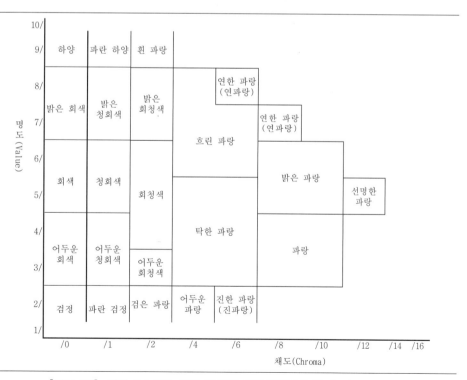

[부도 28] 색의 3속성에 의한 표시와 계통색이름의 관계 10B

2. 우리말 계통색이름 **247**

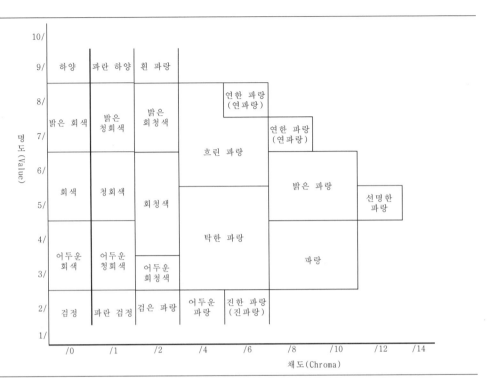

[부도 29] 색의 3속성에 의한 표시와 계통색이름의 관계 2.5PB

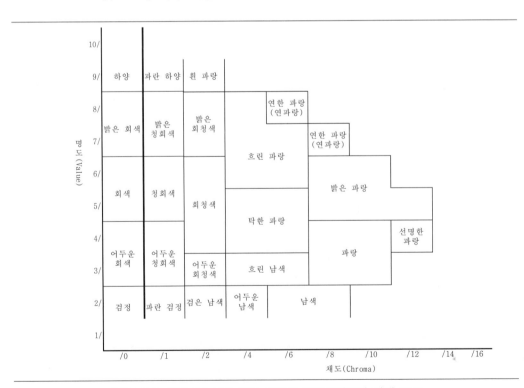

[부도 30] 색의 3속성에 의한 표시와 계통색이름의 관계 5PB

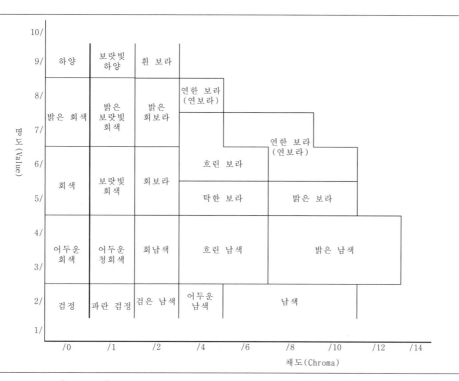

[부도 31] 색의 3속성에 의한 표시와 계통색이름의 관계 7.5PB

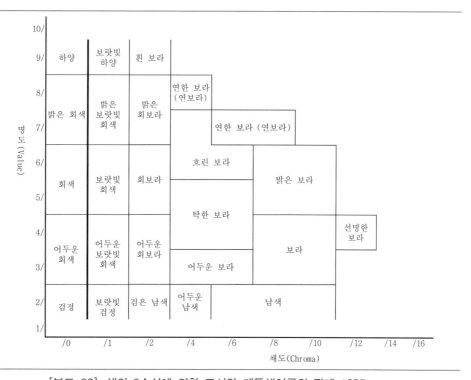

[부도 32] 색의 3속성에 의한 표시와 계통색이름의 관계 10PB

2. 우리말 계통색이름 **249**

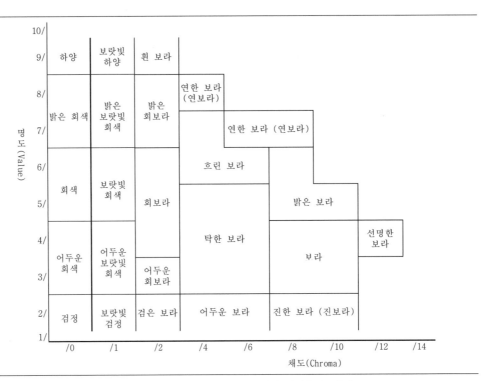

[부도 33] 색의 3속성에 의한 표시와 계통색이름의 관계 2.5P

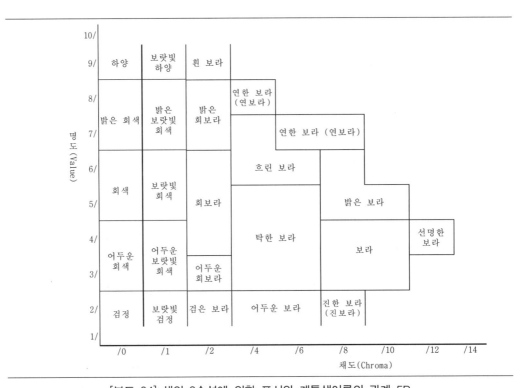

[부도 34] 색의 3속성에 의한 표시와 계통색이름의 관계 5P

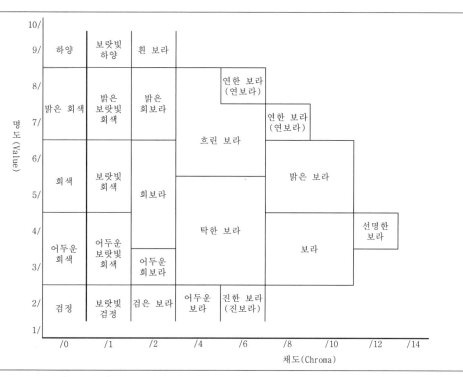

[부도 35] 색의 3속성에 의한 표시와 계통색이름의 관계 7.5P

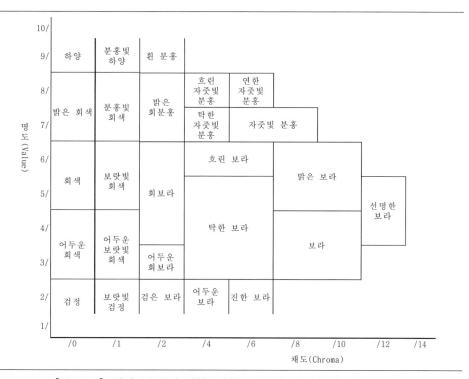

[부도 36] 색의 3속성에 의한 표시와 계통색이름의 관계 10P

2. 우리말 계통색이름 **251**

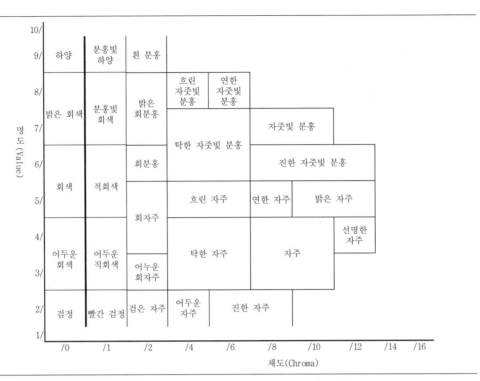

[부도 37] 색의 3속성에 의한 표시와 계통색이름의 관계 2.5RP

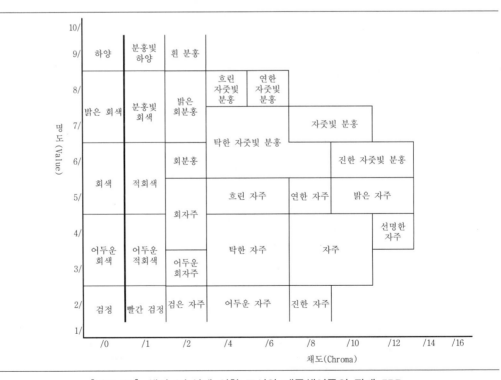

[부도 38] 색의 3속성에 의한 표시와 계통색이름의 관계 5RP

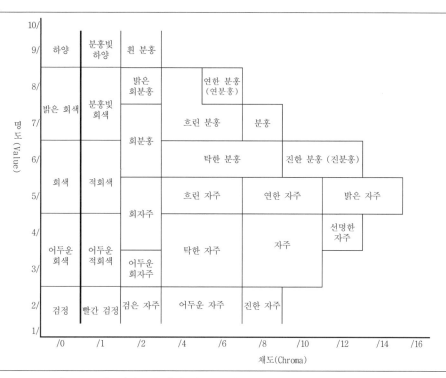

[부도 39] 색의 3속성에 의한 표시와 계통색이름의 관계 7.5RP

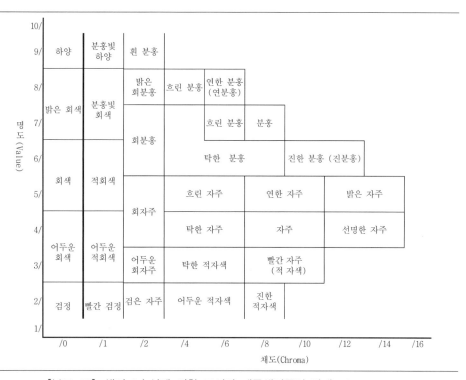

[부도 40] 색의 3속성에 의한 표시와 계통색이름의 관계 10RP

2. 우리말 계통색이름 **253**

(1) 관용색이름 적용범위

계통색이름에 따르기 어려울 경우에는 [표 A-8]에 나타낸 관용색이름을 사용해도 된다.

(2) 관용색이름의 수식어

관용색이름에서 필요한 경우는 (8)(224쪽 참조)에 나타낸 수식어를 사용하여도 무방하다.

(3) 색이름 말미의 '색'의 취급방법

관용색이름은 말미에 '색'을 붙여서 사용한다. 또한 아래 표에 나타낸 관용색이름에서 다른 명칭과 혼동될 우려가 없을 경우에는 색이름 말미의 '색'을 생략하여도 된다.

[표 A-8] 관용색이름

관용색이름	대응하는 계통색이름에 의한 표시	대표적인 색의 3속성에 의한 표시(참고)[주]	대응영어(참고)
벚꽃색	흰 분홍	2.5R 9/2	cherry blossom
카네이션핑크	연한 분홍(연분홍)	2.5R 8/6	carnation pink
루비색	진한 빨강(진빨강)	2.5R 3/10	ruby
크림슨	진한 빨강(진빨강)	2.5R 3/10	crimson
베이비핑크	흐린 분홍	5R 8/4	baby pink
홍색	밝은 빨강	5R 5/14	
연지색	밝은 빨강	5R 5/12	madder red
딸기색	선명한 빨강	5R 4/14	strawberry
카민	빨강	5R 4/12	carmine
장미색	진한 빨강(진빨강)	5R 3/10	rose
자두색	진한 빨강(진빨강)	5R 3/10	plum
팥색	탁한 빨강	5R 3/6	
와인레드	진한 빨강(진빨강)	5R 2/8	wine red
복숭아색	연한 분홍(연분홍)	7.5R 8/6	peach
산호색	분홍	7.5R 7/8	coral
선홍	밝은 빨강	7.5R 5/16	

(계속)

관용색이름	대응하는 계통색이름에 의한 표시	대표적인 색의 3속성에 의한 표시(참고)^{주)}	대응영어(참고)
다홍	밝은 빨강	7.5R 5/14	
빨강	빨강	7.5R 4/14	red
토마토색	빨강	7.5R 4/12	tomato
사과색	진한 빨강(진빨강)	7.5R 3/12	apple
진홍	진한 빨강(진빨강)	7.5R 3/12	
석류색	진한 빨강(진빨강)	7.5R 3/10	pomegranate
홍차색	진한 빨강(진빨강)	7.5R 3/8	
새먼핑크	노란 분홍	10R 7/8	salmon pink
주색	선명한 빨강 주황	10R 5/16	vermilion
주홍	빨간 주황	10R 5/14	
적갈	빨간 갈색(적갈색)	10R 3/10	reddish brown
대추색	빨간 갈색(적갈색)	10R 3/10	
벽돌색	탁한 적갈색	10R 3/6	
주황	주황	2.5YR 6/14	orange
당근색	주황	2.5YR 6/12	carrot
감색[과일]	진한 주황(진주황)	2.5YR 5/14	persimmon
적황	진한 주황(진주황)	2.5YR 5/12	
구리색	갈색	2.5YR 4/8	copper
코코아색	탁한 갈색	2.5YR 3/4	cocoa
고동색	어두운 갈색	2.5YR 2/4	
살구색	연한 노란 분홍	5YR 8/8	apricot
갈색	갈색	5YR 4/8	brown
밤색	진한 갈색	5YR 3/6	chestnut brown
초콜릿색	흑갈색	5YR 2/2	chocolate
계란색	흐린 노란 주황	7.5YR 8/4	eggshell
귤색	노란 주황	7.5YR 7/14	tangerine
호박(琥珀)색[광물]	진한 노란 주황	7.5YR 6/10	amber
가죽색	탁한 노란 주황	7.5YR 6/6	buff
캐러멜색	밝은 갈색	7.5YR 5/8	caramel
커피색	탁한 갈색	7.5YR 3/4	coffee
흑갈	흑갈색	7.5YR 2/2	blackish brown
진주색	분홍빛 하양	10YR 9/1	pearl

관용색이름	대응하는 계통색이름에 의한 표시	대표적인 색의 3속성에 의한 표시(참고)^{주)}	대응영어(참고)
호박색[채소]	노한 주황	10YR 7/14	pumpkin
황토색	밝은 황갈색	10YR 6/10	yellow ocher
황갈	노란 갈색(황갈색)	10YR 5/10	yellowish brown
호두색	탁한 황갈색	10YR 5/6	walnut
점토색	탁한 갈색	10YR 4/4	clay
세피아	흑갈색	10YR 2/2	sepia
베이지	흐린 노랑	2.5Y 8.2/4	beige
해바라기색	진한 노랑(진노랑)	2.5Y 8/14	sunflower
노른자색	신한 노랑(신노랑)	2.5Y 8/12	yolk yellow
금발색	연한 황갈색	2.5Y 7/6	blond
모래색	회황색	2.5Y 7/2	sand
베이지그레이	황회색	2.5Y 7/1	beige gray
카키색	탁한 황갈색	2.5Y 5/4	khaki
청동색	탁한 갈색	2.5Y 4/4	bronze
모카색	어두운 갈색	2.5Y 3/4	mocha
크림색	흐린 노랑	5Y 9/4	cream
연미색	흰 노랑	5Y 9/2	mayonnaise
상아색	흰 노랑	5Y 9/2	ivory
우유색	노란 하양	5Y 9/1	milk
노랑	노랑	5Y 8.5/14	yellow
개나리색	노랑	5Y 8.5/14	forsythia
병아리색	노랑	5Y 8.5/10	
바나나색	노랑	5Y 8/12	banana
겨자색	밝은 황갈색	5Y 7/10	mustard
레몬색	노랑	7.5Y 8.5/12	lemon
참다래색(키위색)	녹갈색	7.5Y 4/6	kiwi
황록색	진한 노란 연두	10Y 6/10	yellowish green
올리브색	녹갈색	10Y 4/6	olive
국방색	어두운 녹갈색	2.5GY 3/4	
청포도색	연두	5GY 7/10	
풀색	진한 연두	5GY 5/8	grass green
쑥색	탁한 녹갈색	5GY 4/4	artemisia(green)

(계속)

관용색이름	대응하는 계통색이름에 의한 표시	대표적인 색의 3속성에 의한 표시(참고)[주]	대응영어(참고)
올리브그린	어두운 녹갈색	5GY 3/4	olive green
연두색	연두	7.5GY 7/10	yellow green
잔디색	진한 연두	7.5GY 5/8	lawn(green)
대나무색	탁한 초록	7.5GY 4/6	bamboo
멜론색	연한 녹연두	10GY 8/6	melon
백옥색	흰 초록	2.5G 9/2	
초록	초록	2.5G 4/10	green
에메랄드그린	밝은 초록	5G 5/8	emerald green
옥색	흐린 초록	7.5G 8/6	jade
수박색	초록	7.5G 3/8	
상록수색	초록	10G 3/8	evergreen
피콕그린	청록	7.5BG 3/8	peacock green
청록	청록	10BG 3/8	blue green
물색	연한 파랑(연파랑)	5B 7/6	aqua blue
하늘색	연한 파랑(연파랑)	7.5B 7/8	sky blue
시안	밝은 파랑	7.5B 6/10	cyan
세룰리안블루	파랑	7.5B 4/10	cerulean blue
파스텔블루	연한 파랑(연파랑)	10B 8/6	pastel blue
파우더블루	흐린 파랑	10B 8/4	powder blue
스카이그레이	밝은 회청색	10B 8/2	sky gray
바다색	파랑	10B 4/8	
박하색	흰 파랑	2.5PB 9/2	mint
파랑	파랑	2.5PB 4/10	blue
프러시안블루	진한 파랑(진파랑)	2.5PB 2/6	prussian blue
인디고블루	어두운 파랑	2.5PB 2/4	indigo blue
비둘기색	회청색	5PB 6/2	dove
코발트블루	파랑	5PB 3/10	cobalt blue
사파이어색	탁한 파랑	5PB 3/6	sapphire
남청	남색	5PB 2/8	
감(紺)색	어두운 남색	5PB 2/4	navy blue
라벤더색	연한 보라(연보라)	7.5PB 7/6	lavender
군청	남색	7.5PB 2/8	ultramarine blue

(계속)

관용색이름	대응하는 계통색이름에 의한 표시	대표적인 색의 3속성에 의한 표시(참고)[주]	대응영어(참고)
남색	남색	7.5PB 2/6	bluish violet
남보라	남색	10PB 2/6	
라일락색	연한 보라(연보라)	5P 8/4	lilac
보라	보라	5P 3/10	purple
포도색	탁한 보라	5P 3/6	grape
진보라	진한 보라(진보라)	5P 2/8	
마젠타	밝은 자주	5RP 5/14	magenta
꽃분홍	밝은 자주	7.5RP 5/14	
진달래색	밝은 자주	7.5RP 5/12	azalea
자주	자주	7.5RP 3/10	reddish purple
연분홍	연한 분홍(연분홍)	10RP 8/6	
분홍	분홍	10RP 7/8	pink
로즈핑크	분홍	10RP 7/8	rose pink
포도주색	진한 적자색	10RP 2/8	wine
하양(흰색)	하양	N9.5	white
흰눈색	하양	N9.25	white snow
은회색	밝은 회색	N8.5	silver gray
시멘트색	회색	N6	cement
회색	회색	N5	gray
쥐색	어두운 회색	N4.25	
목탄색	검정	N2	charcoal gray
먹색	검정	N1.25	
검정(검은색)	검정	N0.5	black
금색			
은색			

주) 대표색의 좌표값을 KS A 0062에 의한 표기방법에 기초하여 먼셀표색계에 따라 표시하였다. 이 값은 연상되는 색의 합의반응과 최빈값에 의해 결정된 것으로 색이름에 대한 색채영역의 중심값이 아니며 유일한 대표성을 갖는 것도 아니다. 따라서 여기에 나타낸 색좌표값은 보조적 참고자료로만 활용할 수 있다.

부록 Ⅱ

과년도 출제문제

01 다음 중 식당에서 식욕을 증진시키기 위한 색으로 사용하기 가장 적절한 것은?

① R–RP 계통의 명도 4 정도
② Y–GY 계통의 명도 4 정도
③ B–PB 계통의 채도 6 정도
④ R–YR 계통의 채도 6 정도

해설 식욕을 촉진시켜 주는 색
㉠ 빨간색 : 매운맛이 연상되듯 자극적이면서 사람을 흥분하게 만드는 빨간색은 강렬한 색상 때문에 식욕을 강하게 느끼게 한다.
㉡ 노란색 : 밝고 부드러우며 명랑한 느낌의 노란색은 신맛과 달콤한 맛을 동시에 느끼게 하여 식욕을 촉진시킨다
㉢ 주홍색 : 빨간색보다는 자극적이지 않지만 달콤한 맛과 부드러운 맛을 동시에 느끼게 한다. 그리고 식욕을 촉진시키고 포만감을 못 느끼게 해서 과식할 우려가 높은 색이다.

02 잔상이나 대비현상을 간단하게 설명할 수 있는 색각이론을 만든 사람은?

① 영·헬름홀츠   ② 헤링
③ 오스트발트   ④ 먼셀

해설 헤링의 4원색설(Hering's color theory) – 헤링의 반대색설
생리학자 헤링(Ewald Hering, 1834~1918)은 1872년에 영·헬름홀츠의 3원색설에 대해 발표한 반대색설로 3종의 망막 시세포, 이른바 백흑 시세포, 적록 시세포, 황청 시세포의 3대 6감각을 색의 기본감각으로 하고 이것들의 시세포는 빛의 자극을 받는 것에 따라서 각각 동화작용 또는 이화작용이 일어나고 모든 색의 감각이 생긴다는 이론이다. 헤링의 4원색은 적(red)·녹(green)·황(yellow)·청(blue)이다. 헤링의

4원색설을 기본으로 하여 색상 분할을 원주의 4등분이 서로 보색이 되도록 하였다. 이 색설은 색의 대비 현상이나 음성잔상을 매우 용이하게 설명할 수 있다

03 오스트발트 색체계의 색채조화 원리가 아닌 것은?

① 등백계열   ② 등흑계열
③ 등순계열   ④ 등명계열

해설 오스트발트의 색채조화론의 등색상 삼각형(등색상 삼각형에서의 조화)
㉠ 등백색 계열의 조화 : 등색상 삼각형에서 백색량(W)이 같은 평행선상에 있는 색들. 백색량이 모두 같은 색의 계열로 색표기에서 백색량을 나타내는 앞의 기호가 같다.
㉡ 등흑색 계열의 조화 : 등색상 삼각형에서 흑색량(B)이 같은 평행선상에 있는 모든 색들. 흑색량이 모두 같은 색의 계열로 색표기에서 흑색량을 나타내는 뒤의 기호가 같다.
㉢ 등순색 계열의 조화 : 등색상 삼각형에서 무채색 축과 평행한 선상에 있는 모든 색들. 순색의 양이 모두 같아 보이는 계열을 말한다.
㉣ 등색상 계열의 조화 : 먼저 등순색 계열 속에서 2색을 선택하고 이들의 등백계열, 등흑계열의 교점에 해당하는 색을 선택하면 된다.

04 빛의 강도가 바뀌거나 눈의 순응상태가 바뀌어도 눈에 보이는 색은 변하는 것이 아니라는 것을 경험하는 현상은?

① 색순응
② 암순응
③ 명순응
④ 무채순응

해설 순응상태

ㄱ 색순응 : 눈이 조명·빛, 즉 색광에 대하여 익숙해
지면서 순응하는 것이다.

ㄴ 명순응 : 추상체가 시야의 밝기에 따라서 감도가
작용하고 있는 상태를 눈의 명순응이라 하고 눈
이 밝은 빛에 익숙해지는 현상을 말한다

ㄷ 암순응 : 간상체가 시야의 어둠에 순응하는 것을
암순응이라고 한다.

ㄹ 무채순응(achromatic adaptation) : 백색광에
대해 순응하는 것을 말한다.

05 색채의 강약감과 관련이 있는 색의 속성은?

① 채도　　　　　② 명도
③ 색상　　　　　④ 배색

해설 색채의 강약감

명도에도 관계되지만 주로 채도의 높고 낮음에 관련
이 있다. 강한 느낌의 색을 톤으로 말하면 밝은, 선명
한, 아주 강한 등으로 표현하고 채도가 낮은 색은
약한 느낌을 주는데, 이것은 엷은, 선명하지 못한,
회색 기미 등으로 표현한다.

06 다음 중 가시광선의 파장영역은?

① 약 380~780nm
② 약 300~600nm
③ 약 300~650nm
④ 약 490~900nm

해설 가시광선(visible light)

눈으로 지각되는 파장범위를 가진 빛으로 380~
780nm(nanometer) 범위의 파장을 가진 전자파를
말한다. 적색(723~647nm), 등색(647~585nm), 황
색(585~575nm), 녹색(575~492nm), 청색(492~
455nm), 남색(455~424nm), 자색(424~397nm).

07 망막에서 명소시의 색채시각과 관련된 광수용
이 이루어지는 부분은?

① 간상체　　　　② 추상체
③ 봉상체　　　　④ 맹점

해설 간상체와 추상체

ㄱ 간상체 : 야간시(night vision)라고도 하며 흑백
으로만 인식하고 어두운 곳에서 반응, 사물의 움
직임에 반응하며 유채색의 지각은 없다

ㄴ 추상체(원추체) : 명소시(photopic vision)라고
도 하며 색상을 인식하고 밝은 곳에서 반응, 세부
내용을 파악하며 유채색의 지각을 일으킨다.

08 다음 중 순색의 채도가 높은 것끼리 짝지어진
것은?

① 노랑, 주황　　　② 회색, 초록
③ 연두, 청록　　　④ 초록, 파랑

해설 채도(chroma)

색의 맑기로 색의 선명도, 즉 색의 산뜻함이나 탁한
정도를 말한다.

ㄱ 어떠한 색상의 순색에 무채색(흰색이나 검정)의
포함량이 많을수록 채도가 낮아지고, 포함량이
적을수록 채도가 높아진다.

ㄴ 채도는 순색에 흰색을 섞으면 낮아진다.

09 먼셀기호 '5R 8/3'이 나타내는 의미는?

① 색상 5R, 채도 8, 명도 3
② 색상 5R, 명도 8, 채도 3
③ 색상 3R, 명도 8, 채도5
④ 색상 5R, 채도 11, 명도 3

해설 먼셀 표색계의 색표기

먼셀 표색계의 색표기(KS 규격)는 색상, 명도, 채도의
순으로 기입한다. H, V, C이며 HV/C로 표기된다.
5R 8/3은 5R은 중심이 되는 순색 빨강(red), 8은
명도, 3은 채도를 표시한다.

10 광원에 따라 물체의 색이 달라 보이는 것과는
달리 서로 다른 두 색이 어떤 광원 아래서는
같은 색으로 보이는 현상은?

① 연색성　　　　② 잔상
③ 분광반사　　　④ 메타메리즘

해설 메타메리즘(metamerism)

광원에 따라 물체의 색이 달라져 보이는 것과는 달리 분광반사율이 다른 두 가지의 색이 어떤 광원 아래서 같은 색으로 보이는 현상을 메타메리즘 또는 조건등 색이라 한다.

11 NCS 표기법의 'S2030-Y90R'에 대한 설명 중 틀린 것은?

① NCS색 견본 두 번째 판(second edition)을 뜻한다.
② 20%의 검정 색도와 30%의 유채 색도이다.
③ YR의 혼합비율로 90%의 빨강 색도를 띤 노란색이다.
④ 90%의 노란 색도를 띤 빨간색을 뜻한다.

해설 NCS(Natural Color System) 표색계

스웨덴 컬러센터(Sweden Color Center)에서 1979년 1차 NCS 색표집, 1995년 2차 NCS 색표집을 완성하여 스웨덴과 노르웨이, 스페인의 국가 표준색 제정에 기여한 표색계이다. 색은 6가지 심리 원색인 하양(W), 검정(B), 노랑(Y), 빨강(R), 파랑(B), 초록(G)을 기본으로 각각의 구성비로 나타내고, 하양량, 검정량, 순색량의 세 가지 속성 가운데 검정량(blackness)와 순색량(chromaticness)의 뉘앙스(nuance)만 표기한다. Y90R에서 Y는 색상을 말하며, YR의 혼합비율로 90%의 빨강 색도를 띤 노란색이다.

12 비렌(Faber Birren)의 색채조화론에서 다음 중 가장 밝으면서 부드러운 톤은?

① Shade   ② Tint
③ Gray   ④ Color

해설 비렌(Faber Birren)의 색채조화론

비렌은 독자적인 색채 체계인 비렌의 색삼각형이라고 불리는 개념도를 사용하여 색채조화를 설명하였는데, 색채의 미적 효과를 나타내는 최소 7가지 용어로 톤(tone), 흰색(white), 검은색(black), 회색(gray), 순색(color), 밝은 색조(tint), 어두운 색조(shade)가 필요하다고 하였다. 비렌의 조화이론은

색삼각형의 동일선상에 위치한 색상들은 어느 방향으로 연결되더라도 그 색들 간에는 관련된 시각적 요소가 포함되어 있기 때문에 서로 조화롭다는 것이다

13 색채조화에 관한 설명 중 틀린 것은?

① 색의 3속성을 고려한다.
② 색채조화에서 명도는 중요하지 않다.
③ 색상이 다르면 색조를 유사하게 한다.
④ 면적비에 따라 조화의 느낌이 달라질 수 있다.

해설 먼셀 색채조화의 원리

㉠ 중간채도의 반대색끼리는 중간회색 N5에서 연속성이 있으며, 같은 넓이로 배합하면 조화된다.
㉡ 명도는 같으나 채도가 다른 반대색끼리는 강한 채도에 작은 면적을 주면 조화된다.
㉢ 채도가 같고 명도가 다른 보색끼리는 회색척도에 관하여 정연한(일정한) 간격을 주면 조화된다.
㉣ 채도가 모두 다른 반대색끼리는 회색척도에 준하여 정연한(일정한) 간격을 주면 조화된다.

14 JPG와 GIF의 장점만을 가진 포맷으로 트루컬러를 지원하고 비손실 압축을 사용하여 이미지 변형 없이 원래 이미지를 웹상에 그대로 표현할 수 있는 포맷 형식은?

① PCX
② BMP
③ PNG
④ PDF

해설 PNG(portable network graphics)

웹에서 최상의 비트맵 이미지를 구현하기 위해 W3C(World Wide Web Consortium)에서 제정한 파일 포맷 보통 '핑'이라고 발음하며, 지금까지 웹상의 표준 이미지 파일 포맷인 GIF의 대안으로 개발되었다. 이 포맷은 24바이트의 이미지를 처리하면서 어떤 경우는 GIF보다 작은 용량으로도 이미지 표현이 가능하고 원 이미지에 전혀 손상을 주지 않는 압축과 완벽한 알파 채널(alpha channel)을 지원하는 등 이전에는 불가능했던 다양한 기능을 포함하고 있다.

정답 11 ④   12 ②   13 ②   14 ③

15 색의 3속성 중 명도의 의미는?

① 색의 이름

② 색의 맑고 탁함의 정도

③ 색의 밝고 어두움의 정도

④ 색의 순도

해설 **색의 3속성**

㉠ 색상(hue) : 색깔이 구별되는 계통적 성질

㉡ 명도(value) : 색상의 밝고 어두움의 정도. 명도 단계는 N0(검정), N1, N2, …, N9.5(흰색)까지 11단계로 되어 있다.

㉢ 채도(chroma) : 색상의 맑고 탁함의 정도(선명한 정도). 채도 단계는 1, 2, 3, 4, 6, 8, 10, 12, 14 단계로 되어 있다.

16 관용색명 중 원료에 따른 색명으로 맞는 것은?

① 피콕그린　　② 베이지

③ 라벤더　　　④ 세피아

해설 **관용색명(慣用色名, individual color name)**

고유색명 중에서 비교적 잘 알려져 예부터 습관적으로 사용되고 있는 색명을 말한다. 고유한 색명으로는 동물, 식물, 지명, 인명 등이 있으며, 쥐색, 새먼핑크(salmon pink, 연어살색), 피콕블루(peacock blue) 등의 동물과 관련된 색이름 및 밤색, 살구색, 호박색, 올리브(olive) 등 식물과 관련된 이름, 광물 또는 보석과 관련된 에메랄드그린(emerald green) 등이 있다. 원료에 따른 색명으로는 코발트블루(cobalt blue), 세피아(sepia, 보랏빛이 도는 갈색 안료) 등이 있다.

17 어둠이 깔리기 시작하면 추상체와 간상체가 작용하여 상이 흐릿하게 보이는 상태는?

① 시감도　　　② 박명시

③ 항상성　　　④ 색순응

해설 **박명시(薄明視, mesopic vision)**

주간시와 야간시, 명소시와 암소시의 중간 상태의 추상체와 간상체 양쪽이 작용하는 시각의 상태로, 박명시는 주간시나 야간시와 다른 밝기의 감도를 갖게 되나 색상의 변별력은 약하다.

18 다음 중 주택의 색채조절에 있어서 조명이 가장 밝아야 하는 곳은?

① 거실　　　　② 침실

③ 부엌　　　　④ 복도

해설 **주택의 색채조절**

주택의 색채 조절에 있어서 조명이 가장 밝아야 하는 곳은 부엌이다. 부엌은 음식을 조리해야 하는 장소로 특히나 밝고 화사한 조명이 필요하다.

19 스칼라 모멘트(scalar moment)라는 면적비례를 적용하여 조화론을 전개한 학자는?

① 오스트발트

② 먼셀

③ 문·스펜서

④ 비렌

해설 **문·스펜서의 면적효과**

㉠ 색채조화에 배색이 면적에 미치는 영향을 고려하여 종래의 저채도의 약한 색은 면적을 넓게, 고채도의 강한 색은 면적을 좁게 해야 균형이 맞는다는 원칙을 정량적으로 이론화 하였다(스칼라 모멘트, scalar moment).

㉡ 면적의 비율을 어떻게 하면 조화시킬 수 있는지에 대해 순응점(N5)을 정하고, 이 순응점과의 거리에 따라서 색의 면적이 결정된다고 하였다.

20 다음 색 중 무채색은?

① 황금색　　　② 회색

③ 적색　　　　④ 밤색

해설 **무채색(achromatic color)**

㉠ 흰색, 회색, 검정 등 색상이나 채도가 없고 명도만 있는 색을 무채색이라 한다.

㉡ 명도단계는 N0(검정), N1, N2, …, N9.5(흰색)까지 11단계로 되어 있다.

㉢ 반사율이 약 85%인 경우가 흰색이고, 약 30% 정도이면 회색, 약 3% 정도는 검정색이다.

정답　15 ③　16 ④　17 ②　18 ③　19 ③　20 ②

01 다음 이미지 중에서 주로 명도와 가장 상관관계가 높은 것은?

① 온도감
② 중량감
③ 강약감
④ 경연감

해설 중량감

색채의 중량감은 색상보다는 명도에 의해 좌우되는 것으로 명도가 낮은 색은 무겁게 느껴지며, 명도가 높은 색은 가볍게 느껴진다.
㉠ 가벼운 색 : 명도가 높은 색, 밝은색, 난색계통
  예 빨강, 노랑
㉡ 무거운 색 : 명도가 낮은 색, 어두운색, 한색계통
  예 초록, 남색

02 문·스펜서의 색채조화론에 대한 설명 중 틀린 것은?

① 먼셀 표색계로 설명이 가능하다.
② 정량적으로 표현 가능하다.
③ 오메가 공간으로 설정되어 있다.
④ 색채의 면적관계를 고려하지 않았다.

해설 문·스펜서(P. Moon & D. E. Spencer)의 색채조화론
㉠ 배색에서 아름다움의 정도를 수량적으로 계산에 의해 구하는 것으로 그 수치에 의하여 조화의 정도를 비교한다는 정량적 처리방법이다.
㉡ 색채조화에 배색이 면적에 미치는 영향을 고려하여 종래의 저채도의 약한 색은 면적을 넓게, 고채도의 강한 색은 면적을 좁게 해야 균형이 맞는다는 원칙을 정량적으로 이론화하였다(스칼라 모멘트, scalar moment).

03 먼셀 표색계에서 정의한 5개의 기본색상 중에 해당되지 않는 것은?

① 빨강
② 보라
③ 파랑
④ 주황

해설 먼셀 표색계의 5개의 기본색상

먼셀 색상은 적(red), 황(yellow), 녹(green), 청(blue), 자(purple)의 기본 5색상으로 하고, 주황(YR), 연두(GY), 청록(BG), 남색(PB), 자주(RP)의 중간색을 두어 10개의 색상으로 등분한다.

04 KS(한국산업표준)의 색명에 대한 설명이 틀린 것은?

① KS A 0011에 명시되어 있다.
② 색명은 계통색명만 사용한다.
③ 유채색의 기본색이름은 빨강, 주황, 노랑, 연두, 초록, 청록, 파랑, 남색, 보라, 자주, 분홍, 갈색이다.
④ 계통색명은 무채색과 유채색 이름으로 구분한다.

해설 색명(色名)
㉠ 계통색명(系統色名) : 일반색명이라고 하며 색상, 명도, 채도를 표시하는 색명이다.
  • 유채색의 계통색이름 : 빨강, 주황, 노랑, 연두, 초록, 청록, 파랑, 남색, 보라, 자주, 분홍, 갈색
  • 무채색의 계통색이름 : 하양(백), 회색(회), 검정(흑)
㉡ 관용색명(慣用色名) : 고유색명 중에서 비교적 잘 알려져 예부터 습관적으로 사용되고 있는 색명을 말한다.

05 색의 요소 중 시각적인 감각이 가장 예민한 것은?

① 색상　　　② 명도
③ 채도　　　④ 순도

해설 색은 광원에서 나오는 광선을 말하며, 빛을 물체가 흡수 또는 반사하여 관찰자의 눈을 통해 대뇌로 전달되어 지각되는 느낌으로 인간의 시각 시스템은 세상에 있는 시각 에너지를 뇌에 있는 신경신호로 변환하도록 진화해 왔다. 즉, 인간은 눈에 감각수용기가 있어, 이것이 빛에너지의 파장에 반응한다. 색의 요소 중 시각적인 감각이 가장 예민한 것은 명도이다.

06 색채조화이론에서 보색조화와 유사색조화 이론과 관계 있는 사람은?

① 슈브뢸(M. E. Chevreul)
② 베졸드(Bezold)
③ 브뤼케(Brucke)
④ 럼포드(Rumford)

해설 슈브뢸(M. E. Chevreul)의 조화이론
색의 3속성에 근거한 독자적 색채 체계를 만들어 유사성과 대비성의 관계에서 조화를 규명하고 "색채의 조화는 유사성의 조화와 대조에서 이루어진다."라는 학설을 내세웠으며 현대 색채조화론으로 발전시켰다.
㉠ 2색의 대비적인 조화
㉡ 색료의 3원색(적, 황, 청) 중 2색 대비는 그 중간색의 대비보다 그 상대되는 두 근접보색이 한층 조화롭다.
㉢ 부조화일 때 그 사이에 하양이나 검정을 넣는다.

07 다음 중 유사색상의 배색은?

① 빨강 – 노랑
② 연두 – 녹색
③ 흰색 – 흑색
④ 검정 – 파랑

해설 오스트발트의 색채조화론 중 등가색환의 조화
㉠ 유사색조화 : 색상번호의 차가 4 이하
㉡ 이색조화 : 색상번호의 차가 6~8
㉢ 반대색조화 : 색상번호의 차가 12

08 색의 온도감에 대한 설명 중 틀린 것은?

① 색의 온도감은 대상에 대한 연상작용과 관계가 있다.
② 난색은 일반적으로 포근, 유쾌, 만족감을 느끼게 하는 색채이다.
③ 녹색, 자색, 적자색, 청자색 등은 중성색이다.
④ 한색은 일반적으로 수축, 후퇴의 성질을 가지고 있다.

해설 온도감
㉠ 온도감은 색상에 의한 효과가 극히 강하다.
　• 따뜻한 색 : 장파장의 난색 – 팽창, 진출
　• 차가운 색 : 단파장의 한색 – 수축, 후퇴
　• 중성색 : 난색과 한색의 중간으로 따뜻하지도 춥지도 않은 성격으로 효과도 중간적(연두, 녹색, 보라, 자주, 연지색)
㉡ 저명도, 저채도는 찬 느낌이 강하다.
㉢ 색채의 온도감은 어떤 색의 색상에서 강하게 일어나지만 명도에 의해 영향을 받는다.

09 제품색채 설계 시 고려해야 할 사항으로 옳은 것은?

① 내용물의 특성을 고려해여 정확하고 효과적인 제품색채 설계를 해야 한다.
② 전달되는 표면색채의 질감 및 마감처리에 의한 색채정보는 고려하지 않아도 된다.
③ 상징적 심벌은 동양이나 서양이나 반드시 유사하므로 단일 색채를 설계해도 무방하다.
④ 스포츠 팀의 색채는 지역과 기업을 상징하기에 보다 배타적으로 설계를 고려하여야 한다.

해설 ㉠ 상품의 색채는 무채색과 유채색을 최대한 면적대비시켜 이 콘트라스트(contrast, 대비)에 의해서 제품의 이미지를 강조함으로써 고성능적인 느낌의 색채효과가 나도록 고려해야 한다.

ⓒ 제품의 색채계획
- 이미지 동일화(identification)의 중요한 요소로서 의미를 갖는다.
- 제품 성격의 이미지를 형성할 수 있는 색채로 한다.
- 제품에 흥미를 일으켜 매력을 주는 색채로 한다.
- 눈에 띄기 쉽고, 타사 경쟁상품과의 차별성이 뛰어난 색채로 한다.
- 제품의 용도·소비자 기호·제품환경에 맞는 색채로 한다.
- 색료를 선택할 때 내광, 내후성을 고려해야 한다.
- 재현성을 항상 염두에 두고 색채관리를 해야 한다.
- 제품의 표면이 클수록 더욱 정밀한 색채의 통제가 요구된다.

10 1905년에 색상, 명도, 채도의 3속성에 기반한 색채분류 척도를 고안한 미국의 화가이자 미술 교사였던 사람은?

① 오스트발트　　② 헤링
③ 먼셀　　　　　④ 저드

해설 먼셀(Munsell)의 표색계를 고안한 먼셀
ⓐ 미국의 화가이며 색채연구가인 먼셀에 의해 1905년 창안된 체계로서 색의 3속성인 색상, 명도, 채도로 색을 기술하는 체계 방식이다.
ⓑ 먼셀 색상은 각각 red(적), yellow(황), green(녹), blue(청), purple(자)의 R, Y, G, B, P 5가지 기본색과 주황(YR), 연두(GY), 청록(BG), 남색(PB), 자주(RP)의 5가지 중간색으로 10등분 하였다.

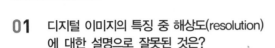

01 디지털 이미지의 특징 중 해상도(resolution)에 대한 설명으로 잘못된 것은?

① 동일한 해상도에서 큰 모니터가 더 선명하고, 작은 모니터일수록 선명도가 떨어진다.

② 하나의 이미지 안에 몇 개의 픽셀을 포함하는가에 대한 척도 단위로는 dpi를 사용한다.

③ 해상도는 픽셀들의 집합으로 한 시스템 내에서 픽셀의 개수는 정해져 있다.

④ 해상도는 디스플레이모니터 안에 있는 픽셀의 숫자로 가로방향과 세로방향의 픽셀의 개수를 곱하면 된다.

해설 해상도(resolution)

㉠ 컴퓨터, TV, 팩시밀리, 화상기기 등에서 사용하는 화상 표현 능력의 척도이다.

㉡ 단위로는 1인치당 몇 개의 픽셀(pixel)로 이루어졌는지를 나타내는 ppi(pixel per inch), 1인치당 몇 개의 점(dot)으로 이루어졌는지를 나타내는 dpi(dot per inch)를 주로 사용한다.

㉢ 컴퓨터 모니터 화면과 같이 정보를 그래픽으로 표시하는 장치에서 출력되는 정보의 정밀도를 표시하기 위해 쓰이는 용어로서 픽셀(화소점, pixel) 수가 많을수록 해상도가 높다.

㉣ 해상도 표시 = 수평해상도×수직해상도

예 수평방향으로 640개의 픽셀을 사용하고 수직방향으로 480개의 픽셀을 사용하는 화면장치의 해상도는 640×480으로 표시한다.

02 다음 중 색의 시인성을 높이기 위한 가장 좋은 방법은?

① 난색보다는 한색을 선택한다.

② 배경색과 명도차를 동일하게 한다.

③ 흰색 바탕의 빨강색을 흰색 바탕의 보라색으로 바꾼다.

④ 바탕색에 비하여 명도와 채도 차이를 크게 한다.

해설 시인성(視認性)

㉠ 두 색의 밝기 차이에 따라서 멀리서도 식별이 가능하며 색이 눈에 잘 띄는가에 대한 성질을 시인성이라 하며 명시성(明視性)이라고도 한다.

㉡ 시인성에 가장 영향력을 미치는 것은 그 배경과의 명도의 차를 크게 하는 것이다

㉢ 검정색 배경일 때는 노랑, 주황이 명시도가 높고, 자주, 파랑 등은 낮으며, 흰색 배경일 때는 이와 반대이다. 유채색끼리일 때는 노랑, 주황과 파랑, 자주와의 보색관계가 명시도가 높다.

03 다음 중 감산혼합에 대한 설명 중 틀린 것은?

① 원색인 시안과 마젠타를 섞으면 2차색은 파랑색이 된다.

② 그 예로 인쇄 출력물 등이 있다.

③ 2차색들은 색광혼합의 3원색과 동일하다.

④ 2차색들은 명도는 낮아지고 채도가 높아진다.

해설 색료혼합[감산혼합(감법혼색)]

㉠ 혼합할수록 더 어두워지는 물감(색료)의 혼합을 말한다.

㉡ 색료의 혼합(그림물감, 인쇄잉크, 염료 등)으로 섞을수록 명도가 낮아진다.

㉢ 2차색은 원색보다 명도와 채도가 낮아진다.

㉣ 2차색들은 색광혼합의 3원색과 동일하다.

04 어떤 색이 같은 색상의 선명한 색 위에 위치하면 원래의 색보다 훨씬 탁한 색으로 보이고 무채색 위에 위치하면 원래의 색보다 맑은 색으로 보이는 대비현상은?

① 명도대비 ② 채도대비
③ 색상대비 ④ 연변대비

해설 채도대비(saturation contrast)
㉠ 어떤 색의 주위에 그것보다 선명한 색이 있으면 그 색의 채도가 원래 가지고 있는 채도보다 낮게 보이는 현상이다.
㉡ 어떤 중간색을 무채색 위에 위치시키면 원래의 색보다 채도가 높아 보인다.

05 저드(D. B. Judd)의 색채조화론과 관련이 없는 것은?

① 질서의 원리 ② 모호성의 원리
③ 유사성의 원리 ④ 친근감의 원리

해설 저드(D. B. Judd)의 색채조화론(정성적 조화론)
㉠ 질서성의 원리 : 질서 있는 계획에 따라 선택될 때 색채는 조화된다.
㉡ 친근성(숙지)의 원리 : 관찰자에게 잘 알려져 있는 배색이 조화를 이룬다.
㉢ 유사성(동류성)의 원리 : 배색된 색들끼리 공통된 양상과 성질이 내포되어 있을 때 조화된다.
㉣ 비모호성(명료성)의 원리 : 색상 차나 명도, 채도, 면적의 차이가 분명한 배색이 조화롭다.

06 다음 색채배색 중 단맛의 느낌을 수반하는 배색은?

① 빨강, 핑크
② 브라운, 올리브
③ 파랑, 갈색
④ 초록, 회색

해설 색채의 공감각
색채는 시각, 미각, 청각, 후각, 촉각에 따라 색채의 공감각을 갖게 되는데 보는 것과 동시에 다른 감각의 느낌을 수반하게 된다. 색채배색 중 단맛의 느낌을 수반하는 배색은 빨강, 핑크이다

07 먼셀 색체계에 관한 설명 중 틀린 것은?

① 모든 색상의 채도 위치가 같아 배색이 용이하다.
② 색상, 명도, 채도의 3속성을 기호로 한 3차원 체계이다.
③ 먼셀 색상은 R, Y, G, B, P를 기본색으로 한다.
④ 한국산업표준으로 제정되고 교육용으로 제정된 색체계이다.

해설 먼셀(Munsell)의 표색계(색체계)
먼셀에 의해 1905년 창안된 체계로서 색의 3속성인 색상, 명도, 채도로 색을 기술하는 체계 방식으로, 한국산업표준으로 제정되고 교육용으로 제정된 색체계이다. 먼셀의 색상환은 적(red), 황(yellow), 녹(green), 청(blue), 자(purple)의 기본 5색상으로 하고, 색의 3속성인 색상, 명도, 채도에 의해 색을 조직적으로 배열하여 한눈에 알아볼 수 있도록 입체적으로 만든 색입체로 표시한다

08 낮에 빨간 물체가 날이 저물어 어두워지면 어둡게 보이고, 또 낮에 파랗게 보이는 물체는 밝게 보이는 것은 무엇 때문인가?

① 연색성
② 메타메리즘
③ 푸르킨예 현상
④ 색각항상

해설 푸르킨예(Purkinje) 현상
㉠ 명소시에서 암소시 상태로 옮겨질 때 물체색의 밝기는 빨강계통의 색은 어둡게 보이게 되고, 파랑계통의 색은 반대로 시감도가 높아져서 밝게 보이기 시작하는 시각각에 관한 현상을 말한다.
㉡ 어둡게 되면(새벽녘과 저녁때 등) 가장 먼저 보이지 않는 색은 빨강이며, 다른 색은 추상체에서 간상체로 작용이 옮겨 감에 따라 색이 사라져 회색으로 느껴진다. 비상계단 등 어두운 곳에서는 파랑계통(청색계)의 밝은색으로 하는 것이 어두운 가운데서도 쉽게 식별할 수 있다.

정답 4② 5② 6① 7① 8③

09 다음이 설명하는 색채조화론은?

> • 과학적이고 정량적인 방법의 조화론을 주장하였다.
> • 균형 있게 선택된 무채색의 배색은 아름다움을 나타낸다.
> • 동일색상은 조화롭다.

① 오스트발트　　② 비렌
③ 문·스펜서　　④ 먼셀

해설 문·스펜서(P. Moon & D. E. Spencer)의 조화론
색채조화에 관한 원리들을 정량적인 색좌표에 의해 과학적으로 설명하여 배색조화의 법칙에 분명한 체계성을 부여하려 했다.
㉠ 균형 있게 선택된 무채색의 배색은 유채색의 배색에 못지않은 아름다움을 나타낸다.
㉡ 동일색상이 조화가 좋다.

10 같은 색의 물체를 동일한 광원에서 보더라도 면의 크기가 변하면 색이 다르게 보일 수 있는 것은?

① 면적효과　　② 색상대비
③ 연변대비　　④ 메타메리즘

해설 면적효과
같은 색채가 면적의 크고 작음에 의해 색이 다르게 보이는 현상으로, 같은 색이라도 면적이 커지면 명도와 채도가 증대되어 그 색은 실제보다 더 밝게, 더 선명하게 느껴지는 현상이다. 색채조화에 배색이 면적에 미치는 영향을 고려하여 종래의 저채도의 약한 색은 면적을 넓게, 고채도의 강한 색은 면적을 좁게 해야 균형이 맞는다는 논리이다.

11 수송기관의 대표적인 시내버스, 지하철, 기차 등의 색채설계 방법으로 적합하지 않은 것은?

① 도장공정이 간단할수록 좋다.
② 조색이 용이할수록 좋다.
③ 변색, 퇴색하지 않는 도료가 좋다.
④ 특수한 도료로 어렵게 구입되는 색료가 좋다.

해설 공공시설 및 지하철, 버스, 기차 등의 색채설계 방법
사용자의 편의성과 그 설치지역의 공간특성에 대한 면밀한 검토 후에 설치공간과 조화를 잘 이룰 수 있는 색채를 선택한다. 개인적 성향보다는 공공의 보편성을 목적으로 하는 색채를 선택하고, 유행을 따르기보다는 지속 가능성 있는 색채를 선택하며, 조색이 용이하고 도장공정이 간단해야 한다.

12 색채조화에 관한 설명 중 틀린 것은?

① 동일·유사조화는 강렬한 느낌을 준다.
② 보색배색은 동적인 느낌을 준다.
③ 대비조화는 동적인 느낌을 준다.
④ 배색된 색채들의 상태와 속성이 서로 반대되면서도 모호한 점이 없을 때 조화된다.

해설 색채조화
㉠ 색상차나 명도, 채도, 면적의 차이가 분명한 배색이 조화롭다.
㉡ 보색배색은 주목성이 강하고 동적인 느낌을 주며 서로 돋보이게 해 주므로 주제를 살리는 데 효과가 있다.
㉢ 동일·유사조화는 온화한 느낌을 준다.

13 다음 중 Lab 색 모델 설명으로 틀린 것은?

① 균일 색 모델(uniform color model)이다.
② L은 밝기, a와 b는 색도 성분에 해당한다.
③ 균일 색 모델에는 Lab, Luv 등의 모델이 존재한다.
④ green에서 magenta 사이의 색 단계는 b축이다.

해설 Lab 시스템
CIE에서 발표한 색체계로 서로 다른 환경에서도 이미지의 색상을 최대한 유지시켜 주기 위한 컬러 모드이다. L(명도), a와 b는 각각 빨강/초록, 노랑/파랑의 보색축이라는 값으로 색상을 정의하고 있다.

정답 　9 ③　10 ①　11 ④　12 ①　13 ④

14 바나나의 색이 노랗게 보이는 이유는?

① 다른 색은 흡수하고, 노란 색광만 반사
　하기 때문
② 다른 색은 반사하고, 노란 색광만 흡수
　하기 때문
③ 다른 색은 굴절하고, 노란 색광만 투과
　하기 때문
④ 다른 색은 반사하고, 노란 색광만 투과
　하기 때문

해설 **색의 지각**

인간의 눈은 빛이 물체에 산란, 반사, 투과할 때 물체
를 지각하며, 물체에 흡수될 때는 빛을 지각하지 못
한다. 바나나의 색이 노랗게 보이는 이유는 다른 색
은 흡수하고, 노란 색광만 반사하기 때문이다.

15 먼셀 기호로 표시할 때 5R 4/10이라고 표기한
색에 대한 설명이 틀린 것은?

① 색상은 5R이다.
② 명도는 4이다.
③ 채도는 4/10이다.
④ 5R 4의 10이라고 읽는다.

해설 **먼셀 기호 표시**

먼셀 표색계에서 색상, 명도, 채도의 기호는 H, V,
C이며, HV/C로 표기된다.
예 빨강의 순색은 5R 4/14라 적고, 색상이 빨강의
　5R, 명도가 4이며, 채도가 14인 색채이다.
　5R 4/10 : 색상이 빨강의 5R, 명도가 4이며, 채
　도가 10인 색채로 5R 4의 10이라고 읽는다.

16 오스트발트 색체계의 색상에 대한 설명이 틀
린 것은?

① 24색상환으로 1~24로 표기한다.
② 색상은 헤링의 4원색을 기본으로 한다.
③ Red의 보색은 Sea Green이다.
④ Red는 1R~3R로, 색상번호는 1~3에
　해당된다.

해설 **오스트발트(W. Ostwald) 색체계**

㉠ 오스트발트 표색계는 헤링의 4원색설을 기본으
　로 색량의 대소에 의하여, 즉 혼합하는 색량(色
　量)의 비율에 의하여 만들어진 색체계이다.
㉡ 황, 적, 청, 녹의 4가지 주요 색상을 기준으로
　그 중간색 주황, 자, 청록, 황록의 8가지 색상을
　만들고, 이것을 다시 3색상씩 분할해 24색상으로
　만들어 24색상환이 된다.
㉢ 8가지 주요 색상이 3분할되어 24색상환이 되는
　데, 24색상환의 보색은 반드시 12번째 색이다.

17 채도에 따른 색의 구분을 할 때 명도는 높고
채도가 낮은 색은?

① 청색　　　　　② 명청색
③ 암청색　　　　④ 탁색

해설 **채도(chroma)**

색의 맑기로 색의 선명도, 즉 색채의 강하고 약한
정도를 말한다.
㉠ 청색(clear color) : 가장 깨끗한 색깔을 지니고
　있는 채도가 가장 높은 색을 말한다.
㉡ 탁색(dull color) : 탁하거나 색 기미가 약하고 선
　명하지 못한 색, 즉 채도가 낮은 색을 말한다.
㉢ 순색(solid color) : 동일 색상 중에서도 가장 채
　도가 높은 색을 말한다.

18 관용색명 '베이비핑크'와 관련이 없는 것은?

① 흐린 분홍
② 5R 8/4
③ 7Y 8.5/4
④ baby pink

해설 **베이비핑크(baby pink)**

㉠ 대표색 : 흐린 분홍
㉡ 대표색 : 5R 8/4
㉢ 연한 분홍보다 빨간 빛이 조금 더 많은 색으로
　어린아이의 볼처럼 발그스레한 색이다.

19 색과 색의 상징이 잘못 연결된 것은?

① 빨강–정열, 사랑
② 노랑–신앙, 소박
③ 파랑–젊음, 성실
④ 초록–희망, 휴식

해설

색	상징
빨간색	행복, 봄, 온화함, 젊음, 순정, 기쁨, 정열, 강렬, 위험, 혁명
주황색	따뜻함, 기쁨, 명랑, 애정, 희망, 화려함, 악동, 무질서, 명예
노란색	미숙, 활발, 소년, 황제, 환희, 발전, 노폐, 경박, 도전
연두색	초보적인 신록, 목장, 초원, 생명, 사랑, 산뜻, 수박, 안정, 차분함, 자연적인
초록색	양기, 온기, 명랑, 기쁨, 평화, 희망, 건강, 안정, 상쾌, 산뜻, 희망, 휴식, 위안, 지성, 고독, 생명, 침착, 우수, 심원함(깊은 숲, 산 등 연상)
파란색	젊음, 하늘, 신, 조용함, 상상, 평화, 희망, 이상, 진리, 냉정, 젊음, 성실
남색	장엄, 신비, 천국, 환상, 차가움, 차가움, 영국 왕실, 이해, 위엄, 숙연함, 불안, 공포, 고독, 신비
보라색	귀인, 고풍, 고귀, 우아, 근엄, 부드러움, 그늘, 실망, 고귀, 섬세함, 퇴폐, 권력, 도발, 공포, 불안, 무거움
자주색	도회적, 화려함, 사치, 섹시

20 가시광선은 파장 380~780nm의 전자파를 말하는데 380nm 이하의 파장을 갖고 있으면서 화학작용 및 살균작용을 하는 전자파는?

① 적외선　　　② 자외선
③ 휘선　　　　④ 흑선

해설 빛(파장)

㉠ 적외선 : 780~3000nm, 열환경효과, 기후를 지배하는 요소, '열선'이라고 함
㉡ 가시광선 : 380~780nm, 채광의 효과, 장파장은 붉은색 부분, 단파장은 푸른색 부분
㉢ 자외선 : 200~380nm, 보건위생적 효과, 건강 효과 및 광합성의 효과, '화학선'이라고 함

01 다음 중 (   )에 들어갈 말로 옳은 것은?

> 빨강 물감에 흰색 물감을 섞으면 두 개 물감의 비율에 따라 진분홍, 분홍, 연분홍 등으로 변화한다. 이런 경우에 혼합으로 만든 색채들의 (   )는 혼합할수록 낮아진다.

① 명도   ② 채도
③ 밀도   ④ 명시도

해설 채도(chroma)
㉠ 색의 맑기로 색의 선명도, 즉 색채의 강하고 약한 정도를 말한다.
㉡ 어떠한 색상의 순색에 무채색(흰색이나 검정)의 포함량이 많을수록 채도가 낮아지고, 포함량이 적을수록 채도가 높아진다.
㉢ 채도는 순색에 흰색을 섞으면 낮아진다.

02 먼셀 색체계의 기본 5색상이 아닌 것은?

① 빨강   ② 보라
③ 녹색   ④ 자주

해설 먼셀 색상은 적(red), 황(yellow), 녹(green), 청(blue), 자(보라)(purple)의 기본 5색상으로 하고, 다음 주황(YR), 연두(GY), 청록(BG), 남색(PB), 자주(RP)의 중간색을 두어 10개의 색상으로 등분한다.

03 다음 중 부엌을 칠할 때 요리대 앞면의 벽색으로 가장 적합한 것은?

① 명도 2 정도, 채도 9
② 명도 4 정도, 채도 7
③ 명도 6 정도, 채도 5
④ 명도 8 정도, 채도 2 이하

해설 부엌의 요리대 앞면의 벽색
어떤 색을 선택하고 적용해도 좋지만 가급적이면 명도가 높고 채도가 낮은, 연한 색을 선택하는 것이 편안하고 아늑한 분위기를 낼 수 있다. 오렌지 계열 등 음식과 관련되어 식욕을 돋우는 색과 깨끗한 느낌의 흰색이 대중적이다.

04 다음 중 유사색상 배색의 특징은?

① 동적이다.
② 자극적인 효과를 준다.
③ 부드럽고 온화하다.
④ 대비가 강하다.

해설 유사색(인근색) 조화
㉠ 색상환에서 30~60° 각도의 범위 내에 있는 색은 서로 유사한 색상으로 매우 조화로운 색이다.
　예 5R과 2.5YR~7.5YR, 10P와 2.5YR, 5Y(노랑)와 10YR(귤색)
㉡ 유사색상 배색의 느낌 : 화합적, 평화적, 안정적으로 일반적으로 융화적이고 온화한 조화가 얻어진다.

05 먼셀 색체계의 설명으로 옳은 것은?

① 먼셀 색상환의 중심색은 빨강(R), 노랑(Y), 녹색(G), 파랑(B), 자주(P)이다.
② 먼셀의 명도는 1~10까지 모두 10단계로 되어 있다.
③ 먼셀의 채도는 처음의 회색을 1로 하고 점차 높아지도록 하였다.
④ 각각의 색상은 채도 단계가 다르게 만들어지는데 빨강은 14개, 녹색과 청록은 8개이다.

먼셀(Munsell)의 표색계

먼셀(A. H. Munsell)에 의해 1905년 창안된 체계로서 색의 3속성인 색상, 명도, 채도로 색을 기술하는 체계방식이다. 먼셀의 색상환은 적(red), 황(yellow), 녹(green), 청(blue), 자(purple)의 기본 5색상으로 하고, 명도단계는 N0(검정), N1, N2, …, N9.5(흰색)까지 11단계로 되어 있고, 채도는 1~14단계로 되어 있다.

06 문·스펜서(P. Moon & D. E. Spencer)의 색채조화론 중 거리가 먼 것은?

① 동일의 조화(identity)
② 유사의 조화(similarity)
③ 대비의 조화(contrast)
④ 통일의 조화(unity)

해설 문·스펜서의 조화론

두 색의 간격이 애매하지 않은 배색, 오메가(ω) 공간에 간단한 기하학적 관계가 되도록 선택한 배색을 가정으로 조화와 부조화로 분류하고, 색채조화에 관한 원리들을 정량적인 색좌표에 의해 과학적으로 설명하였다.

㉠ 조화의 원리 : 동등(동일)조화, 유사조화, 대비조화
㉡ 부조화의 원리 : 제1 부조화, 제2 부조화, 눈부심

07 조명이나 색을 보는 객관적 조건이 달라져도 주관적으로는 물체색이 달라져 보이지 않는 특성을 가리키는 것은?

① 동화현상
② 푸르킨예 현상
③ 색채항상성
④ 연색성

해설 색채항상성(color constancy)

조명 및 관측 조건이 다르더라도 주관적으로는 물체의 색이 변화되어 보이지 않고 항상 동일한 색으로 색채를 지각하는 성질로 색의 항상성 혹은 색각항상이라고도 한다. 즉, 조명색(태양광선, 형광등, 백열등 등)이 다르더라도 물체의 색은 항상 일정하게 보이는 현상이다.

08 디지털 색채시스템에서 CMYK 형식에 대한 설명으로 옳은 것은?

① CMYK 4가지 컬러를 혼합하면 검정이 된다.
② 가법혼합방식에 기초한 원리를 사용한다.
③ RGB 형식에서 CMYK 형식으로 변환되었을 경우 컬러가 더욱 선명해 보인다.
④ 표현할 수 있는 컬러의 범위가 RGB 형식보다 넓다.

해설 CMYK 색 모델(Cyan-Magenta-Yellow-Black color model)

탁상출판(DTP)을 포함한 다양한 인쇄 시스템에서 사용되는 색 표시 모델의 하나로, 청록색(cyan, 시안)-자홍색(magenta, 마젠타)-노랑색(yellow, 옐로)-검정색(black, 블랙) 모델을 가리키는 말. 인쇄업계에서는 이를 YMCK(yellow-magenta-cyan-black)라고도 부른다.

㉠ 감법혼합방식에 기초한 원리를 사용한다.
㉡ 표현할 수 있는 컬러의 범위가 CMYK 형식보다 RGB 형식이 넓다.
㉢ 컴퓨터 화면상의 가색혼합방법인 RGB(적/녹/청) 모델과 감색혼합방식인 CMYK 모델이 다르기 때문에 이 문제는 소프트웨어상에서 잉크 제조업체의 잉크를 지정하고 이미지세터(imagesetter)로 인쇄하거나, CMYK의 색과 RGB 색의 지정을 변환함으로써 해결한다

09 다음 중 색채의 감정적 효과로서 가장 흥분을 유발시키는 색은?

① 한색계의 높은 채도
② 난색계의 높은 채도
③ 난색계의 낮은 명도
④ 한색계의 높은 명도

해설 색채의 감정적 효과

㉠ 흥분색, 화려한 색 : 적극적인 색-빨강, 주황, 노랑-난색계통의 채도가 높은 색
㉡ 침착색, 수수한 색 : 소극적인 색, 침정색-청록, 파랑, 남색-한색계통의 채도가 낮은 색

10 나뭇잎이 녹색으로 보이는 이유를 색채지각적 원리로 옳게 설명한 것은?

① 녹색의 빛은 투과하고 그 밖의 빛은 흡수하기 때문이다.

② 녹색의 빛은 산란하고 그 밖의 빛은 반사하기 때문이다.

③ 녹색의 빛은 반사하고 그 밖의 빛은 흡수하기 때문이다.

④ 녹색의 빛은 흡수하고 그 밖의 빛은 반사하기 때문이다.

해설 물체색

인간의 눈은 빛이 물체에 산란, 반사, 투과할 때 물체를 지각하며, 물체에 흡수될 때는 빛을 지각하지 못한다. 빨강 나뭇잎이 녹색으로 보이는 이유는 나뭇잎 표면에 비친 빛 중 녹색 파장은 반사하고 나머지는 흡수하기 때문이다.

01 상징에서 빨강과 관련이 없는 것은?

① 정열　　　　② 희망
③ 위험　　　　④ 흥분

해설 **빨강의 연상과 상징**
㉠ 긍정 : 열정, 자유, 혁명, 애국심, 따뜻한 불, 태양, 진취적인, 감성적인 정열, 애정, 행복, 강인함, 역동성
㉡ 부정 : 전쟁, 고도위험, 상처, 방화, 혁명, 악마, 상처, 피, 죽음, 금지, 정지

02 다음 (　　)의 내용으로 옳은 것은?

> 서로 다른 두 색이 인접했을 때 서로의 영향으로 밝은색은 더욱 밝아 보이고, 어두운색은 더욱 어두워 보이는 현상을 (　　) 대비라고 한다.

① 색상　　　　② 채도
③ 명도　　　　④ 동시

해설 **명도대비(luminosity contrast)**
명도가 다른 두 색을 이웃하거나 배색하였을 때, 밝은색은 더욱 밝게, 어두운색은 더욱 어둡게 보이는 현상으로 검은색 바탕 위에 놓인 회색은 흰색 바탕 위에 놓였을 때보다 더 밝아 보이고, 반대로 흰색 바탕 위에 놓인 회색은 더 어둡게 보인다.

03 $L^*a^*b^*$ 색체계에 대한 설명으로 틀린 것은?

① a^*b^*는 모두 +값과 −값을 가질 수 있다.
② a^*가 −값이면 빨간색 계열이다.
③ b^*가 +값이면 노란색 계열이다.
④ L이 100이면 흰색이다.

해설 **Lab 시스템**
CIE에서 발표한 색체계로 서로 다른 환경에서도 이미지의 색상을 최대한 유지시켜 주기 위한 컬러 모드이다. L은 명도, a와 b는 각각 빨강/초록, 노랑/파랑의 보색축의 값으로 색상을 정의하고 있다.
㉠ a가 +값이면 빨간색 계열이고, −값이면 녹색 계열이다.
㉡ b가 +값이면 노란색 계열이고, −값이면 파랑계열이다.

04 문·스펜서의 색채조화론에 대한 설명이 아닌 것은?

① 먼셀 표색계에 의해 설명된다.
② 색채조화론을 보다 과학적으로 설명하도록 정량적으로 취급한다.
③ 색의 3속성에 대하여 지각적으로 고른 색채단계를 가지는 독자적인 색입체로 오메가 공간을 설정하였다.
④ 상호 간에 어떤 공통된 속성을 가진 배색으로 등가색 조화가 좋은 예이다.

해설 **문·스펜서(P. Moon & D. E. Spencer)의 조화론**
두 색의 간격이 애매하지 않은 배색, 오메가(ω) 공간에 간단한 기하학적 관계가 되도록 선택한 배색을 가정으로 조화와 부조화로 분류하고, 색채조화에 관한 원리들을 정량적인 색좌표에 의해 과학적으로 설명하였다.
㉠ 오메가(ω) 공간은 먼셀의 색입체도와 같은 개념으로 먼셀 표색계의 3속성으로 대응시킬 수 있다.
㉡ 동일색상이 조화가 좋다.

정답 1② 2③ 3② 4④

05 음(音)과 색에 대한 공감각의 설명 중 틀린 것은?

① 저명도의 색은 낮은 음을 느낀다.
② 순색에 가까운 색은 예리한 음을 느끼게 된다.
③ 회색을 띤 둔한 색은 불협화음을 느낀다.
④ 밝고 채도가 낮은 색은 높은 음을 느끼게 된다.

해설 ㉠ 공감각(synesthesia) : 감관영역(感官領域)의 자극으로 하나의 감각이 다른 영역의 감각을 불러일으키는 현상
㉡ 색채의 공감각
• 낮은 음 : 어두운 색
• 높은 음 : 고명도, 고채도의 색
• 탁음 : 회색
• 표준음계 : 빨, 주, 노, 초, 파, 남, 보(스펙트럼)

06 색명을 분류하는 방법으로 톤(tone)에 대한 설명 중 옳은 것은?

① 명도만을 포함하는 개념이다.
② 채도만을 포함하는 개념이다.
③ 명도와 채도를 포함하는 복합 개념이다.
④ 명도와 색상을 포함하는 복합 개념이다.

해설 톤(tone)
색의 3속성 중 명도와 채도를 포함하는 복합적인 색조(色調)의 개념이다. 색조, 색의 농담, 명암으로 미국에서의 톤은 명암을 의미하고, 영국에서는 주로 그림의 명암과 색채를 의미한다. 톤(tone)으로 말하면 가장 채도가 높은 영역인 비비드(vivid, 선명한), 가장 명도가 높은 영역인 브라이트(bright, 밝은) 등으로 표현할 수 있다.

07 벡터 방식(vector)에 대한 설명으로 옳지 않은 것은?

① 일러스트레이터, 플래시와 같은 프로그램 사용 방식이다.
② 사진 이미지 변형, 합성 등에 적절하다.
③ 비트맵 방식보다 이미지의 용량이 작다.
④ 확대·축소 등에서 이미지 손상이 없다.

해설 벡터(vector) 방식
이미지를 수학 함수로 표현하는 방법으로 원하는 모양, 위치, 크기, 색깔 등을 함수로 구성하면 함수 명령을 해석하여 이미지를 화면에 나타낸다. 함수 명령이기 때문에 그림을 확대하거나 축소하면 그에 맞는 위치를 계산하여 설정하게 되므로, 그림의 선명도에 변화가 없이 깨끗하게 나타나는 것이 장점이다. 픽셀로 표현되는 래스터 방식에 비해 파일 용량이 작고 출력물이 깨끗하게 나와야 하는 도안, 로고 등이 벡터 방식으로 많이 표현된다. 일러스트레이터, 플래시가 해당되며 ai, fla의 확장자가 붙은 그림 파일로 저장된다.

08 먼셀기호 5B 8/4, N4에 관한 다음 설명 중 맞는 것은?

① 유채색의 명도는 5이다.
② 무채색의 명도는 8이다.
③ 유채색의 채도는 4이다.
④ 무채색의 채도는 N4이다.

해설 먼셀 기호
㉠ 먼셀 표색계에서 색상, 명도, 채도의 기호는 H, V, C이며, HV/C로 표기된다.
　예 5B 8/4는 색상이 5B, 명도가 8이며, 채도가 4인 색채이다.
㉡ 무채색의 명도는 N으로 표시하며 0~10까지 11단계로 나뉜다.

09 다음 중 색채에 대한 설명이 틀린 것은?

① 난색계의 빨강은 진출, 팽창되어 보인다.
② 노란색은 확대되어 보이는 색이다.
③ 일정한 거리에서 보면 노란색이 파란색보다 가깝게 느껴진다.
④ 같은 크기일 때 파랑, 청록계통이 노랑, 빨강계열보다 크게 보인다.

해설 진출과 후퇴, 팽창과 수축
난색계의 따뜻한 색은 진출성, 팽창성이 있고, 같은 색상일 경우 명도가 높으면 팽창해 보이고, 명도가 낮으면 수축해 보인다. 또한 저채도의 배경에서는 고채도의 색이 진출성이 높다.

⊙ 진출, 팽창색 : 고명도, 고채도, 난색계열의 색
　　예 적, 황
ⓒ 후퇴, 수축색 : 저명도, 저채도, 한색계열의 색
　　예 녹, 청

10 색각에 대한 학설 중 3원색설을 주장한 사람은?

① 헤링　　　　　② 영·헬름홀츠
③ 맥니콜　　　　④ 먼셀

해설 영·헬름홀츠의 3원색설
1807년 영국의 토마스 영과 독일의 헬름홀츠가 주장한 것으로, 인간의 망막에는 빨강, 녹색, 파랑의 세 종류 시신경 세포가 있으며, 색광을 감광하는 시신경 섬유가 있어 이 세포들의 혼합이 시신경을 통해 뇌에 전달됨으로써 색지각을 할 수 있다는 가설이다. 장파장의 빨강(R), 중파장의 녹색(G), 단파장의 파랑(B)에 의해 녹색과 빨강의 시세포가 동시에 흥분하면 노랑(yellow)의 색각이, 녹색과 파랑의 시세포가 동시에 흥분하면 시안(cyan)의 색각이 생긴다. 빨강, 녹색, 파랑의 흥분도가 동일할 때 흰색이 되며, 색채의 흥분이 없어지면 검정에 가까운 색으로 지각된다는 것이다.

01 한국의 오방색과 방향의 연결로 옳은 것은?

① 청색-동
② 적색-서
③ 황색-남
④ 백색-북

해설 오방색(五方色)의 상징

음양오행사상의 색채체계는 동서남북 및 중앙의 오방으로 이루어지며, 이 오방에는 각 방위에 해당하는 5가지 정색이 있다. 동쪽이 청색, 서쪽이 백색, 남쪽이 적색, 북쪽이 흑색, 중앙은 황색이다.

02 도시의 잡다하고 상스럽고 저속한 양식에 대한 숭배로부터 비롯되었으며 전체적으로 어두운 톤을 사용하고 그 위에 혼란한 강조색을 사용하는 예술사조는?

① 아방가르드
② 다다이즘
③ 팝아트
④ 포스트모더니즘

해설 ① 아방가르드(avant garde) : 20세기 초의 혁신적인 예술경향을 일컫는 용어로 근대성에 대한 환멸에서 비롯되어 시적 언어의 혁신, 전통적 형식의 거부, 기술과 과학의 발전에 부합하는 새로운 감각의 옹호 등이 특징이다.
② 다다이즘(dadaism) : 제1차 세계대전(1914~1918) 말엽부터 유럽과 미국을 중심으로 일어난 예술운동이다.
③ 팝아트(pop art) : 파퓰러 아트 (popular art, 대중예술)를 줄인 말로, 1960년대 뉴욕을 중심으로 일어난 미술의 한 경향이다. 통조림 깡통, 네온사인 등에 등장하는 통속적인 이미지의 라스베이거스와 같은 도시의 잡다하고 상스럽고 저속한 양식에 대한 숭배로부터 비롯되었다.
④ 포스트모더니즘(postmodernism) : 1960년에 일어난 문화운동이면서 정치·경제·사회의 모든 영역과 관련되는 한 시대의 이념. 미국과 프랑스를 중심으로 학생운동·여성운동·흑인민권운동·제3세계운동 등의 사회운동과 전위예술이다.

03 비렌의 색채조화론에서 사용되는 색조군에 대한 설명 중 옳은 것은?

① Tint : 흰색과 검정이 합쳐진 밝은 색조
② Tone : 순색과 흰색이 합쳐진 톤
③ Shade : 순색과 검정이 합쳐진 어두운 색조
④ Gray : 순색과 흰색 그리고 검정이 합쳐진 회색조

해설 ① Tint : 흰색과 순색이 합쳐진 밝은 색조
② Tone : 순색과 흰색과 검정이 합쳐진 톤
④ Gray : 흰색 그리고 검정이 합쳐진 회색조

04 CIE 표색방법에 관한 설명 중 옳은 것은?

① 적, 녹, 청의 3색광을 혼합하여 3자극치에 따른 표색방법
② 색필터의 중심으로 인한 다른 색상의 표색방법
③ 일정한 원색을 혼합하여 얻는 방법
④ 주관적인 색채 표시방법

해설 CIE표색계(CIE, system of color specification)

가장 과학적인 표색법이라고 하며, 분광광도계(分光光度計)에 의한 측정값을 기초로 하여 모든 색을 xyY라는 세 가지 양으로 표시한다. Y 는 측광량이라 하며 색의 밝기의 양, x·y는 한 조로 해서 색도를 나타낸다. 색이란 밝음을 제외한 색의 성질로서 xy축에 의한 도표(색도표) 가운데의 점으로서 표시된다.

05 다음 중 속도감이 가장 둔한 느낌의 색상은?

① 노랑   ② 빨강
③ 주황   ④ 청록

해설 **시간성과 속도감**
㉠ 빠른 속도감 : 고명도, 고채도, 난색계열의 색, 장파장 계열색
㉡ 느린 속도감 : 저명도, 저채도, 한색계열의 색, 단파장 계열색
㉢ 장파장의 계열의 실내 : 시간이 길게 느껴진다.
㉣ 단파장의 계열의 실내 : 시간이 짧게 느껴진다.

06 보색의 색광을 혼합한 결과는?

① 흰색   ② 회색
③ 검정   ④ 보라

해설 **보색(complementary color)**
2가지 색을 혼합했을 때 무채색이 된 색을 보색관계에 있다고 하며 색상환에서 반대편에 위치한 색을 보색이라 한다.
㉠ 보색의 색광을 혼합하면 흰색, 보색의 안료를 혼합하면 검정이 된다.
㉡ 파랑/주황, 빨강/청록, 노랑/남색

07 다음 중 동일색상의 배색은?

① 주황–갈색   ② 주황–빨강
③ 노랑–연두   ④ 노랑–검정

해설 **동일색상의 배색**
같은 색(한 가지 색)을 이용한 배색으로 톤차를 두어 배색하는 방법이다. 동일색상의 배색은 부드러우며 은은한 느낌을 연출할 때 사용하는데 차분함, 시원함, 솔직함, 정적임, 간결함의 느낌이 든다.

08 다음의 가법혼색 중 틀린 것은?

① green + blue = cyan
② red + blue = magenta
③ green + red = black
④ red + green + blue = white

해설 **가법혼색(加法混色, 가산혼합)**
㉠ 빛의 혼합을 말하며, 색광혼합의 3원색은 빨강(red), 녹색(green), 파랑(blue)이다.
㉡ 적색광과 녹색광을 흰 스크린에 투영하여 혼합하면 빨강이나 녹색보다 밝은 노랑이 된다. 이와 같이 빛을 더해서 혼합하는 방법을 가산혼합 또는 가법혼색이라고 한다.
㉢ 2차색은 원색보다 명도가 높아진다. 보색끼리의 혼합은 무채색이 된다.
㉣ 빨강·녹색·파랑의 색광을 여러 가지 세기로 혼합하면 거의 모든 색을 만들 수 있으므로 이 3색을 가산혼합(加算混合)의 삼원색이라고 한다.
  • 파랑(B) + 녹색(G) = 시안(C)
  • 녹색(G) + 빨강(R) = 노랑(Y)
  • 파랑(B) + 빨강(R) = 마젠타(M)
  • 파랑(B) + 녹색(G) + 빨강(R) = 하양(W)
㉤ 컬러텔레비전의 수상기, 무대의 투광조명(投光照明), 분수의 채색조명 등에 이 원리가 사용된다.

09 소극적인 인상을 주는 것이 특징으로 중명도, 중채도인 중간색계의 덜(dull) 톤을 사용하는 배색기법은?

① 포 카마이외 배색
② 카마이외 배색
③ 토널 배색
④ 톤 온 톤 배색

해설 **톤에 의한 배색기법**
㉠ 톤 온 톤(tone on tone) 배색 : 동일색상 내에서 톤의 차이를 크게 하는 배색으로 통일성을 유지하면서 극적인 효과를 준다. 일반적으로 많이 사용한다.
㉡ 카마이외(camaieu) 배색 : 동일한 색상, 명도, 채도 내에서 미세한 차이를 주는 배색이다.
㉢ 포 카마이외(faux camaieu) 배색 : 카마이외(camaieu) 배색과 거의 동일하나 톤으로 약간의 변화를 준 배색방법이다. 거의 같은 색으로 보일 만큼 미묘한 색차배색이다 .
㉣ 토널(tonal) 배색 : 톤 온 톤 배색과 비슷하며 중명도, 중채도의 중간색계의 덜(dull) 톤을 사용하는 배색기법으로 안정되고 편안한 느낌을 준다.

정답   5④   6①   7①   8③   9③

10 색의 속성에 관한 설명 중 틀린 것은?

① 여러 파장의 빛이 고루 섞이면 백색이 된다.

② 무채색 이외의 모든 색은 유채색이다.

③ 무채색은 채도가 0인 상태인 것을 말한다.

④ 물체색에는 백색, 회색, 흑색이 없다.

해설 빛의 혼합

색광혼합의 결과는 백색이다. 무채색(achromatic color)은 흰색, 회색, 검정으로 색상이나 채도는 없고 명도만 있는 색이다.

11 먼셀의 색체계에 대한 설명이 틀린 것은?

① 중심축은 무채색으로 명도를 나타낸다.

② 중심부로 갈수록 채도가 높아진다.

③ 색상마다 최고 채도의 위치는 다르다.

④ 중심부에서 하단으로 내려가면 명도는 낮아진다.

해설 먼셀의 색입체(color soild)

색의 3속성인 색상, 명도, 채도에 의해 색을 조직적으로 배열하여 한눈에 알아볼 수 있도록 입체적으로 만든 구조체로 1898년 먼셀이 창안한 것으로 색채 나무(color tree)라 한다.

㉠ 색상(hue) : 원의 형태로 무채색을 중심으로 배열된다.

㉡ 명도(value) : 수직선 방향으로 아래에서 위로 갈수록 명도가 높아진다.

㉢ 채도(chroma) : 방사형의 형태로 안쪽에서 밖으로 나올수록 채도가 높아진다.

12 오스트발트 색체계의 설명으로 틀린 것은?

① 3색 이상의 회색은 채도가 등간격이면 조화롭다.

② 색입체가 대칭구조를 이루고 있다.

③ 기본색은 노랑, 빨강, 파랑, 초록이다.

④ la-na-pa는 등흑색계열을 나타낸다.

해설 ㉠ 오스트발트 표색계의 특징은 먼셀 표색계처럼 색의 3속성에 따른 지각적인 등보도성을 가진 체계적인 배열이 아니고, 헤링의 4원색 이론을 기본으로 색량의 대소에 의하여, 즉 혼합하는 색량(色量)의 비율에 의하여 만들어진 체계이다.

㉡ 오스트발트 표색계의 기본이 되는 색채(related color)는 다음과 같다.

• 모든 파장의 빛을 완전히 흡수하는 이상적인 흑색(black)을 B

• 모든 파장의 빛을 완전히 반사하는 이상적인 백색(white)을 W

• 완전색(full, color, 순색) C

이 세 가지의 혼합량을 기호화하여 색채를 표시하는 체계이다.

㉢ 각 색상은 명도가 밝은 색부터 황·주황·적·자·청·청록·녹·황록의 8가지 주요 색상을 기본으로 하고 이를 3색상씩 분할해 24색환으로 하여 1에서 24까지의 번호가 매겨져 있다.

㉣ 오스트발트는 백색량(W), 흑색량(B), 순색량(C)의 합을 100%로 하고 어떤 색이라도 혼합량의 합은 항상 일정하다. 순색량이 없는 무채색이라면 W+B=100%가 되도록 하고 순색량이 있는 유채색은 W+B+C=100%가 된다.

㉤ 이러한 색상환에 따라 오스트발트의 색입체는 3각형을 회전시켜서 이루어지는 원뿔 2개를 맞붙여(위아래로) 놓은 모양이다. 즉, 주판알과 같은 복원뿔체로 대칭이다.

• 3색 이상의 회색은 명도가 등간격이면 조화롭다.

• 등흑색 계열의 조화 : 알파벳 뒤가 같은 경우

• 등백색 계열의 조화 : 알파벳 앞이 같은 경우

13 터널의 출입구 부분에 조명이 집중되어 있고, 중심부로 갈수록 광원의 수가 적어지며 조도 수준이 낮아지고 있다. 이것은 어떤 순응을 고려한 설계인가?

① 색순응   ② 명순응
③ 암순응   ④ 무채순응

해설 암순응(dark adaptation)
어두운 곳 또는 빛 강도가 낮은 상태에서 망막이 순응하여 시감도를 증대하는 현상으로, 갑자기 어두운 공간으로 갔을 때 처음에는 아무것도 보이지 않다가 시간 경과에 따라 어둠이 눈에 익어 주위의 사물이 보이는 현상이다.

14 색의 명시성의 주요인이 되는 것은?

① 연상의 차이   ② 색상의 차이
③ 채도의 차이   ④ 명도의 차이

해설 시인성(視認性)
㉠ 두 색의 밝기 차이에 따라서 멀리서도 식별이 가능하며 색이 눈에 잘 띄는가에 대한 성질을 시인성이라 하며, 명시성(明視性)이라고도 한다.
㉡ 시인성에 가장 영향력을 미치는 것은 그 배경과의 명도의 차를 크게 하는 것이다.
㉢ 검정색 배경일 때는 노랑, 주황이 명시도가 높고, 자주, 파랑 등은 낮으며, 흰색 배경일 때는 이와 반대이다. 유채색끼리일 때는 노랑, 주황과 파랑, 자주와의 보색관계가 명시도가 높다.

15 문·스펜서의 색채조화론에서 사용되지 않는 용어는?

① 동일의 조화   ② 유사의 조화
③ 대비의 조화   ④ 등색상의 조화

해설 문·스펜서(P. Moon & D. E. Spencer)의 조화론
두 색의 간격이 애매하지 않은 배색, 오메가(ω) 공간에 간단한 기하학적 관계가 되도록 선택한 배색을 가정으로 조화와 부조화로 분류하고, 색채조화에 관한 원리들을 정량적인 색좌표에 의해 과학적으로 설명하였다.

㉠ 조화의 원리 : 동등조화, 유사조화, 대비조화
㉡ 부조화의 원리 : 제1 부조화, 제2 부조화, 눈부심

16 공공건축공간(공장, 학교, 병원)의 색채환경을 위한 색채조절 시 고려해야 할 사항으로 거리가 먼 것은?

① 능률성
② 안전성
③ 쾌적성
④ 내구성

해설 색채조절
눈의 긴장감과 피로감을 감소되게 하고, 심리적으로 쾌적한 실내분위기를 느끼게 함으로써 생활의 의욕을 고취시켜 능률성, 안전성, 쾌적성 등을 고려하는 것을 말한다.
㉠ 피로의 경감
㉡ 생산의 증진
㉢ 사고나 재해율 감소
특히 공공건축 공간의 색채환경을 위한 색채조절 시 최우선은 안전성이다.

17 먼셀의 색체계에서 5R의 보색은?

① 5Y   ② 5G
③ 5PB   ④ 5BG

해설 보색(complementary color)
2가지 색을 혼합했을 때에 무채색이 된 색을 보색 관계에 있다고 하며 색상환에서 반대편에 위치한 색을 보색이라 한다.
例 파랑(5B)/주황(5YR), 빨강(5R)/청록(5BG), 노랑(5Y)/남색(5PB)

18 다음 컬러 모드 중 헤링의 4원색설에 기초를 두고 있는 것은?

① RGB 컬러 모드
② CMYK 컬러 모드
③ WEB 컬러 모드
④ Lab 컬러 모드

정답   13 ③   14 ④   15 ④   16 ④   17 ④   18 ④

해설 헤링의 4원색설(Hering's color theory) – 헤링의 반대색설

생리학자 헤링(Ewald Hering, 1834~1918)이 1872년에 영·헬름홀츠의 3원색설에 대해 발표한 반대색설로 3종의 망막 시세포, 이른바 백흑 시세포, 적록 시세포, 황청 시세포의 3대 6감각을 색의 기본감각으로 하고, 이것들의 시세포는 빛의 자극을 받는 것에 따라서 각각 동화작용 또는 이화작용이 일어나고 모든 색의 감각이 생긴다고 하는 것이다. 헤링의 4원색은 적(red)·녹(green)·황(yellow)·청(blue)이다.

- Lab 시스템 : CIE에서 발표한 색체계로 서로 다른 환경에서도 이미지의 색상을 최대한 유지시켜 주기 위한 컬러 모드이다. L(명도), a와 b는 각각 빨강/초록, 노랑/파랑의 보색축이라는 값으로 색상을 정의하고 있다.

19 유리컵과 같은 투명체 속의 일정한 공간이 꽉 차 있는 듯한 부피감을 느끼게 해 주는 색은?

① 투명면색   ② 투과색
③ 공간색   ④ 물체색

해설 공간색

공간에 색물질로 차 있는 상태에서 색지각을 느끼는 색으로, 예를 들어 유리컵에 담겨 있는 포도주라든지 얼음 덩어리를 보듯이 일정한 공간에 3차원적인 덩어리가 꽉 차 있는 부피감으로 인하여 보이는 색을 말한다.

20 정육점에서 싱싱해 보이던 고기가 집에서는 그 색이 다르게 보이는 이유는?

① 색의 순응현
② 색의 동화현상
③ 색의 연색성
④ 색의 항상성

해설 연색성(color rendition)

광원에 의해 조명되어 나타나는 물체의 색을 연색이라 하고, 태양광(주광)을 기준으로 하여 어느 정도 주광과 비슷한 색상을 연출할 수 있는가를 나타내는 지표를 연색성이라 한다. 즉, 같은 물체색이라도 조명에 따라 색이 다르게 보이는 현상을 말한다.

01 동시대비 중 무채색과 유채색 사이에 일어나지 않는 대비는?

① 명도대비

② 색상대비

③ 채도대비

④ 보색대비

해설 색상대비

색상이 서로 다른 색끼리 배색되었을 때 각 색상은 색상환 둘레에서 시계 반대방향으로 기울여져 보이는 현상이다. 색상환에 각도가 커짐에 따라 색상은 그 선명한 정도가 증대되고, 180°의 거리가 되었을 때 두 색의 특성이 최대한으로 발휘된다. 유채색과 유채색 사이에서만 일어난다.

02 빛의 파장 단위로 사용되는 nm(nanometer)의 단위를 올바르게 나타낸 것은?

① 1nm = 1/1만 mm

② 1nm = 1/10만 mm

③ 1nm = 1/100만 mm

④ 1nm = 1/1000만 mm

해설 나노미터(1nm는 10억분의 1m)

㉠ $1km=1\times10^{3}m \rightarrow$ 킬로

㉡ $1cm=1\times10^{-2}m \rightarrow$ 센티

㉢ $1mm=1\times10^{-3}m \rightarrow$ 밀리

㉣ $1\mu m=1\times10^{-6}m \rightarrow$ 마이크로

㉤ $1nm=1\times10^{-9}m \rightarrow$ 나노

03 모자이크, 직물 등의 병치혼합의 특징이 아닌 것은?

① 회전혼합과 같은 평균혼합이다.

② 중간혼색으로 가법혼색에 속한다.

③ 채도가 낮아지는 상태에서 중간색을 얻을 수 있다.

④ 병치혼합 원리를 이용한 효과를 '베졸드 효과(Bezold effect)'라고 한다.

해설 병치혼합

색점에 의한 병치혼합으로 작은 색점을 섬세하게 병치시키는 방법으로 작은 점들이 규칙적으로 배열되어 혼색이 되는 현상을 말한다. 고흐, 쇠라, 시냑 등 신인상파 화가들의 점묘법인 표현기법과 관계 깊다.

예 모자이크 벽화, 신인상파 화가의 점묘화법, 직물의 색조 디자인

• 베졸드 효과 : 색을 직접 섞지 않고 색점을 섞어 배열함으로써 전체 색조를 변화시키는 효과이다.

04 NCS 색체계에 대한 설명이 옳은 것은?

① 독일 색채연구소에서 만들어졌다.

② NCS 표기법은 미국에서 많이 사용되고 있다.

③ 기본적인 색은 Y, R, G의 3색이다.

④ 헤링의 4원색 이론을 바탕으로 한다.

해설 NCS(Natural Color System) 표색계

스웨덴 컬러센터(Sweden Color Center)에서 1979년 1차 NCS 색표집, 1995년 2차 NCS 색표집을 완성한 표색계이다. 색은 6가지 심리 원색인 하양(W), 검정(B), 노랑(Y), 빨강(R), 파랑(B), 초록(G)을 기본으로 각각의 구성비로 나타내고, 하양량, 검정량, 순색량의 3가지 속성 가운데 검정량(blackness)과 순색량(chromaticness)의 뉘앙스(nuance)만 표기한다.

정답 1② 2③ 3③ 4④

05 조명에 의하여 물체의 색을 결정하는 광원의 성질은?

① 조명성
② 기능성
③ 연색성
④ 조색성

> **해설** 연색성(color rendition)
> 광원에 의해 조명되어 나타나는 물체의 색을 연색이라 하고, 태양광(주광)을 기준으로 하여 어느 정도 주광과 비슷한 색상을 연출할 수 있는가를 나타내는 지표를 연색성이라 한다. 즉, 같은 물체색이라도 조명에 따라 색이 다르게 보이는 현상을 말한다.

06 매핑의 방향에 따른 분류방법이 아닌 것은?

① 명도 불편 클리핑 방법
② 명도의 중심점 클리핑 방법
③ 돌출점 클리핑 방법
④ 최장거리 클리핑 방법

> **해설** 색영역 매핑(color gamut mapping)
> 색영역을 달리하는 장치들의 색영역을 조정하여 재현가능한 색으로 변환시켜 주는 작업을 말하는데, 이는 모니터에서의 재현색과 프린터에서의 재현하는 색과의 상대적인 차이를 같게 해 주는 것으로서 출력물의 색은 사람 눈의 순응으로 인하여 더욱 비슷해 보인다. 최장거리 클리핑 방법은 매핑의 방향에 따른 분류방법이 아니다.

07 음성적 잔상이란?

① 원래의 감각과 반대의 밝기 또는 색상을 가지는 잔상
② 원래의 감각과 같은 질의 밝기 또는 색상을 가지는 잔상
③ 원래의 색상과 다른 무채색으로 나타나는 잔상
④ 원래 색상의 밝기 또는 색상이 약하게 나타나는 잔상(after image)

> **해설** 잔상(after image)
> ㉠ 형태와 색상에 의하여 망막이 자극을 받게 되면 시세포의 흥분이 중추에 전해져 자극이 끝난 후에도 계속해서 생기는 시감각 현상을 말한다.
> ㉡ 정(양성)의 잔상 : 자극으로 생긴 상의 밝기와 색이 똑같은 느낌으로 계속해서 보이는 현상
> ㉔ 영화, TV 등과 같이 계속적인 움직임의 영상
> ㉢ 부(음성)의 잔상 : 자극으로 생긴 상의 밝기나 색상 등이 정반대로 느껴지는 현상

08 다음 색에 관한 설명 중 틀린 것은?

① 푸르킨예 현상이란 명소시에서 암소시로 바뀔 때 단파장에 대한 효율이 높아지는 것이다.
② 적록색맹이란 적색과 녹색을 식별할 수 없는 색각 이상자를 말한다.
③ 색약은 채도가 낮은 색과 밝은 데서 보이는 색은 이상 없으나 채도가 높고 원거리의 색을 분별하는 능력이 부족한 것을 말한다.
④ 색맹이란 색을 지각하는 추상체의 결함으로 색을 분별하지 못하는 것을 말한다.

> **해설** 색맹(色盲)
> ㉠ 망막의 결함에 의해 색을 지각하는 데 있어 정상적으로 색을 느끼지 못하는 경우를 색맹(色盲)이라고 한다.
> ㉡ 색상의 식별이 전혀 되지 않는 색각 이상자를 전색맹(全色盲)이라 하고, 이 경우 색지각을 간상체에만 의존하여 명암만 다소 구별할 수 있는 정도이며, 푸르킨예 현상도 나타나지 않는다.
> ㉢ 색맹을 강도 색각이상, 색약을 중등도와 약도로 나누고, 색약을 중등도 색각이상이라고 한다.
> ㉣ 색각이상은 선천적으로 망막 내 감광물질, 즉 제1적색질, 제2녹색질, 제3황색질 중에서 어느 한 가지가 없는 상태이다. 그러므로 제1색맹은 적색맹이라 하고, 제2색맹은 녹색맹이라 하며, 제3색맹은 청황색맹이라고 한다.

09 배색된 색채들이 서로 공통되는 상태와 속성을 가질 때, 즉 유사(類似)의 원리가 있을 때 그 색채들은 조화가 된다. 다음 중 유사의 원리에 의하여 조화가 되는 것은?

① 노랑 – 주황   ② 노랑 – 빨강

③ 노랑 – 보라   ④ 노랑 – 파랑

> **해설** 유사조화
> ㉠ 명도에 따른 조화 : 하나의 색상에 각기 다른 여러 명도의 조화를 단계적으로 동시에 배색하여 얻어지는 조화이다.
> ㉡ 색상에 따른 조화 : 명도가 비슷한 인접색상을 동시에 배색했을 때 얻어지는 조화이다.

10 다음 중 '박하색'과 관련이 없는 이름이나 기호는 무엇인가?

① mint

② 2.5PB 9/2

③ 흰 파랑

④ indigo blue

> **해설** 박하색(mint)
> ㉠ 대표색 : 흰 파랑, 2.5PB 9/2
> ㉡ 흰 파랑, 연한 파란 하얀색이다.

11 KS(한국산업표준) 규격에서 정한 노랑의 색상 범위는 무엇인가?

① 5R–10YR

② 2.5Y–10GY

③ 10YR–7.5Y

④ 10Y–2.5GY

> **해설** 노랑(yellow) 또는 황색(黃色)은 가시광선을 구성하는 색이며, 약 565~590nm의 파장을 가지고 있는 색이다. 노랑의 색상범위는 10YR–7.5Y이다.
> ㉠ 계통색이름 : 노랑
> ㉡ 관용색이름 : 노란색
> ㉢ 먼셀 : 5YR 8.5/12

12 다음은 가법혼색(색광)의 3원색을 나타낸 것이다. 빈칸 A, B, C 순서대로 맞게 나열한 것은?

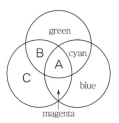

① A : white, B : yellow, C : red

② A : white, B : red, C : yellow

③ A : black, B : yellow, C : red

④ A : black, B : red, C : yellow

> **해설** 가산혼합
> ㉠ 파랑(B)+녹색(G)=시안(C)
> ㉡ 녹색(G)+빨강(R)=노랑(Y)
> ㉢ 파랑(B)+빨강(R)=마젠타(M)
> ㉣ 파랑(B)+녹색(G)+빨강(R)=하양(W)

13 공장 안에서 통행에 충돌 위험이 있는 기둥은 무슨 색으로 처리하는 것이 안전색채에 적절한가?

① 빨강

② 노랑

③ 파랑

④ 초록

> **해설** 안전색채
> ㉠ 빨강(금지) : 5R 4/13 – 정지신호, 소화설비 및 그 장소
> ㉡ 노랑(경고) : 2.5Y 8/12 – 위험경고·주의표지 또는 기계방호
> ㉢ 파랑(지시) : 7.5PB 2.5/7.5 – 특정 행위의 지시 및 사실의 고지
> ㉣ 녹색(안내) : 5G 5.5/6 – 비상구 및 피난소, 사람 또는 차량의 통행표시

14 저드(D. B. Judd)의 색채조화론에서 '친근성의 원리'를 옳게 설명한 것은?

① 공통점이나 속성이 비슷한 색은 조화된다.
② 자연계의 색으로 쉽게 접하는 색은 조화된다.
③ 규칙적으로 선택된 색들끼리 잘 조화된다.
④ 색의 속성 차이가 분명할 때 조화된다.

> **해설** 저드(D. B. Judd)의 색채조화론(정성적 조화론)
> ㉠ 질서성의 원리 : 질서 있는 계획에 따라 선택될 때 색채는 조화된다.
> ㉡ 친근성(숙지)의 원리 : 관찰자에게 잘 알려져 있는 배색이 조화를 이룬다.
> ㉢ 유사성(동류성)의 원리 : 배색된 색들끼리 공통된 양상과 성질이 내포되어 있을 때 조화된다.
> ㉣ 비모호성(명료성)의 원리 : 색상차나 명도, 채도, 면적의 차이가 분명한 배색이 조화롭다.

15 컬러 매니지먼트의 필요조건으로 적합한 것은?

① 컬러 매니지먼트 시스템은 복잡해도 전문가는 쉽게 이용할 수 있도록 해야 된다.
② 처리속도는 중요하지 않다.
③ 컬러로 된 그래픽의 작성이나 화상의 준비에 각종 프로그램과의 호환성을 필요로 한다.
④ 컬러 매니지먼트에 필요한 데이터를 사용자 자신이 입력할 수는 없다.

> **해설** 컬러 매니지먼트(color management)
> 색상이론과 색상 모델에서부터 장비들이 색상을 해석하고 디스플레이하는 방식과 입력장치 및 출력장치 프로파일(디지털카메라, 스캐너, 디스플레이, 프린터 등)을 만들 수 있고, 상황에 맞는 색상관리 작업 과정을 선별할 수 있으며 주요 응용프로그램을 넘나들며 색상을 관리하는 방법을 말한다.

16 그림과 같이 9개의 검정 정사각형 사이의 교차되는 흰 부분에 약간 희미한 점이 나타나 보이는 착각이 일어난다. 이와 같은 현상은?

① 한난대비   ② 채도대비
③ 계시대비   ④ 연변대비

> **해설** 헤르만 그리드 현상(Hermann grid illusion)
> 인접하는 2색을 망막세포가 지각할 때 두 색의 차이가 본래의 상태보다 강조된 상태로 지각되는 경우가 있는데, 교차되는 지점에 회색 잔상이 보이며 대비효과를 보이는 현상이다. 그림처럼 4각의 검정 사각형 사이로 백색 띠가 교차하는 곳에 그림자가 보이게 된다. 이는 백색 교차 부분이 다른 것에 비해 검은색으로부터 거리가 있기 때문에 대비가 약해져 거무스름하게 보이는 것이다.

17 오스트발트 표색기호 중 가장 강한 색상대비가 느껴지는 조화는?

① 4ie – 12ie
② 3ne – 21ne
③ 1na – 21na
④ 14na – 17na

> **해설** 색상대비
> ㉠ 유사색조화 : 24색상환에서 색상차 2~4 이내의 범위에 있는 색은 조화를 이룬다.
> ㉡ 이색조화(중간대비) : 24색상환에서 색상차 6~8 이내의 범위에 있는 색은 조화를 이룬다.
> ㉢ 반대색조화(강한 대비, 보색조화) : 24색상환에서 색상차 12 이상인 경우 두 색은 조화를 이룬다

18 다음 중 색의 채도가 가장 높은 색상은?

① 5R 4/14   ② 5G 5/8
③ 5B 6/6   ④ 5P 3/10

해설 먼셀기호 표기법

색상(H), 명도(V), 채도(C)는 HV/C로 표기된다.

예 빨강의 순색은 5R 4/14, 색상이 빨강으로 5R, 명도가 4이며, 채도가 14인 색채

19 병치혼합은 다음 중 어떤 화가의 작품에서 주로 사용되었는가?

① 피카소

② 뭉크

③ 달리

④ 쇠라

해설 병치혼합

작은 색점을 섬세하게 병치시키는 방법으로 작은 점들이 규칙적으로 배열되어 혼색이 되는 현상을 말한다. 고흐, 쇠라, 시냑 등 신인상파 화가들의 점묘법인 표현기법과 관계 깊다.

예 모자이크 벽화, 신인상파 화가의 점묘화법, 직물의 색조 디자인

20 광원의 온도가 높아짐에 따라 광원의 색이 변한다. 색온도 변화의 순으로 옳게 짝지어진 것은?

① 빨간색 → 주황색 → 노란색 → 파란색 → 흰색

② 빨간색 → 주황색 → 노란색 → 흰색 → 파란색

③ 빨간색 → 주황색 → 파란색 → 보라색 → 흰색

④ 빨간색 → 주황색 → 노란색 → 파란색 → 흰색

해설 색온도(color temperature)

발광되는 빛이 온도에 따라 색상이 달라지는 것을 흰색을 기준으로 절대온도 K으로 표시한 것이다. 빛을 전혀 반사하지 않는 완전 흑체를 가열하면 온도에 따라 각기 다른 색의 빛이 나온다. 온도가 높을수록 파장이 짧은 청색계통의 빛이 나오고, 온도가 낮을수록 적색계통의 빛이 나온다. 이때 가열한 온도와 그때 나오는 색의 관계를 기준으로 해서 색온도를 정한다.

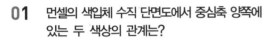

01 먼셀의 색입체 수직 단면도에서 중심축 양쪽에 있는 두 색상의 관계는?

① 인접색   ② 보색

③ 유사색   ④ 약보색

해설 먼셀(Munsell)의 색입체 단면도

㉠ 색입체를 수평으로 잘라 보면 방사형태의 색상이 나타나며 같은 명도의 색이 나타나므로 등명도면 이라 한다.

㉡ 색입체를 수직으로 잘라 보면 같은 색상이 나타나 므로 등색상면이라 하고 중심축 양쪽에 있는 두 색상은 보색관계이다.

02 시내버스, 지하철, 기차 등의 색채계획 시 고려할 사항으로 거리가 먼 것은?

① 도장공정이 간단해야 한다.

② 조색이 용이해야 한다.

③ 쉽게 변색, 퇴색되지 않아야 한다.

④ 프로세스 잉크를 사용한다.

해설 공공시설 및 지하철, 버스, 기차 등의 색채계획

사용자의 편의성과 그 설치지역의 공간특성에 대한 면밀한 검토 후에 설치공간과 조화를 잘 이룰 수 있는 색채를 선택한다. 개인적 성향보다는 공공의 보편성을 목적으로 하는 색채를 선택하고, 유행을 따르기보다는 지속 가능성 있는 색채를 선택하며, 조색이 용이하고 도장공정이 간단해야 한다.

03 우리나라의 한국산업표준(KS)으로 채택된 표색계는?

① 오스트발트   ② 먼셀

③ 헬름홀츠   ④ 헤링

해설 먼셀(Munsell)의 표색계

미국의 화가이며 색채연구가인 먼셀(A. H. Munsell)에 의해 1905년 창안된 체계로서 색의 3속성인 색상, 명도, 채도로 색을 기술하는 체계방식으로 우리나라에서 채택하고 있는 한국산업규격(KS) 색채표기법이다.

04 감법혼색에서 모든 파장이 제거될 경우 나타날 수 있는 색은?

① 흰색

② 검정

③ 마젠타

④ 노랑

해설 물체의 색은 그 물체가 어떤 파장의 빛을 반사하는가에 관련 있고 물체는 각기 다른 파장대의 빛을 반사시킨다. 흰색은 가시광선 대역에서 대부분의 파장을 반사하고, 검은색은 대부분을 흡수하는 경우이다. 흡수해도 남는 빛은 있고 이 빛으로 검은색이라고 하더라도 그 물체가 있다는 것은 인지할 수 있게 된다.

05 색의 동화작용에 관한 설명 중 옳은 것은?

① 잔상효과로서 나중에 본 색이 먼저 본 색과 섞여 보이는 현상

② 난색계열의 색이 더 커 보이는 현상

③ 색들끼리 영향을 주어서 옆의 색과 닮은 색으로 보이는 현상

④ 색점을 섬세하게 나열, 배치해 두고 어느 정도 떨어진 거리에서 보면 쉽게 혼색되어 보이는 현상

정답 1② 2④ 3② 4② 5③

해설 동화현상(assimilation effect)

㉠ 동시대비와는 반대현상이며 주위의 영향으로 인접색과 닮은 색으로 변해 보이는 현상이다.

㉡ 색상동화, 명도동화, 채도동화가 있으나 이들은 모두 동시적으로 일어나는 현상으로 줄무늬와 같이 주위를 둘러싼 면적이 작거나 하나의 좁은 사이에 복잡하고 섬세하게 배치되었을 때에 일어난다.

06 먼셀의 색채조화이론 핵심인 균형원리에서 각 색들이 가장 조화로운 배색을 이루는 평균명도는?

① N4
② N3
③ N5
④ N2

해설 먼셀 색채조화의 원리

㉠ 중간채도의 반대색끼리는 중간회색 N5에서 연속성이 있으며, 같은 넓이로 배합하면 조화된다.

㉡ 명도는 같으나 채도가 다른 반대색끼리는 강한 채도에 작은 면적을 주면 조화된다.

㉢ 채도가 같고 명도가 다른 보색끼리는 회색척도에 관하여 정연한(일정한) 간격을 주면 조화된다.

㉣ 채도가 모두 다른 반대색끼리는 회색척도에 준하여 정연한(일정한) 간격을 주면 조화된다.

㉤ 각 색의 평균명도가 N5일 때 조화롭다.

07 컴퓨터 화면상의 이미지와 출력된 인쇄물의 색채가 다르게 나타나는 원인으로 거리가 먼 것은?

① 컴퓨터상에서 RGB로 작업했을 경우 CMYK 방식의 잉크로는 표현될 수 없는 색채범위가 발생한다.

② RGB의 색역이 CMYK의 색역보다 좁기 때문이다.

③ 모니터의 캘리브레이션 상태와 인쇄기, 출력용지에 따라서도 변수가 발생한다.

④ RGB 데이터를 CMYK 데이터로 변환하면 색상 손상 현상이 나타난다.

해설 색역(color gamut)

색의 영역은 컴퓨터 그래픽스와 사진술을 포함하는 색의 생산에서 빛깔의 완전한 하부 집합을 가리킨다. 색을 정확하게 표현하려고 하지만 주어진 색공간이나 특정한 출력장치에 제한을 받으면 이것이 색역이 된다. 디지털 영상을 처리할 때 가장 이용하기 편리한 색 모델이 RGB 모델이다. 그림을 인쇄할 때 원래의 RGB 색공간을 프린터의 CMYK 색공간으로 변형하여야 한다. 이 과정을 통하여 색역이 벗어난 RGB로부터의 색을 CMYK 공간의 색역에 있는 적절한 값으로 변환할 수 있다.

08 유채색의 경우 보색잔상의 영향으로 먼저 본 색의 보색이 나중에 보는 색에 혼합되어 보이는 현상은?

① 계시대비
② 명도대비
③ 색상대비
④ 면적대비

해설 계시대비(successive contrast)

㉠ 계속대비 또는 연속대비라고도 하며 시간적인 차이를 두고, 2개의 색을 순차적으로 볼 때에 생기는 색의 대비현상이다.

㉡ 어떤 색을 본 후에 다른 색을 보면 나중에 보았던 색은 처음에 보았던 색의 보색에 가까워져 보이며, 채도가 증가해서 선명하게 보인다.

09 색을 지각적으로 고른 감도의 오메가 공간을 만들어 조화시킨 색채학자는?

① 오스트발트
② 먼셀
③ 문·스펜서
④ 비렌

해설 문·스펜서의 조화론

두 색의 간격이 애매하지 않은 배색으로 오메가(ω) 공간에 간단한 기하학적 관계가 되도록 선택한 배색을 가정으로 조화와 부조화로 분류하고, 색채조화에 관한 원리들을 정량적인 색좌표에 의해 과학적으로 설명하였다.

10 빛이 프리즘을 통과할 때 나타나는 분광현상 중 굴절현상이 제일 큰 색은?

① 보라   ② 초록
③ 빨강   ④ 노랑

해설 스펙트럼(spectrum)

㉠ 1666년 영국의 과학자 뉴턴(Issac Newton)이 이탈리아에서 프리즘(prism)을 들여와, 이 프리즘에 태양광선이 비치면 그 프리즘을 통과한 빛은 빨강·주황·노랑·초록·파랑·남색·보라색의 단색광으로 분광된다.

㉡ 파장이 길고 짧음에 따라 굴절률이 다르며, 파장이 길면 굴절률도 작고, 파장이 짧으면 굴절률도 크다. 빨강은 파장이 길어서 굴절률이 가장 작으며, 보라는 파장이 짧아서 굴절률이 가장 그다.

01 다음 중 회전혼합과 관계가 없는 것은?

① 가법혼합   ② 색광혼합
③ 색료혼합   ④ 중간혼합

해설 회전혼합

하나의 면이 두 개 이상의 색을 붙인 후 빠른 속도로 회전하며, 두 색이 혼합되어 보이는 현상이다. 영국의 물리학자인 제임스 클러크 맥스웰이 발견한 것으로 회전판에서 회전혼합되는 색은 명도와 채도가 색과 색 사이의 정도로 보인다. 평균혼합으로 명도와 채도가 평균값으로 지각이 되고 색료에 의해서 혼합되는 것이 아니라 계시가법혼색에 속한다. 명도는 혼합되는 색 중 명도가 높은 색으로 좀 더 기울고, 여러 가지 색상이 들어간 완구류, 바람개비 등에서 쉽게 볼 수 있는 혼합이다.

02 색광을 표시하는 표색계로 심리적이고 물리적인 빛의 혼색 실험결과에 그 기초를 두는 것은?

① 현색계   ② 지각색계
③ 혼색계   ④ 물체색계

해설 혼색계(color mixing system)

㉠ 색(colar of light)을 표시하는 표색계로서 심리적·물리적인 병치의 혼색실험에 기초를 두는 것으로 현재 측색학의 기본이 되고 있다.
㉡ 오늘날 사용하고 있는 CIE 표준표색계(XYZ 표색계)가 가장 대표적인 것이다.

03 오스트발트(Ostwald) 표색계에 관한 설명 중 틀린 것은?

① 색의 합리적인 계획보다 색채계획이나 색채조화에 장점을 가지고 있다.
② 색상환은 24색상을 원칙으로 한다.

③ 최상단은 검정, 최하단은 하양으로 하여 정삼각형으로 만들었다.
④ W+B+C = 100이라는 이론이다.

해설 오스트발트(W. Ostwald) 표색계

㉠ 오스트발트 표색계는 헤링의 4원색설을 기본으로 색량의 대소에 의하여, 즉 혼합하는 색량(色量)의 비율에 의하여 만들어진 색체계이다.
㉡ 황, 적, 청, 녹의 4가지 주요 색상을 기준으로 그 중간색 주황, 자, 청록, 황록의 8가지 색상을 만들고 이것을 다시 3색상씩 분할해 24색상으로 만들어 24색환이 된다.
㉢ 백색량(W), 흑색량(B), 순색량(C)의 합을 100%로 하고 순색량이 있는 유채색은 W+B+C=100%가 된다.

04 단색광과 파장의 범위가 틀리게 짝지어진 것은?

① 파랑 : 450~550nm
② 빨강 : 360~450nm
③ 초록 : 500~570nm
④ 노랑 : 570~590nm

해설 단색광의 색이름

광원색의 색이름	파장범위(nm)
빨강	620~780
주황	590~620
노랑	570~590
초록	500~570
파랑	450~500
보라	380~450

05 디자인의 대상이나 용도에 적합한 배색을 적용하고 기능적으로나 심미적으로 효과적인 배색 효과를 얻을 수 있도록 미리 설계하는 것은?

① 색채조절　　　② 색채관리

③ 색채응용　　　④ 색채계획

해설 색채계획(color planning)

디자인에 있어 용도나 재료를 바탕으로 기능적으로 아름다운 배색효과를 얻을 수 있도록 계획하는 것이다.

06 다음 중 강함, 동적임, 화려함 등을 느낄 수 있는 배색은?

① 동일색상의 배색

② 유사색상의 배색

③ 반대색상의 배색

④ 포 까마이의 배색

해설 반대색상(보색)의 배색

색상환에서 서로 마주 보는 색상의 배색방법이다. 색상 자체에 영향 없이 가장 순수하고 생기 있게 느낄 수 있는 배색으로 강함, 동적, 생동감이 느껴진다.

07 다음은 빨강, 노랑, 초록, 파랑의 분광분포 곡선이다. 노랑(yellow)의 분광분포 곡선은?

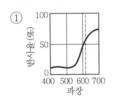
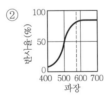
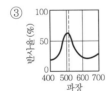
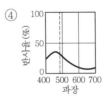

해설 빛의 스펙트럼 분포를 분광분포라 하며, 분광분포를 그래프상으로 나타낸 것을 분광분포 곡선이라 한다.

[빨강, 노랑, 녹색, 파랑의 분광분포 곡선]

08 무거운 상품을 가볍게 보이기 위해 포장하려 한다면 색의 어떤 속성을 조정해야 하나?

① 색상

② 명도

③ 채도

④ 색도

해설 중량감

색채의 중량감은 색상보다는 명도에 의해 좌우되는 것으로 무거운 상품을 가볍게 하려면 명도의 속성을 조정해야 한다. 즉, 명도를 높게 하면 가벼워 보인다.

09 다음 중 가장 가벼운 느낌을 주는 배색은?

① 초록 – 검정　　② 주황 – 노랑

③ 빨강 – 파랑　　④ 청록 – 초록

해설 중량감

명도가 낮은 색은 무겁게 느껴지며, 명도가 높은 색은 가볍게 느껴진다.

㉠ 가벼운 색 : 명도가 높은 색, 밝은색, 난색계통 예 빨강, 노랑

㉡ 무거운 색 : 명도가 낮은 색, 어두운색, 한색계통 예 초록, 남색

10 물체의 색을 지각하는 것은 빛의 어떤 성질과 가장 관계가 깊은가?

① 확산　　　　　② 투과

③ 입사　　　　　④ 반사

해설 물체색

ㄱ 빛에너지가 사물에 부딪혀 일어나는 반사 또는 투과하는 표면색으로, 그림물감, 염료, 도료가 물체색에 속한다.

ㄴ 빛이 물체에 닿았을 때 가시광선의 파장이 분해되어 반사, 흡수, 투과의 현상이 일어나서 다양한 색이 나타나게 된다.

ㄷ 빛이 물체에 닿아 모두 반사하면 물체의 표면은 하양을 띠며, 반대로 거의 모든 빛을 흡수하면 검정을 띠게 된다.

11 비렌(Birren)의 색과 형의 연결로 틀린 것은?

① 빨강 – 정사각형

② 노랑 – 삼각형

③ 파랑 – 오각형

④ 주황 – 직사각형

해설 ㄱ 파버 비렌(Faber Birren)은 색채와 인간의 심리를 구체적으로 연구하고 이를 정신적 치료에 사용하기도 했다.

ㄴ 파버 비렌의 색채와 형태

• 빨강 : 정사각형 또는 입방체

• 주황 : 직사각형

• 노랑 : 삼각형 또는 삼각추

• 초록 : 육각형 또는 정20면체

• 파랑 : 공 모양 또는 원

• 보라 : 타원형

12 문·스펜서의 면적효과에 관한 설명 중 틀린 것은?

① N5 순응점을 중심으로 한다.

② 균형점(balance point)에 의해서 배색의 심리적 효과가 결정된다.

③ 순응점을 중심으로 높은 채도의 색은 넓게 배색하는 것이 조화롭다.

④ 순응점으로부터 지정된 색까지의 입체적 거리는 스칼라 모멘트이다.

해설 문·스펜서의 면적효과

색채조화에 배색이 면적에 미치는 영향을 고려하여 종래의 저채도의 약한 색은 면적을 넓게, 고채도의 강한 색은 면적을 좁게 해야 균형이 맞는다는 원칙을 정량적으로 이론화하였다(스칼라 모멘트, scalar moment). 문·스펜서는 면적의 비율을 어떻게 하면 조화시킬 수 있는지에 대해 순응점(N5)을 정하고, 이 순응점과의 거리에 따라서 색의 면적이 결정된다고 하였다.

13 다음 중 난색계의 특징으로 틀린 것은?

① 따뜻함   ② 진출색

③ 활동색   ④ 차분함

해설 난색계의 특징

ㄱ 난색계의 색은 따뜻하고 활동적이며 한색계의 색은 차갑고 진정효과가 있다.

ㄴ 난색계의 색은 진출, 팽창색이다.

14 다음 중 색광의 표시법과 관련 있는 것은?

① Munsell 표색법

② Ostwald 표색법

③ CIE 표색법

④ NCS 표색법

해설 CIE 표색계(CIE system of color specification)

이 표색계는 물체색(物體色)에만 통용되는 먼셀 표색계나 오스트발트 표색계에 비해서 광원색(光源色)을 포함하는 모든 색을 나타내며, 또 인간의 감각에 의존하지 않는 정확한 표색법이다. 그러나 상당히 난해하며, 그 때문에 광원색이나 컬러 텔레비전 등 특수한 경우 이외에는 먼셀 표색계가 사용되는 경우가 많다. 또한 먼셀 표색계와 CIE 사이에는 상세한 관계가 밝혀지고 있어서 정확한 환산(換算)이 가능하다.

15 횃불놀이, TV나 영화 등에서 나타나는 색의 현상은?

① 정의 잔상   ② 부의 잔상

③ 연변대비   ④ 색상동화

형태와 색상에 의하여 망막이 자극을 받게 되면 시세포의 흥분이 중추에 전해져 자극이 끝난 후에도 계속해서 생기는 시감각 현상을 말한다.
㉠ 정(양성)의 잔상 : 자극으로 생긴 상의 밝기와 색이 똑같은 느낌으로 계속해서 보이는 현상
  예 영화, TV 등과 같이 계속적인 움직임의 영상, 횃불놀이
㉡ 부(음성)의 잔상 : 자극으로 생긴 상의 밝기나 색상 등이 정반대로 느껴지는 현상

16 CIE 색도도에 관한 설명 중 틀린 것은?

① 빛의 혼색실험에 기초한 것이다.
② 백색광은 색도도 중앙에 위치한다.
③ 순수파장의 색은 바깥 둘레에 위치한다.
④ 색도도의 모양은 타원형으로 되어 있다.

해설 CIE 색도도
가장 과학적인 표색법이라고 하며, 분광광도계(分光光度計)에 의한 측정값을 기초로 하여 모든 색을 xyY라는 세 가지 양으로 표시한다. Y는 측광량이라 하며 색의 밝기의 양 x·y는 한 조로 해서 색도를 나타낸다. 색도란 밝음을 제외한 색의 성질로서 xy축에 의한 도표(색도표) 가운데의 점으로서 표시된다. 각 파장의 단색광(單色光)의 색도를 도표 위에서 구하고 그것들을 선으로 연결한 다음에 순자(純紫)·순적자(純赤紫)의 색도점을 연결하면 도표상에 말굽 모양이 그려지고 모든 색이 이 안에 포함된다.

17 저드(D. B. Judd)의 색채조화론 중 다음 내용이 설명하는 것은?

> 색채조화는 두 색 이상의 배색에 있어서 애매하지 않은 명료한 배색에서만 조화롭다.

① 질서의 원리
② 비모호성의 원리
③ 유사의 원리
④ 친근성의 원리

해설 저드(D. B. Judd)의 색채조화론(정성적 조화론)
㉠ 질서성의 원리 : 질서 있는 계획에 따라 선택될 때 색채는 조화된다.
㉡ 친근성(숙지)의 원리 : 관찰자에게 잘 알려져 있는 배색이 조화를 이룬다.
㉢ 유사성(동류성)의 원리 : 배색된 색들끼리 공통된 양상과 성질이 내포되어 있을 때 조화된다.
㉣ 비모호성(명료성)의 원리 : 색상차나 명도, 채도, 면적의 차이가 분명한 배색이 조화롭다.

18 아파트 건축물의 색채기획 시 고려해야 할 사항이 아닌 것은?

① 개인적인 기호에 의하지 않고 객관성이 있어야 한다.
② 주변에서 가장 부각될 수 있게 독특한 색채를 사용한다.
③ 전체적으로 질서가 있어야 하며 적당한 변화가 있어야 한다.
④ 주거민을 위한 편안한 색채 디자인이 되어야 한다.

해설 아파트 건축물의 색채계획
㉠ 대도시 속의 아파트로서 주변을 고려하면서 색채계획을 한다.
㉡ 시각적 압박이 적고 주민들이 쾌적하며 안정감 있는 색채계획을 한다.
㉢ 적당한 변화를 주어 생동감 있는 아파트가 되도록 색채 디자인을 한다.

19 컬러 인화사진은 대부분 어떤 혼색방법을 이용한 것인가?

① 가법혼색
② 평균혼색
③ 감법혼색
④ 색광혼색

해설 색료혼합(감산혼합, 감법혼색)
㉠ 색료를 혼합하여 색필터를 겹치거나 그림물감을 혼합하는 방법을 감산혼합(減算混合) 또는 감법혼색(減法混色), 색료혼합이라고 한다.

정답 16 ④ 17 ② 18 ② 19 ③

ⓛ 2차색은 색광혼합의 3원색과 같고 원색보다 명도
와 채도가 낮아진다.
ⓒ 색료혼합의 3원색인 시안(cyan), 마젠타(ma-
genta), 노랑(yellow)을 모두 혼합하면 흑색
(black)이 된다.
ⓔ 컬러 인화사진, 인쇄잉크

20 비트(bit)에 대한 내용이 아닌 것은?

① 2의 1승인 픽셀(pixel)은 1비트(bit) 픽
셀(pixel)이다.
② 더 많은 비트(bit)를 시스템에 추가하면
할수록 가능한 조합의 수가 늘어나 생
성되는 컬러의 수가 증가됨을 뜻한다.
③ 24비트(bit) 컬러는 사람의 육안으로 볼
수 있는 전체 컬러를 망라하지는 못하지
만 거의 그에 가깝게 표현할 수 있다.
④ 디지털 컬러에서 각 픽셀(pixel)은 CMYK
의 조합으로 표현된다.

해설 비트(bit)
컴퓨터 내부에서의 정보 표현의 최소 단위이며, 1자
릿수의 2진 숫자(binary digit)의 약어이다. 1비트
에서는 '0'과 '1' 2개의 값으로 표시되며, 2비트에서
는 '00', '01', '10', '11' 4개의 값으로 표시된다.
이것은 10진수(decimal)에서는 '0', '1', '2', '3'에
각각 대응된다. n비트에서는 2^n의 값을 표시할 수
있다. 문자를 표시하기 위해서 이 비트를 8개로 정리
한 단위를 일반적으로 바이트(byte)라 한다.

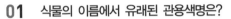

01 식물의 이름에서 유래된 관용색명은?

① 피콕블루(peacock blue)

② 세피아(sepia)

③ 에메랄드그린(emerald green)

④ 올리브(olive)

> **해설** 식물(성)의 이름에서 따온 색명으로는 복숭아색, 살구색, 팥색, 밤색(maroon), 풀색, 오렌지(orange), 로즈(rose), 올리브(olive), 레몬옐로(lemon yellow)가 있다.

02 '가을의 붉은 단풍잎, 붉은 저녁놀, 겨울 풍경색 등과 같이 친숙한 것들을 아름답게 생각하는 것'을 저드의 색채조화이론으로 설명한다면 어느 원리인가?

① 질서의 원리

② 비모호성의 원리

③ 친근감의 원리

④ 동류성의 원리

> **해설** 저드(D. B. Judd)의 색채조화론(정성적 조화론)
> ㉠ 질서성의 원리 : 질서 있는 계획에 따라 선택될 때 색채는 조화된다.
> ㉡ 친근성(숙지)의 원리 : 관찰자에게 잘 알려져 있는 배색이 조화를 이룬다.
> ㉢ 유사성(동류성)의 원리 : 배색된 색들끼리 공통된 양상과 성질이 내포되어 있을 때 조화된다.
> ㉣ 비모호성(명료성)의 원리 : 색상차나 명도, 채도, 면적의 차이가 분명한 배색이 조화롭다.

03 밝은 곳에서 어두운 곳으로 이동하면 주위의 물체가 잘 보이지 않다가 어두움 속에서 시간이 지나면 식별할 수 있는 현상과 관련 있는 인체의 반응은?

① 항상성

② 색순응

③ 암순응

④ 고유성

> **해설** 암순응(dark adaptation)
> 밝은 곳에 있다가 어두운 곳에 들어가면 처음에는 물체가 잘 보이지 않다가 시간이 흐르면서 보이는 현상이다.
> ㉠ 동공이 확대된다.
> ㉡ 완전 암순응은 보통 30분 이내에 가능하다.
> ㉢ 암순응된 눈은 적색이나 보라색에 가장 둔감하다.
> ㉣ 색에 민감한 원추세포는 감수성을 잃게 된다.

04 희망, 명랑함, 유쾌함과 같이 색에서 느껴지는 심리적 정서적 반응은?

① 구체적 연상

② 추상적 연상

③ 의미적 연상

④ 감성적 연상

> **해설** 색의 연상
> 어떤 색을 보았을 때 색에 대한 평소의 경험적 감정과 연상의 정도에 따라 그 색과 관계되는 여러 가지 사항을 연상하게 된다. 검정은 허무, 불안, 절망, 정지, 침묵, 암흑, 부정, 죽음, 공포, 밤을 연상시키거나 강함과 세련된 느낌으로 공업제품에 사용되고 있다. 색의 연상에는 구체적 연상과 추상적인 연상이 있다.
> ㉠ 구체적 연상 : 적색을 보고 '불'이라는 구체적인 대상을 연상하거나 하늘색을 보고 하늘을 연상하는 것
> ㉡ 추상적인 연상 : 적색을 보고 정열, 애정이라는 감정을 느끼는 것

05 다음 중 가장 짠맛을 느끼게 하는 색은?

① 회색

② 올리브그린

③ 빨강색

④ 갈색

해설 색채의 공감각

일반적으로 신맛은 노랑, 초록의 배색에서 느낄 수 있고, 단맛은 빨강, 주황, 노랑의 배색에서 느낄 수 있으며, 특히 달콤한 맛은 분홍의 배색에서 느낄 수 있다. 또한 쓴맛은 짙은 파랑, 갈색, 쑥색, 보라의 배색에서 느낄 수 있고, 짠맛은 초록, 회색, 파랑의 배색에서 느낄 수 있다.

06 기본색명(basic color names)에 대한 설명 중 틀린 것은?

① 기본적인 색의 구별을 나타내기 위한 전문용어이다.

② 국가와 문화에 따라 약간씩 차이가 있다.

③ 한국산업표준(KS) A 0011에서는 무채색 기본색명으로 하양, 회색, 검정 3개를 규정하고 있다.

④ 기본색명에는 스칼렛, 보랏빛 빨강, 금색 등이 있다.

해설 KS 기본색명

한국산업규격(KS A 0011)에 제시되어 있는 기본적인 색의 구별을 나타내기 위한 기본 색이름으로, 2015년 개정판에 의하면 12개의 유채색과 3개의 무채색 기본색명을 규정하고 있다. 유채색의 기본 색명은 빨강, 주황, 노랑, 연두, 초록, 청록, 파랑, 남색, 보라, 자주, 분홍과 갈색이며, 무채색의 기본 색명은 하양, 회색, 검정이다.

07 방화, 금지, 정지, 고도위험 등의 의미를 전달하기 위해 주로 사용되는 색은?

① 노랑

② 녹색

③ 파랑

④ 빨강

해설 안전색채

㉠ 빨강(금지) : 5R 4/13 – 정지신호, 소화설비 및 그 장소, 유해행위의 장소, 방화, 정지, 고도위험

㉡ 노랑(경고) : 2.5Y 8/12 – 위험경고·주의표지 또는 기계방호

㉢ 파랑(지시) : 7.5PB 2.5/7.5 – 특정 행위의 지시 및 사실의 고지

㉣ 녹색(안내) : 5G 5.5/6 – 비상구 및 피난소, 사람 또는 차량의 통행표시

08 디지털 이미지에서 색채 단위 수가 몇 이상이면 풀 컬러(full color)를 구현한다고 할 수 있는가?

① 4비트 컬러

② 8비트 컬러

③ 16비트 컬러

④ 24비트 컬러

해설 풀 컬러(full color)

하드웨어 기반의 색공간에서 빛의 3원색인 RGB에 각각 8비트(bit)의 정보량을 할당하여 만든 1,677만 가지의 색을 말한다.

• n비트 = 2^n의 색심도(色深度, color depth) 공식에 의해 RGB 각각이 256색으로 조합되는데, 각 채널당 8비트(256색)를 할당해 주면 전체 16,777,216가지의 색을 만들게 된다. 이 컬러를 비트 해상도로 구분하였을 때는 24비트(bit) 컬러라고 부르며, 실제색(true color)이라고도 한다.

09 'M = O/C'는 문·스펜서의 미도를 나타내는 공식이다. 'O'는 무엇을 나타내는가?

① 환경의 요소

② 복잡성의 요소

③ 구성의 요소

④ 질서성의 요소

해설 미도(美度)

㉠ 배색에서 아름다움의 정도를 수량적으로 계산에 의해 구하는 것

㉡ 버코프(G. D. Birkhoff) 공식 : M = O/C
여기서, M : 미도(美度), O : 질서성의 요소, C : 복잡성의 요소

• 어떤 수치에 의해 조화의 정도를 비교하는 정량적 처리를 보여 주는 것이다.

• 복잡성의 요소가 적을수록, 질서성의 요소가 많을수록 미도는 높아진다는 것이다.

정답 5 ① 6 ④ 7 ④ 8 ④ 9 ④

10 만화영화는 시간의 차이를 두고 여러 가지 그림이 전개되면서 사람들이 색채를 인식하게 되는데, 이와 같은 원리로 나타나는 혼색은?

① 팽이를 돌렸을 때 나타나는 혼색
② 컬러슬라이드 필름의 혼색
③ 물감을 섞었을 때 나타나는 혼색
④ 6가지 빛의 원색이 혼합되어 흰빛으로 보여지는 혼색

해설 ㉠ 잔상(after image) : 형태와 색상에 의하여 망막이 자극을 받게 되면 시세포의 흥분이 중추에 전해져 자극이 끝난 후에도 계속해서 생기는 시감각 현상을 말한다. 시적 잔상이라고 말하는 이 현상에는 정의 잔상, 부의 잔상, 보색잔상이 있다.
- 정(양성)의 잔상 : 자극으로 생긴 상의 밝기와 색이 똑같은 느낌으로 계속해서 보이는 현상
  예 영화, TV 등과 같이 계속적인 움직임의 영상
- 부(음성)의 잔상 : 자극으로 생긴 상의 밝기나 색상 등이 정반대로 느껴지는 현상
- 보색(심리)잔상 : 어떤 원색을 보다가 백색면으로 시선을 옮기면 그 원색의 보색이 보이는 현상으로 망막의 피로 때문에 생기는 현상
  예 수술실의 녹색가운
㉡ 보색(補色, complementary color)
- 물리보색 : 색팽이를 회전시켰을 때 두 색이 혼색되어 어느 쪽의 색도 아닌 회색이 되는 색상끼리의 관계
- 심리·생리보색 : 적색을 보고 있으면 그 색의 자극으로 눈이 피곤해져 정반대의 색인 청록색을 눈 속에 유발시키는 현상

01 식품에 대한 기호를 조사한 결과 단맛과 관계가 깊은 색은?

① 빨강   ② 노랑
③ 파랑   ④ 자주

해설 신맛은 노랑, 초록의 배색에서 느낄 수 있고, 단맛은 빨강, 주황, 노랑의 배색에서 느낄 수 있으며, 특히 달콤한 맛은 분홍의 배색에서 느낄 수 있다. 또한 쓴맛은 짙은 파랑, 갈색, 쑥색, 보라의 배색에서 느낄 수 있고, 짠맛은 초록, 회색, 파랑의 배색에서 느낄 수 있다.

02 오스트발트 색체계에 관한 설명 중 틀린 것은?

① 색상은 yellow, ultramarine blue, red, sea green을 기본으로 하였다.
② 색상환은 4원색의 중간색 4색을 합한 8색을 각각 3등분하여 24색상으로 한다.
③ 무채색은 백색량+흑색량 = 100%가 되게 하였다.
④ 색표시는 색상기호, 흑색량, 백색량의 순으로 한다.

해설 오스트발트(W. Ostwald)의 표색계
㉠ 오스트발트 표색계는 헤링의 4원색설을 기본으로 색량의 대소에 의하여, 즉 혼합하는 색량(色量)의 비율에 의하여 만들어진 색체계이다.
㉡ 황, 적, 청, 녹의 4가지 주요 색상을 기준으로 그 중간색 주황, 자, 청록, 황록의 8가지 색상을 만들고 이것을 다시 3색상씩 분할해 24색상으로 만들어 24색환이 된다.
㉢ 오스트발트는 백색량(W), 흑색량(B), 순색량(C)의 합을 100%로 하고 어떤 색이라도 혼합량의 합은 항상 일정하다. 순색량이 없는 무채색은 W+B = 100%가 되도록 하고 순색량이 있는 유채색은 W+B+C = 100%가 된다.
㉣ 색표시는 색상기호와 백색량, 흑색량 순으로 한다.

03 오스트발트의 조화론과 관계가 없는 것은?

① 다색조화
② 등가색환에서의 조화
③ 무채색의 조화
④ 제1 부조화

해설 오스트발트의 색채조화론
㉠ 무채색의 조화
㉡ 동일색상의 조화 : 등백색 계열의 조화, 등흑색 계열의 조화, 등순색 계열의 조화
㉢ 등가색환에서의 조화
㉣ 보색 마름모꼴에서의 조화
㉤ 보색이 아닌 마름모꼴에서의 조화
㉥ 다색조화(윤성조화)

04 인류생활, 작업상의 분위기, 환경 등을 상쾌하고 능률적으로 꾸미기 위한 것과 관련된 용어는?

① 색의 조화 및 배색(color harmony and combination)
② 색채조절(color conditioning)
③ 색의 대비(color contrast)
④ 컬러 하모니 매뉴얼(color harmony manual)

해설 색채조절은 눈의 긴장감과 피로감을 감소시키고, 심리적으로 쾌적한 실내분위기를 느끼게 하여 생활의 의욕을 고취시키며, 능률성, 안전성, 쾌적성 등을 고려하는 것을 말한다.
㉠ 피로의 경감
㉡ 생산의 증진
㉢ 사고나 재해율 감소

정답 1 ①   2 ④   3 ④   4 ②

05 색료혼합에 대한 설명으로 틀린 것은?

① magenta와 yellow를 혼합하면 red가 된다.
② red와 cyan을 혼합하면 blue가 된다.
③ cyan과 yellow를 혼합하면 green이 된다.
④ 색료혼합의 2차색은 red, green, blue 이다.

해설 색료의 3원색

㉠ 색료(물감)의 3원색은 시안(cyan), 마젠타(magenta), 노랑(yellow)이다.
㉡ 혼합해서 만든 색을 2차색이라고 한다.
  • 마젠타(M) + 노랑(Y) = 빨강(R)
  • 노랑(Y) + 시안(C) = 녹색(G)
  • 시안(C) + 마젠타(M) = 파랑(B)
  • 마젠타(M) + 노랑(Y) + 시안(C) = 검정(B)

06 동일한 색상이라도 주변색의 영향으로 실제와 다르게 느껴지는 현상은?

① 보색
② 대비
③ 혼합
④ 잔상

해설 대비란 성질이 반대되거나 서로 다른 것을 경험할 때 성질의 차이가 과장되어 느껴지는 현상을 말한다. 실제로 우리가 어떤 색을 볼 때, 그 색 자체만을 보는 경우와 주변색의 영향을 받아 실제와는 다른 색으로 보이는 경우가 있다. 이와 같이 색의 대비는 두 색채의 효과를 비교하여 서로 간에 명백한 차이가 나타나거나 어떤 색이 다른 색의 영향으로 인하여 실제와는 다른 색으로 변해 보이는 현상을 말한다.

07 해상도에 대한 설명으로 틀린 것은?

① 한 화면을 구성하고 있는 화소의 수를 해상도라고 한다.
② 화면에 디스플레이된 색채 영상의 선명도는 해상도와 모니터의 크기에 좌우된다.
③ 해상도의 표현방법은 가로 화소 수와 세로 화소 수로 나타낸다.
④ 동일한 해상도에서 모니터가 커질수록 해상도는 높아져 더 선명해진다.

해설 해상도(resolution)

㉠ 컴퓨터, TV, 팩시밀리, 화상기기 등에서 사용하는 화상표현 능력의 척도이다.
㉡ 컴퓨터 모니터 화면과 같이 정보를 그래픽으로 표시하는 장치에서 출력되는 정보의 정밀도를 표시하기 위해 쓰이는 용어로서 픽셀(pixel, 화소점) 수가 많을수록 해상도가 높다.
㉢ 해상도 표시 = 수평해상도×수직해상도
㉑ 수평방향으로 640개의 픽셀을 사용하고 수직방향으로 480개의 픽셀을 사용하는 화면장치의 해상도는 640×480으로 표시한다.

08 색채표준화의 기본요건으로 거리가 먼 것은?

① 국제적으로 호환되는 기록방법
② 체계적이고 일관된 질서
③ 특수집단을 위한 범용적이고 실용적인 목적
④ 모호성을 배제한 정량적 표기

해설 색채표준화

㉠ 색의 정확한 측정, 전달, 보관, 관리 및 재현을 위해 색채를 표준화하는 것
㉡ 색채표준화 조건 : 과학적, 합리적 체계, 사용용이, 색채 간 지각적 등보성 유지, 일반안료로 재현가능, 색상/명도/채도 등의 색채속성을 명확히 표기

09 명도와 채도에 관한 설명으로 틀린 것은?

① 순색에 검정을 혼합하면 명도와 채도가 낮아진다.

② 순색에 흰색을 혼합하면 명도와 채도가 높아진다.

③ 모든 순색의 명도는 같지 않다.

④ 무채색의 명도 단계도(value scale)는 명도 판단의 기준이 된다.

해설 ㉠ 명도(value) : 빛의 반사율에 따른 색의 밝고 어두운 정도를 말한다.
  • 수직선 방향으로 아래에서 위로 갈수록 명도가 높아진다.
  • 어떠한 색상의 순색에 무채색(흰색, 검정색)을 혼합할 때 그 포함량이 많을수록 채도가 낮아진다.
㉡ 채도(chroma) : 색의 맑기로 색의 선명도, 즉 색채의 강하고 약한 정도를 말한다.
  • 순색(solid color) : 동일색상의 청색 중에서도 가장 채도가 높은 색을 말한다.
  • 색의 혼합량으로 생각해 본다면 어떠한 색상의 순색에 무채색(흰색이나 검정)의 포함량이 많을수록 채도가 낮아지고, 포함량이 적을수록 채도가 높아진다.
  • 채도는 순색에 흰색을 섞으면 낮아진다.

10 문·스펜서의 색채조화론 중 조화의 영역이 아닌 것은?

① 동일조화　　　② 유사조화

③ 대비조화　　　④ 눈부심

해설 문·스펜서(P. Moon & D. E. Spencer)의 조화론 2색의 간격이 애매하지 않은 배색, 오메가(ω) 공간에 간단한 기하학적 관계가 되도록 선택한 배색을 가정으로 조화와 부조화로 분류하고, 색채조화에 관한 원리들을 정량적인 색좌표에 의해 과학적으로 설명하였다.
㉠ 색채조화
  • 조화의 원리 : 동등조화, 유사조화, 대비조화
  • 부조화의 원리 : 제1 부조화, 제2 부조화, 눈부심
㉡ 면적효과 : 색채조화에 배색이 면적에 미치는 영향을 고려하여 종래의 저채도의 약한 색은 면적을 넓게, 고채도의 강한 색은 면적을 좁게 해야 균형이 맞는다는 원칙을 정량적으로 이론화하였다.
㉢ 미도(美度)
  • 배색에서 아름다움의 정도를 수량적으로 계산에 의해 구하는 것
  • 버코프(G. D. Birkhoff) 공식 : $M = O/C$
    여기서, M : 미도(美度), O : 질서성의 요소,
    　　　　 C : 복잡성의 요소
    − 어떤 수치에 의해 조화의 정도를 비교하는 정량적 처리를 보여 주는 것이다.
    − 복잡성의 요소가 적을수록, 질서성의 요소가 많을수록 미도는 높아진다는 것이다.

01 다음 중 가장 딱딱한 느낌의 색은?

① 녹색을 띤 명도가 높은 색

② 황색을 띤 채도가 낮은 색

③ 청색을 띤 명도가 낮은 색

④ 황색을 띤 명도가 높은 색

해설 경연감(硬軟感)

ㄱ 색채가 부드럽게 느껴지거나 딱딱하게 느껴지는 것을 말하며 명도와 채도에 영향을 받는다.

ㄴ 부드러운 느낌 : 고명도의 색, 저채도의 색, 밝은 색, 따뜻한 색

ㄷ 딱딱한 느낌 : 저명도의 색, 고채도의 색, 어두운 색, 차가운 색

02 신인상파 화가들의 점묘화 기법과 관련이 있는 것은?

① 계시혼합 ② 감산혼합

③ 회전혼합 ④ 병치혼합

해설 병치혼합

작은 색점을 섬세하게 병치시키는 방법으로 작은 점들이 규칙적으로 배열되어 혼색이 되는 현상을 말한다. 고흐, 쇠라, 시냑 등 신인상파 화가들의 점묘법인 표현기법과 관계 깊다.

예 모자이크 벽화, 신인상파 화가의 점묘화법, 직물의 색조 디자인

03 빨강(red)과 초록(green)을 가산혼합하면 무슨 색이 되는가?

① 검정 ② 파랑

③ 노랑 ④ 흰색

해설 가산혼합(加算混合) 또는 가법혼색(加法混色)

ㄱ 빛의 혼합을 말하며, 색광혼합의 3원색은 빨강(red), 녹색(green), 파랑(blue)이다.

ㄴ 적색광과 녹색광을 흰 스크린에 투영하여 혼합하면 빨강이나 녹색보다 밝은 노랑이 된다. 이와 같이 빛을 더해서 혼합하는 방법을 가산혼합 또는 가법혼색이라고 한다.

04 CIE(국제조명위원회)에서 규정한 표준광(光) 중 맑은 하늘의 평균 낮 광선을 대표하는 광원은?

① 표준광 A ② 표준광 D

③ 표준광 C ④ 표준광 B

해설 CIE(국제조명위원회)의 표준광원(CIE standard source)

ㄱ 표준광원 A : 분포온도가 약 2856°K가 되도록 점등한 투명밸브 가스가 들어 있는 텅스텐 코일 전구이다.

ㄴ 표준광원 B : 표준광원 A에 규정한 데이비스-깁슨 필터를 걸어서 상관 색온도를 약 4874°K로 한 광원으로 직사태양광이다.

ㄷ 표준광원 C : 표준광원 A에 데이비스-깁슨 필터를 걸어서 상관 색온도를 약 6774°K로 한 광원으로 맑은 하늘의 평균 낮 광선을 대표하는 광원이다.

ㄹ 표준광원 D : 국제실용온도 눈금표사용 광원이다.

05 다음 배색 중 인접색의 조화에 가장 가까운 것은?

① 연두 – 보라 – 빨강

② 주황 – 청록 – 자주

③ 빨강 – 파랑 – 노랑

④ 자주 – 보라 – 남색

해설 인접색의 조화

색상환에서 보면 배열이 가까운 관계에 있는 인접 색채끼리는 시각적 안정감이 있는 인접색의 조화가 이루어진다는 것인데, 예를 들면 다음과 같다.
㉠ 연두 – 녹색 – 청록
㉡ 귤색 – 주황 – 다홍
㉢ 자주 – 보리 – 남색
㉣ 빨강 – 자주 – 보라

06 터널의 출입구 부근에 조명이 집중되어 있고 중심부로 갈수록 조명 수가 적은 것은 어떤 순응을 고려한 것인가?

① 명순응　　　② 암순응
③ 색순응　　　④ 무채순응

해설 암순응(dark adaptation)

밝은 곳에 있다가 어두운 곳에 들어가면 처음에는 물체가 잘 보이지 않다가 시간이 흐르면서 보이게 되는 현상
㉠ 동공이 확대된다.
㉡ 완전 암순응은 보통 30분 이내에 가능하다.
㉢ 암순응된 눈은 적색이나 보라색에 가장 둔감하다.
㉣ 색에 민감한 원추세포는 감수성을 잃게 된다.

07 다음 중 색입체에 관한 설명으로 틀린 것은?

① 색의 3속성을 3차원 공간에 계통적으로 배열한 것이다.
② 오스트발트 색체계의 색입체는 원형이다.
③ 먼셀 색체계의 색입체는 나무의 형태를 닮아 color tree라고 한다.
④ 색입체의 중심축은 무채색축이다.

해설 오스트발트(W. Ostwald) 표색계

㉠ 오스트발트 표색계는 헤링의 4원색설을 기본으로 색량의 대소에 의하여, 즉 혼합하는 색량(色量)의 비율에 의하여 만들어진 색체계이다.
㉡ 황, 적, 청, 녹의 4가지 주요 색상을 기준으로 그 중간색 주황, 자, 청록, 황록의 8가지 색상을 만들고 이것을 다시 3색상씩 분할해 24색상으로 만들어 24색환이 된다.
㉢ 오스트발트 색입체는 주판알 모양 같은 복원추체가 된다.

08 다음 중 혼색계에 대한 설명으로 틀린 것은?

① 물리적인 변색이 일어나지 않는다.
② 색표계로 변환이 가능하며 오차를 적용할 수 있다.
③ 광원의 영향에 따라 다르게 지각될 수 있다.
④ 측색기로 측색하여 출력된 데이터의 수치나 좌표로 표현한다.

해설 혼색계(color mixing system)

물체색을 측색기로 측색하고 어느 파장 영역의 빛을 반사하는가에 따라서 각색의 특징을 표시하는 체계
㉠ 장점 : 심리, 물리적인 빛의 혼색실험에 기초를 둔 표색계로 환경을 임의로 선정하여 정확하게 측정할 수 있음
㉡ 단점 : 지각적 등보성(시각적으로 같은 간격으로 보는 것)이 없음
㉢ 감각적인 검사에서 오차 발생
㉣ 직관적(보는 대로 느끼는 것)이지 못함(색의 감각적 느낌이 없이 데이터화된 수치로만 표기하기 때문)

09 잔상에 대한 설명 중 틀린 것은?

① 색의 자극이 없어지고 잠시 지나면 그 상이 나타나는 것을 잔상이라 한다.
② 잔상이 원래의 색자극과 같은 색상일 때 이를 음성잔상이라 한다.
③ 수술실의 벽면을 녹색으로 처리하는 것은 잔상현상 때문이다.
④ 물체색에 있어서 잔상은 거의 원래 색과 보색관계에 있는 색으로 나타난다.

해설 잔상(after image)

형태와 색상에 의하여 망막이 자극을 받게 되면 시세포의 흥분이 중추에 전해져 자극이 끝난 후에도 계속해서 생기는 시감각 현상을 말한다.
㉠ 정(양성)의 잔상 : 자극으로 생긴 상의 밝기와 색이 똑같은 느낌으로 계속해서 보이는 현상
　例 영화, TV 등과 같이 계속적인 움직임의 영상
㉡ 부(음성)의 잔상 : 자극으로 생긴 상의 밝기나 색상 등이 정반대로 느껴지는 현상

ⓒ 보색(심리)잔상 : 어떤 원색을 보다가 백색면으로 시선을 옮기면 그 원색의 보색이 보이는 현상으로 망막의 피로 때문에 생기는 현상
예 수술실의 녹색 가운

10 조명등과 연색성에 관한 설명 중 틀린 것은?

① 청색은 백열등에서 약간 녹색을 띤다.
② 청색은 형광등에서 크게 변하지 않는다.
③ 나트륨등에서는 빨강이 강조된다.
④ 빨강은 백열등에서 더욱 선명하다.

해설 연색성(color rendition)
ⓐ 광원에 의해 조명되어 나타나는 물체의 색을 연색이라 하고, 태양광(주광)을 기준으로 하여 어느 정도 주광과 비슷한 색상을 연출할 수 있는가를 나타내는 지표를 연색성이라 한다. 즉, 같은 물체색이라도 조명에 따라 색이 다르게 보이는 현상을 말한다.
ⓑ 백열등과 메탈할라이드등은 연색성이 좋다. 주광색 형광등은 연색성이 좋은 편이나 수은등은 연색성이 그다지 좋지 않고, 나트륨등은 청색이 강조되는데 연색성이 좋지 않아 등을 개선하여 써야 한다.

11 복잡한 가운데 질서의 요소를 미(美)의 기준으로 보고, 색의 3속성을 고려한 독자적인 색공간을 가정하여 조화관계를 주장한 사람은?

① Ostwald   ② Munsell
③ Moon—Spencer ④ Birren

해설 문·스펜서(P. Moon & D. E. Spencer)의 미도(美度)
ⓐ 배색에서 아름다움의 정도를 수량적으로 계산에 의해 구하는 것으로 그 수치에 의하여 조화의 정도를 비교한다는 정량적 처리방법이다.
ⓑ 버코프(G. D. Birkhoff) 공식 : M = O/C
여기서, M : 미도(美度), O : 질서성의 요소,
　　　　 C : 복잡성의 요소
ⓒ 복잡성의 요소가 적을수록, 질서성의 요소가 많을수록 미도는 높아진다.
ⓓ 미도는 0.5 이상의 값을 나타낼 경우 배색이 좋은 것으로 제안하였다.

12 다음 중 파장이 가장 짧은 색은?

① 노랑   ② 빨강
③ 보라   ④ 파랑

해설 스펙트럼(spectrum)
ⓐ 1666년 영국의 과학자 뉴턴(Issac Newton)이 이탈리아에서 프리즘(prism)을 들여와, 이 프리즘에 태양광선이 비치면 그 프리즘을 통과한 빛은 빨강·주황·노랑·초록·파랑·남색·보라색의 단색광으로 분광되는 것을 광학적으로 증명하였다. 이와 같이 분광된 색의 띠를 스펙트럼이라고 하며 무지개 색과 같이 연속된 색의 띠를 가진다.
ⓑ 장파장 쪽이 적색광이고, 단파장 쪽이 자색광이다.

13 다음 중 교통표지판에 주로 이용되는 시각적 성질은?

① 명시성   ② 심미성
③ 반사성   ④ 편의성

해설 명시성
ⓐ 두 색의 밝기 차이에 따라서 멀리서도 식별이 가능함을 나타내는 것으로 얼마만큼 색이 눈에 잘 띄는가에 대한 성질을 명시성 또는 가시성이라 한다.
ⓑ 명시도를 결정적인 조건은 명도차를 크게 하는 것, 물체의 크기, 대상색과 배경색의 크기, 주변 환경의 밝기, 조도의 강약, 거리의 원근 등이다.
예 교통표지판

14 오스트발트의 등색상 삼각형에 있어서 등백색 계열을 나타내는 것은?

① pl – pi – pg   ② la – na – pa
③ nl – ni – pi   ④ lg – ni – pl

해설 등백색 계열(等白色系列, isotint series)
오스트발트 표색계의 등색상 삼각형에서 백색량(W)이 같은 평행선상에 있는 색들. 백색량이 모두 같은 색의 계열로 색표기에서 백색량을 나타내는 앞의 기호가 같다.

15 색채학자 저드(D. B. Judd)의 일반적인 4가지 색채조화의 원리가 아닌 것은?

① 유사성의 원리 ② 명료성의 원리
③ 대비성의 원리 ④ 친근성의 원리

해설 저드(D. B. Judd)의 색채조화론(정성적 조화론)
㉠ 질서성의 원리 : 질서 있는 계획에 따라 선택될 때 색채는 조화된다.
㉡ 친근성(숙지)의 원리 : 관찰자에게 잘 알려져 있는 배색이 조화를 이룬다.
㉢ 유사성(동류성)의 원리 : 배색된 색들끼리 공통된 양상과 성질이 내포되어 있을 때 조화된다.
㉣ 비모호성(명료성)의 원리 : 색상차나 명도, 채도, 면적의 차이가 분명한 배색이 조화롭다.

16 색채계획을 세우기 위하여 어떤 연구 단계를 거치는 것이 좋은가?

① 색채환경분석 → 색채전달계획 → 색채심리분석 → 디자인 적용
② 색채전달계획 → 색채환경분석 → 색채심리분석 → 디자인 적용
③ 색채환경분석 → 색채심리분석 → 색채전달계획 → 디자인 적용
④ 색채심리분석 → 색채환경분석 → 색채전달계획 → 디자인 적용

해설 색채계획 과정의 단계
㉠ 색채환경분석 : 색채예측 데이터의 수집 능력, 색채의 변별, 조색 능력이 필요
㉡ 색채심리분석 : 심리조사 능력, 색채구성 능력이 필요
㉢ 색채전달계획 : 타사 제품과 차별화시키는 마케팅 능력과 컬러 컨설턴트 능력이 필요
㉣ 디자인에 적용 : 아트 디렉션의 능력이 필요

17 다음 색의 혼합결과 가장 큰 탁색은?

① 흰색+순색   ② 회색+순색
③ 명청색+순색   ④ 청색+순색

해설 ㉠ 채도(chroma) : 색의 맑기로 색의 선명도, 즉 색채의 강하고 약한 정도를 말한다.
㉡ 탁색(dull color) : 탁하거나 색 기미가 약하고 선명하지 못한 색, 즉 채도가 낮은 색을 말한다.
• 탁색 + 밝은 회색=명탁색
• 탁색 + 어두운 회색=암탁색

18 다음 중 청록색과 맞는 이름이나 기호는 무엇인가?

① 6YR 5/6
② 7.5G 5/4.5
③ cyan
④ orange

해설 청록(Blue Green)
㉠ 대표색 : 10BG 3/8
㉡ 관용색 : 피콕그린. 초록과 파랑의 중간색으로 10색상환의 하나로, 색상기호는 BG, 보색은 빨강이다. 이 색을 옥색이라고 부르기도 하는데, KS 관용색에서의 옥색은 연한 초록색(7.5G 8/6)을 뜻한다.

19 비렌의 색채조화론 중 순색과 흰색의 조화로 이루어지는 용어는?

① tint
② shade
③ tone
④ gray

해설 파버 비렌(Faber Birren)의 색채조화론
1차 요소는 color(순색), white(흰색), black(검정색)으로 고정되어 있고, 2차 요소는 2개의 1차 요소가 합쳐질 때 나타날 것으로 예측되는 특징으로 각각 독특한 용어로서 표시된다.
㉠ 순색+흰색=명색조(tint)
㉡ 흰색+검정색=회색(gray)
㉢ 검정색+순색=암색조(shade)
㉣ 톤(tone) : 순색과 흰색, 검정이 합쳐진 톤

20 디지털 색채 체계에 대한 설명 중 옳은 것은?

① RGB 색공간에서 각 색의 값은 0~100%로 표기한다.

② RGB 색공간에서는 모든 원색을 혼합하면 검정색이 된다.

③ L*a*b* 색공간에서 L*는 명도를, a*는 빨강과 초록을, b*는 노랑과 파랑을 나타낸다.

④ CMYK 색공간은 RGB 색공간보다 컬러의 범위가 넓어 RGB 데이터를 CMYK 데이터로 변환하면 컬러가 밝아진다.

해설 디지털 색채시스템

컴퓨터에서 표현할 수 있는 포토숍의 컬러 피커 (color picker)는 HSB, RGB, Lab, CMYK가 있는데 선택하려는 색상의 수치를 입력하거나 색상영역에서 클릭한 색상의 수치를 보여준다.

㉠ HSB 시스템 : 먼셀 색채계와 같이 색의 3속성인 색상(hue), 명도(brightness), 채도(saturation) 모드로 구성되어 있다.

㉡ RGB 표기법 : RGB 색상은 RGB(255, 0, 0) 형식으로 표기하며, RGB(red, green, blue) 값을 나타낸다.

㉢ Lab 시스템 : CIE에서 발표한 색체계로 서로 다른 환경에서도 이미지의 색상을 최대한 유지시켜 주기 위한 컬러 모드이다. L(명도), a와 b는 각각 빨강/초록, 노랑/파랑의 보색축이라는 값으로 색상을 정의하고 있다.

㉣ CMYK : 인쇄의 4원색으로 C = Cyan, M = Magenta, Y = Yellow, K = Black을 나타내며 모드 각각의 수치범위는 0~100%로 나타낸다.

01 오스트발트 표색계의 순색량은 무엇으로 표기하는가?

① C   ② W

③ H   ④ B

해설 오스트발트 표색계

오스트발트 표색계의 기본이 되는 색채(related color)이다.

㉠ 모든 파장의 빛을 완전히 흡수하는 이상적인 흑색(black) : B

㉡ 모든 파장의 빛을 완전히 반사하는 이상적인 백색(white) : W

㉢ 완전색(full color, 이상적인 순색) : C

이 세 가지의 혼합량을 기호화하여 색채를 표시하는 체계이다.

02 먼셀 색입체를 무채색축을 통하여 수직으로 절단한 단면은?

① 등색상면

② 등명도면

③ 등채도면

④ 등면도면과 등채도면

해설 먼셀(Munsell)의 색입체 단면도

㉠ 색입체를 수평으로 잘라 보면 방사형태의 색상이 나타나며 같은 명도의 색이 나타나므로 등면도면이라 한다.

㉡ 색입체를 수직으로 잘라 보면 같은 색상이 나타나므로 등색상면이라 한다.

03 채도의 속성에 관한 설명으로 틀린 것은?

① 색의 강하고 약한 것을 나타낸다.

② 색의 맑고 흐린 것을 나타낸다.

③ 색의 밝고 어두운 것을 나타낸다.

④ 색의 순도를 나타낸다.

해설 채도(chroma)

색의 맑기로 색의 선명도, 즉 색채의 강하고 약한 정도를 말한다.

㉠ 어떠한 색상의 순색에 무채색(흰색이나 검정)의 포함량이 많을수록 채도가 낮아지고, 포함량이 적을수록 채도가 높아진다.

㉡ 채도는 순색에 흰색을 섞으면 낮아진다.

04 스펙트럼(spectrum)에 관한 설명으로 틀린 것은?

① 파장이 길면 굴절률도 크고 파장이 짧으면 굴절률도 작다.

② 스펙트럼은 1666년 Newton이 프리즘으로 실험하여 광학적으로 증명하였다.

③ 스펙트럼이란 무지개의 색과 같이 연속된 색의 띠를 말한다.

④ 모든 발광체의 스펙트럼은 모두 같지 않으며, 그 빛의 성질에 따라 파장의 범위를 지닌다.

해설 스펙트럼(spectrum)

㉠ 1666년 영국의 과학자 뉴턴(Issac Newton)이 이탈리아에서 프리즘(prism)을 들여와, 이 프리즘에 태양광선이 비치면 그 프리즘을 통과한 빛은 빨강·주황·노랑·초록·파랑·남색·보라색의 단색광으로 분광되는 것을 광학적으로 증명하였다. 이와 같이 분광된 색의 띠를 스펙트럼이라고 하며 무지개색과 같이 연속된 색의 띠를 가진다.

ⓛ 파장이 길고 짧음에 따라 굴절률이 다르며, 파장
이 길면 굴절률도 작고 파장이 짧으면 굴절률도
크다. 빨강은 파장이 길어서 굴절률이 가장 작으
며, 보라는 파장이 짧아서 굴절률이 가장 크다.

05 오스트발트 표색계에 대한 설명으로 틀린
것은?

① B에서 W 방향으로 a, c, e, g, l, l, n,
p로 나누어 표기한다.
② 등색상 삼각형에서 BC와 평행선상에 있
는 색들은 백색량이 같은 색계열이다.
③ 등색상 삼각형에서 WB와 평행선상에
있는 색들은 순색량이 같은 색계열이다.
④ WB 측에서 백색의 혼량비는 베버와 페
히너의 법칙에 따라 등비급수적인 변화
를 한다.

해설 오스트발트 색채조화론의 등색상 삼각형(등색상 삼각
형에서의 조화)
ⓐ 등백색 계열의 조화 : 등색상 삼각형에서 백색량
(W)이 같은 평행선상에 있는 색들. 백색량이 모
두 같은 색의 계열로 색표기에서 백색량을 나타
내는 앞의 기호가 같다.
ⓑ 등흑색 계열의 조화 : 등색상 삼각형에서 흑색량
(B)이 같은 평행선상에 있는 모든 색들. 흑색량이
모두 같은 색의 계열로 색표기에서 흑색량을 나
타내는 뒤의 기호가 같다.
ⓒ 등순색 계열의 조화 : 등색상 삼각형에서 무채색
축과 평행한 선상에 있는 모든 색들. 순색의 양이
모두 같아 보이는 계열을 말한다.
ⓓ 등색상 계열의 조화 : 먼저 등순색 계열 속에서
2색을 선택하고 이들의 등백계열, 등흑계열의 교
점에 해당하는 색을 선택하면 된다.

06 오스트발트의 색채조화에서 등색상 삼각형의
C와 B의 평행선상에 있는 색은?

① 등백계열   ② 등흑계열
③ 등순계열   ④ 등흑계열과 무채색

해설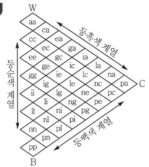

07 물체표면의 색은 빛이 각 파장에 어떠한 비율
로 반사되는가에 따라 판단되는데 이것을 무엇
이라 하는가?

① 분광분포율   ② 분광반사율
③ 분광조성   ④ 분광

해설 분광반사율(spectral reflection factor)
물체색이 스펙트럼 효과에 의해 빛을 반사하는 각
파장별(단색광) 세기. 물체의 색은 표면에서 반사되
는 빛의 각 파장별 분광분포(분광반사율)에 따라 여
러 가지 색으로 정의되며, 조명에 따라 다른 분광반
사율이 나타난다.

08 정량적 색채조화론으로 1944년에 발표되었으
며, 고전적인 색채조화의 기하학적 공식화, 색
채조화의 면적, 색채조화에 적용되는 심미도
등의 내용으로 구성되어 있는 것은?

① 슈브뢸(M. E. Chevreul)의 조화론
② 저드(Judd)의 조화론
③ 문(P. Moon)과 스펜서(D. E. Spencer)
의 조화론
④ 그레이브스(M. Graves)의 조화론

해설 문·스펜서(P. Moon & D. E. Spencer)의 조화론
두 색의 간격이 애매하지 않은 배색, 오메가(ω) 공간
에 간단한 기하학적 관계가 되도록 선택한 배색을
가정으로 조화와 부조화로 분류하고, 색채조화에 관
한 원리, 면적효과, 미도(美度)들을 정량적인 색좌표
에 의해 과학적으로 설명하였다.

09 다음 중 가장 명도차가 큰 배색은?

① 파랑 – 빨강　　② 연두 – 청록
③ 파랑 – 주황　　④ 노랑 – 녹색

> **해설** 명도차
> 각 색상마다 명도가 있는데 빨강 – 4, 파랑 – 4, 노랑 – 8.5, 주황 – 7, 연두 – 7, 청록 – 5, 녹색 – 5이다.

10 오스트발트의 조화론 중 등백계열 조화에 해당되는 것은?

① pa-ia-ca
② pa-pg-pn
③ ca-ga-ge
④ gc-lg-pl

> **해설** 등백색 계열(等白色系列, isotint series)
> 오스트발트 표색계의 등색상 삼각형에서 백색량(W)이 같은 평행선상에 있는 색들. 백색량이 모두 같은 색의 계열로 색표기에서 백색량을 나타내는 앞의 기호가 같다.

11 먼셀 색체계에서 명도의 설명으로 틀린 것은?

① 명도가 0에 해당하는 검정은 존재하지 않는다.
② 색의 밝고 어두움을 나타낸다.
③ 인간의 눈은 색의 3속성 중에서 명도에 대한 감각이 가장 둔하다.
④ 명도가 10에 해당하는 물체색은 존재하지 않는다.

> **해설** 명도(V, value)
> ㉠ 명도란 색상의 밝은 정도를 말한다.
> ㉡ 명도는 흰색에 가까울수록 높고 검은색에 가까울수록 낮다고 말하며, 명도가 높다는 것은 그만큼 색이 밝다는 것을 의미한다.
> ㉢ 명도가 가장 높은 색은 흰색, 가장 낮은 색은 검은색이다.
> ㉣ 흰색과 검은색의 명도는 완전한 100%와 0%는 아니다.

12 색채계획에 있어서 가장 요구되는 디자이너의 자질은?

① 즉흥적이고 연상적인 감각을 가져야 한다.
② 기능성에 주안을 둔 과학적, 이성적 처리능력이 필요하다.
③ 감각적인 것에 치중하여야 한다.
④ 심미적인 관점에서 계획해야 한다.

> **해설** 색채계획 디자이너의 역할
> 실용성과 심미성을 기본으로 디자인 요소를 고려하여 아름다운 배색효과를 얻을 수 있도록 계획하는 것으로 색채계획은 재료나 분야의 특성에 맞는 적절한 색채효과를 미리 예측가능하도록 디자인해야 한다. 색채계획에서 무엇보다 중요한 것은 사용목적에 부합하는 색채의 선택과 적용이다.

13 감산혼합의 결과 중 올바른 것은?

① 자주 + 노랑 = 빨강
② 시안 + 자주 = 초록
③ 시안 + 노랑 = 파랑
④ 빨강 + 자주 = 주황

> **해설** 감산혼합
> ㉠ 자주(M) + 노랑(Y) = 빨강(R)
> ㉡ 노랑(Y) + 시안(C) = 녹색(G)
> ㉢ 시안(C) + 자주(M) = 파랑(B)
> ㉣ 자주(M) + 노랑(Y) + 시안(C) = 검정(B)

14 황색이나 레몬색에서 과일냄새를 느끼는 것과 같은 감각현상은?

① 시인성　　② 상징성
③ 공감각　　④ 시감도

> **해설** 색채의 공감각
> 색채는 색채의 시각, 미각, 청각, 후각, 촉각에 따라 색채의 공감각을 갖게 되는데 보는 것과 동시에 다른 감각의 느낌을 수반하게 된다.
> ㉠ 청각 : 색채와 소리
> ㉡ 시각 : 색채와 모양
> ㉢ 미각 : 색채와 맛
> ㉣ 후각 : 색채와 향

15 모니터의 색온도에 관한 설명으로 틀린 것은?

① 색온도의 단위는 K(Kelvin)을 사용하고, 사용자가 임의로 모니터의 색온도를 설정할 수 있다.

② 모니터의 색온도가 높아지면 전반적으로 불그스레한 느낌을 준다.

③ 자연에 가까운 색을 구현하기 위해서는 모니터의 색온도를 6500K으로 설정하는 것이 좋다.

④ 모니터의 색온도가 9300K으로 설정되면 흰색이나 회색계열의 색들은 청색이나 녹색조의 색을 띤다.

해설 **모니터 색온도(moniter color temperature)**
모니터로 전송되는 전자총의 빛을 수치적으로 표시하는 방법. 모니터 색상의 출력 여부에 따라 색온도를 조절한다. 색온도가 6500K일 때는 주광의 상태가 되며, 색온도가 낮을 때는 붉게, 높을 때는 푸르게 나타난다. 따라서 모니터의 색상에 따라 색온도를 조절하여 사용한다.

16 다음 색채계획 과정 중 옳은 것은?

① 색채환경분석 → 색채심리분석 → 색채전달계획 → 디자인의 적용

② 색채심리분석 → 색채환경분석 → 색채전달계획 → 디자인의 적용

③ 색채환경분석 → 색채전달계획 → 색채심리분석 → 디자인의 적용

④ 색채심리분석 → 색채전달계획 → 색채환경분석 → 디자인의 적용

해설 **색채계획 과정의 단계**
㉠ 색채환경분석 : 색채예측 데이터의 수집 능력, 색채의 변별, 조색 능력이 필요
㉡ 색채심리분석 : 심리조사 능력, 색채구성 능력이 필요
㉢ 색채전달계획 : 타사 제품과 차별화시키는 마케팅 능력과 컬러 컨설턴트 능력이 필요
㉣ 디자인에 적용 : 아트 디렉션의 능력이 필요

17 명시도가 가장 높은 배색은?

① 흰 종이 위의 노란색 글씨
② 빨간색 종이 위의 보라색 글씨
③ 노란색 종이 위의 검은색 글씨
④ 파란색 종이 위의 초록색 글씨

해설 **시인성(視認性)**
㉠ 두 색의 밝기 차이에 따라서 멀리서도 식별이 가능함을 나타내는 것으로 얼마만큼 색이 눈에 잘 띄는가에 대한 성질을 시인성이라 하며 명시성(明視性)이라고도 한다.
㉡ 명시성은 그 배경과의 관계에 의해 결정되는 것으로 명도의 차를 크게 하는 것이다.

18 색의 설명 중 잘못된 것은?

① 황색은 녹색보다 진출하여 보인다.
② 주황색은 녹색보다 따뜻하게 느껴진다.
③ 황색은 청색보다 커 보인다.
④ 황색은 녹색보다 무겁게 느껴진다.

해설 ㉠ 진출과 후퇴, 팽창과 수축의 색 : 난색계의 따뜻한 색은 진출성, 팽창성이 있고, 같은 색상일 경우 명도가 높으면 팽창해 보이고, 명도가 낮으면 수축해 보인다.
• 진출, 팽창색 : 고명도, 고채도, 난색계열의 색
• 후퇴, 수축색 : 저명도, 저채도, 한색계열의 색
㉡ 온도감
• 온도감은 색상에 의한 효과가 극히 강하다.
• 따뜻한 색 : 장파장의 난색
  차가운 색 : 단파장의 한색
• 중성색은 난색과 한색의 중간으로 따뜻하지도 춥지도 않은 성격으로 효과도 중간적이다.
• 저명도, 저채도는 찬 느낌이 강하다.
• 검정색보다 백색이 차갑게 느껴진다.
㉢ 중량감 : 색채의 중량감은 색상보다는 명도에 의해 좌우되는 것으로 명도가 낮은 색은 무겁게 느껴지며 명도가 높은 색은 가볍게 느껴진다.
• 가벼운 색 : 명도가 높은 색, 밝은색, 난색계통
  예 빨강, 노랑
• 무거운 색 : 명도가 낮은 색, 어두운색, 한색계통
  예 초록, 남색

19 다음 중 우리 눈으로 지각할 수 있는 파장은?

① 110nm　　　② 250nm

③ 510nm　　　④ 820nm

해설 가시광선(visible light)

380~780nm, 채광의 효과, 눈으로 지각할 수 있는 파장으로 빨강에서 보라까지의 우리가 물체를 보고 색을 감지할 수 있는 광선이다.

20 다음 중 명도가 가장 높은 색은?

① 회색　　　② 검정색

③ 흰색　　　④ 녹색

해설 명도가 가장 높은 색은 흰색, 가장 낮은 색은 검은색이다. 녹색은 명도가 5이다.

01 다음 색 중 관용색명과 계통색명의 연결이 틀린 것은? [단, 한국산업표준(KS) 기준]

① 커피색-탁한 갈색

② 개나리색-선명한 연두

③ 딸기색-선명한 빨강

④ 밤색-진한 갈색

해설 색명(色名)

㉠ 계통색명(系統色名) : 일반색명이라고 하며 색상, 명도, 채도를 표시하는 색명이다.

㉡ 관용색명(慣用色名) : 고유색명 중에서 비교적 잘 알려져 예부터 습관적으로 사용되고 있는 색명을 말한다.

• 고유한 색명으로 동물, 식물, 지명, 인명 등이 있으며, 커피색, 개나리색, 딸기색, 밤색은 식물과 관련 있는 색이름이다. 개나리색에 대응하는 계통색명은 노랑이다.

02 다음 기업색채 계획의 순서 중 (　　) 안에 알맞은 내용은?

> 색채환경분석 → (　　) → 색채전달계획
> → 디자인에 적용

① 소비계층 선택　　② 색채심리분석

③ 생산심리분석　　④ 디자인 활동 개시

해설 색채계획 과정의 단계

㉠ 색채환경분석 : 색채예측 데이터의 수집 능력, 색채의 변별, 조색 능력이 필요

㉡ 색채심리분석 : 심리조사 능력, 색채구성 능력이 필요

㉢ 색채전달계획 : 타사 제품과 차별화시키는 마케팅 능력과 컬러 컨설턴트 능력이 필요

㉣ 디자인에 적용 : 아트 디렉션의 능력이 필요

03 색을 일반적으로 크게 구분하면 다음 중 어느 것인가?

① 무채색과 톤

② 유채색과 명도

③ 무채색과 유채색

④ 색상과 채도

해설 ㉠ 유채색(chromatic color)

• 적(赤)·녹(綠)·청(靑)·자(紫) 등 유채색을 분류할 때 그 각각에 붙인 명칭 또는 기호를 그 색의 색상이라고 한다.

• 색상, 명도, 채도의 3속성을 가진다.

㉡ 무채색(achromatic color)

• 흰색, 회색, 검정 등 색상이나 채도가 없고 명도만 있는 색을 무채색이라 한다.

• 명도 단계는 N0(검정), N1, N2, …, N9.5(흰색)까지 11단계로 되어 있다.

04 한국산업표준(KS)의 색이름에 대한 수식어 사용방법을 따르지 않은 색이름은?

① 어두운 보라

② 연두 느낌의 노랑

③ 어두운 적회색

④ 밝은 보랏빛 회색

해설 색상을 나타내는 수식어는 빨간(적)__, 노란(황)__, 초록빛(녹)__, 파란(청)__, 보랏빛__, 자주빛(자)__, 분홍빛__, 갈__, 흰__, 회__, 검은(흑)__ 등으로 표현할 수 있다. 즉, 빨간 주황, 노란 분홍, 초록빛 갈색, 보랏빛 회색, 자줏빛 분홍 등으로 표현된다. 명도와 채도의 차이인 톤을 나타내는 수식어는 선명한, 밝은, 진한, 연한, 흐린, 탁한, 어두운, 흰, 밝은 회, 회, 어두운 회, 검은 등으로 표현할 수 있다.

05 저드(D. B. Judd)의 색채조화의 4원리가 아닌 것은?

① 대비의 원리
② 질서의 원리
③ 친근감의 원리
④ 명료성의 원리

해설 저드(D. B. Judd)의 색채조화론(정성적 조화론)
㉠ 질서성의 원리 : 질서 있는 계획에 따라 선택될 때 색채는 조화된다.
㉡ 친근성(숙지)의 원리 : 관찰자에게 잘 알려져 있는 배색이 조화를 이룬다.
㉢ 유사성(동류성)의 원리 : 배색된 색들끼리 공통된 양상과 성질이 내포되어 있을 때 조화된다.
㉣ 비모호성(명료성)의 원리 : 색상차나 명도, 채도, 면적의 차이가 분명한 배색이 조화롭다.

06 간상체는 전혀 없고 색상을 감지하는 세포인 추상체만이 분포하여 망막과 뇌로 연결된 시신 경이 접하는 곳으로 안구로 들어온 빛이 상으 로 맺히는 지점은?

① 맹점
② 중심와
③ 수정체
④ 각막

해설 중심와(forvea centralis)
황반 중심와라고도 하며 망막의 황반 속에 있는 중앙 의 작은 함몰 부위를 말한다. 혈관이 없으며 망막의 빛 감각세포 중 원추세포가 모여 있다. 망막상에서 상의 초점이 맺히는 부분을 말한다.

07 다음 중 이성적이며 날카로운 사고나 냉정함을 표현할 수 있는 색은?

① 연두
② 파랑
③ 자주
④ 주황

해설 파랑(blue)의 연상
3원색의 하나로 스펙트럼의 파장 470nm 부근의 색. 전 세계적으로 선호도가 가장 높은 색으로 상쾌함, 신선함, 물, 차가움 등이나 냉정, 신비로움 등을 느 끼게 한다. 침정의 효과가 있으므로, 심신의 회복력 과 신경계통의 색으로도 사용되며, 불면증을 완화하 고, 명료성, 창조성을 증가시켜 준다고 한다.

08 문(P. Moon)·스펜서(D. E. Spencer)의 색채 조화론에 있어서 조화의 종류가 아닌 것은?

① 배색의 조화
② 동등의 조화
③ 유사의 조화
④ 대비의 조화

해설 문·스펜서(P. Moon & D. E. Spencer)의 조화론
두 색의 간격이 애매하지 않은 배색, 오메가(ω) 공간 에 간단한 기하학적 관계가 되도록 선택한 배색을 가정으로 조화와 부조화로 분류하였다.
㉠ 조화의 원리 : 동등조화, 유사조화, 대비조화
㉡ 부조화의 원리 : 제1 부조화, 제2 부조화, 눈부심

09 색채조절을 실시할 때 나타나는 효과와 가장 관계가 먼 것은?

① 눈의 긴장과 피로가 감소된다.
② 보다 빨리 판단할 수 있다.
③ 색채에 대한 지식이 높아진다.
④ 사고나 재해를 감소시킨다.

해설 색채조절효과
색채조절은 눈의 긴장감과 피로감을 감소시키고, 심 리적으로 쾌적한 실내 분위기를 느끼게 하여 생활의 의욕을 고취시키며, 능률성, 안전성, 쾌적성 등을 고 려하는 것을 말한다.
㉠ 피로의 경감
㉡ 생산의 증진
㉢ 사고나 재해율 감소

정답 5① 6② 7② 8① 9③

10 색의 경연감과 흥분·진정에 관한 설명으로 틀린 것은?

① 고명도, 저채도 색이 부드러운 느낌을 준다.
② 난색계, 고채도 색은 흥분색이다.
③ 라이트(light) 색조는 부드러운 느낌을 준다.
④ 한색보다 난색이 딱딱한 느낌을 준다.

해설 ㉠ 경연감
  • 색채가 부드럽게 느껴지거나 딱딱하게 느껴지는 것을 말하며 명도와 채도에 영향을 받는다.
  • 부드러운 느낌 : 고명도의 색, 저채도의 색, 밝은색, 따뜻한 색
  • 딱딱한 느낌 : 저명도의 색, 고채도의 색, 어두운색, 차가운 색
㉡ 흥분색과 진정색
  • 흥분색 : 적극적인 색 – 빨강, 주황, 노랑 등 난색계통의 채도가 높은 색
  • 진정색 : 소극적인 색, 침정색 – 청록, 파랑, 남색 등 한색계통의 채도가 낮은 색

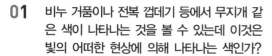

01 비누 거품이나 전복 껍데기 등에서 무지개 같은 색이 나타나는 것을 볼 수 있는데 이것은 빛의 어떠한 현상에 의해 나타나는 색인가?

① 왜곡현상
② 투과현상
③ 간섭현상
④ 직진현상

해설 간섭현상

비누 거품이나 수면에 뜬 기름, 전복 껍데기 등에서 무지개색처럼 나타나는 색으로 빛을 받아 반사나 투과에 의해서 생기는 현상이다.

02 혼색원판의 색채분할 면적의 비율을 변화함으로써 여러 색채를 만들어 이것을 색표로 구현하여 백색량과 흑색량의 기호로 색을 표시한다는 원리는 무슨 표색계인가?

① 오스트발트
② 먼셀
③ 그레이브스
④ 비렌

해설 오스트발트 표색계

㉠ 오스트발트 표색계의 특징은 색량의 많고 적음에 의하여 만들어진 것으로 혼합하는 색량의 비율에 의하여 만들어진 체계이다.

㉡ 오스트발트는 백색량(W), 흑색량(B), 순색량(C)의 합을 100%로 하였기 때문에 등색상면뿐만 아니라 어떠한 색이라도 혼합량의 합은 항상 일정하다.

03 색채판별능력, 색채조절능력을 요구하며 색채계획에서 가장 먼저 진행해야 할 단계는?

① 색채환경분석
② 색채심리분석
③ 색채전달계획
④ 디자인에 적용

해설 색채계획 과정의 단계

㉠ 색채환경분석 : 색채예측 데이터의 수집 능력, 색채의 변별(판별), 조색 능력이 필요

㉡ 색채심리분석 : 심리조사 능력, 색채구성 능력이 필요

㉢ 색채전달계획 : 타사 제품과 차별화시키는 마케팅 능력과 컬러 컨설턴트 능력이 필요

㉣ 디자인에 적용 : 아트 디렉션의 능력이 필요

04 현색계에 대한 설명으로 옳은 것은?

① 정확한 측정이 가능하다.
② 빛의 혼색실험 결과에 기초를 둔 것이다.
③ 색편의 배열 및 색채 수를 용도에 맞게 조정할 수 있다.
④ 색 사이의 간격이 좁아 정밀한 색좌표를 구할 수 있다.

해설 현색계(color appearance system)

㉠ 색채(물체색, color)를 표시하는 표색계로서 특정의 착색물체, 즉 색표로서 물체표준을 정하여 여기에 적당한 번호나 기호를 붙여서 시료물체의 색채와 비교에 의하여 물체의 색채를 표시하는 체계이다.

㉡ 현색계의 가장 대표적인 표색계는 먼셀 표색계와 오스트발트 표색계이다.

정답 1 ③ 2 ① 3 ① 4 ①

05 보색에 대한 설명으로 틀린 것은?

① 보색인 2색은 색상상환에서 90° 위치에 있는 색이다.

② 두 가지 색광을 섞어 백색광이 될 때 이 두 가지 색광을 서로 상대색에 대한 보색이라고 한다.

③ 두 가지 색의 물감을 섞어 회색이 되는 경우, 그 두 색은 보색관계이다.

④ 물감에서 보색의 조합은 빨강-청록, 초록-자주이다.

해설 보색

㉠ 보색인 2색은 색상환상에서 180° 위치에 있는 색이다.

㉡ 보색인 색광을 혼합하여 백색광이 되었을 때 두 색광은 서로 상대에 대한 보색이라 하는데 빨강과 청록, 파랑과 노랑, 녹색과 자주를 혼합하면 백색광이 된다.

㉢ 주목성이 강하며, 서로 돋보이게 해 주므로 주제를 살리는 데 효과가 있다.

㉣ 물감에서 보색의 조합은 적 – 청록, 녹 – 자주, 황 – 남색 등이다.

06 다음 중 빛의 3원색의 조건인 것은?

① 다른 색으로 분해 가능하다.

② 다른 색광의 혼합에 의해 만들 수 있다.

③ 이들 색을 모두 혼합하면 백색광이 된다.

④ 이들로부터 모든 색을 만들 수 없다.

해설 가산혼합(加算混合) 또는 가법혼색(加法混色)

㉠ 빛의 혼합을 말하며, 색광혼합의 3원색은 빨강(red), 녹색(green), 파랑(blue)이다.

㉡ 적색광과 녹색광을 흰 스크린에 투영하여 혼합하면 빨강이나 녹색보다 밝은 노랑이 된다. 이와 같이 빛을 더해서 혼합하는 방법을 가산혼합 또는 가법혼색이라고 한다.

㉢ 2차색은 원색보다 명도가 높아진다. 보색끼리의 혼합은 무채색이 된다.

㉣ 빨강·녹색·파랑의 색광을 여러 가지 세기로 혼합하면 거의 모든 색을 만들 수 있으므로 이 3색을 가산혼합(加算混合)의 3원색이라고 한다.

07 가시광선이 주는 밝기의 감각이 파장에 따라서 달라지는 정도를 나타내는 것은?

① 비시감도

② 시감도

③ 명시도

④ 암시도

해설 시감도((視感度, eye sensitivity)

㉠ 똑같은 에너지를 가진 각 단색광의 밝기에 대한 감각

㉡ 파장마다 느끼는 빛의 밝기 정도를 에너지량 1W 당의 광속으로 나타낸다.

08 심리, 물리적인 빛의 혼색실험에 기초하여 색을 표시하는 표시계에 해당되는 것은?

① 혼색계

② 현색계

③ 먼셀 표색계

④ 물체색계

해설 혼색계(color mixing system)

㉠ 색(colar of light)을 표시하는 표색계로서 심리적·물리적인 병치의 혼색실험에 기초를 두는 것으로서 현재 측색학의 기본이 되고 있다.

㉡ 오늘날 사용하고 있는 CIE 표준표색계(XYZ 표색계)가 가장 대표적인 것이다.

09 한국의 전통색 중 동쪽, 봄을 의미하는 오정색은?

① 녹색

② 청색

③ 백색

④ 홍색

해설 오방색(오정색)

음양오행사상의 색채체계는 동서남북 및 중앙의 오방으로 이루어지며, 이 오방에는 각 방위에 해당하는 5가지 정색이 있다. 동쪽이 청색 – 봄, 서쪽이 백색 – 가을, 남쪽이 적색 – 여름, 북쪽이 흑색 – 겨울, 가운데가 황색이다.

10 제품의 디자인의 색채계획 중 고려하지 않아도 되는 것은?

① 주관성　　　　② 심미성
③ 실용성　　　　④ 조형성

> **해설** 제품디자인
> 제품의 심미성, 실용성, 인간적 가치를 추구하며 생산, 소비, 판매 등 모든 인간 생활에 관여하는 도구를 만드는 디자인이다.

11 색의 지각현상에 대한 설명 중 틀린 것은?

① 명시도는 그 색 고유의 특성이라기보다는 배경과의 관계에 의해 결정된다.
② 장파장 쪽의 색상은 진출, 팽창해 보이고, 단파장 쪽의 색상은 후퇴, 수축해 보인다.
③ 부의 잔상이란 자극을 제거한 후에도 원자극과 동일한 감각경험을 일으키는 것이다.
④ 고명도, 고채도, 난색이 일반적으로 주목성이 높다.

> **해설** ㉠ 명시성은 그 배경과의 관계에 의해 결정되는 것으로 명도의 차를 크게 하는 것이다.
> ㉡ 부(음성)의 잔상 : 자극으로 생긴 상의 밝기나 색상 등이 정반대로 느껴지는 현상
> ㉢ 난색계의 따뜻한 색은 진출성, 팽창성이 있고, 같은 색상일 경우 명도가 높으면 팽창해 보이고, 명도가 낮으면 수축해 보인다.
> ㉣ 주목성은 멀리서도 식별이 가능함을 나타내는 것으로 고채도, 고명도의 색이다.

12 오스트발트 색채조화론의 내용과 관련된 용어가 아닌 것은?

① 등백계열의 조화
② 등순계열의 조화
③ 동등조화
④ 윤성조화

> **해설** 문·스펜서(P. Moon & D. E. Spencer)의 조화론은 색채조화에 관한 원리들을 정량적인 색좌표에 의해 과학적으로 설명하였다. 그중 색채조화에는 동등조화, 유사조화, 대비조화의 원리가 있다.

13 오스트발트의 색채조화론 중에서 틀린 것은?

① 색의 기호가 동일한 두 색은 조화한다.
② 색의 기호 중 앞의 문자가 동일한 두 색은 조화한다.
③ 색상이 동일한 두 색은 조화한다.
④ 색의 기호 중 앞의 문자와 뒤의 문자가 동일한 색은 조화하지 않는다.

> **해설** 오스트발트의 색채조화론
> ㉠ 등백색계열의 조화 : 등색상 삼각형에서 백색량(W)이 같은 평행선상에 있는 색들. 백색량을 나타내는 앞의 기호가 같다.
> ㉡ 등흑계열의 조화 : 등색상 삼각형에서 흑색량(B)이 같은 평행선상에 있는 색들. 흑색량을 나타내는 뒤의 기호가 같다.
> ㉢ 등순계열의 조화 : 등색상 삼각형에서 무채색축과 평행한 선상에 있는 색들. 순색의 양이 같아 보이는 계열을 말한다.

14 청색에 흰색 물감을 혼합하였을 때의 변화는?

① 청색보다 명도, 채도 모두 높아졌다.
② 청색보다 명도는 높아졌고 채도는 낮아졌다.
③ 청색보다 명도는 낮아졌고 채도는 높아졌다.
④ 청색보다 명도, 채도 모두 낮아졌다.

> **해설** 어떠한 색상의 순색에 무채색(흰색, 검정색)을 혼합할 때 그 포함량이 많을수록 채도가 낮아진다.
> ㉠ 순색+흰색 = 명청색
> ㉡ 순색+검정색 = 암청색

---

15 실내배색의 일반적인 원리로 적합하지 않은 것은?

① 벽은 실내에서 가장 많이 시야에 들어오는 부위로 벽색이 실내 분위기에 큰 영향을 준다.

② 천장색은 보통 고명도색이 좋고, 이 경우 조명효율도 향상된다.

③ 걸레받이는 변화를 주기 위해 벽색과 현저히 구별되는 색상의 고명도색이 좋다.

④ 바닥색은 벽과 구별되는 것이 좋고, 동색상일 경우는 벽보다 명도가 낮은 것이 무난하다.

해설 실내배색

㉠ 천장색의 경우 반사율이 높으면서 눈이 부시지 않는 무광택 재료로 시공하는 것이 좋다.

㉡ 벽의 아랫부분의 굽도리(걸레받이)는 벽의 윗부분보다 더 어둡게 해 주어야 한다.

㉢ 바닥의 경우 반사율이 낮은 색이 좋으며, 너무 어둡거나 너무 밝은 것은 좋지 않다.

㉣ 문의 양쪽 기둥이나 창문틀은 벽의 색과 맞도록 고려하여야 한다.

16 먼셀 표색계에 대한 설명 중 옳은 것은?

① 모든 색은 흑(B)+백(W)+순색(C) = 100%가 되는 혼합비에 의하여 구성되어 있다.

② 먼셀의 색상에서 기본색은 빨강, 노랑, 녹색, 파랑, 보라의 5색이다.

③ 먼셀 표색계는 복원추체 모양이다.

④ 무채색축을 중심으로 24색상을 가진 등색상 삼각형이 배열되고 있다.

해설 먼셀(Munsell)의 표색계

미국의 화가이며 색채연구가인 먼셀(A. H. Munsell)에 의해 1905년 창안된 체계로서 먼셀 색상은 적(red), 황(yellow), 녹(green), 청(blue), 자(purple)의 기본 5색상으로 하고 있다.

17 다음 설명 중에서 옳은 것은?

① 일반적으로 조화는 질서 있는 배색에서 생긴다.

② 문·스펜서 조화론은 오스트발트 표색계를 사용한 것이다.

③ 색채의 조화·부조화는 주관적인 것이기 때문에 인간 공통의 어떠한 법칙을 찾아내는 것은 불가능하다.

④ 오스트발트 조화론은 CIE 표색계를 사용한 것이다.

해설 조화는 질서 있는 배색으로 생기고 어떤 하나의 색을 어느 부분에 사용하였을 때 그 색은 반드시 그 옆이나 주위에 있는 색의 영향을 받게 된다. 문·스펜서(P. Moon & D. E. Spencer)의 조화론은 먼셀 표색계를 사용한 것이다.

18 장파장의 색상은 시간의 경과를 길게 느끼고 단파장의 색상은 시간의 경과를 짧게 느낀다는 색채의 기능주의적 사용법을 역설한 사람은?

① 먼셀

② 문·스펜서

③ 파버 비렌

④ 오스트발트

해설 미국의 색채연구가 파버 비렌(F. Birren)은 장파장의 붉은 계통 색채로 칠해진 실내에서는 시간의 흐름이 길게 느껴지고, 단파장의 푸른 계통으로 칠해진 실내에서는 시간의 흐름이 짧게 느껴진다고 하였다.

19 주광 아래서나 어떤 색광 아래서 흰 종이를 같은 흰색으로 지각하는 현상은?

① 색각항상　　　② 베졸드 효과

③ 색순응　　　　④ 잔상

해설 항상성(恒常性, constancy)

물체에서 반사광의 분광특성이 변화되어도 거의 같은 색으로 보이는 현상으로, 조명조건이 바뀌어도 일정하게 유지되는 색채의 감각을 말한다.

20 색의 주목성에 관한 설명 중 틀린 것은?

① 한색계통이 주목성이 높다.

② 난색계통이 주목성이 높다.

③ 고채도의 색이 주목성이 높다.

④ 명시도가 높은 색이 주목성이 높다.

해설 주목성

주목성은 단일 색상에 대한 자극성을 말하며 보색
관계에 있는 색채에서 강한 효과가 나타난다.

㉠ 명도와 채도가 높은 색은 원색(빨강과 노랑)일수
록 주목성이 높다.

㉡ 난색계통이 주목성이 높고 한색계통이 주목성이
낮다

㉢ 명시도가 높은 색이 주목성도 높다.

01 상품의 색채기획단계에서 고려해야 할 사항으로 옳은 것은?

① 가공, 재료특성보다는 시장성과 심미성을 고려해야 한다.
② 재현성에 얽매이지 말고 색상관리를 해야 한다.
③ 유사제품과 연계제품의 색채와의 관계성은 기획단계에서 고려되지 않는다.
④ 색료를 선택할 때 내광, 내후성을 고려해야 한다.

해설 **색채기획(color planning)**

색채의 목표를 달성하기 위해 시장과 고객심리를 이용해 효과적으로 색채를 적용하기 위한 과정을 말한다. 색채에 관한 조사부터 구체적인 배색계획과 생산현장의 지시나 품질관리까지 제품제작 과정에서 목적을 효과적으로 실현하기 위하여 필요한 색채에 관한 모든 계획 및 실행을 일컫는다.

02 색의 온도감을 좌우하는 가장 큰 요소는?

① 색상　　　　② 명도
③ 채도　　　　④ 면적

해설 **온도감**

㉠ 따뜻해 보인다고 느끼는 색을 난색이라고 하고 일반적으로 적극적인 효과가 있으며, 추워 보인다고 느끼는 색을 한색이라고 하고 진정적인 효과가 있다. 중성은 난색과 한색의 중간으로 따뜻하지도 춥지도 않은 성격으로 효과도 중간적이다.
㉡ 색채의 온도감은 어떤 색의 색상에서 강하게 일어나지만 명도에 의해 영향을 받는다.

03 다음 중 (　　)의 내용으로 옳은 것은?

> 우리가 백열전구에서 느끼는 색감과 형광등에서 느끼는 색감이 차이가 나는 이유는 색의 (　　) 때문이다.

① 순응성
② 연색성
③ 항상성
④ 고유성

해설 **연색성**

광원에 의해 조명되어 나타나는 물체의 색을 연색이라 하고, 태양광(주광)을 기준으로 하여 어느 정도 주광과 비슷한 색상을 연출할 수 있는가를 나타내는 지표를 연색성이라 한다. 즉, 같은 물체색이라도 조명에 따라 색이 다르게 보이는 현상을 말한다.

04 두 가지 이상의 색을 목적에 알맞게 조화되도록 만드는 것은?

① 배색　　　　② 대비조화
③ 유사조화　　　④ 대응색

해설 **배색**

두 가지 이상의 색을 알맞게 섞음, 또는 그렇게 만든 색깔로 두 가지 이상의 색이 서로 잘 어울리도록 배치하는 것을 말한다.

05 다음 중 나팔꽃, 신비, 우아함을 연상시키는 색은?

① 청록　　　　② 노랑
③ 보라　　　　④ 회색

해설 보라(purple)

우아함, 화려함, 풍부함, 고독, 추함 등의 다양한 느낌이 있어 예로부터 왕실의 색으로 사용되었다. 품위 있는 고상함과 함께 외로움과 슬픔을 느끼게 하며 예술감, 신앙심을 자아내기도 한다. 또한 푸른 기운이 많은 보라는 장엄함, 위엄 등의 깊은 느낌을 주며, 붉은색 기운이 많은 보라는 여성적, 화려함 등을 나타낸다.

06 비렌의 색채조화 원리에서 가장 단순한 조화이면서 일반적으로 깨끗하고 신선해 보이는 조화는?

① color – shade – black
② tint – tone – shade
③ color – tint – white
④ white – gray – black

해설 비렌(F. Birren)의 색채조화 원리

1차 요소는 color(순색), white(흰색), black(검정색)으로 고정되어 있고, 2차 요소는 2개의 1차 요소가 합쳐질 때 나타날 것으로 예측되는 특징으로 각각 독특한 용어로서 표시된다.

㉠ 순색+흰색=명색조(tint)
㉡ 흰색+검정색=회색(gray)
㉢ 검정색+순색=암색조(shade)
㉣ color(순색)–tint(명색조)–white(흰색) : 매우 조화롭고 깨끗하고 신선하게 보임

07 한국의 전통색의 상징에 대한 설명으로 옳은 것은?

① 적색 – 남쪽
② 백색 – 중앙
③ 황색 – 동쪽
④ 청색 – 북쪽

해설 오방색(五方色)의 상징

음양오행사상의 색채체계는 동서남북 및 중앙의 오방으로 이루어지며, 이 오방에는 각 방위에 해당하는 5가지 정색이 있다. 동쪽이 청색, 서쪽이 백색, 남쪽이 적색, 북쪽이 흑색, 가운데가 황색이다.

08 다음 색상 중 무채색이 아닌 것은?

① 연두색
② 흰색
③ 회색
④ 검정색

해설 무채색(achromatic color)

㉠ 흰색, 회색, 검정 등 색상이나 채도가 없고 명도만 있는 색을 무채색이라 한다.
㉡ 명도 단계는 N0(검정), N1, N2, …, N9.5(흰색)까지 11단계로 되어 있다.
㉢ 반사율이 약 85%인 경우가 흰색이고, 약 30% 정도이면 회색, 약 3% 정도는 검정색이다.

09 오스트발트의 등색상 삼각형에서 흰색(W)에서 순색(C) 방향과 평행한 색상의 계열은?

① 등순색 계열
② 등흑색 계열
③ 등백색 계열
④ 등가색 계열

해설 등흑계열(等黑系列, isotone series)의 조화

오스트발트 표색계의 등색상 삼각형에서 위사변의 평행선상의 조화로 흑색량(B)이 같은 평행선상에 있는 모든 색들이다. 흑색량이 모두 같은 색의 계열로 색표기에서 흑색량을 나타내는 뒤의 기호가 같다.

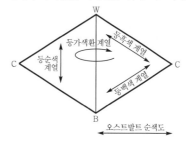

10 먼셀(Munsell) 색상환에서 GY는 어느 색인가?

① 자주
② 연두
③ 노랑
④ 하늘색

해설 먼셀 색상은 적(red), 황(yellow), 녹(green), 청(blue), 자(purple)의 기본 5색상으로 하고, 주황(YR), 연두(GY), 청록(BG), 남색(PB), 자주(RP)의 중간색을 두어 10개의 색상으로 등분한다.

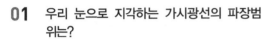
01 우리 눈으로 지각하는 가시광선의 파장범 위는?

① 약 280~680nm

② 약 380~780nm

③ 약 480~880nm

④ 약 580~980nm

해설 가시광선(visible ray)

가시광선이란 380~780nm, 빨강에서 보라까지의 우리가 물체를 보고 색을 감지할 수 있는 광선이다. 적색(723~647nm), 등색(647~585nm), 황색(585~575nm), 녹색(575~492nm), 청색(492~455nm), 남색(455~424nm) 자색(424~397nm)

02 일반적으로 사무실의 색채설계에서 가장 높은 명도가 요구되는 것은?

① 바닥 ② 가구

③ 벽 ④ 천장

해설 사무실의 색채계획

㉠ 천장색의 경우 반사율이 높으면서 눈이 부시지 않는 무광택 재료로 시공하는 것이 좋다.

㉡ 벽의 아랫부분의 굽도리는 벽의 윗부분보다 더 어둡게 해 주어야 한다.

㉢ 바닥의 경우 반사율이 낮은 색이 좋으며, 너무 어둡거나 너무 밝은 것은 좋지 않다.

03 다음 중 감법혼색을 사용하지 않은 것은?

① 컬러 슬라이드

② 컬러 영화필름

③ 컬러 인화사진

④ 컬러 텔레비전

해설 ㉠ 가법혼합 원리 : 컬러 텔레비전의 수상기, 컬러 TV의 화상, 무대의 투광조명(投光照明), 분수의 채색조명 등에 이 원리가 사용된다.

㉡ 감법혼합 원리 : 컬러 슬라이드, 컬러 인화사진, 컬러 영화필름, 모자이크 벽화, 신인상파 화가의 점묘화법, 직물의 색조 디자인 등

04 CIE LAB 모형에서 L이 의미하는 것은?

① 명도 ② 채도

③ 색상 ④ 순도

해설 Lab 시스템

CIE에서 발표한 색체계로 서로 다른 환경에서도 이미지의 색상을 최대한 유지시켜 주기 위한 컬러 모드이다. L(명도), a와 b는 각각 빨강/초록, 노랑/파랑의 보색축이라는 값으로 색상을 정의하고 있다.

05 오스트발트 색체계에서 등순계열의 조화에 해당하는 것은?

① ca – ea – ga – la

② pa – pc – pe – pg

③ lg – le – ne – pa

④ gc – ie – lg – ni

해설 등순계열(等純系列, isochrome series)의 조화

㉠ 특정한 색상의 색삼각형 내에서 순도가 같은 색채로 수직선상에 있는 색채를 일정 간격으로 선택하면 그 배색은 조화를 이루게 된다.

㉡ 오스트발트 표색계의 등색상 삼각형에서 무채색 축과 평행한 선상에 있는 모든 색들로 순색의 양이 모두 같아 보이는 계열을 말한다.

정답 1② 2④ 3④ 4① 5④

06 3색 이상 다른 밝기를 가진 회색을 단계적으로 배열했을 때 명도가 높은 회색과 접하고 있는 부분은 어둡게 보이고 반대로 명도가 낮은 회색과 접하고 있는 부분은 밝게 보인다. 이들 경계에서 보이는 대비현상은?

① 보색대비   ② 채도대비
③ 연변대비   ④ 계시대비

해설 연변대비
ⓐ 어느 두 색이 맞붙어 있을 때 그 경계 부분은 멀리 떨어져 있는 부분보다 색상대비, 명도대비, 채도대비 현상이 더 강하게 나타난다.
ⓑ 무채색은 명도단계 배열 시, 유채색은 색상별로 배열 시 나타난다.

07 배색방법 중 하나로 단계적으로 명도, 채도, 색상, 톤의 배열에 따라서 시각적인 자연스러움을 주는 것으로 3색 이상의 다색배색에서 이와 같은 효과를 낼 수 있는 배색방법은?

① 반복배색   ② 강조배색
③ 연속배색   ④ 트리콜로 배색

해설 그라데이션(gradation) 배색
3가지 이상의 다색배색에서 점진적 변화의 기법을 사용한 배색이다. 이는 색채의 연속적인 배열에 의해 시각적인 유동성을 주고 점진적인 변화의 효과를 얻을 수 있다. 색상이나 명도, 채도, 톤의 변화를 통해 배색을 할 수 있으며 차분하고 서정적인 이미지를 주고 단계적인 순서성이 있기 때문에 자연적인 흐름과 리듬감이 생긴다.

08 색채계획에 관한 내용으로 적합한 것은?

① 사용 대상자의 유형은 고려하지 않는다.
② 색채 정보 분석과정에서는 시장 정보, 소비자 정보 등을 고려한다.
③ 색채계획에서는 경제적 환경 변화는 고려하지 않는다.
④ 재료나 기능보다는 심미성이 중요하다.

해설 색채계획
실용성과 심미성을 기본으로 디자인 요소를 고려하여 아름다운 배색효과를 얻을 수 있도록 계획하는 것으로, 색채계획은 재료나 분야의 특성에 맞는 적절한 색채효과를 미리 예측가능하도록 디자인해야 한다. 색채계획에서 무엇보다 중요한 것은 사용목적에 부합하는 색채의 선택과 적용이다. 같은 색상이라도 그 색이 어디에 쓰이냐에 따라 전혀 다른 효과를 내기 때문이다.

09 문·스펜서의 색채조화이론에서 조화의 내용이 아닌 것은?

① 입체조화
② 동일조화
③ 유사조화
④ 대비조화

해설 문·스펜서(P. Moon & D. E. Spencer)의 조화론
두 색의 간격이 애매하지 않은 배색, 오메가(ω) 공간에 간단한 기하학적 관계가 되도록 선택한 배색을 가정으로 조화와 부조화로 분류하였다.
ⓐ 조화의 원리 : 동등조화, 유사조화, 대비조화
ⓑ 부조화의 원리 : 제1 부조화, 제2 부조화, 눈부심

10 중량감에 관한 색의 심리적인 효과에 가장 영향이 큰 것은?

① 명도
② 순도
③ 색상
④ 채도

해설 중량감
색채의 중량감은 색상보다는 명도에 의해 좌우되는 것으로 명도가 낮은 색은 무겁게 느껴지며 명도가 높은 색은 가볍게 느껴진다.
ⓐ 가벼운 색 : 명도가 높은 색, 밝은색, 난색계통
　예 빨강, 노랑
ⓑ 무거운 색 : 명도가 낮은 색, 어두운색, 한색계통
　예 초록, 남색

정답 6 ③ 7 ③ 8 ② 9 ① 10 ①

01 문·스펜서의 색채효과에 적용되는 미도의 일반적 논리가 아닌 것은?

① 균형 있게 잘 선택된 무채색의 배색 미도가 높다.

② 등색상의 조화는 매우 쾌적한 경향이 있다.

③ 등색상 및 등채도의 단순한 배색이 미도가 높다.

④ 명도 차이가 작을수록 미도가 높다.

해설 미도(美度)

㉠ 균형 있게 선택된 무채색의 배색은 유채색의 배색에 못지 않는 아름다움을 나타낸다.

㉡ 동일색상이 조화가 좋다.

㉢ 색상과 채도를 일정하게 하고 명도만을 변화시키는 경우는 많은 색상을 사용한 복잡한 디자인보다 미도(美度, aesthetic measure)가 높다.

㉣ 미도는 0.5 이상의 값을 나타낼 경우 배색이 좋은 것으로 제안하였다.

02 Munsell 표색계에 기본을 둔 표준색표의 구성에서 R의 경우 1R, 2R, 3R, …, 10R로 10등분하여 나눈다. 다음 중 5R에 해당되는 색은?

① 스칼렛　　　② 다홍색

③ 마젠타　　　④ 빨강의 중심색

해설 먼셀 색상환

먼셀 색상은 적(red), 황(yellow), 녹(green), 청(blue), 자(purple)의 기본 5색상으로 하고, 주황(YR), 연두(GY), 청록(BG), 남색(PB), 자주(RP)의 중간색을 두어 10개의 색상으로 등분한다. 이 10등분은 다시 10등분씩 되어 모두 100등분된 색상환이 된다. 각 색상은 숫자 1에서 10으로 연속되어 붙여져 각 색상별로 반복되고 5는 항상 기본 색상을 표시한다.

03 반대색상의 배색은 어떤 느낌을 주는가?

① 화합적이고 고요하다.

② 정적이고 차분하다.

③ 박력 있고 동적인 느낌을 준다.

④ 대비가 약하고 안정감을 준다.

해설 반대색상 배색

㉠ 색상차가 큰 반대색을 이용하는 배색방법으로 반대색상의 배색은 강렬한 이미지를 주며, 색상차가 크기 때문에 톤 차를 적게 주어 배색한다.

㉡ 빨강과 청록의 조합 등 색상환에서 정반대의 위치에 있는 색들의 배색으로, 화려하고 개성적이며 대담한 이미지를 전달한다. 강함, 예리함, 동적임, 화려함, 자극적인 느낌을 준다.

04 색채미학은 세 가지 사고방식에 의해 탐구된다고 한다. 다음 중 이 사고방식과 관계가 없는 것은?

① 인상 – 시각적으로

② 표현 – 감정적으로

③ 구성 – 상징적으로

④ 사고 – 감각적으로

해설 요하네스 이텐(Johannes Itten)의 색채미학

요하네스 이텐의 색채예술은 화가의 경험과 직관에 바탕 둔 미학적 색채론이다. 색채는 생명이다. 빛은 색을 낳고 색은 빛의 소산이며, 빛은 색의 모체이다. 색채미학은 인상(시각적), 표현(감각적), 구성(상징적)의 3가지 방향에서 접근할 수 있다. 색채를 사랑하는 이들만이 색채의 아름다움과 그 내면적 존재를 인지할 수 있다.

정답　1④　2④　3③　4④

05 다음 중 한국산업표준(KS)을 기준으로 기본색 빨강의 색상범위에 해당하는 것은?

① 5RP 3.5/4.5 ② 5YR 8/4
③ 10R 9/5 ④ 7.5R 4/14

해설 먼셀 색상환

먼셀의 색상환은 적(red), 황(yellow), 녹(green), 청(blue), 자(purple)의 기본 5색상으로 하고, 기준색 5색이 같은 간격으로 배치된 후 그들 가운데마다 주황(YR), 연두(GY), 청록(BG), 남색(PB), 자주(RP)의 중간색을 두어 10개의 색상으로 등분한다. 각 색상은 숫자 1에서 10으로 연속되어 붙여져 각 색상별로 반복되고 5는 항상 기본색상을 표시하고 10은 항상 다음 색상의 1과 맞붙어서 연결된다. 따라서 20색상환을 기준으로 빨강의 순색을 예로 들면 5R 4/14로 1R은 자주색에 가깝고 10R은 다홍색에 가깝다.

06 디지털 색채시스템 중 HSB 시스템에 대한 설명으로 틀린 것은?

① 먼셀의 색채개념인 색상, 명도, 채도를 중심으로 선택하도록 되어 있다.
② 프로그램상에서는 H 모드, S 모드, B 모드를 볼 수 있다.
③ H 모드는 색상을 선택하는 방법이다.
④ B 모드는 채도, 즉 색채의 포화도를 선택하는 방법이다.

해설 HSB 시스템

컴퓨터 그래픽스(CG)에서 색을 기술하는 데 사용되는 색 모델의 하나인 색상·채도·명도 모델이다. H는 색원(色圓)상의 색인 색상(hue)을 뜻하며 S는 채도(saturation)를 뜻하는데, 어떤 특정 색상의 색의 양으로 보통 0~100%의 백분율로 나타낸다. 채도가 높을수록 색은 강렬해진다. B는 명도(brightness)를 뜻하는데, 어떤 색 중 백색의 양으로 0%이면 흑이고, 100%이면 백이다.

07 잔상에 대한 설명 중 잘못된 것은?

① 부의 잔상은 망막의 자극이 사라진 후 원래의 자극과 반대되는 색을 느낀다.
② 정의 잔상의 예로 빨간 성냥불을 어두운 곳에서 계속 돌리면 길고 선명한 빨간 원을 그리는 것으로 느낀다.
③ 잔상이란 어떤 자극을 주어 색각이 생긴 뒤에 자극을 제거한 후에도 그 흥분이 남아서 감각경험을 일으키는 것을 말한다.
④ 보색잔상은 빨간색을 보다가 흰 색면을 보면 청록으로 느껴지는 것으로 일종의 정의 잔상이다.

해설 잔상(after image)

㉠ 정(양성)의 잔상 : 자극으로 생긴 상의 밝기와 색이 똑같은 느낌으로 계속해서 보이는 현상
㉡ 부(음성)의 잔상 : 자극으로 생긴 상의 밝기나 색상 등이 정반대로 느껴지는 현상
㉢ 보색(심리)잔상 : 어떤 원색을 보다가 백색면으로 시선을 옮기면 그 원색의 보색이 보이는 현상으로 망막의 피로 때문에 생기는 현상

08 디지털 색채체계의 유형에 대한 설명으로 틀린 것은?

① HSB : 색의 3가지 기본특성인 색상, 채도, 명도에 의해 표현하는 방식이다.
② RGB : 컴퓨터 모니터와 스크린 같은 빛의 원리로 컬러를 구현하는 장치에서 사용된다.
③ CMYK : 표현할 수 있는 컬러 범위는 RGB 형식보다 넓다.
④ L*a*b* : CIE가 1976년에 추천하여 지각적으로 거의 균등한 간격을 가진 색공간에 의한 색상모형이다.

디지털 색채시스템

ㄱ HSB 시스템 : 먼셀 색채계와 같이 색의 3속성인 색상(hue), 명도(brightness), 채도(saturation) 모드로 구성되어 있다.

ㄴ RGB 표기법 : RGB 색상은 RGB(255, 0, 0) 형식으로 표기하며 RGB(red, green, blue) 값을 나타낸다.

ㄷ Lab 시스템 : CIE에서 발표한 색체계로 서로 다른 환경에서도 이미지의 색상을 최대한 유지시켜 주기 위한 컬러 모드이다. L(명도), a와 b는 각각 빨강/초록, 노랑/파랑의 보색축이라는 값으로 색상을 정의하고 있다.

ㄹ CMYK : 인쇄의 4원색으로 C = Cyan, M = Magenta, Y = Yellow, K = Black을 나타내며 모드 각각의 수치범위는 0 ~ 100%로 나타낸다.

09 풋고추가 녹색으로 보이는 이유는?

① 녹색광만 굴절하기 때문
② 녹색광만 반사하기 때문
③ 녹색광만 투과하기 때문
④ 녹색광만 흡수하기 때문

물체색

인간의 눈은 빛이 물체에 산란, 반사, 투과할 때 물체를 지각하며, 물체에 흡수될 때는 빛을 지각하지 못한다. 고추가 녹색으로 보이는 이유는 다른 색은 흡수하고, 녹색 색광만 반사하기 때문이다.

10 푸르킨예 현상으로 옳은 것은?

① 밝은 곳에서 어두운 곳으로 갈수록 장파장의 감도가 높아진다.
② 밝은 곳에서 어두운 곳으로 갈수록 단파장의 감도가 높아진다.
③ 밝은 곳에서 어두운 곳으로 갈수록 단파장의 색이 먼저 사라진다.
④ 어두운 곳에서 밝은 곳으로 갈수록 장파장과 단파장의 감도가 떨어진다.

푸르킨예(Purkinje) 현상

명소시에서 암소시 상태로 옮겨질 때 물체색의 밝기가 변하는데 빨간계통의 색(장파장)은 어둡게 보이게 되고, 파랑계통의 색(단파장)은 반대로 시감도가 높아져서 밝게 보이기 시작하는 시감각에 관한 현상을 말한다.

11 색채의 시간성과 속도감에 대한 설명 중 옳은 것은?

① 3속성 중 명도가 주로 큰 영향을 미친다.
② 장파장의 색은 시간이 길게 느껴진다.
③ 단파장의 색은 속도가 빠르게 느껴진다.
④ 저명도의 색은 속도가 빠르게 느껴진다.

시간성과 속도감

ㄱ 빠른 속도감 : 고명도, 고채도, 난색계열의 색, 장파장 계열색
ㄴ 느린 속도감 : 저명도, 저채도, 한색계열의 색, 단파장 계열색
ㄷ 장파장 계열의 실내 : 시간이 길게 느껴진다.
ㄹ 단파장 계열의 실내 : 시간이 짧게 느껴진다.

12 오프셋 인쇄과정에 있어서 기본색도는?

① 6도
② 5도
③ 4도
④ 3도

오프셋 인쇄(offset-printing)

오프셋 인쇄방식은 컬러 편집물을 제작할 때 4가지 색(C, M, Y, K)을 조합해 인쇄하는 평판 인쇄방식을 말한다.

13 다음 색 중 보색관계가 아닌 것은?

① 빨강 – 청록
② 노랑 – 남색
③ 연두 – 보라
④ 자주 – 주황

해설 보색
ㄱ 보색인 2색은 색상환상에서 180° 위치에 있는 색이다.
ㄴ 보색인 색광을 혼합하여 백색광이 되었을 때 두 색광은 서로 상대에 대한 보색이라 하는데, 빨강과 청록, 파랑과 노랑, 녹색과 자주를 혼합하면 백색광이 된다.
ㄷ 보색의 조합은 적 – 청록, 녹 – 자주, 황 – 남색 등이다.

14 색의 대비현상에 관한 설명으로 틀린 것은?

① 명도대비 : 명도가 다른 두 색이 서로의 영향으로 명도차가 더 크게 나타나는 현상
② 연변대비 : 두 색의 경계부분에서 색의 3속성별로 대비현상이 더욱 강하게 나타나는 현상
③ 계시대비 : 어떤 색이 다른 색에 둘러싸여 일정한 거리 이상에서 주변색과 같아 보이는 현상
④ 보색대비 : 보색관계인 두 색이 서로의 영향으로 각각의 채도가 더 높게 보이는 현상

해설 계시대비(successive contrast)
계속대비 또는 연속대비라고도 하며 시간적인 차이를 두고, 2개의 색을 순차적으로 볼 때에 생기는 색의 대비현상이다.

15 동일색상 내에서 '톤을 겹친다'라는 의미로 두 가지 색의 명도차를 비교적 크게 두어 배색하는 방법은?

① 톤 온 톤(tone on tone) 배색
② 톤 인 톤(tone in tone) 배색
③ 리피티션(repetition) 배색
④ 세퍼레이션(separation) 배색

해설 톤에 의한 배색기법
ㄱ 톤 온 톤(tone on tone) 배색 : 동일색상 내에서 톤의 차이를 크게 하는 배색으로 통일성을 유지하면서 극적인 효과를 준다. 일반적으로 많이 사용한다.
ㄴ 톤 인 톤(tone in tone) 배색 : 동일색상이나 인접 또는 유사색상의 톤을 조합하는 것으로 살구색과 라벤더색의 조합 등 색조의 선택에 따라 다양한 느낌을 줄 수 있다.
ㄷ 리피티션(repetition) 배색 : 2가지 색 이상을 하나의 단위로 하여 반복하는 것으로 변화와 질서를 한번에 연출할 수 있다.
ㄹ 세퍼레이션(separation) 배색 : 배색관계가 모호하거나 대비가 강한 경우 분리색을 삽입하거나 색들을 조화시키는 효과를 주는 것으로, 예를 들어 흰색, 검정의 무채색에 금색, 은색 등의 메탈릭 색을 삽입하여 배색의 미적 효과를 높일 수 있다.

16 오스트발트 표색계에서 무채색을 나타내는 원리는?

① 순색량+백색량 = 100%
② 백색량+흑색량 = 100%
③ 순색량+회색량 = 100%
④ 순색량+흑색량+백색량 = 100%

해설 오스트발트는 백색량(W), 흑색량(B), 순색량(C)의 합을 100%로 하였기 때문에 등색상면뿐만 아니라 어떠한 색이라도 혼합량의 합은 항상 일정하다.
예 순색량이 없는 무채색이라면 W + B = 100%가 되도록 하고, 순색량이 있는 유채색은 W + B + C = 100%가 된다.

17 SD법으로 제품의 색채 이미지를 조사하려고 한다. 단어의 이미지가 잘못 짝지어진 것은?

① 부드럽다 – 딱딱하다
② 따뜻하다 – 차갑다
③ 동적이다 – 정적이다
④ 화려하다 – 아름답다

해설 SD법(semantic differential method)

1959년 미국의 심리학자 찰스 오스굿이 고안한 개념의 의미내용 분석방법으로 의미분화법, 또는 의미미분법이라고도 한다. 일반적으로 '크다 – 작다', '좋다 – 나쁘다', '빠르다 – 느리다'와 같이 상반되는 의미의 형용어를 짝지은 '평정(評定)척도'를 10~50개 사용하는데 상품이나 기업의 이미지 조사에 이용하는 방법이다.

18 색의 3속성에 관한 설명 중 틀린 것은?

① 순도란 채도의 개념이다.
② 명도는 색의 밝고 어둡기를 의미하며 V로 표기한다.
③ 먼셀 색체계에서 채도 0은 무채색이고, 최고 채도값은 10이다.
④ 색의 3속성은 색상, 명도, 채도이다.

해설 색의 3속성

㉠ 색상(hue) : 색깔이 구별되는 계통적 성질
㉡ 명도(value) : 색상의 밝고 어두움의 정도. 명도단계는 N0(검정), N1, N2, …, N9.5(흰색)까지 11단계로 되어 있다.
㉢ 채도(chroma) : 색상의 맑고 탁함의 정도(선명한 정도). 채도단계는 1, 2, 3, 4, 6, 8, 10, 12, 14단계로 되어 있다.

19 채도에 대한 설명이 옳은 것은?

① 순색으로 반사율이 높은 색이 채도가 높다.
② 반사량이 적은 색이 채도가 높다.
③ 채도에서는 포화도가 존재하지 않는다.
④ 무채색도 채도값이 있다.

해설 채도(chroma)

㉠ 색의 맑기로 색의 선명도(포화도), 즉 색채의 강하고 약한 정도를 말한다.
㉡ 어떠한 색상의 순색에 무채색(흰색이나 검정)의 포함량이 많을수록 채도가 낮아지고, 포함량이 적을수록 채도가 높아진다.
㉢ 물체가 특정 주파수대의 빛을 얼마만큼 반사, 흡수하느냐에 따라 나타나는 속성으로, 측정반사율 값에서 최고 주파수와 최저 주파수 간의 차이를 말한다.

20 광원 앞에 투명한 색유리판을 계속 겹쳐 점점 어두워지는 것과 같은 색채혼색법은?

① 감법혼색 ② 가법혼색
③ 중간혼색 ④ 연속혼색

해설 색료혼합(감산혼합, 감법혼색)

㉠ 색료를 혼합하여 색필터를 겹치거나 그림물감을 혼합하는 방법을 감산혼합(減算混合) 또는 감법혼색(減法混色), 색료혼합이라고 한다.
㉡ 2차색은 색광혼합의 3원색과 같고 원색보다 명도와 채도가 낮아진다.
㉢ 색료혼합의 3원색인 시안(cyan), 마젠타(magenta), 노랑(yellow)을 모두 혼합하면 검정(black)이 된다.

01 명소시에서 암소시로 이행할 때 붉은색은 어둡게 되고, 청색은 상대적으로 밝아지는 것과 관련된 것은?

① 메타메리즘　② 색각이상
③ 푸르킨예 현상　④ 착시현상

해설 푸르킨예(Purkinje) 현상
명소시에서 암소시 상태로 옮겨질 때 물체색의 밝기가 어떻게 변하는가를 살펴보면 빨간계통의 색은 어둡게 보이게 되고, 파랑계통의 색은 반대로 시감도가 높아져서 밝게 보이기 시작하는 시감각에 관한 현상을 말한다.

02 색의 혼합에 관한 설명으로 틀린 것은?

① 색료혼합의 3원색은 magenta, yellow, cyan이다.
② 색광혼합의 2차색은 색료혼합의 3원색이 된다.
③ 색료혼합은 혼합하면 할수록 채도가 낮아진다.
④ 색광혼합은 혼합하면 할수록 명도와 채도가 높아진다.

해설 ㉠ 색료혼합(감산혼합, 감법혼색)
• 색료의 혼합으로 색료혼합의 3원색은 시안(cyan), 마젠타(magenta), 노랑(yellow)이다.
• 2차색은 색광혼합의 3원색과 같고 원색보다 명도와 채도가 낮아진다.
㉡ 가산혼합(加算混合) 또는 가법혼색(加法混色)
• 빛의 혼합을 말하며, 색광혼합의 3원색은 빨강(red), 녹색(green), 파랑(blue)이다.
• 2차색은 원색보다 명도가 높아진다. 보색끼리의 혼합은 무채색이 된다.

03 디지털 기기의 색공간 변환목적이 아닌 것은?

① 디지털 컬러를 처리하는 장비들 사이의 컬러영역을 분리시키기 위함
② 영상처리 과정에서 영상의 분할, 특징 추출, 복원, 향상 등을 정확하게 수행하기 위함
③ 영상물 제작과정에서 영상의 합성, 수정, 보완 등을 정확하고 용이하게 수행하기 위함
④ 컴퓨터 그래픽스에서 렌더링, 특수효과 처리, 실사영상과 CG 영상의 합성, 수정, 보완 등을 정확하고 용이하게 수행하기 위함

해설 색영역 매핑(color gamut mapping)
색영역을 달리하는 장치들의 색영역을 조정하여 재현가능한 색으로 변환시켜 주는 작업을 말하는데, 이는 모니터에서의 재현색과 프린터에서의 재현하는 색과의 상대적인 차이를 같게 해 주는 것으로서 출력물의 색은 사람 눈의 순응으로 인하여 더욱 비슷하다.

04 문·스펜서 조화론의 단점으로 옳은 것은?

① 무채색과의 관계를 생략하고 있다.
② 전통적 조화론을 무시하고 있다.
③ 명도, 채도를 고려하지 않았다.
④ 색의 연상, 기호, 상징성은 고려하지 않았다.

해설 멘셀 표색계의 3속성과 같은 개념인 H, V, C 단위로 설명하였고 색채조화론을 정량적으로 다뤄 색채연상, 색채기호, 색채의 적합성을 고려하지 않은 것이 단점이다.

05 전자장비들 간에 RGB 정보가 서로 호환성이 없는 이유가 아닌 것은?

① 입력 장비마다 각각 다른 감광도(感光度)를 가지고 있으므로

② 입력 장비마다 각각 다른 인간의 시감체계를 가지고 있으므로

③ 디스플레이 장비의 전자총(電子銃) 성능이 다르므로

④ 모니터마다 화면의 표면을 코팅하는 컬러 발광물질이 다르므로

해설 색상을 표현하는 방법 중 모니터나 TV 등 CRT는 기본적으로 빛을 이용하여 색상을 표현한다. 색역(色域), 곧 색의 영역은 컴퓨터 그래픽스와 사진술을 포함하는 색의 생산에서 빛깔의 완전한 하부집합을 가리킨다. 색을 정확하게 표현하려고 하지만 주어진 색공간이나 특정한 출력장치에 제한을 받으면 이것이 색역이 된다.

06 똑같은 에너지를 가진 각 파장의 단색광에 의하여 생기는 밝기의 감각은?

① 시감도   ② 명순응
③ 색순응   ④ 향상성

해설 시감도((視感度, eye sensitivity)
㉠ 똑같은 에너지를 가진 각 단색광의 밝기에 대한 감각
㉡ 파장마다 느끼는 빛의 밝기 정도를 에너지량 1W당의 광속으로 나타낸다.

07 색의 지각현상에 관한 설명 중 틀린 것은?

① 난색이 한색보다 팽창되어 보인다.
② 검정색 배경 위의 고명도색이 저명도색보다 명시도가 높다.
③ 한색이 난색보다 주목성이 높다.
④ 고명도색이 저명도색보다 팽창되어 보인다.

해설 ㉠ 팽창성 : 고명도, 고채도, 난색계통의 색
㉡ 수축성 : 저명도, 저채도, 한색계통의 색
㉢ 주목성 : 한색보다 난색이 주목성이 좋음
㉣ 명시성 : 명시도를 좌우하는 결정적인 조건은 명도차를 크게 하는 것, 또한 물체의 크기, 대상색과 배경색의 크기, 주변환경의 밝기, 조도의 강약, 거리의 원근 등과도 관련됨

08 서로 조화되지 않는 두 색을 조화되게 하기 위한 일반적인 방법으로 가장 타당한 것은?

① 두 색의 사이에 백색 또는 검정색을 배치하였다.
② 두 색 중 한 색과 반대되는 색을 두 색의 사이에 배치하였다.
③ 두 색 중 한 색과 유사한 색을 두 색의 사이에 배치하였다.
④ 두 색의 혼합색을 만들어 두 색의 사이에 배치하였다.

해설 세퍼레이션(separation) 배색
배색관계가 모호하거나 대비가 강한 경우 분리색을 삽입, 색들을 조화시키는 효과를 주는 것으로, 예를 들어 흰색, 검정의 무채색에 금색, 은색 등의 메탈릭색을 삽입하여 배색의 미적 효과를 높일 수 있다.

09 다음의 먼셀기호 중 신록이나 목장, 신선한 기운을 상징하기에 가장 적절한 색은?

① 10R 6/2   ② 10G 2/3
③ 5GY 7/6   ④ 10B 4/3

해설 연두(GY)색의 상징
신성, 생장, 새싹, 잔디, 푸른 대나무, 피로회복

10 비눗방울이나 기름막, CD 표면에서 나타나는 무지개색이나 곤충의 날개에서 보이는 것과 관련한 빛의 성질은?

① 산란   ② 회절
③ 굴절   ④ 간섭

해설 간섭색

ㄱ 비누 거품이나 수면에 뜬 기름, 전복 껍데기 등에서 무지개색처럼 나타나는 색

ㄴ 빛을 받아 반사나 투과에 의해서 생기는 색

11 혼합되는 각각의 색 에너지(energy)가 합쳐져서 더 밝은색을 나타내는 혼합은?

① 감산혼합   ② 중간혼합
③ 가산혼합   ④ 색료혼합

해설 가산혼합(加算混合) 또는 가법혼색(加法混色)

ㄱ 빛의 혼합을 말하며, 색광혼합의 3원색은 빨강(red), 녹색(green), 파랑(blue)이다.

ㄴ 적색광과 녹색광을 흰 스크린에 투영하여 혼합하면 빨강이나 녹색보다 밝은 노랑이 된다. 이와 같이 빛을 더해서 혼합하는 방법을 가산혼합 또는 가법혼색이라고 한다.

ㄷ 2차색은 원색보다 명도가 높아진다. 보색끼리의 혼합은 무채색이 된다.

12 색채대비 실험에서 빨강 색지를 보다가 흰 색지를 볼 때 희미하게 보이는 색은?

① 노란색   ② 자주색
③ 청록색   ④ 보라색

해설 계시대비(successive contrast)

ㄱ 계속대비 또는 연속대비라고도 하며 시간적인 차이를 두고, 2개의 색을 순차적으로 볼 때에 생기는 색의 대비현상이다.

ㄴ 어떤 색을 본 후에 다른 색을 보면 나중에 보았던 색은 처음에 보았던 색의 보색에 가까워져 보이며, 채도가 증가해서 선명하게 보인다.

13 먼셀의 색입체를 수평으로 잘랐을 때 나타나는 것은?

① 등색상면
② 등명도면
③ 등채도면
④ 등대비면

해설 먼셀(Munsell)의 색입체 단면도

ㄱ 색입체를 수평으로 잘라 보면 방사형태의 색상이 나타나며 같은 명도의 색이 나타나므로 등명도면이라 한다.

ㄴ 색입체를 수직으로 잘라 보면 같은 색상이 나타나므로 등색상면이라 한다.

14 흰색 배경의 회색보다 검정색 배경의 회색이 더 밝게 보이는 것은?

① 보색대비
② 채도대비
③ 명도대비
④ 색상대비

해설 명도대비(lightness contrast)

어두운색 가운데서 대비되어진 밝은색은 한층 더 밝게 느껴지고, 밝은색 가운데 있는 어두운색은 더욱 어둡게 느껴지는 현상

15 KS의 일반색명이 근거를 두고 있는 국제표준은?

① ASA   ② CIE
③ ISCC-NIST   ④ NCS

해설 ㄱ CIE 표색계 : 1931년 국제조명위원회(CIE는 Commission Internationale de l'Eclairage의 약자) 총회에서 정해진 표색계(색을 표시하는 체계)를 말한다. CIE 표색계에는 RGB 표색계와 XYZ 표색계가 있다. XYZ 표색계는 CIE 표준표색계라고 한다. 가장 과학적인 표색법이라고 하며, 분광광도계에 의한 측정값을 기초로 하여 모든 색을 xyY라는 세 가지 양으로 표시한다. Y는 측광량이라 하며 색의 밝기의 양, x·y는 한 조로 해서 색도를 나타낸다.

ㄴ ISCC(색채연락협의회)-NIST(미국 국립표준기술연구소) : KS의 일반 색명이 근거로 두고 있는 국제표준으로 한국공업규격(KS) A 0011 : 2005의 계통색명 수식어 사용은 ISCC-NBS 계통색명법에 기초하고 있다.

16 다음 중 색채조절의 목적에 해당하는 것은?

① 수익 증대를 주목적으로 한다.
② 작업의 활동적인 의욕을 높인다.
③ 주변환경과의 조화를 무엇보다 우선시 한다.
④ 심미적인 조화를 우선적으로 고려한다.

> **해설** 색채조절은 눈의 긴장감과 피로감을 감소되게 하고, 심리적으로 쾌적한 실내분위기를 느끼게 하며, 생활의 의욕을 고취시켜 능률성, 안전성, 쾌적성 등을 고려하는 것을 말한다.
> ㉠ 피로의 경감
> ㉡ 생산의 증진
> ㉢ 사고나 재해율 감소

17 보색에 관한 설명으로 옳은 것은?

① 두 색을 혼합했을 때 무채색이 되는 색을 보색이라 한다.
② 색상환에서 서로 인접한 색이다.
③ 먼셀 색상환에서 빨강의 보색은 파랑이다.
④ 가법혼색에서 녹색의 보색은 노랑이다.

> **해설** 보색
> ㉠ 보색인 2색은 색상환상에서 180° 위치에 있는 색이다.
> ㉡ 보색인 색광을 혼합하여 백색광이 되었을 때 두 색광은 서로 상대에 대한 보색이라 하는데, 빨강과 청록, 파랑과 노랑, 녹색과 자주를 혼합하면 백색광이 된다.
> ㉢ 주목성이 강하며, 서로 돋보이게 해 주므로 주제를 살리는 데 효과가 있다.
> ㉣ 물감에서 보색의 조합은 적 – 청록, 녹 – 자주, 황 – 남색 등이다.

18 오스트발트 색체계의 설명으로 틀린 것은?

① 먼셀 색체계에 비해 직관적이다.
② 색입체가 대칭구조를 이루고 있다.
③ 기본색은 yellow, red, ultramarine, sea green이다.
④ la – na – pa는 등흑색계열을 나타낸다.

> **해설** 오스트발트 색체계
> 혼합하는 색량(色量)의 비율에 의하여 만들어진 색체계이다.
> ㉠ 등흑색 계열의 조화 : 위사변의 평행선상의 조화 (알파벳 뒤 기호가 같은 것)
> ㉡ 마름모꼴 형태로 이루어진 쌍원추 형태의 색입체

19 오스트발트 등가색환에 있어서의 조화를 기호로 나타낸 것 중 보색조화에 해당하는 것은?

① 2ic – 4ic
② 8ni – 14ni
③ 4Pg – 12Pg
④ 2Pa – 14Pa

> **해설** 반대색조화(강한 대비, 보색조화)
> 24색상환에서 색상차가 12인 경우 두 색은 조화를 이룬다.

20 다음 먼셀 색상기호 중 채도가 가장 높은 색은?

① 5BG
② 5R
③ 5B
④ 5P

> **해설** 먼셀 표색계 기호 표시
> 먼셀 표색계에서 색상, 명도, 채도의 기호는 H, V, C이며 HV/C로 표기된다. 먼셀 색체계에서 채도가 가장 높은 색은 빨강(5R)이다.
> ㉠ 빨강 : 5R 4/14
> ㉡ 청록 : 5BG 5/8
> ㉢ 파랑 : 5B 4/8
> ㉣ 남보라 : 5P 3/10

01 베졸드 효과(Bezold effect)의 설명으로 틀린 것은?

① 빛이 눈의 망막 위에서 해석되는 과정에서 혼색효과를 가져다주는 일종의 가법혼색이다.

② 색점을 섞어 배열한 후 거리를 두고 관찰할 때 생기는 일종의 눈의 착각현상이다.

③ 여러 색으로 직조된 직물에서 하나의 색만 변화시키거나 더할 때 생기는 전체 색조의 변화이다.

④ 밝기와 강도에서는 혼합된 색의 면적비율에 상관없이 강한 색에 가깝게 지각된다.

해설 베졸드효과

색을 직접 섞지 않고 색점을 섞어 배열함으로써 전체 색조를 변화시키는 효과이다. 바탕에 비해 도형이 작고 선분이 가늘며 그 간격이 좁을수록 더 효과가 나타나고, 배경색과 도형의 색의 명도와 색상 차이가 작을수록 효과가 현저하다.

02 어두운 영화관에 들어갔을 때 한참 후에야 주위환경을 지각하게 되는 시지각 현상은?

① 명순응 ② 색순응
③ 암순응 ④ 시순응

해설 암순응(dark adaptation)

어두운 곳 또는 빛 강도가 낮은 상태에서 망막이 순응하여 시감도를 증대하는 현상으로 갑자기 어두운 공간으로 갔을 때 처음에는 아무것도 보이지 않다가 시간 경과에 따라 어둠이 눈에 익어 주위의 사물이 보이는 현상이다.

03 방화, 금지, 정지, 고도위험 등의 의미를 전달하기 위해 주로 사용되는 색은?

① 노랑
② 녹색
③ 파랑
④ 빨강

해설 빨강의 연상

㉠ 긍정 : 열정, 자유, 혁명, 애국심, 따뜻한 불, 태양, 진취적인, 감성적인 정열, 애정, 행복, 강인함, 역동성

㉡ 부정 : 전쟁, 고도위험, 상처, 방화, 혁명, 악마, 상처, 피, 죽음, 금지, 정지

04 색각에 대한 학설 중 3원색설을 주장한 사람은?

① 헤링
② 영·헬름홀츠
③ 맥니콜
④ 먼셀

해설 영·헬름홀츠의 3원색설

1807년 영국의 토마스 영과 독일의 헬름홀츠는 인간의 망막에는 빨강, 녹색, 파랑의 세 종류 시신경 세포가 있으며 색광을 감광하는 시신경 섬유가 있어 이 세포들의 혼합이 시신경을 통해 뇌에 전달됨으로써 색지각을 할 수 있다는 가설을 주장했다. 3원색설에 따르면 장파장의 빨강(R), 중파장의 녹색(G), 단파장의 파랑(B)에 의해 녹색과 빨강의 시세포가 동시에 흥분하면 노랑의 색각이, 녹색과 파랑의 시세포가 동시에 흥분하면 시안의 색각이 생긴다. 빨강, 녹색, 파랑의 흥분도가 동일할 때 흰색이 되며, 색채의 흥분이 없어지면 검정에 가까운 색으로 지각된다.

정답 1④ 2③ 3④ 4②

05 색채관리에 대한 설명으로 거리가 먼 것은?

① 기업운영의 중요한 기술이라 할 수 있다.
② 디자인과 색채를 통일하여 좋은 기업상을 만들 수 있다.
③ 제품의 생산단계에서부터 도입하여 색채관리를 한다.
④ 소비자가 구매충동을 일으킬 수 있는 색채관리가 필요하다.

해설 색채관리(color conditioning)
색채가 가지고 있는 성질이나 색채가 주는 감각을 이용하여 작업환경 개선, 작업효율 향상, 재해방지 등에 효율적으로 이용하는 것으로, 정비공장, 사무실 등에 안전하고 쾌적하며 능률적인 환경을 조성하는 기술을 말하는 것으로, 기업운영의 중요한 기술이며 좋은 기업상을 만들 수 있다.

06 보기의 (　　)에 들어갈 적합한 색으로 옳은 것은?

> 색채와 인간은 서로 영향을 주고받는다. 색채는 마음을 흥분시키기도 하고 진정시키기도 한다. 이러한 색채효과는 심리치료에 응용되는데, 주로 흥분하기 쉬운 환자는 (A) 공간에서, 우울증 환자는 (B) 공간에서 색채치료요법을 쓴다.

① A : 빨간색, B : 파란색
② A : 파란색, B : 빨간색
③ A : 노란색, B : 연두색
④ A : 연두색, B : 노란색

해설 색채의 감정적인 효과
색에 대한 심리적인 효과는 시각적 효과처럼 실제와 다르게 보이는 즉각적인 반응이 아니라 색의 자극을 통해 감정에 변화를 일으키는 경우를 말한다. 보통 따뜻한 색 계열(빨간색)이면서 채도가 높은 색은 흥분을 유발하고, 차가운 색 계열(파란색)이면서 채도가 낮은 색은 진정효과를 준다.

07 다음 색체계 중 혼색계를 나타내는 것은?

① 먼셀
② NCS 체계
③ CIE 체계
④ DIN 체계

해설 혼색계(color mixing system)
㉠ 색(colar of light)을 표시하는 표색계로서 심리적·물리적인 병치의 혼색실험에 기초를 두는 것으로서 현재 측색학의 기본이 되고 있다.
㉡ 오늘날 사용하고 있는 CIE 표준표색계(XYZ 표색계)가 가장 대표적인 것이다.

08 우리 눈의 시각세포에 대한 설명 중 옳은 것은?

① 간상세포는 밝은 곳에서만 반응한다.
② 추상세포가 비정상이면 색맹 또는 색약이 된다.
③ 간상세포는 색상을 느끼는 기능이 있다.
④ 추상세포는 어두운 곳에서의 시각을 주로 담당한다.

해설 시각세포
㉠ 추상체(day vision) : 망막의 시세포의 일종으로서 밝은 곳(명소시)에서 동작하고, 색각 및 시력에 관계한다. 백주시라 하며 낮과 같이 밝은 상태에서 활동한다. 명암의 판단뿐만 아니라 유채색도 구별하여 볼 수 있다. 우리 눈에는 약 700만 개 정도의 추상체가 맹점을 제외한 전 망막에 분포되어 있다.
㉡ 간상체(rod) : 명암을 식별하는 시세포. 망막의 시세포의 하나로 어두운 곳에서 주로 활동한다. 추상체가 망막의 중심부에 밀집되어 있는 것과는 달리 망막 주변부에 약 1억 2,000만~1억 3,000만 개가 고루 분포되어 있다. 고감도 흑백필름과 같은 역할을 한다.

09 빨강, 파랑, 노랑과 같이 색지각 또는 색감각의 성질을 갖는 색의 속성은?

① 색상　　　　② 명도
③ 채도　　　　④ 색조

해설 색의 3속성

㉠ 색상(hue) : 색을 빨강, 노랑, 파랑 따위로 구분하게 하는 색 자체가 갖는 고유의 특성이다. 색의 3속성(색상, 명도, 채도)의 하나로 물체가 반사하는 빛의 파장의 차이에 의하여 달라지는데, 유채색에만 있다.

㉡ 명도(value) : 빛의 반사율에 따른 색의 밝고 어두운 정도를 말한다.
　• 수직선 방향으로 아래에서 위로 갈수록 명도가 높아진다.
　• 어떠한 색상의 순색에 무채색(흰색, 검정색)을 혼합할 때 그 포함량이 많을수록 채도가 낮아진다.

㉢ 채도(chroma) : 색의 맑기로 색의 선명도, 즉 색채의 강하고 약한 정도를 말한다.
　• 순색(solid color) : 동일색상의 청색 중에서도 가장 채도가 높은 색을 말한다.
　• 색의 혼합량으로 생각해 본다면 어떠한 색상의 순색에 무채색(흰색이나 검정)의 포함량이 많을수록 채도가 낮아지고, 포함량이 적을수록 채도가 높아진다.
　• 채도는 순색에 흰색을 섞으면 낮아진다.

10 서로 다른 색을 구분할 수 있는 것은 빛의 무슨 성질 때문인가?

① 파장　　　　② 자외선
③ 적외선　　　④ 전파

해설 빛의 성질 중 파장

빛은 시신경을 자극하여 물체를 볼 수 있게 하는 일종의 전자기파로 색광에 따라 파장이 다르며, 그 굴절률도 다르다. 따라서 햇빛과 같은 복색광(複色光)을 프리즘(분광기)에 통과시키면 각각의 단색광이 분산되어 나온다. 이때 생긴 띠를 스펙트럼이라고 하는데 파장에 따라 색이 달라진다.

01 색채계획의 과정에서 색채심리분석에 해당하지 않는 것은?

① 색채 이미지 측정
② 유행 이미지 측정
③ 상품 이미지 측정
④ 경영 이미지 측정

> **해설** 색채심리분석
> 심리조사 능력, 색채구성 능력이 필요하고, 기업 이미지 측정, 컬러 이미지 측정, 유행 이미지 측정, 색채기호의 측정, 상품 이미지 측정, 전시물 이미지 측정, 광고물 이미지 측정 등이 있다.

02 채도에 관한 설명 중 틀린 것은?

① 색이 순수할수록 채도가 높고, 탁하거나 흐릴수록 채도가 낮다.
② 무채색이 포함되지 않은 색이 채도가 가장 높고 이를 순색이라 한다.
③ 순색에 흰색을 섞는 양이 많아질수록 채도는 높아진다.
④ 무채색은 채도가 없다.

> **해설** 채도(chroma)
> 색의 맑기로 색의 선명도, 즉 색채의 강하고 약한 정도를 말한다.
> ㉠ 채도는 순색에 흰색을 섞으면 낮아진다.
> ㉡ 채도는 명도가 독립적으로 나타낼 수 있는 것과는 달리 색상이 있을 때만 나타낸다.
> ㉢ 검정, 회색, 하양은 무채색이므로 채도가 없다.

03 맥스웰 디스크(Maxwell's disk)와 관계가 있는 것은?

① 병치혼합
② 회전혼합
③ 감산혼합
④ 색료혼합

> **해설** 회전혼합
> 하나의 면에 두 개 이상의 색을 붙인 후 빠른 속도로 회전하면 두 색이 혼합되어 보이는 현상이다. 영국의 물리학자인 제임스 클러크 맥스웰이 발견한 것으로 회전판에서 회전혼합되는 색은 명도와 채도가 색과 색 사이의 정도로 보인다.

04 JPG와 GIF의 장점만을 가진 포맷으로 트루컬러를 지원하고 비손실 압축을 사용하여 이미지 변형 없이 원래 이미지를 웹상에 그대로 표현할 수 있는 포맷 형식은?

① PCX
② BMP
③ PNG
④ PDF

> **해설** PNG(Portable Network Graphics)
> 웹에서 최상의 비트맵 이미지를 구현하기 위해 W3C (World Wide Web Consortium)에서 제정한 파일 포맷이다. 보통 핑이라고 발음하며, 지금까지 웹상의 표준 이미지 파일 포맷인 GIF의 대안으로 개발되었다.
> 이 포맷은 24비트의 이미지를 처리하면서 어떤 경우는 GIF보다 작은 용량으로도 이미지 표현이 가능하고 원 이미지에 전혀 손상을 주지 않는 압축과 완벽한 알파 채널(alpha channel)을 지원하는 등 이전에는 불가능했던 다양한 기능들을 포함하고 있다.

정답 1 ④ 2 ③ 3 ② 4 ③

05 오스트발트 색채조화에서 gc-lg-pl의 기호는 어떤 조화에 해당하는가?

① 등백계열조화   ② 등흑계열조화
③ 등순계열조화   ④ 무채색의 조화

해설 등순색 계열의 조화

특정한 색상의 색삼각형 내에서 순도가 같은 색채로 수직선상에 있는 색채를 일정 간격으로 선택하면 그 배색은 조화를 이루게 된다.

06 배색에 대한 설명으로 틀린 것은?

① 화려하고 강렬한 느낌을 위해서는 색상 차를 크게 하여 배색한다.
② 채도차가 큰 배색은 면적을 조절하여 안정감을 주어야 한다.
③ 유사색상 배색 시에는 명도차, 채도차를 비슷하게 하여 조화되게 한다.
④ 명쾌한 배색이 되기 위해서는 명도차를 크게 하여 배색한다.

해설 유사색상의 배색은 색상의 폭이 있어 조화 속에서도 변화가 있는 아름다움이 느껴지나 명도차, 채도차를 주어 더욱더 조화되게 한다. 명확한 시각효과를 가질 경우의 배색으로 색상·채도·명도가 상이할 때, 색상이 서로 접근해 있고 명도가 크게 다를 때는 상쾌한 자극을 낳는다.

07 디지털 색채의 유형 중 RGB 형식에 대한 설명으로 옳은 것은?

① 인쇄물이나 그림과 같이 컬러 재생 매체에 사용된다.
② 3가지 기본색인 빨강(red), 초록(green), 파랑(blue)을 모두 100%씩 혼합하면 검은색이 된다.
③ 감법혼색으로 2차색은 원색보다 어두워진다.
④ 컴퓨터 화면의 스크린은 24비트 색배열 조정장치를 사용할 경우 최대 약 1,677만 가지의 색을 만들어 낼 수 있다.

해설 RGB 표기법

RGB 색상은 RGB(255, 0, 0) 형식으로 표기하며 괄호 안의 각 자리는 차례로 red, green, blue의 양을 나타낸다(색이 하나도 섞이지 않은 상태는 0, 색이 가득 섞인 상태는 255로 표기).
• 색료혼합의 3원색인 시안(cyan), 마젠타(magenta), 노랑(yellow)을 모두 혼합하면 검정(black)이 된다. 빛 혼합의 3원색인 파랑(blue), 녹색(green), 빨강(red)을 모두 혼합하면 하양(white)이 된다.

08 색채조화의 공통원리가 아닌 것은?

① 질서의 원리
② 유사성의 원리
③ 친근성의 원리
④ 혼합의 원리

해설 색채조화의 공통원리

㉠ 질서의 원리 : 질서 있는 계획
㉡ 비모호성(명료성)의 원리 : 명료한 배색
㉢ 동류의 원리 : 친근감을 주는 조화
㉣ 유사의 원리 : 서로 공통되는 상태와 속성
㉤ 대비의 원리 : 상태와 속성이 반대되면서 모호한 점이 없을 때의 조화

09 물체색에 대한 설명 중 틀린 것은?

① 빛을 대부분 반사시키면 흰색이 된다.
② 빛을 완전히 흡수하면 이상적인 검정색이 된다.
③ 빛의 일부는 반사하고 일부는 흡수하면 회색이 된다.
④ 빛의 반사율은 0~100%가 현실적으로 존재한다.

해설 물체색

빛에너지가 사물에 부딪혀 일어나는 표면색으로 빛이 물체에 닿아 모두 반사하면 물체의 표면은 하양을 띠며, 반대로 거의 모든 빛을 흡수하면 검정을 띠게 되고 반사와 흡수가 같이 일어나면 회색이 된다.

10 오스트발트 색체계에 관한 설명으로 틀린 것은?

① 노랑을 기준으로 전체 24색상으로 이루어져 있다.

② 톤은 무채색을 제외하고 각 색상당 28색으로 이루어져 있다.

③ 원래 색채의 배색을 위한 조화를 목적으로 제작되었다.

④ 색채조화 매뉴얼(CHM)에는 모두 40색상으로 구성된다.

해설 오스트발트(W. Ostwald) 표색계

㉠ 오스트발트 표색계는 헤링의 4원색설을 기본으로 색량의 대소에 의하여, 즉 혼합하는 색량(色量)의 비율에 의하여 색채에 의한 배색조화를 위해 만들어진 색체계이다.

㉡ 황, 적, 청, 녹의 4가지 주요 색상을 기준으로 그 중간색 주황, 자, 청록, 황록의 8가지 색상을 만들고, 이것을 다시 3색상씩 분할해 24색상으로 만들어 24색환이 된다.

㉢ 24색상환의 보색은 반드시 마주 보는 12번째 색에 있게 된다.

㉣ 색채조화편람 CHM 색상환은 30색이다.

11 우리 눈에서 무채색의 지각뿐만 아니라 유채색의 지각도 함께 일으키는 능력은 어디서 이루어지는가?

① 추상체
② 간상체
③ 수정체
④ 홍채

해설 추상체(원추체)

명소시(photopic vision)라고도 하며 무채색뿐만 아니라 색상을 인식하고 밝은 곳에서 반응하고, 세부내용을 파악하며 유채색의 지각을 일으킨다.

12 먼셀 색체계에서 색상기호 앞에 붙는 숫자로 각 색상의 대표 색상을 의미하는 숫자는?

① 2
② 5
③ 8
④ 3

해설 먼셀의 색상환은 적(red), 황(yellow), 녹(green), 청(blue), 자(purple)의 기본 5색상으로 하고, 기준색 5색이 같은 간격으로 배치된 후 그들 가운데마다 주황(YR), 연두(GY), 청록(BG), 남색(PB), 자주(RP)의 중간색을 두어 10개의 색상으로 등분한다. 이 10등분은 다시 10등분씩 되어 모두 100등분된 색상환이 된다. 각 색상은 숫자 1에서 10으로 연속되어 붙여져 각 색상별로 반복되고, 5는 항상 기본색상을 표시하고 10은 항상 다음 색상의 1과 맞붙어서 연결된다.

13 대비현상과는 달리 인접된 색과 닮아 보이는 현상은?

① 잔상현상
② 퇴색현상
③ 동화현상
④ 연상감정

해설 동화현상(assimilation effect)

㉠ 동시대비와는 반대현상이며 주위의 영향으로 인접색과 닮은 색으로 변해 보이는 현상이다.

㉡ 동시적으로 일어나는 현상으로 줄무늬와 같이 주위를 둘러싼 면적이 작거나 하나의 좁은 사이에 복잡하고 섬세하게 배치되었을 때에 일어난다.

14 잔상에 관한 설명으로 잘못된 것은?

① 시신경이나 뇌의 이상으로 원래의 자극과 다른 감각을 일으키는 현상이다.

② 어떤 자극에 의해 원자극과 동질 또는 이질의 감각경험을 일으키는 현상이다.

③ 망막의 흥분상태의 지속성에 기인하는 현상이다.

④ 충동이 시신경에 발한 그대로 계속되고 있는 결과이다.

해설 잔상(after image)

형태와 색상에 의하여 망막이 자극을 받게 되면 시세포의 흥분이 중추에 전해져 자극이 끝난 후에도 계속해서 생기는 시감각 현상을 말한다. 시적 잔상이라고도 하는데, 생긴 상의 밝기와 색이 똑같은 느낌으로 계속해서 보이는 정의 잔상과, 자극으로 생긴 상의 밝기나 색상 등이 정반대로 느껴지는 부의 잔상이 있다.

15 2개 이상의 색을 혼합할 때 혼합되는 색의 수가 많을수록 명도가 높아지는 경우의 혼합은?

① 감산혼합 　② 중간혼합
③ 병치혼합 　④ 가산혼합

해설 가산혼합(加算混合)
㉠ 빛의 혼합을 말하며, 색광혼합의 3원색은 빨강(red), 녹색(green), 파랑(blue)이다.
㉡ 적색광과 녹색광을 혼합하면 빨강이나 녹색보다 밝은 노랑이 된다. 이와 같이 빛을 더하면 2차색은 원색보다 명도가 높아진다.

16 먼셀 색체계의 색표기 방법 중 명도가 가장 높은 색은?

① 2.5R 2/8 　② 10R 9/1
③ 5R 4/14 　④ 7.5Y 7/12

해설 먼셀기호 표기법
색상, 명도, 채도의 기호는 H, V, C이며 HV/C로 표기된다.
㉠ 10R 9/1 색상이 명도가 제일 높다.

17 분광광도계를 이용하여 색편의 분광반사율을 측정했을 때 가장 정확하게 색좌표가 계산되는 색체계는?

① Munsell 색체계
② Hering 색체계
③ CIE 색체계
④ Ostwald 색체계

해설 CIE(Commission Internationale de l'Eclairage) 색체계

CIE는 국제조명위원회를 말한다. 가장 과학적인 표색법이라고 하며, 분광광도계(分光光度計)에 의한 측정값을 기초로 하여 모든 색을 xyY라는 세 가지 양으로 표시한다. Y는 측광량이라 하며 색의 밝기의 양, x·y는 한 조로 해서 색도를 나타낸다. 말굽 모양이 그려지고 모든 색이 이 안에 포함된다.

18 스피드 감을 내는 자동차의 배색으로 가장 적합한 것은?

① 저명도의 장파장색
② 중명도의 단파장색
③ 고명도의 장파장색
④ 고명도의 단파장색

해설 속도감
㉠ 빠른 속도감 : 고명도, 고채도, 난색계열의 색, 장파장 계열색
㉡ 느린 속도감 : 저명도, 저채도, 한색계열의 색, 단파장 계열색

19 헤링의 4원색이 아닌 것은?

① Blue
② Yellow
③ Purple
④ Green

해설 헤링의 반대색설
(Hering's opponent-color's theory)
1872년 독일의 심리학자이며 생리학자인 헤링(Karl Ewald Konstantin Hering, 1834~1918)은 세 종류의 광화학물질인 빨강 – 초록 물질, 파랑 – 노랑 물질, 검정 – 하양 물질이 존재한다고 가정하고, 망막에 빛이 들어올 때 분해와 합성이라고 하는 반대반응이 동시에 일어나 그 반응의 비율에 따라서 여러 가지 색이 보이는 것이라는 색지각설을 주장했다(4원색 : 빨강, 초록, 파랑, 노랑).

20 감법혼색으로 틀린 것은?

① magenta+yellow = red

② cyan+magenta = blue

③ yellow+cyan = green

④ yellow+blue = white

해설 감법혼색

㉠ 마젠타(M) + 노랑(Y) = 빨강(R)

㉡ 노랑(Y) + 시안(C) = 녹색(G)

㉢ 시안(C) + 마젠타(M) = 파랑(B)

㉣ 마젠타(M) + 노랑(Y) + 시안(C) = 검정(B)

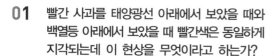
01 빨간 사과를 태양광선 아래에서 보았을 때와 백열등 아래에서 보았을 때 빨간색은 동일하게 지각되는데 이 현상을 무엇이라고 하는가?

① 명순응　　　　② 비현상
③ 항상성　　　　④ 연색성

해설 항상성(color constancy)
조명 및 관측 조건이 다르더라도 주관적으로는 물체의 색이 변화되어 보이지 않고 항상 동일한 색으로 색채를 지각하는 성질. 색의 항상성 혹은 색각항상이라고도 한다. 즉, 조명색(태양광선, 형광등, 백열등 등)이 다르더라도 물체의 색은 항상 일정하게 보이는 현상이다.

02 헤링(E. Hering)의 색각이론 중 이화작용(dissimilation)과 관계가 있는 색은?

① 백색(white)　　② 녹색(green)
③ 청색(blue)　　　④ 흑색(black)

해설 헤링의 색각이론 중 이화작용
눈에는 노랑과 파랑 물질, 빨강과 녹색 물질, 검정과 흰색 물질의 3종의 시세포가 있고 이들의 분해, 합성 작용에 의해 색을 지각할 수 있다는 가설로 노랑, 빨강, 흰색은 이화작용과 관련이 있다.

03 우리 눈으로 지각할 수 있는 빛을 호칭하는 가장 적당한 말은?

① 가시광선　　　② 적외선
③ X선　　　　　④ 자외선

해설 가시광선(visible light)
눈으로 지각되는 파장범위를 가진 빛으로 380~780nm 범위의 파장을 가진 전자파를 말한다.

04 다음 중 가장 큰 팽창색은?

① 고명도, 저채도, 한색계의 색
② 저명도, 고채도, 난색계의 색
③ 고명도, 고채도, 난색계의 색
④ 저명도, 고채도, 한색계의 색

해설 팽창색(expansion color)과 수축색
회색 바탕에 같은 크기의 빨강과 파랑이 나란히 있을 때 빨강은 파랑보다 파장이 크기 때문에 크게 보인다.
㉠ 팽창성 : 고명도, 고채도, 난색계통의 색
㉡ 수축성 : 저명도, 저채도, 한색계통의 색

05 먼셀 표색계의 특징에 관한 설명 중 틀린 것은?

① 명도 5를 중간명도로 한다.
② 실제 색입체에서 N9.5는 흰색이다.
③ R과 Y의 중간색상은 O로 표시한다.
④ 노랑의 순색은 5Y 8/14이다.

해설 먼셀 표색계(Munsell color system)의 특징
1905년 A. H. 먼셀이 고안한 색표시법이다. 고명도(흰색 N9.5)에서 아래로 내려가면 저명도(N0)가 되고, 즉 고명도, 중명도, 저명도로 나누고, 11단계로 나누는 것이 보통이다. R(빨강)과 Y(노랑)의 중간 색상은 YR(주황)로 표시한다

06 먼셀의 색상환에서 PB는 무슨 색인가?

① 주황　　　　　② 청록
③ 자주　　　　　④ 남색

해설 PB(남색) = 블루 퍼플(blue purple)
파랑에 검은색이 가해진 어두운 파랑을 남색이라고 알고 있으나 파랑과 보라의 중간색을 말한다.

정답　1 ③　2 ①　3 ①　4 ③　5 ③　6 ④

07 검정 바탕 위의 회색이 흰 바탕 위의 같은 회색 보다 밝게 보이는 현상은?

① 명도대비 ② 채도대비
③ 색상대비 ④ 보색대비

해설 **명도대비(luminosity contrast)**
명도가 다른 두 색을 이웃하거나 배색하였을 때 밝은 색은 더욱 밝게, 어두운색은 더욱 어둡게 보이는 현상으로 검은색 바탕 위에 놓인 회색은 흰색 바탕 위에 놓였을 때보다 더 밝아 보이고, 반대로 흰색 바탕 위에 놓인 회색은 더 어둡게 보인다.

08 빛의 성질에 대한 설명 중 틀린 것은?

① 빛은 전자파의 일종이다.
② 빛은 파장에 따라 서로 다른 색감을 일으킨다.
③ 장파장은 굴절률이 크며 산란하기 쉽다.
④ 빛은 간섭, 회절 현상 등을 보인다.

해설 **빛의 성질**
파장이 길고 짧음에 따라 굴절률이 다르며, 파장이 길면 굴절률이 작고 파장이 짧으면 굴절률이 크다. 빨강은 파장이 길어서 굴절률이 가장 작으며, 보라는 파장이 짧아서 굴절률이 가장 크다. 파장이 긴 것부터 짧은 순서는 빨강 – 주황 – 노랑 – 초록 – 파랑 – 남색 – 보라이다.

09 교통기관의 색채계획에 관한 일반적인 기준 중 가장 타당성이 낮은 것은?

① 내부는 밝게 처리하여 승객에게 쾌적한 분위기를 만들어 준다.
② 출입이 잦은 부분에는 더러움이 크게 부가되지 않도록 색을 사용한다.
③ 차량이 클수록 쉬운 인지를 위하여 수축색을 사용하여야 한다.
④ 운전실 주위는 반사량이 많은 색의 사용을 피한다.

해설 **교통기관의 색채계획**
움직이는 것들의 크기나 사용되는 시간의 장·단 등 특징을 고려하여 계획하여야 한다.
㉠ 색을 밝게 처리하여 쾌적감을 준다.
㉡ 크고 동적인 공간은 난색계가 유리하다.
㉢ 출입구의 색은 더러움이 잘 타지 않게 한다.

10 가산혼합에 대한 설명으로 틀린 것은?

① 가산혼합의 1차색은 감산혼합의 2차색이다.
② 보색을 섞으면 어두운 회색이 된다.
③ 색은 섞을수록 맑아진다.
④ 기본색은 빨강, 녹색, 파랑이다.

해설 **가산혼합(additive color mixture)**
㉠ 빛의 혼합을 말하며, 색광혼합의 3원색은 빨강(red), 녹색(green), 파랑(blue)이다.
㉡ 적색광과 녹색광을 혼합하면 밝은 노랑이 된다.
㉢ 2차색은 원색보다 명도가 높아진다.
㉣ 빨강색광과 시안색광의 두 보색을 혼합하면 하양이 된다.

01 문·스펜서의 조화론 중 유사조화에 해당되는 색상은? (단, 기본색이 R인 경우)

① YR
② P
③ B
④ G

해설 문·스펜서의 색채조화론 중 유사조화(similarity)

ㄱ 유사한 색의 배색은 융화적이고 온화한 조화가 얻어진다.
ㄴ 유사색 조화 : 색상번호의 차가 4 이하(색상환에서 30~60° 각도의 범위)
예 기본색이 R인 경우의 유사조화 색상(5R : 2.5R~7.5YR)

02 노랑색 무늬를 어떤 바탕색 위에 놓으면 가장 채도가 높아 보이는가?

① 황토색
② 흰색
③ 회색
④ 검정색

해설 채도대비(chromatic contrast)

채도가 다른 두 색을 인접시켰을 때 서로의 영향을 받아 채도가 높은 색은 더욱 높아 보이고 채도가 낮은 색은 더욱 낮아 보이는 현상. 채도가 낮은 바탕색의 중앙에 높은 채도의 색(노랑색 무늬)은 채도가 높아져 보이며, 무채색(회색) 위에 둔 유채색은 훨씬 맑은 색으로 채도가 높아져 보이는 현상을 말한다.

03 먼셀의 색채조화 원리에 대한 설명으로 틀린 것은?

① 평균명도가 N5가 되는 색들은 조화된다.
② 중간 정도 채도의 보색은 동일면적으로 배색할 때 조화를 이룬다.
③ 명도는 같으나 채도가 다른 색들은 조화를 이룬다.
④ 색상이 다른 여러 색을 배색할 경우 동일한 명도와 채도를 적용하면 조화를 이루지 못한다.

해설 먼셀의 색채조화론

ㄱ 회색단계의 그라데이션은 조화한다.
ㄴ 각 색의 평균명도가 N5일 때 조화롭다.
ㄷ 동일색상에서 채도는 같고 명도가 다른 색채들은 조화한다.
ㄹ 동일색상에서 명도는 같고 채도가 다른 색채들은 조화한다.
ㅁ 동일색상에서 순차적으로 변화하는 같은 색채들은 조화한다.
ㅂ 보색관계의 색상 중 채도가 5인 색끼리 같은 넓이로 배색하면 조화한다.
ㅅ 명도가 같고 채도가 다른 보색관계에서 채도가 일정하게 변하면 조화한다.
ㅇ 명도와 채도가 같은 색상끼리는 조화한다.
ㅈ 색채의 3속성이 함께 그라데이션을 이루면서 변화하면 조화한다.
ㅊ 동일명도에서 채도와 색상이 일정하게 변화하면 조화한다.

04 다음 중 보색관계가 아닌 것은?

① 빨강 – 청록

② 노랑 – 남색

③ 파랑 – 주황

④ 보라 – 초록

해설 보색(complementary color)

2가지 색을 혼합했을 때에 무채색이 된 색을 보색관계에 있다고 하며 색상환에서 반대편에 위치한 색을 보색이라 한다.

⑩ 파랑/주황, 빨강/청록, 노랑/남색

05 디지털 색채시스템에서 RGB 형식으로 검정을 표현하기에 적절한 수치는?

① R=255, G=255, B=255

② R=0, G=0, B=255

③ R=0, G=0, B=0

④ R=255, G=255, B=0

해설 RGB 형식

㉠ R = 255, G = 255, B = 255(흰색)

㉡ R = 0, G = 0, B = 255(파랑)

㉢ R = 0, G = 0, B = 0(검정)

㉣ R = 255, G = 255, B = 0(노랑)

06 컬러TV의 화면이나 인상파 화가의 점묘법, 직물 등에서 발견되는 색의 혼색방법은?

① 등시감법혼색

② 계시가법혼색

③ 병치가법혼색

④ 감법혼색

해설 병치가법혼색(juxtapositional mixture)

색광에 의한 병치혼합으로 작은 색점을 조밀하게 병치시키는 방법으로 적(red), 녹(green), 청(blue) 3색의 작은 점들이 규칙적으로 배열되어 혼색이 되는 현상을 말한다.

⑩ 컬러TV의 화상, 컴퓨터 모니터

07 다음 중 한색과 난색에 대한 설명이 잘못된 것은?

① 노랑계통은 난색이고 진출색, 팽창색이다.

② 파랑계통은 한색이고 후퇴색, 수축색이다.

③ 보라계통은 한색이고 후퇴색, 수축색이다.

④ 빨강계통은 난색이고 진출색, 팽창색이다.

해설 ㉠ 난색 : 따뜻함, 팽창색, 진출색 – 빨간색(red), 주황(yellow red), 노랑(yellow),

㉡ 한색 : 차가움, 수축색, 후퇴색 – 초록(green), 청록(blue green), 파랑(blue), 남색(purple blue)

㉢ 중성색 : 색의 온도감을 느낄 수 없는 색 – 연두(green yellow), 보라(purple), 자주(red purple)

08 색의 3속성에 관한 설명으로 옳은 것은?

① 명도는 빨강, 노랑, 파랑 등과 같은 색감을 말한다.

② 채도는 색의 강도를 나타내는 것으로 순색의 정도를 의미한다.

③ 채도는 빨강, 노랑, 파랑 등과 같은 색상의 밝기를 말한다.

④ 명도는 빨강, 노랑, 파랑 등과 같은 색상의 선명함을 말한다.

해설 색의 3속성

㉠ 색상(hue) : 빨강, 주황, 노랑 등과 같은 색감(색기미)를 말하는 것

㉡ 명도(value) : 색상과는 관계 없이 색의 밝고 어두운 정도를 말하는 것

㉢ 채도(chroma) : 색의 순수한 정도, 즉 색의 탁하고 선명한 정도를 나타내는 것

09 혼색계에 대한 설명 중 올바른 것은?

① 심리, 물리적인 빛의 혼색실험에 기초를 둠

② 오스트발트 표색계

③ 먼셀 표색계

④ 물체색을 표시하는 표색계

해설 ㉠ 혼색계(color mixing system) : 색을 표시하는 표색계로서 심리, 물리적인 병치의 혼색실험에 기초를 두는 체계[CIE 표준표색계(XYZ 표색계)가 가장 대표적]

㉡ 현색계(color appearance system) : 지각색을 표시하는 방법을 현색계라 부르며, 색체(물체색)를 표시하는 표색계로서 시료물체의 색채와 비교에 의하여 물체의 색채를 표시하는 체계(먼셀, 오스트발트 표색계가 대표적)

10 색채 측정 및 색채 관리에 가장 널리 활용되고 있는 것은 어느 것인가?

① Lab 형식

② RGB 형식

③ HSB 형식

④ CMY 형식

해설 디지털 색채시스템

컴퓨터에서 표현할 수 있는 포토숍의 컬러 피커(color picker)는 HSB, RGB, Lab, CMYK가 있는데 선택하려는 색상의 수치를 입력하거나 색상영역에서 클릭한 색상의 수치를 보여 준다.

㉠ HSB 시스템 : 먼셀 색체계와 같이 색의 3속성인 색상(hue), 명도(brightness), 채도(saturation) 모드로 구성되어 있다.

㉡ RGB 표기법 : RGB 색상은 RGB(255, 0, 0) 형식으로 표기하며, RGB(red, green, blue) 값을 나타낸다.

㉢ Lab 시스템 : CIE에서 발표한 색체계로 서로 다른 환경에서도 이미지의 색상을 최대한 유지시켜 주기 위한 컬러 모드이다. L(명도), a와 b는 각각 빨강/초록, 노랑/파랑의 보색축이라는 값으로 색상을 정의하고 있다.

㉣ CMYK : 인쇄의 4원색으로 C = Cyan, M = Magenta, Y = Yellow, K = Black을 나타내며 모드 각각의 수치범위는 0~100%로 나타낸다.

01 다음 중 두 색료를 혼합하여 무채색이 되는 것은?

① 검정+보라　　② 주황+노랑
③ 회색+초록　　④ 청록+빨강

해설 보색

㉠ 색상환에서 180° 반대편에 있는 색으로 자주(magenta)의 보색은 초록(green)이다.
㉡ 색상이 다른 두 색을 적당한 비율로 혼합하여 무채색(흰색·검정·회색)이 될 때 이 두 빛의 색으로 여색(餘色)이라고도 한다.
㉢ 두 색료를 혼합하여 무채색이 되는 경우 : 보색끼리의 혼합은 무채색이 된다.

02 점묘법으로 그린 그림이 일정 거리에서 보면 혼색되어 보인다. 이와 관련 있는 적합한 혼색은?

① 색료혼색　　② 감법혼색
③ 병치혼색　　④ 계시가법혼색

해설 병치혼합

작은 색점을 섬세하게 병치시키는 방법으로 작은 점들이 규칙적으로 배열되어 혼색이 되는 현상을 말한다. 고흐, 쇠라, 시냑 등 신인상파 화가들의 점묘법인 표현기법과 관계 깊다.
예 모자이크 벽화, 신인상파 화가의 점묘화법, 직물의 색조 디자인

03 스캔된 원본의 색들과 인쇄된 출력물의 색들을 맞추기 위한 색채관리시스템(color management system, CMS)의 기준이 되는 색공간은?

① RGB 색체계
② CMYK 색체계
③ CIE XYZ 색체계
④ HSB 색체계

해설 CIE 표색계(CIE system of color specification)

가장 과학적인 표색법이라고 하며, 분광광도계(分光度計)에 의한 측정값을 기초로 하여 모든 색을 xyY라는 세 가지 양으로 표시한다. Y는 측광량이라 하며 색의 밝기의 양, $x \cdot y$는 한 조로 해서 색도를 나타낸다. 색도란 밝음을 제외한 색의 성질로서 xy축에 의한 도표(색도표) 가운데의 점으로서 표시된다.

04 부의 잔상(negative after image)에 대한 설명으로 맞는 것은?

① 어떤 색을 응시하다가 눈을 옮기면 먼저 본 색의 반대색이 잔상으로 생긴다.
② 빨간 성냥불을 어두운 곳에서 돌리면 길고 선명한 빨간 원이 그려진다.
③ 사진원판과 같이 원자극의 흑색은 흑색으로, 백색은 백색으로 변화를 갖지 않는다.
④ 원자극과 흡사한 잔상으로 등색(等色) 잔상이 있다.

해설 잔상(after image)

㉠ 형태와 색상에 의하여 망막이 자극을 받게 되면 시세포의 흥분이 중추에 전해져 자극이 끝난 후에도 계속해서 생기는 시감각 현상을 말한다.
㉡ 부(음성)의 잔상 : 자극으로 생긴 상의 밝기나 색상 등이 정반대로 느껴지는 현상

05 정성적(定性的) 색채조화론에서 공통되는 원리의 조합으로 올바른 것은?

① 질서성 – 친근성 – 동류성 – 명료성
② 질서성 – 자연성 – 동류성 – 상대성
③ 주관성 – 동류성 – 비모호성 – 객관성
④ 동류성 – 비모호성 – 자연성 – 합리성

해설 저드(D. B. Judd)의 색채조화론(정성적 조화론)
- ㉠ 질서성의 원리 : 질서 있는 계획에 따라 선택될 때 색채는 조화된다.
- ㉡ 친근성(숙지)의 원리 : 관찰자에게 잘 알려져 있는 배색이 조화를 이룬다.
- ㉢ 유사성(동류성)의 원리 : 배색된 색들끼리 공통된 양상과 성질이 내포되어 있을 때 조화된다.
- ㉣ 비모호성(명료성)의 원리 : 색상차나 명도, 채도, 면적의 차이가 분명한 배색이 조화롭다.

06 어떤 색채가 매체, 주변색, 광원, 조도(照度) 등이 서로 다른 환경하에서 관찰될 때 다르게 보이는 현상은?

① 색영역 매핑(color gamut mapping)
② 컬러 어피어런스(color appearance)
③ 메타메리즘(metamerism)
④ 디바이스 조정(device calibration)

해설 컬러 어피어런스(color appearance)
분석적 지각이 아닌 감성적·시각적 지각 측면에서 외양상 보이는 대로 지각하게 되는 주관적인 색의 현시방법

07 문·스펜서(Moon & Spencer)의 색채조화론에서 조화가 되는 색의 관계 중 잘못된 것은?

① 통일조화
② 대비조화
③ 동일조화
④ 유사조화

해설 문·스펜서(P. Moon & D. E. Spencer)의 조화론
두 색의 간격이 애매하지 않은 배색, 오메가(ω) 공간에 간단한 기하학적 관계가 되도록 선택한 배색을 가정으로 조화와 부조화로 분류하였다.
- ㉠ 조화의 원리 : 동등조화, 유사조화, 대비조화
- ㉡ 부조화의 원리 : 제1 부조화, 제2 부조화, 눈부심

08 터널의 출입구 부분에 조명이 집중되어 있고, 중심부에 갈수록 광원의 수가 적어지며 조도수준이 낮아지고 있다. 이것은 어떤 순응을 고려한 설계인가?

① 색순응
② 명순응
③ 암순응
④ 무채순응

해설 암순응(dark adaptation)
환한 공간에서 갑자기 어두운 공간으로 갔을 때 처음에는 아무것도 보이지 않다가 시간 경과에 따라 어둠이 눈에 익어 주위의 사물이 보이는 현상이다.

09 색역압축방법(color gamut compression method)은 무엇을 극복하기 위하여 고안된 방법인가?

① 색역이 다른 컬러 간의 차이
② 색역이 다른 컬러들의 좌표 재현
③ 색역이 다른 컬러들의 색역 매핑 수행
④ 색역이 다른 클리핑 방법

해설 색영역 압축
- ㉠ 색영역 바깥의 모든 색과 내부에 있는 모든 색을 색영역의 내부로 압축시켜 옮기는 방법
- ㉡ 색영역을 달리하는 장치들의 색영역을 조정하여 재현가능한 색으로 변환시켜 주는 작업

10 'B+C+W=100'이란 이론을 만들어낸 학자는?

① 먼셀
② 뉴턴
③ 오스트발트
④ 맥스웰

해설 오스트발트(W. Ostwald) 표색계
- ㉠ 오스트발트 표색계는 헤링의 4원색설을 기본으로 색량의 대소에 의하여, 즉 혼합하는 색량(色量)의 비율에 의하여 만들어진 색체계이다.
- ㉡ 백색량(W), 흑색량(B), 순색량(C)의 합을 100%로 하고 어떤 색이라도 혼합량의 합은 항상 일정하다. 순색량이 없는 무채색은 W+B=100%가 되도록 하고 순색량이 있는 유채색은 W+B+C=100%가 된다.

정답 6 ② 7 ① 8 ③ 9 ① 10 ③

11 CIE 색체계에 대한 설명 중 옳은 것은?

① 국제색채위원회에서 정한 표색법이다.

② 현색계의 가장 대표적인 표색계이다.

③ XYZ 좌표계를 사용한다.

④ 적, 황, 청의 원색광을 적절히 혼합하여 모든 색을 만들 수 있다는 것에 기초한다.

해설 CIE 표색계(CIE system of color specification, 국제조명위원회)

가장 과학적인 표색법이라고 하며, 분광광도계(分光光度計)에 의한 측정값을 기초로 하여 모든 색을 xyY라는 세 가지 양으로 표시한다. Y는 측광량이라 하며 색의 밝기의 양, x·y는 한 조로 해서 색도를 나타낸다. 색도란 밝음을 제외한 색의 성질로서 xy축에 의한 도표(색도표) 가운데의 점으로서 표시된다. 각 파장의 단색광(單色光)의 색도를 도표 위에서 구하고 그것들을 선으로 연결한 다음에 순자(純紫)·순적자(純赤紫)의 색도점을 연결하면 도표상에 말굽모양이 그려지고 모든 색이 이 안에 포함된다.

12 색의 3속성이 아닌 것은?

① 색상 – hue   ② 명도 – value

③ 채도 – chroma   ④ 색조 – tone

해설 색의 3속성

색은 색상, 명도, 채도의 3가지 속성을 가지고 있다.

㉠ 색상(hue) : 색깔이 구별되는 계통적 성질

㉡ 명도(value) : 색상의 밝고 어두움의 정도

㉢ 채도(chroma) : 색상의 맑고 탁함의 정도(선명한 정도)

13 색차에 대한 설명 중 틀린 것은?

① 색차(color difference)란 동일한 조건 하에서 계산하거나 측정한 두 색들 간의 차이를 말한다.

② 색차에서 동일한 조건이란 동일한 종류의 조명, 동일한 크기의 시료(샘플), 동일한 주변색, 동일한 관측시간, 동일한 측색장비, 동일한 관측자 등을 말한다.

③ 색차의 계산 및 색차의 측정은 색채 관련 학계 및 산업계에서 필수적인 요소이다.

④ 색차의 계산 및 색차의 측정은 컴퓨터를 활용한 원색재현 과정의 핵심적인 부분은 아니다.

해설 색차(color difference)

색의 지각적인 차이를 정량적으로 표시한 것으로 색차 2개의 지각색의 지각적 상위를 수치로 표시한 것, 즉 2가지 색의 감각적인 차를 말한다. 주로 물체의 색에 관하여 사용된다. 색은 색공간의 1점에 의해 나타낼 수 있으며, 일반 색공간에서는 색공간에 있어서 2점 간의 거리와 2색의 감각적인 차가 비례하지 않는다. 예로서 $L^*a^*b^*$ 색공간 내의 2점 간의 기하학적 거리로서 양적으로 나타낸다. 즉, 색차 ΔE는 $\Delta E(L^*, a^*, b^*) = \{(\Delta L^*)^2 + (\Delta a^*)^2 + (\Delta b^*)^2\}^{1/2}$로 표시된다. 이와 같은 식을 색차식이라 한다.

14 영·헬름홀츠의 삼원색설에 관한 설명 중 맞는 것은?

① 색의 단계와 관계 있다.

② 빛의 흡수와 관계 있다.

③ 색의 보색과 관계 있다.

④ 색은 망막의 시세포와 관계 있다.

해설 영·헬름홀츠설(Young & Helmholtz theory)

영(Young)은 색광혼합의 실험결과에서 주로 물리적인 가산혼합의 현상에 대해서 주목하였고, 헬름홀츠(Helmholtz)는 망막에 분포한 적·녹·청의 3종의 시세포에 의하여 여러 가지 색지각이 일어난다는 설을 주장하였다. 녹색과 빨강의 시세포가 동시에 흥분하면 노랑(yellow)색의 색각이 생긴다.

15 오스트발트 색상환은 무엇을 기본으로 하여 만들어졌는가?

① 먼셀의 5원색

② 뉴턴의 프리즘

③ 헤링의 4원색

④ 영·헬름홀츠의 3원색

해설 오스트발트(W. Ostwald) 표색계
오스트발트 표색계는 헤링의 4원색설을 기본으로 색량의 대소에 의하여, 즉 혼합하는 색량(色量)의 비율에 의하여 만들어진 색체계이다.

16 가산혼합에서 녹색과 파랑을 혼합하면 어떤 색이 되는가?

① 회색(gray)
② 시안(cyan)
③ 보라(purple)
④ 검정(black)

해설 가산혼합(加算混合) 또는 가법혼색(加法混色)
빨강·녹색·파랑의 색광을 여러 가지 세기로 혼합하면 거의 모든 색을 만들 수 있는데, 이 3색을 가산혼합(加算混合)의 삼원색이라고 한다.
㉠ 파랑(B)+녹색(G)=시안(C)
㉡ 녹색(G)+빨강(R)=노랑(Y)
㉢ 파랑(B)+빨강(R)=마젠타(M)
㉣ 파랑(B)+녹색(G)+빨강(R)=하양(W)

17 색이 주는 감정적 효과와 색의 3속성과의 관계에서 가장 타당성이 낮은 것은?

① 온도감 – 색상
② 중량감 – 명도
③ 경연감 – 채도
④ 흥분과 침정 – 명도

해설 색의 감정적 효과
㉠ 색채의 온도감은 색상에 의한 효과가 극히 강하다.
㉡ 중량감(무게감) : 색의 3속성 중 주로 명도에 좌우된다.
㉢ 색채의 경연감은 색채가 부드럽거나 딱딱하게 느껴지는 것을 말하며 명도와 채도에 영향을 받는다.
㉣ 흥분색 : 적극적인 색 – 빨강, 주황, 노랑 – 난색 계통의 채도가 높은 색
㉤ 진정색 : 소극적인 색, 침정색 – 청록, 파랑, 남색 – 한색계통의 채도가 낮은 색

18 소극적인 인상을 주는 것이 특징으로 중명도, 중채도인 중간색조의 덜(dull) 톤을 사용하는 배색기법은?

① 포 까마이외 배색
② 까마이외 배색
③ 토널 배색
④ 톤 온 톤 배색

해설 톤에 의한 배색기법
㉠ 톤 온 톤(tone on tone)배색 : 동일색상 내에서 톤의 차이를 크게 하는 배색으로 통일성을 유지하면서 극적인 효과를 준다. 일반적으로 많이 사용한다.
㉡ 까마이외(camaieu) 배색 : 동일한 색상, 명도, 채도 내에서 미세한 차이를 주는 배색
㉢ 포 까마이외(faux camaieu) 배색 : 까마이외(camaieu) 배색과 거의 동일하나 톤으로 약간의 변화를 준 배색방법이다. 거의 같은 색으로 보일 많큼 미묘한 색차배색이다.
㉣ 토널(tonal) 배색 : tone on tone 배색과 비슷하며 중명도, 중채도의 중간색계의 덜(dull) 톤을 사용하는 배색기법으로 안정되고 편안한 느낌을 준다.

19 우리가 영화를 볼 때 규칙적으로 화면이 연결되어 언제나 상이 지속되어 보이는 것은 어떤 현상에 의한 것인가?

① 푸르킨예 현상
② 잔상현상
③ 동화현상
④ 베졸드 브뤼케 현상

해설 잔상(after image)
형태와 색상에 의하여 망막이 자극을 받게 되면 시세포의 흥분이 중추에 전해져 자극이 끝난 후에도 계속해서 생기는 시감각 현상을 말한다. 정(양성)의 잔상은 자극으로 생긴 상의 밝기와 색이 똑같은 느낌으로 계속해서 보이는 현상이다
예 영화, TV 등과 같이 계속적인 움직임의 영상

20 슈브뢸(M. E. Chevreul)의 색채조화론과 관계가 없는 것은?

① 도미넌트 컬러
② 보색배색의 조화
③ 세퍼레이션 컬러
④ 동일색상의 조화

해설 색채조화론

㉠ 인접색의 조화 : 색상환에서 보면 배열이 가까운 관계에 있는 인접색채끼리는 시각적 안정감이 있는 인접색의 조화가 이루어진다.

㉡ 반대색의 조화 : 반대색의 동시대비효과는 서로 상대색의 강도를 높여 주며, 오히려 쾌적감을 준다.

㉢ 근접보색의 조화 : 보색조화의 격조 높은 다양한 효과를 얻을 수 있는 대비가 근접보색을 쓰는 방법이다. 즉, 하나의 기조색(基調色)이 그 양옆의 정반대색의 2색과 결합하는 것이다.

㉣ 등간격 3색의 조화 : 색상환에서 등간격 3색의 배열에 있는 3색의 배합을 가리키는데, 근접보색의 배열보다 한층 화려하고 원색적인 효과를 거둘 수 있는 방법이다.

01 잔상이나 대비현상을 간단하게 설명할 수 있는 색각이론을 만든 사람은?

① 영·헬름홀츠 ② 헤링
③ 오스트발트 ④ 먼셀

해설 헤링의 반대색설
(Hering's opponent-color's theory)
생리학자 헤링(Ewald Hering, 1834~1918)이 1872년에 영·헬름홀츠의 3원색설에 대해 발표한 반대색설로 3종의 망막 시세포, 백흑 시세포, 적록 시세포, 황청 시세포의 3대 6감각을 색의 기본감각으로 하고, 이것들의 시세포는 빛의 자극을 받는 것에 따라서 각각 동화작용 또는 이화작용이 일어나고 모든 색의 감각이 생긴다고 주장하였다.

02 푸르킨예 현상에 대한 설명 중 틀린 것은?

① 눈의 추상체가 낮에만 반응하기 때문에 생기는 현상이다.
② 파란색의 공이 밤에는 밝은 회색처럼 보이는 현상이 이에 속한다.
③ 밝은 곳에서 어두운 곳으로 갈수록 단파장의 감도가 높아진다.
④ 점차 밝아질수록 장파장의 감도가 떨어진다.

해설 푸르킨예(Purkinje) 현상
㉠ 명소시에서 암소시 상태로 옮겨질 때 빨간계통의 색은 어둡게 보이게 되고, 파랑계통의 색은 반대로 시감도가 높아져서 밝게 보이기 시작하는 시감각에 관한 현상을 말한다.
㉡ 어둡게 되면(새벽녘과 저녁때 등) 가장 먼저 보이지 않는 색은 빨강이며, 다른 색은 추상체에서 간상체로 작용이 옮겨 감에 따라 색이 사라져 회색으로 느껴진다.

03 어떤 색이 같은 색상의 선명한 색 위에 위치하면 원래의 색보다 훨씬 탁한 색으로 보이고 무채색 위에 위치하면 원래의 색보다 맑은 색으로 보이는 대비현상은?

① 명도대비 ② 채도대비
③ 색상대비 ④ 연변대비

해설 채도대비(chromatic contrast)
채도가 다른 두 색을 인접시켰을 때 서로의 영향을 받아 채도가 높은 색은 더욱 높아 보이고 채도가 낮은 색은 더욱 낮아 보이는 현상이다. 채도가 낮은 바탕색의 중앙에 높은 채도의 색(노랑색 무늬)은 채도가 높아져 보이며, 무채색(회색) 위에 둔 유채색은 훨씬 맑은 색으로 채도가 높아져 보이는 현상을 말한다.

04 색채조화의 공통되는 원리가 아닌 것은?

① 질서의 원리 ② 유사의 원리
③ 대비의 원리 ④ 모호성의 원리

해설 색채조화의 공통되는 원리
㉠ 질서의 원리 : 색채의 조화는 의식할 수 있고 효과적인 반응을 일으키는 질서 있는 계획에 따른 색채들에서 생긴다.
㉡ 비모호성의 원리 : 색채조화는 두 가지 색 이상의 배색선택에 석연하지 않은 점이 없는 명료한 배색에서만 얻어진다.
㉢ 동류의 원리 : 가장 가까운 색채끼리의 배색은 보는 사람에게 가장 친근감을 주며 조화를 느끼게 한다.
㉣ 유사의 원리 : 배색된 색채들이 서로 공통되는 상태와 속성을 가질 때 그 색채군은 조화된다.
㉤ 대비의 원리 : 배색된 색채들이 상태와 속성이 서로 반대되면서도 모호한 점이 없을 때 조화된다.
위의 여러 가지 원리는 각각 색상, 명도, 채도별로 해당되나, 이들 속성이 적절하게 결합되어 조화를 이룬다.

정답 1② 2④ 3② 4④

05 정육점에서 싱싱해 보이던 고기가 집에서는 그 색이 다르게 보이는 이유는?

① 색의 순응현상　② 색의 동화현상
③ 색의 연색성　④ 색의 항상성

해설 연색성

광원에 의해 조명되어 나타나는 물체의 색을 연색이라 하고, 태양광(주광)을 기준으로 하여 어느 정도 주광과 비슷한 색상을 연출할 수 있는가를 나타내는 지표를 연색성이라 한다. 즉, 같은 물체색이라도 조명에 따라 색이 다르게 보이는 현상을 말한다.

06 두 색이 부조화한 색일 경우, 공통의 양상과 성질을 가진 것으로 배색하면 조화한다는 저드의 색채조화 원리는?

① 질서의 원리　② 숙지의 원리
③ 유사의 원리　④ 비모호성의 원리

해설 저드(D. B. Judd)의 색채조화론(정성적 조화론)

㉠ 질서성의 원리 : 질서 있는 계획에 따라 선택될 때 색채는 조화된다.
㉡ 친근성(숙지)의 원리 : 관찰자에게 잘 알려져 있는 배색이 조화를 이룬다.
㉢ 유사성(동류성)의 원리 : 배색된 색들끼리 공통된 양상과 성질이 내포되어 있을 때 조화된다.
㉣ 비모호성(명료성)의 원리 : 색상차나 명도, 채도, 면적의 차이가 분명한 배색이 조화롭다.

07 신인상파 화가들의 점묘화 기법과 관련이 있는 것은?

① 계시혼합　② 감산혼합
③ 회전혼합　④ 병치혼합

해설 병치혼합

색점에 의한 병치혼합으로 작은 색점을 섬세하게 병치시키는 방법으로 작은 점들이 규칙적으로 배열되어 혼색이 되는 현상을 말한다. 고흐, 쇠라, 시냐 등 신인상파 화가들의 점묘법인 표현기법과 관계 깊다.
㉑ 모자이크 벽화, 신인상파 화가의 점묘화법, 직물의 색조 디자인 등

08 감법혼색의 3원색이 아닌 것은?

① blue　② cyan
③ yellow　④ magenta

해설 색료혼합(감산혼합, 감법혼색)

색료의 혼합으로, 색료혼합의 3원색은 시안(cyan), 마젠타(magenta), 노랑(yellow)이다.

09 다음이 설명하는 색채조화론은?

> • 정량적인 방법의 조화론을 주장하였다.
> • 균형 있게 선택된 무채색의 배색은 아름다움을 나타낸다.
> • 동일색상은 조화롭다.

① 오스트발트　② 비렌
③ 문·스펜서　④ 먼셀

해설 문·스펜서(P. Moon & D. E. Spencer)의 조화론

색채조화에 관한 원리들을 정량적인 색좌표에 의해 과학적으로 설명하여 배색조화의 법칙에 분명한 체계성을 부여하려 했다.
㉠ 균형 있게 선택된 무채색의 배색은 유채색의 배색에 못지않은 아름다움을 나타낸다.
㉡ 동일색상이 조화가 좋다.

10 다음 중 1976년 CIE가 추천하여 지각적으로 거의 균등한 간격을 가진 색공간은?

① HSV 형식　② RGB 형식
③ CMYK 형식　④ CIELAB 형식

해설 디지털 색채시스템

컴퓨터에서 표현할 수 있는 포토숍의 컬러 피커(color picker)는 HSB, RGB, Lab, CMYK가 있는데 선택하려는 색상의 수치를 입력하거나 색상영역에서 클릭한 색상의 수치를 보여 준다.
㉠ HSB 시스템 : 먼셀 색채계와 같이 색의 3속성인 색상(hue), 명도(brightness), 채도(saturation) 모드로 구성되어 있다.
㉡ RGB 표기법 : RGB 색상은 RGB(255, 0, 0) 형식으로 표기하며, RGB(red, green, blue) 값을 나타낸다.

정답　5 ③　6 ③　7 ④　8 ①　9 ③　10 ④

ⓒ CIE LAB 시스템 : CIE에서 발표한 색체계로 서로 다른 환경에서도 이미지의 색상을 최대한 유지시켜 주기 위한 컬러 모드이다. L(명도), a와 b는 각각 빨강/초록, 노랑/파랑의 보색축이라는 값으로 색상을 정의하고 있다.

ⓓ CMYK : 인쇄의 4원색으로 C = Cyan, M = Magenta, Y = Yellow, K = Black을 나타내며 모드 각각의 수치범위는 0~100%로 나타낸다.

11 밝은 곳에 있는 백지와 어두운 곳에 있는 백지를 비교해 볼 때 분명히 후자의 것이 어둡게 보이는데도 불구하고 우리는 둘 다 백지로 받아들인다. 이것은 어떠한 성질 때문인가?

① 명시성　　② 항상성
③ 상징성　　④ 유목성

해설 항상성(恒常性, constancy)
물체에서 반사광의 분광특성이 변화되어도 거의 같은 색으로 보이는 현상으로 조명조건이 바뀌어도 일정하게 유지되는 색채의 감각을 말한다.

12 색채조화에 관한 설명 중 틀린 것은?

① 색의 3속성을 고려한다.
② 색채조화에서 명도는 중요하지 않다.
③ 색상이 다르면 색조를 유사하게 한다.
④ 면적비에 따라 조화의 느낌이 달라질 수 있다.

해설 먼셀 색채조화의 원리
ⓐ 저채도인 색의 면적을 넓게 하고 고채도의 색을 좁게 하면 균형이 맞고 수수한 느낌이 된다.
ⓑ 고채도를 넓게 저채도를 좁게 하면 매우 화려한 배색이 된다.
ⓒ 색을 넓게 하고 난색계의 색을 좁게 하면 침정적인 배색, 고명도의 색을 좁게 하고 저명도의 색을 넓게 하면 명시도가 높아 보이고, 이와 반대의 경우는 명시도가 낮아진다.
ⓓ 같은 명도나 채도인 색이라도 면적이 커지면 고명도, 고채도로 보이고, 면적이 작아지면 저명도, 저채도로 보이는 성질이 있다.
ⓔ 명도 차이가 클 때는 채도 차이가 작고, 채도 차이가 클 때는 명도 차이가 작은 것이 조화되기 쉽다.

13 바나나의 색이 노랗게 보이는 이유는?

① 다른 색은 흡수하고, 노란색광만 반사하기 때문
② 다른 색은 반사하고, 노란색광만 흡수하기 때문
③ 다른 색은 굴절하고, 노란색광만 투과하기 때문
④ 다른 색은 반사하고, 노란색광만 투과하기 때문

해설 인간의 눈은 빛이 물체에 산란, 반사, 투과할 때 물체를 지각하며, 물체에 흡수될 때는 빛을 지각하지 못한다. 바나나의 색이 노랗게 보이는 이유는 다른 색은 흡수하고, 노란색광만 반사하기 때문이다.

14 용도별 실내색채에 관한 다음 설명 중 틀린 것은?

① 한색계의 색채공간은 정신적 활동에 적합하다.
② 병원 수술실에 가장 많이 쓰이는 색은 청록색이다.
③ 공장에서 안전이 요구되는 부위에는 안전색채를 배색하는 것이 좋다.
④ 독서실 벽은 순백색으로 배색한 것이 눈의 피로를 줄여서 좋다.

해설 독서실은 정신집중과 활동성이 동시에 요구되므로 한색과 난색계통의 적절한 배색조화를 이루는 색채계획이 좋다.

15 다음 중 시안이 되는 RGB 코드는?

① (0, 255, 255)　② (255, 255, 0)
③ (255, 0, 255)　④ (255, 0, 0)

해설 RGB 코드
ⓐ 흰색(255, 255, 255)
ⓑ 파랑(0, 0, 255)
ⓒ 검정(0, 0, 0)
ⓓ 노랑(255, 255, 0)
ⓔ 시안(0, 255, 255)

정답 11 ② 12 ② 13 ① 14 ④ 15 ①

16 두 종류 이상의 색을 상호 비교하는 데 사용되는 색공간의 상호 비교에서 정확한 결과를 얻을 수 있는 유니폼 색공간(uniform color space)은?

① CIE LAB 색공간과 CIE LUV 색공간
② 디바이스 종속 RGB 색공간과 CIE LAB 색공간
③ CIE XYZ 색공간과 CIE Yxy 색공간
④ 디바이스 종속 CMY 색공간과 CIE LUV 색공간

해설 유니폼 색공간(uniform color space)
㉠ CIE LAB 색공간
㉡ CIE LUV 색공간

17 다음 중 혼색계에 대한 설명으로 틀린 것은?

① 물리적인 변색이 일어나지 않는다.
② 색표계로 변환이 가능하며 오차를 적용할 수 있다.
③ 광원의 영향에 따라 다르게 지각될 수 있다.
④ 측색기로 측색하여 출력된 데이터의 수치나 좌표로 표현한다.

해설 혼색계(color mixing system)
㉠ 색(color of light)을 표시하는 표색계로서 심리적·물리적인 병치의 혼색실험에 기초를 두는 것으로서 현재 측색학의 기본이 되고 있다.
㉡ 오늘날 사용하고 있는 CIE 표준표색계(XYZ 표색계)가 가장 대표적인 것이다.

18 색채의 공감각 중에서 쓴맛이 나는 배색은?

① red, pink
② brown-maroon, olive green
③ green, gray
④ yellow, yellow green

해설 색채의 공감각
일반적으로 신맛은 노랑, 초록의 배색에서 느낄 수 있고, 단맛은 빨강, 주황, 노랑의 배색에서 느낄 수 있으며, 특히 달콤한 맛은 분홍의 배색에서 느낄 수 있다. 또한 쓴맛은 짙은 파랑, 갈색, 쑥색, 보라의 배색에서 느낄 수 있고, 짠맛은 초록, 회색, 파랑의 배색에서 느낄 수 있다.

19 보색잔상의 영향으로 먼저 본 색의 보색이 나중에 보는 색에 혼합되어 보이는 것과 관련된 대비는?

① 동시대비   ② 채도대비
③ 명도대비   ④ 계시대비

해설 계시대비(successive contrast)
㉠ 계속대비 또는 연속대비라고도 하며 시간적인 차이를 두고, 2개의 색을 순차적으로 볼 때에 생기는 색의 대비현상이다.
㉡ 어떤 색을 본 후에 다른 색을 보면 나중에 보았던 색은 처음에 보았던 색의 보색에 가까워져 보이며, 채도가 증가해서 선명하게 보인다.

20 먼셀의 색체계에 대한 설명이 틀린 것은?

① 중심축은 무채색으로 명도를 나타낸다.
② 중심부로 갈수록 채도가 높아진다.
③ 색상마다 최고 채도의 위치는 다르다.
④ 중심부에서 하단으로 내려가면 명도는 낮아진다.

해설 먼셀(Munsell)의 색입체(color solid)
색의 3속성인 색상, 명도, 채도에 의해 색을 조직적으로 배열하여 한눈에 알아볼 수 있도록 입체적으로 만든 구조체이다.
㉠ 색상(hue) : 원의 형태로 무채색을 중심으로 배열된다.
㉡ 명도(value) : 수직선 방향으로 아래에서 위로 갈수록 명도가 높아진다.
㉢ 채도(chroma) : 방사형의 형태로 안쪽에서 밖으로 나올수록 높아진다.

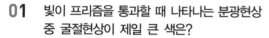

01 빛이 프리즘을 통과할 때 나타나는 분광현상 중 굴절현상이 제일 큰 색은?

① 보라　　　　② 초록

③ 빨강　　　　④ 노랑

해설 스펙트럼(spectrum)

㉠ 1666년 영국의 과학자 뉴턴(Issac Newton)이 이탈리아에서 프리즘(prism)을 들여와, 이 프리즘에 태양광선이 비치면 그 프리즘을 통과한 빛은 빨강·주황·노랑·초록·파랑·남색·보라색의 단색광으로 분광된다.

㉡ 파장이 길고 짧음에 따라 굴절률이 다르며, 파장이 길면 굴절률도 작고 파장이 짧으면 굴절률도 크다. 빨강은 파장이 길어서 굴절률이 가장 작으며, 보라는 파장이 짧아서 굴절률이 가장 크다.

02 화장한 여성의 얼굴이 형광등 아래에서 보면 칙칙하고 안색이 나쁘게 보이는 이유는?

① 형광등은 단파장계열의 빛을 방출하기 때문

② 형광등에서는 장파장이 강하게 나오기 때문

③ 형광등에서는 붉은빛이 강하게 나오기 때문

④ 형광등 아래서는 얼굴에 붉은 색조가 강조되어 보이기 때문

해설 광원의 특성에 따라 같은 물체의 색도 다르게 보인다. 태양광은 모든 영역의 파장이 골고루 물체에 분광되어 물체의 색을 그대로 재현하나 인공광원하에서는 파장역역에 따라 빛이 다른 세기로 방출되어 색이 달라진다. 백열등은 장파장계열의 빛을 물체에 방출하여 물체에 붉은색이 가미되어 보이는 반면,

형광등은 단파장계열의 빛을 물체에 방출하므로 물체에 푸른색이 가미되어 보여 얼굴을 형광등 아래에서 보면 칙칙하고 안색이 나쁘게 보이게 된다.

03 먼셀의 20색상환에서 노랑과 거리가 가장 먼 위치의 색상명은?

① 보라

② 남색

③ 파랑

④ 청록

해설 보색

㉠ 보색인 2색은 색상환상에서 거리가 가장 먼 위치의 180°에 있는 색이다.

㉡ 물감에서 보색의 조합은 적색 – 청록, 녹색 – 자주, 노랑 – 남색 등이다.

04 색채계에서 "규칙적으로 선택된 색은 조화된다."라는 원리는?

① 동류성의 원리

② 질서의 원리

③ 친근성의 원리

④ 명료성의 원리

해설 색채조화의 원리

㉠ 질서의 원리 : 질서 있는 계획

㉡ 비모호성(명료성)의 원리 : 명료한 배색

㉢ 동류의 원리 : 친근감을 주는 조화

㉣ 유사의 원리 : 서로 공통되는 상태와 속성

㉤ 대비의 원리 : 상태와 속성이 반대되면서 모호한 점이 없을 때의 조화

05 색채의 시인성에 가장 영향력을 미치는 것은?

① 배경색과 대상색의 색상차가 중요하다.

② 배경색과 대상색의 명도차가 중요하다.

③ 노란색에 흰색을 배합하면 명도차가 커서 시인성이 높아진다.

④ 배경색과 대상색의 색상 차이는 크게 하고, 명도차는 두지 않아도 된다.

해설 시인성(視認性)

㉠ 두 색의 밝기 차이에 따라서 멀리서도 식별이 가능하며 색이 눈에 잘 띄는가에 대한 성질을 시인성이라 하며 명시성(明視性)이라고도 한다.

㉡ 시인성에 가장 영향력을 미치는 것은 그 배경과의 명도의 차를 크게 하는 것이다.

㉢ 검정색 배경일 때는 노랑, 주황이 명시도가 높고, 자주, 파랑 등은 낮으며, 흰색 배경일 때는 이와 반대이다. 유채색끼리일 때는 노랑, 주황과 파랑, 자주와의 보색관계가 명시도가 높다.

06 색채심리에 관한 설명 중 틀린 것은?

① 색채의 중량감은 주로 채도에 의해 좌우된다.

② 난색은 흥분색, 한색은 진정색이다.

③ 대체로 난색계는 친근감을, 한색계는 소원(疎遠)감을 준다.

④ 두 가지 색이 인접하여 있을 때, 서로 영향을 주어 그 차이가 강조되어 보이는 것이 색채대비 효과이다.

해설 색채심리

㉠ 흥분색 : 적극적인 색 – 빨강, 주황, 노랑 – 난색계통의 채도가 높은 색

㉡ 진정색 : 소극적인 색, 침정색 – 청록, 파랑, 남색 – 한색계통의 채도가 낮은 색

㉢ 색채의 중량감은 색상보다는 명도에 의해 좌우되는 것으로 명도가 낮은 색은 무겁게 느껴지고 명도가 높은 색은 가볍게 느껴진다.

07 인접한 색이나 혹은 배경색의 영향으로 먼저 본 색이 원래의 색과 다르게 보이는 현상은?

① 연상작용

② 동화현상

③ 대비현상

④ 색순응

해설 대비현상

㉠ 연변대비 : 어느 두 색이 맞붙어 있을 때 그 경계 부분은 멀리 떨어져 있는 부분보다 색상대비, 명도대비, 채도대비 현상이 더 강하게 일어나는 현상

㉡ 계시대비 : 어떤 색을 본 후에 다른 색을 보면 나중에 보았던 색은 처음에 보았던 색의 보색에 가까워져 보이며, 채도가 증가해서 선명하게 보인다.

08 분리배색효과에 대한 설명이 틀린 것은?

① 색상과 톤이 유사한 배색일 경우 세퍼레이션 컬러를 선택하여 명쾌한 느낌을 줄 수 있다.

② 스테인드글라스는 세퍼레이션 색채로 무채색을 이용한 금속색을 적용한 대표적인 예이다.

③ 색상과 톤의 차이가 큰 콘트라스트 배색인 빨강과 청록 사이에 검은색을 넣어 온화한 이미지를 연출한다.

④ 슈브뢸의 조화이론을 기본으로 한 배색 방법이다.

해설 세퍼레이션 배색(분리배색)

배색관계가 모호하거나 대비가 강한 경우 분리색을 삽입하여 색들을 조화시키는 효과를 주는 것으로, 예를 들어 흰색, 검정의 무채색에 금색, 은색 등의 메탈릭 색을 삽입하여 배색의 미적 효과를 높일 수 있다.

09 다음에 제시된 A, B 두 배색의 공통점은?

> A : 분홍, 선명한 빨강, 연한 분홍, 어두운 빨강, 탁한 빨강
>
> B : 명도 5 회색, 파랑, 어두운 파랑, 연한 하늘색, 회색 띤 파랑

① 다색배색으로 색상 차이가 동일한 유사색 배색이다.

② 동일한 색상에 톤의 변화를 준 톤 온 톤 배색이다.

③ 빨간색의 동일채도 배색이다.

④ 파란색과 무채색을 이용한 강조 배색이다.

해설 톤 온 톤(tone on tone) 배색

동일색상 내에서 톤의 차이를 크게 하는 배색으로 통일성을 유지하면서 극적인 효과를 준다. 일반적으로 많이 사용한다.

10 가법혼색의 3원색은?

① red, yellow, cyan

② magenta, yellow, blue

③ red, green, blue

④ red, yellow, green

해설 가산혼합(加算混合) 또는 가법혼색(加法混色)

㉠ 빛의 혼합을 말하며, 색광혼합의 3원색은 빨강(red), 녹색(green), 파랑(blue)이다.

㉡ 적색광과 녹색광을 흰 스크린에 투영하여 혼합하면 빨강이나 녹색보다 밝은 노랑이 된다. 이와 같이 빛을 더해서 혼합하는 방법을 가산혼색 또는 가법혼색이라고 한다.

㉢ 2차색은 원색보다 명도가 높아진다. 보색끼리의 혼합은 무채색이 된다.

01 다음 중 추상체와 간상체에 대한 설명이 틀린 것은?

① 추상체는 밝은 곳에서, 간상체는 어두운 곳에서 주로 활동한다.

② 망막의 중심부에는 간상체가, 주변 망막에는 추상체가 분포되어 있다.

③ 간상체는 추상체에 비해 해상도가 떨어지지만 빛에는 더 민감하다.

④ 추상체는 장파장에, 간상체는 단파장에 민감하다.

해설 간상체와 추상체

ⓐ 간상체 : 야간시(night vision)라고도 하며 흑백으로만 인식하고 어두운 곳에서 반응, 사물의 움직임에 반응하며 유채색의 지각은 없다.

ⓑ 추상체(원추체) : 명소시(photopic vision)라고도 하며 색상을 인식하고 밝은 곳에서 반응, 세부 내용을 파악하며 유채색의 지각을 일으킨다.

02 보색의 색광을 혼합한 결과는?

① 흰색

② 회색

③ 검정

④ 보라

해설 보색인 색광을 혼합하여 백색광이 되었을 때 두 색광은 서로 상대에 대한 보색이라 하는데 빨강과 청록, 파랑과 노랑, 녹색과 자주를 혼합하면 백색광이 된다.

03 주택의 색채계획에 관한 설명 중 가장 타당한 것은?

① 거실은 즐거운 분위기를 주기 위해 고채도의 색을 사용한다.

② 부엌의 작업대는 지저분해지기 쉬우므로 저명도의 색을 사용한다.

③ 욕실은 일반적으로 청결한 분위기를 위해 고명도의 색을 사용한다.

④ 침실은 차분한 분위기를 주기 위해 저명도의 한색을 사용한다.

해설 보기 ① : 거실은 즐거운 분위기를 주기 위해 고명도의 색을 사용한다.

보기 ② : 부엌 작업대는 지저분하기 쉬우므로 고명도의 색을 사용한다.

보기 ④ : 침실은 차분한 분위기를 주기 위해 너무 어둡지 않게 중명도나 고명도의 한색계열을 사용한다.

04 다음 중 동일색상의 배색은?

① 주황 – 갈색

② 주황 – 빨강

③ 노랑 – 연두

④ 노랑 – 검정

해설 동일색상의 배색

같은 색(한 가지 색)을 이용한 배색으로 톤 차이를 두어 배색하는 방법. 동일색상의 배색은 부드러우며 은은한 느낌을 연출할 때 사용하는데 차분함, 시원함, 솔직함, 정적임, 간결함의 느낌이 든다.

정답 1② 2① 3③ 4①

05 복잡한 가운데 질서의 요소를 미(美)의 기준으로 보고, 색의 3속성을 고려한 독자적인 색공간을 가정하여 조화관계를 주장한 사람은?

① Ostwald

② Munsell

③ Moon · Spencer

④ Birren

해설 문·스펜서(P. Moon & D. E. Spenser)의 미도(美度)
- ㉠ 배색에서 아름다움의 정도를 수량적으로 계산에 의해 구하는 것이다.
- ㉡ 버코프(G. D. Birkhoff) 공식 : M = O/C
  여기서, M : 미도(美度), O : 질서성의 요소,
  C : 복잡성의 요소
- ㉢ 어떤 수치에 의해 조화의 정도를 비교하는 정량적 처리를 보여 주는 것이다.
- ㉣ 복잡성의 요소가 적을수록, 질서성의 요소가 많을수록 미도는 높아진다는 것이다.

06 다음 색채배색 중 신맛의 느낌을 수반하는 배색은?

① 노랑, 연두   ② 빨강, 주황

③ 파랑, 갈색   ④ 초록, 회색

해설 공감각 중 신맛
- ㉠ 초록계열 : 초록, 연두 등
- ㉡ 노랑계열 : 노랑, 노랑연두 등

07 잔상에 대한 설명 중 옳은 것은?

① 잔상은 색의 대비와는 전혀 관계없이 일어난다.

② 수술실 벽면을 청록색으로 칠하는 것은 잔상을 막기 위해서이다.

③ 자극이 끝난 후에도 보고 있던 상을 그대로 계속하여 볼 수 있는 경우는 음성적 잔상에 속한다.

④ 계시대비는 잔상의 영향을 받지 않는다.

해설 잔상(after image)
- ㉠ 정(양성)의 잔상 : 자극으로 생긴 상의 밝기와 색이 똑같은 느낌으로 계속해서 보이는 현상
  예 영화, TV 등과 같이 계속적인 움직임의 영상
- ㉡ 부(음성)의 잔상 : 자극으로 생긴 상의 밝기나 색상 등이 정반대로 느껴지는 현상
- ㉢ 보색(심리)잔상 : 어떤 원색을 보다가 백색면으로 시선을 옮기면 그 원색의 보색이 보이는 현상으로 망막의 피로 때문에 생기는 현상
  예 수술실의 녹색가운

08 컬러TV의 브라운관 형광면에는 적(red), 녹(green), 청(blue) 색들이 발광하는 미소한 형광물체에 의하여 혼색된다. 이러한 혼색방법은?

① 동시감법혼색

② 계시가법혼색

③ 병치가법혼색

④ 색료감법혼색

해설 병치가법혼색
색광에 의한 병치혼합으로 작은 색점을 섬세하게 병치시키는 방법으로 적(red), 녹(green), 청(blue)의 3색의 작은 점들이 규칙적으로 배열되어 혼색이 되는 현상을 말한다.
예 컬러TV의 화상, 컴퓨터 모니터

09 다음 중 색조를 표현한 것은?

① red

② vivid

③ blue

④ red purple

해설 톤(tone)
색의 명암, 강약, 농담 등 색조를 말한다. 톤은 등색상면 위에서의 명도와 채도를 복합시킨 것이다.
• vivid : 선명하다/고채도/중명도/순색

10 디지털 색채체계의 유형 중 설명이 틀린 것은?

① HSB : 색의 3가지 기본 특성인 색상, 채도, 명도에 의해 표현하는 방식이다.

② RGB : 컴퓨터 모니터와 스크린 같은 빛의 원리로 컬러를 구현하는 장치에서 사용된다.

③ CMYK : 표현할 수 있는 컬러 범위는 RGB보다 넓다.

④ L*a*b* : CIE가 1976년에 추천하여 지각적으로 거의 균등한 간격을 가진 색공간에 의한 색상모형이다.

해설 디지털 색채시스템

㉠ HSB 시스템 : 먼셀 색채계와 같이 색의 3속성인 색상(hue), 명도(brightness), 채도(saturation) 모드로 구성되어 있다.

㉡ RGB 표기법 : RGB 색상은 RGB(255, 0, 0) 형식으로 표기하며 괄호 안의 각 자리는 차례로 red, green, blue의 양을 나타낸다.

㉢ Lab 시스템 : CIE에서 발표한 색체계로 서로 다른 환경에서도 이미지의 색상을 최대한 유지시켜 주기 위한 컬러 모드이다. L(명도), a와 b는 각각 빨강/초록, 노랑/파랑의 보색축이라는 값으로 색상을 정의하고 있다.

㉣ CMYK는 인쇄의 4원색으로 C = Cyan, M = Magenta, Y = Yellow, K = Black을 나타내며 모드 각각의 수치범위는 0~100%로 나타낸다. 표현할 수 있는 컬러 범위는 RGB보다 좁다.

11 표면지각이나 용적지각이 없는 색으로 구름 한 점 없이 맑고 푸른 하늘을 볼 때의 느낌처럼 순수하게 색만이 보이는 상태를 말하는 것은?

① 면색
② 표면색
③ 공간색
④ 거울색

해설 면색

거리감, 물체감이 없이 면적의 느낌으로 색지각을 느끼는 색으로 평면색이라고도 한다.

12 다음 중 색료를 혼합하여 만들 수 없는 색은?

① 주황
② 노랑
③ 연두
④ 남색

해설 일반적으로 색을 섞으면 채도가 떨어지게 되며, 채도가 높은 색은 다른 색을 섞지 않은 것으로, 즉 원색(빨, 노, 파)은 혼합해서 만들어진 것이 아니다.

13 태양 빛과 형광등에서 다르게 보이는 물체색이 시간이 지나면 같은 색으로 느껴지는 현상은?

① 연색성
② 색순응
③ 박명시
④ 푸르킨예 현상

해설 색순응

눈이 조명 빛, 즉 색광에 대하여 익숙해지면서 순응하는 것이다. 빛의 광도와 분광분포가 바뀌거나 눈의 순응상태가 바뀌어도 눈으로 지각되는 색이 변화하지 않는 것은 색의 항상성 또는 색각항상 현상 때문이다.

14 색의 3속성 중 명도의 의미는?

① 색의 이름
② 색의 맑고 탁함의 정도
③ 색의 밝고 어두움의 정도
④ 색의 순도

해설 명도(value)

㉠ 색상의 밝고 어두움의 정도이다.

㉡ 명도는 11단계로 고명도, 중명도, 저명도로 나뉘며 명도가 가장 높은 색은 흰색, 가장 낮은 색은 은색이다.

15 안전색채 사용에 대한 설명이 틀린 것은?

① 제품안전 라벨에 안전색을 사용하여 주목성을 높인다.

② 초록은 지시의 의미를 가지며 의무실, 비상구, 대피소 등에 사용된다.

③ 안전색채는 다른 물체의 색과 쉽게 식별되어야 한다.

④ 노랑과 검정 대비색 조합 안전표지는 잠재적 위험을 경고하는 의미를 가진다.

> **해설** 안전색채(safety color)
> 사업장이나 교통·보안시설의 재해방지 및 구급체제를 위하여 사용하는 색채로 색의 종류는 빨강·주황·노랑·녹색·파랑·보라·흰색·검정색의 8가지이다. 빨강색은 방화·정지·금지에 대해 표시하고 빨강색을 돋보이게 하는 색으로는 흰색을 사용한다. 주황색은 위험, 노랑색은 주의, 녹색은 안전·진행·구급·구호, 파랑색은 조심, 보라색은 방사능, 흰색은 통로·정리, 또한 검정색은 보라·노랑·흰색을 돋보이게 하기 위한 보조로 사용한다.

16 다음 중 '박하색'과 관련이 없는 이름이나 기호는 무엇인가?

① mint
② 2.5pb 9/2
③ 흰 파랑
④ indigo blue

> **해설** 박하색(mint)
> 2.5PB 9/2, 흰 파랑, 연한 파란 하얀색이다.

17 이웃한 색이 서로 인접한 부근에서 더 강한 대비가 느껴지는 현상은?

① 푸르킨예 현상
② 연변대비
③ 계시대비
④ 한난대비

> **해설** 연변대비
> ㉠ 어느 두 색이 맞붙어 있을 때 그 경계 부분은 멀리 떨어져 있는 부분보다 색상대비, 명도대비, 채도대비 현상이 더 강하게 일어나는 현상이다.
> ㉡ 무채색은 명도 단계 배열 시, 유채색은 색상별로 배열 시 나타난다.

18 7YR에 대한 설명으로 옳은 것은?

① Y와 R의 중간 색상으로 R에 더 가깝다.

② Y와 R가 같은 비율로 혼합되어 있다.

③ Y와 R의 중간 색상으로 Y에 더 가깝다.

④ 직관적 표기법으로 알 수가 없다.

> **해설** 먼셀의 색상환은 적(red), 황(yellow), 녹(green), 청(blue), 자(purple)의 기본 5색상으로 하고, 기준색 5색이 같은 간격으로 배치된 후 그들 가운데마다 주황(YR), 연두(GY), 청록(BG), 남색(PB), 자주(RP)의 중간색을 두어 10개의 색상으로 등분한다. 각 색상은 숫자 1에서 10으로 연속되어 붙여져 각 색상별로 반복되고, 5는 항상 기본색상을 표시하고 10은 항상 다음 색상의 1과 맞붙어서 연결된다.

19 오스트발트 색채조화의 설명으로 틀린 것은?

① 유사색 가운데 색상 간격이 2~4인 2색의 배색은 약한 대비의 조화가 된다.

② 순도가 같은 계열의 색은 조화된다.

③ 흰색량이 같은 색은 조화된다.

④ 색상환의 중심에 대하여 반대 위치에 있는 2색의 배색을 이색조화라고 한다.

> **해설** 유사색조화
> 24색상환에서 색상차 2~4 이내의 범위에 있는 색은 조화를 이룬다.
> ㉠ 이색조화(중간대비) : 24색상환에서 색상차 6~8 이내의 범위에 있는 색은 조화를 이룬다.
> ㉡ 반대색조화(강한 대비, 보색조화) : 24색상환에서 색상차 12 이상인 경우 두 색은 조화를 이룬다.

20 색을 띤 그림자라는 의미로 주변색의 보색이 중심에 있는 색에 겹쳐져 보이는 현상은?

① 색음현상
② 메타메리즘
③ 애브니 효과
④ 맥컬로 효과

> **해설** ㉠ 애브니 효과(Abney's effect) : 같은 파장의 색이 순도가 높아짐에 따라 색상이 다르게 보이는 현상
> ㉡ 색음현상(colored shadow) : 주위색의 보색이 중심에 있는 색에 겹쳐져 보이는 현상
> ㉢ 맥컬로 효과 : 보색의 잔상이 이동되어 보이는 현상

정답 15 ② 16 ④ 17 ② 18 ③ 19 ④ 20 ①

01 색채조절을 위해 만족시켜야 할 요인이 아닌 것은?

① 유행성을 높인다.
② 능률성을 높인다.
③ 안전성을 높인다.
④ 감각을 높인다.

해설 색채조절은 눈의 긴장감과 피로감을 감소되게 하고, 심리적으로 쾌적한 실내 분위기를 느끼게 하여 생활의 의욕을 고취시킴으로써 능률성, 안전성, 쾌적성 등을 고려하는 것을 말한다.
㉠ 쾌적성 : 피로의 경감
㉡ 능률성 : 생산의 증진
㉢ 안전성 : 사고나 재해율 감소

02 안전색채 중 교통환경에서 사용하는 노란색은 무엇을 의미하는가?

① 정지, 고도위험
② 주의, 경고
③ 소화, 금지
④ 안전, 진행

해설 색의 종류는 빨강·주황·노랑·녹색·파랑·보라·흰색·검정색의 8가지이다. 빨간색은 방화(防火)·정지·금지에 대해 표시하고 빨간색을 돋보이게 하는 색으로는 흰색을 사용한다. 주황색은 위험, 노란색은 주의, 녹색은 안전·진행·구급·구호, 파란색은 조심, 보라색은 방사능, 흰색은 통로·정리(整理), 또한 검은색은 보라·노랑·흰색을 돋보이게 하기 위한 보조로 사용한다.

03 오스트발트의 등가색환에서의 조화에 대한 설명 중 올바른 것은? (24색상 기준)

① 색상차가 4 이하일 때 보색조화라 부른다.
② 색상차가 6~8일 때 유사색조화라 부른다.
③ 색상차가 12일 때 이색조화라 부른다.
④ 2간격 3색상 조화는 매우 약한 대비의 조화가 된다.

해설 등가색환에서의 조화
㉠ 유사색조화 : 24색상환에서 색상차 2~4 이내의 범위에 있는 색은 조화를 이룬다.
㉡ 이색조화(중간대비) : 24색상환에서 색상차 6~8 이내의 범위에 있는 색은 조화를 이룬다.
㉢ 반대색조화(강한 대비, 보색조화) : 24색상환에서 색상차 12 이상인 경우 두 색은 조화를 이룬다.

04 배색방법 중 하나로 단계적으로 명도, 채도, 색상, 톤의 배열에 따라서 시각적인 자연스러움을 주는 것으로 3색 이상의 다색배색에서 이와 같은 효과를 낼 수 있는 배색방법은?

① 반복배색 ② 강조배색
③ 연속배색 ④ 트리콜로 배색

해설 그라데이션(gradation) 배색
3가지 이상의 다색배색에서 이러한 점진적 변화의 기법을 사용한 배색이다. 이는 색채의 연속적인 배열에 의해 시각적인 유동성을 주고 점진적인 변화의 효과를 얻을 수 있다. 색상이나 명도, 채도, 톤의 변화를 통해 배색을 할 수 있으며 차분하고 서정적인 이미지를 주고 단계적인 순서성이 있기 때문에 자연적인 흐름과 리듬감이 생긴다.

05 GIF 포맷에서 제한되는 색상의 수는?

① 256

② 216

③ 236

④ 255

해설 GIF(graphics interchange format)

이미지의 전송을 빠르게 하기 위하여 압축·저장하는 방식 중 하나이다. JPEG 파일에 비해 압축률은 떨어지지만 전송속도는 빠르고, 이미지의 손상을 적게 한다. 이미지 파일 내에 그 이미지의 정보는 물론 문자열(comment)과 같은 정보도 함께 저장할 수 있고, 여러 장의 이미지를 한 개의 파일에 담을 수도 있다. 또 통신용 파일이므로 인터레이스(interlace) 형식으로도 저장된다. 그러나 저장할 수 있는 이미지가 256색상으로 제한되어 있어 다양한 색상을 필요로 하는 이미지를 저장하는 형식으로는 적당하지 않다.

06 인접한 색들끼리 서로의 영향을 받아 인접한 색에 가깝게 보이는 것은?

① 동화현상

② 동시대비

③ 계시대비

④ 잔상

해설 동화현상(assimilation effect)

㉠ 동시대비와는 반대현상이며 주위의 영향으로 인접색과 닮은 색으로 변해 보이는 현상이다.

㉡ 색상동화, 명도동화, 채도동화가 있으나 이들은 모두 동시적으로 일어나는 현상으로 줄무늬와 같이 주위를 둘러싼 면적이 작거나 하나의 좁은 사이에 복잡하고 섬세하게 배치되었을 때에 일어난다.

07 다음 중 색의 추상적 연상이 잘못 연결된 것은?

① 노랑 – 광명

② 백색 – 순수

③ 녹색 – 평화

④ 적색 – 젊음

해설 색의 연상과 상징

㉠ 빨강(R) : 자극적, 정열, 흥분, 애정, 위험, 혁명, 피, 더위, 열, 일출, 노을

㉡ 주황(YR) : 기쁨, 원기, 즐거움, 만족, 온화, 건강, 활력, 따뜻함, 풍부, 가을

㉢ 노랑(Y) : 명랑, 환희, 희망, 광명, 팽창, 유쾌, 황금

㉣ 연두(GY) : 위안, 친애, 청순, 젊음, 신선, 생동, 안정, 순진, 자연, 초여름, 잔디

㉤ 녹색(G) : 평화, 상쾌, 희망, 휴식, 안전, 안정, 안식, 평정, 소박

㉥ 청록(BG) : 청결, 냉정, 질투, 이성, 죄, 바다, 찬바람

㉦ 파랑(B) : 젊음, 차가움, 명상, 심원, 냉혹, 추위, 바다

㉧ 시안(cyan) : 하늘, 우울, 소극, 고독, 투명

㉨ 남색(PB) : 공포, 침울, 냉철, 무한, 신비, 고독, 염원

㉩ 보라(P) : 창조, 우아, 고독, 공포, 신앙, 위엄

㉪ 자주(RP) : 사랑, 애정, 화려, 흥분, 슬픔

㉫ 마젠타(magenta) : 애정, 창조, 코스모스, 성적, 심리적

㉬ 흰색 : 순수, 순결, 신성, 정직, 소박, 청결, 눈

㉭ 회색 : 편평, 겸손, 수수, 무기력

㉠-1 검정 : 허무, 불안, 절망, 정지, 침묵, 암흑, 부정, 죽음, 죄, 밤

08 색의 3속성이란?

① 빨강, 파랑, 노랑

② 빨강, 초록, 파랑

③ 색상, 명도, 채도

④ 무채색, 유채색, 순색

해설 색의 3속성

색은 색상, 명도, 채도의 3가지 속성을 가지고 있다.

㉠ 색상(hue) : 색깔이 구별되는 계통적 성질

㉡ 명도(value) : 색상의 밝고 어두움의 정도

㉢ 채도(chroma) : 색상의 맑고 탁함의 정도(선명한 정도)

09 광원에 관한 설명 중 틀린 것은?

① 광(光)의 굴절 정도는 파장이 짧은 쪽이 작고, 긴 쪽이 크다.

② 스펙트럼은 적색에서 자색에 이르는 색 띠를 나타낸다.

③ 색으로 느끼지 못하는 광의 감각을 심리학상의 감각이라 한다.

④ 같은 물체라도 발광체의 종류에 따라 색이 틀리다.

해설 스펙트럼(spectrum)

㉠ 1666년 영국의 과학자 뉴턴(Issac Newton)이 이탈리아에서 프리즘(prism)을 들여와, 이 프리즘에 태양광선이 비치면 그 프리즘을 통과한 빛은 빨강·주황·노랑·초록·파랑·남색·보라색의 단색광으로 분광되는 것을 광학적으로 증명하였다. 이와 같이 분광된 색의 띠를 스펙트럼이라고 하며 무지개색과 같이 연속된 색의 띠를 가진다.

㉡ 파장이 길고 짧음에 따라 굴절률이 다르며, 파장이 길면 굴절률이 작고 파장이 짧으면 굴절률이 크다. 빨강은 파장이 길어서 굴절률이 가장 작으며, 보라는 파장이 짧아서 굴절률이 가장 크다.

10 다음 관용색명 중 유래와 명칭이 잘 짝지어진 것은?

① 인명 : 살색(㐱色)

② 동물 : 살구색

③ 우리말 : 하양

④ 동물 : 고동색

해설 색명(色名)

㉠ 계통색명(系統色名, systematic color name) : 일반색명이라고 하며 색상, 명도, 채도를 표시하는 색명이다.

㉡ 관용색명(慣用色名, individual color name) : 고유색명 중에서 비교적 잘 알려져 예부터 습관적으로 사용되고 있는 색명을 말한다.

고유한 색명으로 농불, 식불, 지명, 인명 등이 있으며, 쥐색 등의 동물과 관련된 색이름 및 밤색, 살구색, 호박색 등 식물과 관련된 이름 등이 있다.

정답 9 ① 10 ③

01 옷감을 고를 때 작은 견본을 보고 고른 후 완성 후에는 예상과 달리 색상이 뚜렷한 경우가 있다. 이것은 다음 중 어느 것과 관련이 있는가?

① 보색대비　　② 연변대비
③ 색상대비　　④ 면적대비

해설 면적대비

면적대비란 같은 색채가 면적의 크고 작음에 의해 색이 다르게 보이는 현상으로, 같은 색이라도 면적이 커지면 명도와 채도가 증대되어 그 색은 실제보다 더 밝게, 더 선명하게 느껴지는 현상이다.

02 한 번 분광된 빛은 다시 프리즘을 통과시켜도 그 이상 분광되지 않는다. 이와 같은 광은?

① 반사광　　② 복합광
③ 투명광　　④ 단색광

해설 스펙트럼(spectrum)

1666년 영국의 과학자 뉴턴(Issac Newton)이 이탈리아에서 프리즘을 들여와, 이 프리즘에 태양광선이 비치면 그 프리즘을 통과한 빛은 빨강·주황·노랑·초록·파랑·남색·보라색의 단색광으로 분광되는 것을 광학적으로 증명하였다. 이와 같이 분광된 색의 띠를 스펙트럼이라고 하며 무지개색과 같이 연속된 색의 띠를 가진다. 한 번 분광된 빛은 다시 분광되지 않는다.

03 파장과 색명의 관계에서 보라 파장의 범위는?

① 380~450nm
② 480~500nm
③ 530~570nm
④ 640~780nm

해설 가시광선(visible ray) 파장범위

사람의 눈으로 밝기를 느낄 수 있는 파장의 광선으로 최저 380nm에서 최고 800nm 범위에 있음. 적색(723~647nm), 등색(647~585nm), 황색(585~575nm), 녹색(575~492nm), 청색(492~455nm), 남색(455~424nm), 자색(424~397nm)

04 오스트발트 색체계에 관련 설명 중 틀린 것은?

① 색상은 yellow, ultramarine blue, red, sea green을 기본으로 하였다.
② 색상환은 4원색의 중간색 4색을 합한 8색을 각각 3등분하여 24색상으로 한다.
③ 무채색은 백색량+흑색량 = 100%가 되게 하였다.
④ 색표시는 색상기호, 흑색량, 백색량의 순으로 한다.

해설 오스트발트(W. Ostwald) 표색계

㉠ 오스트발트 표색계는 헤링의 4원색설을 기본으로 색량의 대소에 의하여, 즉 혼합하는 색량(色量)의 비율에 의하여 만들어진 색체계이다.
㉡ 황, 적, 청, 녹의 4가지 주요 색상을 기준으로 그 중간색 주황, 자, 청록, 황록의 8가지 색상을 만들고 이것을 다시 3색상씩 분할해 24색상으로 만들어 24색환이 된다.
㉢ 오스트발트는 백색량(W), 흑색량(B), 순색량(C)의 합을 100%로 하고 어떤 색이라도 혼합량의 합은 항상 일정하다. 순색량이 없는 무채색은 W+B = 100%가 되도록 하고 순색량이 있는 유채색은 W+B+C = 100%가 된다.
㉣ 색표시는 색상기호와 백색량, 흑색량 순서로 한다.

05 디지털 이미지에서 색채 단위 수가 몇 이상이면 풀 컬러(full color)를 구현한다고 할 수 있는가?

① 4비트 컬러

② 8비트 컬러

③ 16비트 컬러

④ 24비트 컬러

해설 풀 컬러(full color)

하드웨어 기반의 색 공간에서 빛의 3원색인 RGB에 각각 8비트(bit)의 정보량을 할당하여 만든 1,677만 가지의 색이다.

• n비트 = 2^n의 색심도(色深度, color depth) 공식에 의해 RGB 각각이 256색으로 조합되는데, 각 채널당 8비트(256색)를 할당해 주면 전체 16,777,216가지의 색을 만들게 된다. 이 컬러를 비트 해상도로 구분하였을 때는 24비트(bit) 컬러라고 부르며, 실제색(true color)이라고도 한다.

06 오스트발트 색체계의 설명이 아닌 것은?

① '조화는 질서와 같다'는 오스트발트의 생각대로 대칭으로 구성되어 있다.

② 색의 3속성을 시각적으로 고른 색채단계가 되도록 구성하였다.

③ 등색상, 삼각형 W, B와 평행선상에 있는 색으로 순색의 혼량이 같은 계열을 등순색 계열이라고 한다.

④ 현실에 존재하지 않는 이상적인 3가지 요소(B, W, C)를 가정하여 물체의 색을 체계화하였다.

해설 오스트발트(W. Ostwald) 색채조화론

㉠ 오스트발트는 "조화는 질서이다"라고 주장하였다. 두 색을 배색할 때는 일종의 서열이 형성되며 이 서열로 쾌감을 느끼게 되는 배색관계가 조화를 이루는 관계라고 보았다.

㉡ 오스트발트의 색채조화론의 등색상 삼각형에서의 조화에는 등백색 계열의 조화, 등흑색 계열의 조화, 등순색 계열의 조화, 등색상 계열의 조화가 있다.

07 해상도에 대한 설명으로 틀린 것은?

① 현 화면을 구성하고 있는 화소의 수를 해상도라고 한다.

② 화면에 디스플레이된 색채영상의 선명도는 해상도와 모니터의 크기에 좌우된다.

③ 해상도의 표현방법은 가로 화소 수와 세로 화소 수로 나타낸다.

④ 동일한 해상도에서 모니터가 커질수록 해상도는 높아져 더 선명해진다.

해설 해상도(resolution)

이미지를 표현하는 데 몇 개의 픽셀 또는 도트로 나타냈는지 그 정도를 나타내는 말이다. 단위로는 1인치당 몇 개의 픽셀(pixel)로 이루어졌는지를 나타내는 ppi(pixel per inch), 1인치당 몇 개의 점(dot)으로 이루어졌는지를 나타내는 dpi(dot per inch)를 주로 사용한다. 픽셀 또는 도트의 수가 많을수록 고해상도의 정밀한 이미지를 표현할 수 있다.

08 다음 중 중간혼합에 해당하지 않는 것은?

① 회전혼색

② 병치혼색

③ 감법혼색

④ 점묘화

해설 중간혼합

혼합하면 중간명도에 가까워지는 병치혼합과 회전혼합을 말한다.

㉠ 병치혼합 : 화면에 빨간 점과 파란 점을 무수히 많이 찍으면 멀리서 보라색으로 보인다.

㉡ 회전혼합 : 팽이에 절반은 빨간색, 절반은 파란색을 칠하여 회전시키면 보라색으로 보인다.

09 다음 중 진출색이 지니는 조건이 아닌 것은?

① 따뜻한 색이 차가운 색보다 더 진출하는 느낌을 준다.

② 어두운색이 밝은색보다 더 진출하는 느낌을 준다.

③ 채도가 높은 색이 낮은 색보다 더 진출하는 느낌을 준다.

④ 유채색이 무채색보다 더 진출하는 느낌을 준다.

해설 진출과 후퇴, 팽창과 수축

난색계의 따뜻한 색은 진출성, 팽창성이 있고, 같은 색상일 경우 명도가 높으면 팽창해 보이고, 명도가 낮으면 수축해 보인다. 또한 저채도의 배경에서는 고채도의 색이 진출성이 높다.

㉠ 진출, 팽창색 : 고명도, 고채도, 난색계열의 색
　예 적, 황

㉡ 후퇴, 수축색 : 저명도, 저채도, 한색계열의 색
　예 녹, 청

10 보기의 설명에 해당하는 감정의 색은?

┌─ [보기] ─────────────┐
│ 이 색은 신비로움, 환상, 성스러움 등을 │
│ 상징한다. 여성스러운 부드러움을 강조 │
│ 하는 역할을 하기도 하지만 반면 비애감 │
│ 과 고독감을 느끼게 하기도 한다. │
└────────────────────────┘

① 빨강　　　　　② 주황
③ 파랑　　　　　④ 보라

해설 보라(purple)

우아함, 화려함, 풍부함, 고독, 추함 등의 다양한 느낌이 있어 예로부터 왕실의 색으로 사용되었다. 품위 있는 고상함과 함께 외로움과 슬픔을 느끼게 하며 예술감, 신앙심을 자아내기도 한다. 또한 푸른 기운이 많은 보라는 장엄함, 위엄 등의 깊은 느낌을 주며, 붉은색 기운이 많은 보라는 여성적, 화려함 등을 나타낸다. 심리적으로는 쇼크나 두려움을 해소하고 불안한 마음을 정화시켜 주는 역할을 하며, 정신적인 보호기능을 한다.

01 다음 중 화려하게 느껴지는 색은?

① 채도가 높은 색   ② 채도가 낮은 색
③ 낮은 명도의 색   ④ 중간 명도의 색

해설 ㉠ 화려한 색 : 적극적인 색 – 빨강, 주황, 노랑 – 난
색계통의 채도가 높은 색
㉡ 수수한 색 : 소극적인 색, 침정색 – 청록, 파랑,
남색   한색계통의 채도가 낮은 색

02 아파트 건축물의 색채기획 시 고려해야 할 사항이 아닌 것은?

① 개인적인 기호에 의하지 않고 객관성이
있어야 한다.
② 주변에서 가장 부각될 수 있게 독특한
색채를 사용한다.
③ 전체적으로 질서가 있어야 하며 적당한
변화가 있어야 한다.
④ 주거인을 위한 편안한 색채 디자인이
되어야 한다.

해설 ㉠ 대도시 속의 아파트로서 주변을 고려하면서 색채
계획을 한다.
㉡ 시각적 압박이 적고 주민들이 쾌적하며 안정감
있는 색채계획을 한다.
㉢ 적당한 변화를 주어 생동감 있는 아파트가 되도록
색채 디자인을 한다.

03 7월 탄생석(보석)의 색으로 힘, 권력 등을 상징
하고, 심장질환 치료 등의 효과와 의미를 갖는
색은?

① 초록   ② 빨강
③ 파랑   ④ 보라

해설 7월의 탄생석은 루비(ruby, 홍옥)로 정의와 용기,
축복과 열정적인 사랑을 상징한다. 루비(ruby)라는
이름은 라틴어로 '붉은'이란 뜻인 'ruber'에서 유래
되었다.

04 채도(彩度, chroma)란?

① 색채의 이름
② 색채의 선명도
③ 색채의 밝기
④ 색채의 배합

해설 채도(chroma)란 색의 맑기로 색의 선명도, 즉 색채
의 강하고 약한 정도를 말한다. 어떠한 색상의 순색에
무채색(흰색이나 검정)의 포함량이 많을수록 채도가
낮아지고, 포함량이 적을수록 채도가 높아진다.

05 다음 중 노란색과 배색하였을 때 가장 부드러
운 느낌으로 조화되는 색은?

① 회색   ② 빨강
③ 보라   ④ 남색

해설 부드러운 느낌은 서로의 색상이 대비되지 않는 배색
으로 수수하고 부드러운 색은 연노랑, 연분홍, 연보
라, 연두, 상아색, 오렌지, 연하늘 등이 있고, 힘차고
경쾌한 색은 파랑색, 분홍색, 빨강색, 진한 보라색,
초록색, 진한 노랑색 등이다.

06 다음 중 순색의 채도가 높은 것끼리 짝지어진
것은?

① 노랑, 주황   ② 빨강, 초록
③ 연두, 청록   ④ 초록, 파랑

정답   1① 2② 3② 4② 5① 6①

해설 채도(chroma)

㉠ 색의 맑기로 색의 선명도, 즉 색채의 강하고 약한 정도를 말한다.

㉡ 어떠한 색상의 순색에 무채색(흰색이나 검정)의 포함량이 많을수록 채도가 낮아지고, 포함량이 적을수록 채도가 높아진다.

㉢ 채도는 순색에 흰색을 섞으면 낮아진다.

- 맑은 색(clear color) : 가장 깨끗한 색깔을 지니고 있는 채도가 가장 높은 색을 말한다.
- 탁색(dull color) : 탁하거나 색 기미가 약하고 선명하지 못한 색, 즉 채도가 낮은 색을 말한다.
- 순색(solid color) : 동일색상의 청색 중에서도 가장 채도가 높은 색을 말한다.

07 한국의 전통색 중 오정색이 아닌 것은?

① 빨강　　② 파랑
③ 검정　　④ 녹색

해설 오방색(五方色, 오정색)

음양오행사상의 색채체계는 동서남북 및 중앙의 오방으로 이루어지며, 이 오방에는 각 방위에 해당하는 5가지 정색이 있는데 이를 오방색 또는 오정색이라고도 한다. 동쪽이 청색, 서쪽이 백색, 남쪽이 적색, 북쪽이 흑색, 가운데가 황색이다.

08 눈 – 카메라의 구조 – 역할이 옳게 연결된 것은?

① 각막 – 렌즈 – 핀트 조절
② 홍채 – 조리개 – 빛을 굴절시키고 초점을 만듦
③ 망막 – 필름 – 상이 맺히는 부분
④ 수정체 – 렌즈 – 빛의 강약에 따라 동공의 크기 조절

해설 눈의 구조와 카메라의 비교

㉠ 홍채 : 빛의 강약에 따라 동공의 크기를 조절, 조리개의 역할
㉡ 수정체 : 빛을 굴절시킴, 렌즈의 역할
㉢ 망막 : 상이 맺히는 부분, 필름의 역할

09 밝은 태양 아래에 있는 석탄은 어두운 곳에 있는 백지보다 빛을 많이 반사하고 있는데도 불구하고 석탄은 검게, 백지는 희게 보이는 현상은?

① 비시감도
② 명암순응
③ 시감반사율
④ 항상성

해설 항상성(恒常性, constancy)

물체에서 반사광의 분광특성이 변화되어도 거의 같은 색으로 보이는 현상으로 조명조건이 바뀌어도 일정하게 유지되는 색채의 감각을 말한다. 흰 종이를 어두운 곳이나 밝은 곳에서 보았을 때 어두운 곳에 있을 때가 더 어둡게 보이지만 여전히 우리 눈은 흰 종이로 지각하게 된다.

10 문·스펜서의 면적효과에 관한 설명 중 틀린 것은?

① NS 순응점을 중심으로 한다.
② 균형점(balance point)에 의해서 배색의 심리적 효과가 결정된다.
③ 순응점을 중심으로 높은 채도의 색은 넓게 배색하는 것이 조화롭다.
④ 순응점으로부터 지정된 색까지의 입체적 거리는 스칼라 모멘트이다.

해설 문·스펜서의 면적효과

㉠ 색채조화에 배색이 면적에 미치는 영향을 고려하여 종래의 저채도의 약한 색은 면적을 넓게, 고채도의 강한 색은 면적을 좁게 해야 균형이 맞는다는 원칙을 정량적으로 이론화하였다(스칼라 모멘트, scalar moment).
㉡ 면적의 비율을 어떻게 하면 조화시킬 수 있는지에 대해 순응점(N5)을 정하고, 이 순응점과의 거리에 따라서 색의 면적이 결정된다고 하였다.

11 먼셀기호로 표시할 때 5R 4/10이라고 표기한 색에 대한 설명이 틀린 것은?

① 색상은 5R이다.
② 명도는 4이다.
③ 채도는 4/10이다.
④ 5R 4의 10이라고 읽는다.

해설 먼셀기호 표기법
색상(H), 명도(V), 채도(C)는 HV/C로 표기된다.
예 빨강의 순색은 5R 4/14, 색상이 빨강으로 5R, 명도가 4이며, 채도가 14인 색채

12 보기는 어떤 기준의 색명인가?

┌─[보기]─┐

sepia, prussian blue, lavender, emerald green

① 계통색명
② 표준색명
③ 관용색명
④ 일반색명

해설 관용색명(慣用色名, individual color name)
고유색명 중에서 비교적 잘 알려져 예부터 습관적으로 사용되고 있는 색명을 말한다. 고유한 색명으로 동물, 식물, 지명, 인명 등이 있으며, 카멜(낙타색), 쥐색 등의 동물과 관련된 색이름 및 밤색, 살구색, 호박색 등 식물과 관련된 이름 등이 있다.
예 • salmon pink : 연어 살색 – 연어의 속살과 같이 노란빛을 띤 분홍색
• emerald green : 에메랄드같이 맑고 아름다운 녹색. 홍해 근처에 매장된 고대 에메랄드 색은 비교적 맑았는데, 현재는 약간 진한 황록색을 가리킴
• sepia : 오징어에서 채취한 동물 관련 색명
• pussian blue : 1700년경 베를린에서 발견되어 베를린블루 또는 프러시안블루라 불리는 청색
• lavender : 식물에서 유래한 색명

13 디지털 색채체계에 대한 설명 중 옳은 것은?

① RGB 색공간에서 각색의 값은 0~100%로 표기한다.
② RGB 색공간에서 모든 원색을 혼합하면 검정색이 된다.
③ L*a*b* 색공간에서 L*은 명도를, a*는 빨강과 초록을, b*는 노랑과 파랑을 나타낸다.
④ CMYK 색공간은 RGB 색공간보다 컬러의 범위가 넓어 RGB 데이터를 CMYK 데이터로 변환하면 컬러가 밝아진다.

해설 디지털 색채시스템
컴퓨터에서 표현할 수 있는 포토숍의 컬러 피커(color picker)는 HSB, RGB, Lab, CMYK가 있는데 선택하려는 색상의 수치를 입력하거나 색상영역에서 클릭한 색상의 수치를 보여 준다.
㉠ HSB 시스템 : 먼셀 색체계와 같이 색의 3속성인 색상(hue), 명도(brightness), 채도(saturation) 모드로 구성되어 있다.
㉡ RGB 표기법 : RGB 색상은 RGB(255, 0, 0) 형식으로 표기하며, RGB(red, green, blue) 값을 나타낸다.
㉢ Lab 시스템 : CIE에서 발표한 색체계로 서로 다른 환경에서도 이미지의 색상을 최대한 유지시켜 주기 위한 컬러 모드이다. L(명도), a와 b는 각각 빨강/초록, 노랑/파랑의 보색축이라는 값으로 색상을 정의하고 있다.
㉣ CMYK : 인쇄의 4원색으로 C = Cyan, M = Magenta, Y = Yellow, K = Black을 나타내며 모드 각각의 수치범위는 0~100%로 나타낸다.

14 오스트발트의 등색상면에서 밝은 → 어두운 순서대로 나열된 것은?

① pn – ig – ca
② li – ge – ca
③ ec – ni – ge
④ ca – ec – ig

해설 오스트발트 등색상 3각형의 혼합비(흰색량과 검정량, 순색량의 혼합비)

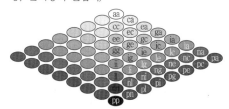

15 광원의 온도가 높아짐에 따라 광원의 색이 변한다. 색온도 변화의 순으로 옳게 짝지어진 것은?

① 빨간색, 주황색, 노란색, 파란색, 흰색
② 빨간색, 주황색, 노란색, 흰색, 파란색
③ 빨간색, 주황색, 파란색, 보라색, 흰색
④ 빨간색, 주황색, 노란색, 파란색, 보라색

해설 색온도(color temperature)
광원에서부터 분류되는 다양한 분광을 나타내는 단위. 켈빈온도(Kelvin scale), 즉 K으로 표시한다. 인간의 눈으로는 가시광선을 백색으로 인식하지만 사실은 짙은 청색에서 밝은 적색까지 퍼져 있다. 해 뜨기 전은 푸른색이 강하고 붉은빛이 부족하며 해가 뜨고 질 때에는 푸른빛이 약하다. 즉, 색온도에 변화가 있다는 것인데 자연광의 경우 시간과 날씨에 따라, 인공광의 경우 광원과 전압 등에 따라 색온도가 변한다. 온도가 높을수록 파장이 짧은 청색계통의 빛이 나오고, 온도가 낮을수록 적색계통의 빛이 나온다. 이때 가열한 온도와 그때 나오는 색의 관계를 기준으로 해서 색온도를 정한다.

16 컬러 매니지먼트에 대한 설명 중 틀린 것은?

① 화상이나 그래픽의 컬러를 정확하게 재현하게끔 데이터를 변환하기 위해서 그와 관련되는 모든 주변기기의 컬러 공간을 조정하는 것이다.
② 하나의 출력 프로세스를 다른 출력장치 상에서 볼 수 있게끔 하는 것이다.

③ 컬러 매니지먼트 시스템에 의해서 컬러 재현의 반복 및 예측이 가능한 것은 아니다.
④ 컬러 매니지먼트 시스템은 초심자라도 쉽게 이용할 수 있도록 간단해야 한다.

해설 컬러 매니지먼트(color management)
색관리로 디지털 영상시스템에서 색상이론과 색상모델에서부터 장비들이 색상을 해석하고 디스플레이하는 방식과 입력장치 및 출력장치 프로파일(디지털카메라, 스캐너, 디스플레이, 프린터 등)을 만들 수 있고, 상황에 맞는 색상관리 작업과정을 선별할 수 있으며 주요 응용프로그램을 넘나들며 색상을 관리하는 방법을 말한다.

17 오스트발트 색입체를 명도를 축으로 수직으로 절단했을 때의 단면의 모양은?

① 삼각형   ② 타원형
③ 직사각형   ④ 마름모형

해설 오스트발트 색입체
오스트발트 색입체는 주판알 모양 같은 복원추체이다. 따라서 오스트발트 색입체를 명도축으로 수직 절단하면 마름모 모양이 된다.

18 미국의 색채학자 저드(D. B. Judd)의 일반적인 4가지 색채조화의 원리가 아닌 것은?

① 유사성의 원리   ② 명료성의 원리
③ 대비성의 원리   ④ 친근성의 원리

해설 저드(D. B. Judd)의 색채조화론(정성적 조화론)
㉠ 질서성의 원리 : 질서 있는 계획에 따라 선택될 때 색채는 조화된다.
㉡ 친근성(숙지)의 원리 : 관찰자에게 잘 알려져 있는 배색이 조화를 이룬다.
㉢ 유사성(동류성)의 원리 : 배색된 색들끼리 공통된 양상과 성질이 내포되어 있을 때 조화된다.
㉣ 비모호성(명료성)의 원리 : 색상이나 명도, 채도, 면적의 차이가 분명한 배색이 조화롭다.

정답 15 ② 16 ③ 17 ④ 18 ③

19 NCS 색체계에 대한 설명이 옳은 것은?

① 독일 색채연구소에서 만들어졌다.

② NCS 표기법은 미국에서 많이 사용되고 있다.

③ 기본적인 색은 Y, R, G의 3색이다.

④ 보편적인 자연색을 기본으로 한 색체계이다.

해설 NCS 표색계

스웨덴 컬러센터(Sweden color center)에서 제작된 표색계로 시대에 따라 변하는 유행색(trend color)이 아닌 보편적인 자연색을 기본으로 한다. 인간이 어떻게 색채를 보느냐에 기초한 표색계로 색은 6가지 심리 원색인 하양(W), 검정(B), 노랑(Y), 빨강(R), 파랑(B), 초록(G)을 기본으로, 각각의 구성비로 나타내고, 하양량, 검정량, 순색량의 3가지 속성 가운데 검정량(blackness)과 순색량(chromaticness)의 뉘앙스(nuance)만 표기한다.

20 점진적인 변화를 주어 리듬감을 얻는 배색법은?

① 악센트　　　② 그라데이션

③ 세퍼레이션　④ 도미넌트

해설 그라데이션(gradation)

색채나 농담이 밝은 부분에서 어두운 부분으로 점차 옮겨지게 하여, 점진적인 변화를 주어 리듬감을 얻는 배색법으로 농담법이라고도 한다.

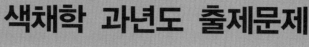
01 동일색상 내에서 톤의 차이를 두어 배색하는 방법이며 명도 그라데이션을 주로 활용하는 배색기법은?

① 톤 온 톤(tone on tone) 배색
② 톤 인 톤(tone in tone) 배색
③ 리피티션(repetition) 배색
④ 세퍼레이션(separation) 배색

해설 톤에 의한 배색기법
㉠ 톤 온 톤(tone on tone) 배색 : 동일색상 내에서 톤의 차이를 크게 하는 배색으로 통일성을 유지하면서 극적인 효과를 준다. 일반적으로 많이 사용한다.
㉡ 톤 인 톤(tone in tone) 배색 : 동일색상이나 인접색상 또는 유사색상에서 유사한 톤으로 조합시키는 것으로 살구색과 라벤더색의 조합 등 색조의 선택에 따라 다양한 느낌을 줄 수 있다.
㉢ 리피티션(repetition) 배색 : 반복배색기법으로 2색 이상을 사용하면서 통일감이 결여된 배색에 반복이라고 하는 일정한 질서에 기초한 조화를 부여하는 배색방법이다.
㉣ 세퍼레이션(separation) 배색 : 배색관계가 모호하거나 대비가 강한 경우 분리색을 삽입하거나 색들을 조화시키는 효과를 주는 것으로, 예를 들어 흰색, 검정의 무채색에 금색, 은색 등의 메탈릭 색을 삽입하여 배색의 미적 효과를 높일 수 있다.

02 다음 배색에서 명도차가 가장 큰 배색은?

① 빨강, 파랑
② 노랑, 검정
③ 빨강, 녹색
④ 노랑, 주황

해설 명도(V, value)
명도는 11단계로 고명도, 중명도, 저명도로 나눈다.
㉠ 고명도(light color) : 7~10도(4단계)이며, tint라고 한다.
㉡ 중명도(middle color) : 4~6도(3단계)이며, pure라고 한다.
㉢ 저명도(dark color) : 0~3도(4단계)이며, shade라고 한다.
명도가 가장 높은 색은 흰색, 가장 낮은 색은 검은색이다. 노란색은 명도가 8.5이고, 주황은 7, 빨강과 파랑색은 명도가 4이다.

03 같은 형태(形態), 같은 면적에서 그 크기가 가장 크게 보이는 색은? (단, 그 색이 동일한 배경색 위에 있을 때)

① 고명도의 청색(blue)
② 고명도의 녹색(green)
③ 고명도의 황색(yellow)
④ 고명도의 자색(purple)

해설 면적감
같은 모양 같은 크기라도 색에 따라서 크게 보이기도 하고 작게 보이기도 한다. 이와 같은 지각현상을 팽창색이라든가 수축색이라고 부른다.
㉠ 팽창성 : 고명도, 고채도, 난색계통의 색
㉡ 수축성 : 저명도, 저채도, 한색계통의 색

04 다음 중 색의 채도가 가장 높은 색상은?

① 5R 4/14
② 5G 5/10
③ 5B 6/8
④ 5P 3/12

먼셀(Munsell)의 색표기법에서 5R 4/14는 색상이 빨강의 5R, 명도가 4이며, 채도가 14인 색채이다. 채도가 높은 색의 배색은 화려하고 자극적 느낌을 주고, 채도가 낮은 색의 배색은 수수하고 평정한 느낌을 준다.

05 비렌(Birren)의 색과 형의 연결로 틀린 것은?

① 빨강색 – 정사각형
② 노랑색 – 삼각형
③ 파랑색 – 오각형
④ 주황색 – 직사각형

파버 비렌(Faber Birren)의 이론(색채와 형태)
㉠ 빨강 : 정사각형 또는 입방체
㉡ 주황 : 직사각형
㉢ 노랑 : 삼각형 또는 삼각추
㉣ 초록 : 육각형 또는 정20면체
㉤ 파랑 : 공 모양 또는 원
㉥ 보라 : 타원형

06 스칼라 모멘트(scalar monent)라는 면적비례를 적용하여 조화론을 전개한 학자는?

① 오스트발트   ② 먼셀
③ 문 · 스펜서   ④ 비렌

문 · 스펜서의 면적효과(스칼라 모멘트)
색채조화에 배색이 면적에 미치는 영향을 고려하여 종래의 저채도의 약한 색은 면적을 넓게, 고채도의 강한 색은 면적을 좁게 해야 균형이 맞는다는 원칙을 정량적으로 이론화하였다.

07 오스트발트(Ostwald) 조화론의 등색상 삼각형의 조화가 아닌 것은?

① 등순색 계열의 조화
② 등백색 계열의 조화
③ 등흑색 계열의 조화
④ 등명도 계열의 조화

오스트발트 색채조화론의 등색상 삼각형
㉠ 등백색 계열의 조화 : 저사변의 평행선상
㉡ 등흑색 계열의 조화 : 위사변의 평행선상
㉢ 등순색 계열의 조화 : 수직선상
㉣ 등색상 계열의 조화 : 먼저 등순색 계열 속에서 2색을 선택하고 이들의 등백계열, 등흑계열의 교점에 해당하는 색을 선택하면 된다.

08 다음 빛의 혼합 중 틀린 것은?

① blue + green = cyan
② green + red = yellow
③ blue + red = magenta
④ blue + green + red = black

가산혼합(加算混合)[가법혼색(加法混色)]
㉠ 빛의 혼합을 말하며, 색광혼합의 3원색은 빨강(red), 녹색(green), 파랑(blue)이다.
㉡ 2차색은 원색보다 명도가 높아진다. 보색끼리의 혼합은 무채색이 된다.
㉢ 색광혼합의 3원색인 빨강(red), 녹색(green), 파랑(blue)의 혼합은 흰색이 된다.

09 컬러TV의 화상의 혼색방법은?

① 병치가법혼색   ② 색광혼합
③ 색료혼합   ④ 감법혼합

병치가법혼색
색광에 의한 병치혼합으로 작은 색점을 섬세하게 병치시키는 방법으로 빨강, 녹색, 파랑 3색의 작은 점들이 규칙적으로 배열되어 혼색이 되어 나타내는 현상을 말한다.
예) 컬러TV의 화상, 모니터

10 우리 눈의 망막상에서 어두운 곳에서는 약한 광선을 받아들이며 색상은 보이지 않고 명암만을 판별하는 시세포는?

① 추상체   ② 간상체
③ 수정체   ④ 홍채

해설 간상체와 추상체의 특성

㉠ 간상체 : 흑백으로 인식, 어두운 곳에서 반응, 사물의 움직임에 반응

㉡ 추상체(원추체) : 색상인식, 밝은 곳에서 반응, 세부내용 파악

11 색을 다른 말로 표현할 때 적당하지 않은 것은?

① 빛깔　　　　② 색상
③ 컬러　　　　④ 색깔

해설 ㉠ 색 : 빛의 스펙트럼(분광)의 조성차에 의해서 성질의 차가 인정되는 시감각의 특성

㉡ 색상 : 색의 3속성의 하나

㉢ 색채 : 빛깔

㉣ 색깔 : 빛깔

㉤ 빛깔 : 물체가 빛을 받을때 빛의 파장에 따라 그 거죽에 나타나는 특유한 빛

12 수정 Munsell 표색계에 기본을 둔 표준색표의 구성에서 R의 경우 1R, 2R, 3R,…, 10R로 10등분하여 나눈다. 다음 중 5R에 해당되는 색은?

① 연지에 가까운 색
② 다홍색
③ 중간 밝기의 빨강색
④ 빨강의 순색

해설 먼셀(Munsell)의 표색계

㉠ 미국의 화가이며 색채연구가인 먼셀에 의해 1905년 창안된 체계로서 색의 3속성인 색상, 명도, 채도로 색을 기술하는 체계 방식이다.

㉡ 먼셀 색상은 각각 red(적), yellow(황), green(녹), blue(청), purple(자)의 R, Y, G, B, P의 5가지 기본색과 주황(YR), 연두(GY), 청록(BG), 남색(PB), 자주(RP)의 5가지 중간색으로 10등분되고, 이러한 색을 각기 10단위로 분류하여 100색상으로 분할하였다.

㉢ 각 색상에는 1~10의 번호가 붙어 5번이 색상의 대표색이다.

13 물체를 조명하는 광원색의 성질(분광분포)에 따라서 같은 물체라도 색이 달라져 보이게 되는 것은?

① 명시성(明視性)　　② 연색성(演色性)
③ 메타메리즘　　　　④ 푸르킨에 현상

해설 연색성

광원에 의해 조명되어 나타나는 물체의 색을 연색이라 하고, 태양광(주광)을 기준으로 하여 어느 정도 주광과 비슷한 색상을 연출할 수 있는가를 나타내는 지표를 연색성이라 한다. 즉, 같은 물체색이라도 조명에 따라 다르게 보이는 현상을 말한다.

14 다음 색에 대한 설명 중 틀린 것은?

① 색의 3속성은 색상, 명도, 채도이다.
② 섞어서 만들 수 없는 색을 기본색이라고 한다.
③ 물체색은 빛에 관계없이 고유한 것이다.
④ 감산혼합에 있어 보색 간의 혼합은 검정에 가까운 회색을 나타낸다.

해설 물체색은 빛이 물체에 닿았을 때 가시광선의 파장이 분해되어 반사, 흡수, 투과의 현상이 일어나서 다양한 색이 나타나게 된다.

15 먼셀 색채조화의 원리로 틀린 것은?

① 명도는 같으나 채도가 다른 반대색끼리는 강한 채도에 넓은 면적을 주면 조화된다.
② 채도가 같고 명도가 다른 반대색끼리는 회색척도에 관하여 정연한 간격을 주면 조화된다.
③ 중간 채도의 반대색끼리는 중간 회색 N5에서 연속성이 있으며, 같은 넓이로 배합하면 조화된다.
④ 명도와 채도가 모두 다른 반대색끼리는 회색척도에 준하여 정연한 간격을 주면 조화된다.

ㄱ 저채도인 색의 면적을 넓게 하고 고채도의 색을 좁게 하면 균형이 맞고 수수한 느낌이 된다.

ㄴ 고채도를 넓게 저채도를 좁게 하면 매우 화려한 배색이 된다.

ㄷ 색을 넓게 하고 난색계의 색을 좁게 하면 침정적인 배색, 고명도의 색을 좁게 하고 저명도의 색을 넓게 하면 명시도가 높아 보이고, 이와 반대의 경우는 명시도가 낮아진다.

ㄹ 같은 명도나 채도인 색이라도 면적이 커지면 고명도, 고채도로 보이고, 면적이 작아지면 저명도, 저채도로 보이는 성질이 있다.

ㅁ 명도 차이가 클 때는 채도 차이가 작고, 채도 차이가 클 때는 명도 차이가 작은 것이 조화되기 쉽다.

---

16 다음 중 빨강 사과를 빨갛게 느끼는 이유로 옳은 것은?

① 사과 표면에 비친 빛 중 빨강 파장은 흡수, 나머지는 반사하기 때문

② 사과 표면에 비친 빛 중 빨강 파장은 투과, 나머지는 굴절하기 때문

③ 사과 표면에 비친 빛 중 빨강 파장은 반사, 나머지는 흡수하기 때문

④ 사과 표면에 비친 빛 중 빨강 파장은 굴절, 나머지는 반사하기 때문

해설 물체색

인간의 눈은 빛이 물체에 산란, 반사, 투과할 때 물체를 지각하며, 물체에 흡수될 때는 빛을 지각하지 못한다. 빨강 사과를 빨갛게 느끼는 이유는 사과 표면에 비친 빛 중 빨강 파장은 반사, 나머지는 흡수하기 때문이다.

---

17 어두워지기 시작하는 저녁 무렵에 적색계의 색보다 청색계의 색이 더 밝아 보이는 지각현상은?

① 항상성 ② 유목효과

③ 베졸트효과 ④ 푸르킨예 현상

해설 푸르킨예(Purkinje) 현상

시감각에 관한 현상으로 빛이 약할 때(새벽녘과 저녁때 등)에는 빨강 등과 같은 장파장의 빛보다 청과 같은 단파장의 빛에 대해서 감도가 올라가는 현상을 말한다.

---

18 다음 관용색명 중 동물의 이름과 관련된 색명은?

① prussian blue ② peach

③ cobalt blue ④ salmon pink

해설 관용색명(慣用色名, individual color name)

고유색명 중에서 비교적 잘 알려져 예부터 습관적으로 사용되고 있는 색명을 말한다. 고유한 색명으로는 동물, 식물, 지명, 인명 등이 있으며, 카멜(낙타색), 쥐색 등의 동물과 관련된 색이름 및 밤색, 살구색, 호박색 등 식물과 관련된 이름 등이 있다.

• salmon pink : 연어 살색 – 연어의 속살과 같이 노란빛을 띤 분홍색

---

19 영국의 과학자 영(T. Young, 1773~1829)과 헬름홀츠가 발표한 색각의 기본이 되는 3가지 색은?

① 적, 청, 황 ② 적, 황, 녹

③ 적, 청, 녹 ④ 적, 청, 흑

해설 영·헬름홀츠(Young & Helmholtz)의 3원색설

인간의 망막에는 3가지 시세포와 신경선이 있어 시세포의 흥분과 혼합에 의해 각종 색이 발생한다고 하는 색광혼합으로, 색각의 기본이 되는 3가지 색은 빨강(R), 녹색(G), 파랑(B)이다.

---

20 다음 색 중 보색관계가 아닌 것은?

① 초록(green) – 마젠타(magenta)

② 빨강(red) – 시안(cyan)

③ 노랑(yellow) – 파랑(blue)

④ 마젠타(magenta) – 시안(cyan)

해설 보색

ㄱ 색상환에서 180° 반대편에 있는 색으로 자주(magenta)의 보색은 초록(green)이다.

ㄴ 색상이 다른 두 색을 적당한 비율로 혼합하여 무채색(흰색·검정·회색)이 될 때 이 두 빛의 색으로 여색(餘色)이라고도 한다.

ㄷ 색상환 속에서 서로 마주 보는 위치에 놓인 색은 모두 보색관계를 이루는데 이들을 배색하면 선명한 인상을 준다. 이것은 눈의 망막상의 색신경이 어떤 색의 자극을 받으면 그 색의 보색에 대한 감수성이 높아지기 때문이다.

정답 16 ③ 17 ④ 18 ④ 19 ③ 20 ④

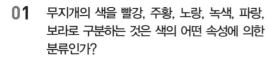
01 무지개의 색을 빨강, 주황, 노랑, 녹색, 파랑, 보라로 구분하는 것은 색의 어떤 속성에 의한 분류인가?

① 채도
② 색조
③ 명도
④ 색상

해설 뉴턴은 프리즘을 이용하여 가시광선을 빨강, 주황, 노랑, 녹색, 파랑, 남색, 보라의 연속띠로 나누는 분광실험에 성공하였다. 무지개의 색을 빨강, 주황, 노랑, 녹색, 파랑, 보라로 구분하는 것은 색의 색상에 의한 속성으로 이와 같이 분광된 색의 띠를 스펙트럼(spectrum)이라고 한다.

02 채도는 색의 강약의 정도를 말하며 3종류로 구분할 수 있다. 다음 중 알맞은 것은?

① 암색, 순색, 청색
② 순색, 청색, 탁색
③ 순색, 보색, 탁색
④ 암색, 청색, 보색

해설 채도(chroma)
색의 맑기로 색의 선명도, 즉 색채의 강하고 약한 정도를 말한다.
㉠ 청색(clear color) : 가장 깨끗한 색깔을 지니고 있는 채도가 가장 높은 색을 말한다.
㉡ 탁색(dull color) : 탁하거나 색 기미가 약하고 선명하지 못한 색, 즉 채도가 낮은 색을 말한다.
㉢ 순색(solid color) : 동일색상 중에서도 가장 채도가 높은 색을 말한다.

03 다음 중 가장 진출, 팽창되어 보이는 색은?

① 채도가 높은 한색계열
② 명도가 낮은 난색계열
③ 채도가 높은 난색계열
④ 명도가 높은 한색계열

해설 진출과 후퇴, 팽창과 수축의 색
난색계의 따뜻한 색은 진출성, 팽창성이 있고, 같은 색상일 경우 명도가 높으면 팽창해 보이고, 명도가 낮으면 수축해 보인다.
㉠ 진출, 팽창색 : 고명도, 고채도, 난색계열의 색
㉡ 후퇴, 수축색 : 저명도, 저채도, 한색계열의 색

04 다음 중 먼셀의 20색상환에서 보색대비의 연결은?

① 노랑 – 남색
② 파랑 – 초록
③ 보라 – 노랑
④ 빨강 – 감청

해설 보색
㉠ 보색인 2색은 색상환상에서 180° 위치에 있는 색이다.
㉡ 보색인 색광을 혼합하여 백색광이 되었을 때 두 색광은 서로 상대에 대한 보색이라 하며, 빨강과 청록, 파랑과 노랑, 녹색과 자주색의 물감을 혼합하면 검정에 가까운 색이 된다.
㉢ 주목성이 강하며, 서로 돋보이게 해 주므로 주제를 살리는 데 효과가 있다.
㉣ 물감에서 보색의 조합은 적색 – 청록, 녹색 – 자주, 노랑 – 남색 등이다.

05 오렌지색과 검정색의 색료혼합 결과, 혼합 전의 오렌지색과 비교하였을 때 채도의 변화는?

① 낮아진다.
② 혼합하기 전과 같다.
③ 높아진다.
④ 검정색의 혼합량에 따라 높거나 낮아진다.

해설 색료혼합(감산혼합, 감법혼색)
㉠ 혼합할수록 더 어두워지는 물감(색료)의 혼합을 말한다.
㉡ 색료의 혼합(그림물감, 인쇄잉크, 염료 등)으로 섞을수록 명도가 낮아진다.
㉢ 2차색은 원색보다 명도와 채도가 낮아진다.

06 오스트발트 색채조화론에 관한 설명으로 틀린 것은?

① 무채색 단계에서 같은 간격으로 선택한 배색은 조화된다.
② 등색상 삼각형의 아래쪽 사변에 평행한 선상의 색들은 조화된다.
③ 등색상 삼각형의 위쪽 사변에 평행한 선상의 색들은 조화된다.
④ 색상 일련번호의 차가 8~9일 때 유사색 조화가 생긴다.

해설 오스트발트의 색채조화론
㉠ 무채색의 조화 : 무채색 단계 속에서 같은 간격의 순서로 배색한 색은 조화된다.
㉡ 등백색 계열의 조화 : 등색상 삼각형의 아래쪽 사변에 평행한 선상의 색들은 조화된다.
㉢ 등흑색 계열의 조화 : 등색상 삼각형의 위쪽 사변에 평행한 선상의 색들은 조화된다.
㉣ 등가색환의 조화
• 유사색조화 : 색상번호의 차가 4 이하
• 이색조화 : 색상번호의 차가 6~8
• 반대색조화 : 색상번호의 차가 12

07 다음 기업이나 단체에서 색채계획(color policy)을 하는 과정으로 그 순서가 옳은 것은?

① 색채심리분석 → 색채환경분석 → 색채전달계획 → 디자인의 적용
② 색채환경분석 → 색채심리분석 → 색채전달계획 → 디자인의 적용
③ 색채전달계획 → 색채심리분석 → 색채환경분석 → 디자인의 적용
④ 색채환경분석 → 색채전달계획 → 색채심리분석 → 디자인의 적용

해설 색채계획 과정
색채환경분석 → 색채심리분석 → 색채전달계획 → 디자인에 적용
㉠ 색채환경분석
• 기업색, 상품색, 선전색, 포장색 등 경합업체의 관용색 분석·색채예측 데이터의 수집
• 색채예측 데이터의 수집 능력, 색채의 변별, 조색 능력이 필요
㉡ 색채심리분석
• 기업 이미지, 색채, 유행 이미지를 측정
• 심리조사 능력, 색채구성 능력이 필요
㉢ 색채전달계획
• 기업색채, 상품색, 광고색을 결정
• 타사 제품과 차별화시키는 마케팅 능력과 컬러 컨설턴트 능력이 필요
㉣ 디자인에 적용
• 색채의 규격과 시방서의 작성 및 컬러 매뉴얼의 작성
• 아트 디렉션의 능력이 필요

08 오스트발트의 색채조화론에서 무채색축의 기호가 아닌 것은?

① a
② c
③ e
④ k

해설 오스트발트 색채조화론

W(흰색)에서 B(흑색) 방향으로 무채색 축의 기호인 a, c, e, g, i, l, n, p라는 알파벳을 표기한다. 무채색 축은 알파벳의 차례를 하나씩 건너뛴 기호를 나타낸다. a는 가장 밝은 색표의 흰색량이며, p는 가장 어두운 색표의 검정량을 나타낸다.

09 계시대비 실험에서 청록색 종이를 보다가 흰색 종이를 보면 어떻게 느껴지는가?

① 보라 기미가 느껴진다.
② 노랑 기미가 느껴진다.
③ 연두 기미가 느껴진다.
④ 빨강 기미가 느껴진다.

해설 계시대비
㉠ 시간적인 차이를 두고, 2개의 색을 순차적으로 볼 때에 생기는 색의 대비현상으로 계속대비 또는 연속대비라고도 한다.
㉡ 처음에 보았던 색의 보색에 가까워져 보이며, 채도가 증가해서 선명하게 보인다(청록색 종이를 보다가 흰색 종이를 보면 빨강 기미가 느껴진다).

10 우리 눈의 구조 중 카메라의 렌즈와 같은 역할을 하는 부분은?

① 망막
② 글라스체
③ 수정체
④ 눈꺼풀

해설 눈의 구조와 카메라의 비교
㉠ 홍채 : 빛의 강약에 따라 동공의 크기를 조절, 조리개의 역할
㉡ 수정체 : 빛을 굴절시킴, 렌즈의 역할
㉢ 망막 : 상이 맺히는 부분, 필름의 역할

01 다음 중 채도의 변화가 가장 적은 것은?

① 순색에 어두운 회색을 섞는다.

② 순색에 밝은 회색을 섞는다.

③ 순색에 보색관계의 색을 섞는다.

④ 순색에 유사색상의 순색을 섞는다.

해설 채도의 변화

순색에 유사색상의 순색을 섞으면 채도의 변화가 작다.
순색에 흰색, 회색, 검정색을 섞으면 채도가 낮아진다.

02 다음은 가법혼색(색광)의 3원색을 나타낸 것이다. 빈칸(A, B, C)에 맞게 나열한 것은?

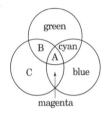

① A : white B : yellow C : red

② A : black B : red C : yellow

③ A : white B : red C : yellow

④ A : black B : yellow C : red

해설 가법혼색(加法混色) 또는 가산혼합(加算混合)

㉠ 빛의 혼합을 말하며, 색광혼합의 3원색은 빨강(red), 녹색(green), 파랑(blue)이다.

㉡ 적색광과 녹색광을 흰 스크린에 투영하여 혼합하면 빨강이나 녹색보다 밝은 노랑이 된다.

㉢ 2차색은 원색보다 명도가 높아진다. 보색끼리의 혼합은 무채색이 된다.
  • 파랑(B)+녹색(G) = 시안(C)
  • 녹색(G)+빨강(R) = 노랑(Y)
  • 파랑(B)+빨강(R) = 마젠타(M)
  • 파랑(B)+녹색(G)+빨강(R) = 하양(W)

[가법혼색]

03 다음 중 색의 온도감에 관한 내용으로 옳은 것은?

① 자주, 청록색은 중성색이다.

② 빨강, 노랑색은 한색이다.

③ 무채색에서 높은 명도의 색은 난색이다.

④ 보라색은 중성색이고, 파란색은 한색이다.

해설 색의 온도감

㉠ 따뜻해 보인다고 느끼는 색을 난색이라고 하며, 일반적으로 적극적인 효과가 있다. 추워 보인다고 느끼는 색을 한색이라고 하며, 진정적인 효과가 있다. 중성은 난색과 한색의 중간으로 따뜻하지도 춥지도 않은 성격으로 효과도 중간적이다.

㉡ 색채의 온도감은 어떤 색의 색상에서 강하게 일어나지만 명도에 의해 영향을 받는다.

04 다음 중 분광반사율이 다른 두 가지의 색이 어떤 광원 아래에서 같은 색으로 보이는 현상은?

① 메타메리즘

② 색지각

③ 색순응

④ 등색

해설 메타메리즘(metamerism)

광원에 따라 물체의 색이 달라져 보이는 것과는 달리 분광반사율이 다른 두 가지의 색이 어떤 광원 아래서 같은 색으로 보이는 현상을 메타메리즘 또는 조건등색 이라 한다.

05 무채색에 대한 설명 중에서 옳은 것은?

① 색상은 없고 명도, 채도만 있다.

② 색상, 명도가 없고 채도만 있다.

③ 채도는 없고 색상, 명도만 있다.

④ 색상, 채도가 없고 명도만 있다.

해설 무채색(achromatic color)

㉠ 흰색, 회색, 검정 등 색상이나 채도가 없고 명도만 있는 색을 무채색이라 한다.

㉡ 명도 단계는 N0(검정), N1, N2, …, N9.5(흰색) 까지 11단계로 되어 있다.

㉢ 반사율이 약 85%인 경우가 흰색이고, 약 30% 정도이면 회색, 약 3% 정도는 검정색이다.

㉣ 온도감은 따뜻하지도 차지도 않은 중성이다.

06 다음 중 색채조화의 보편적인 공통원리가 아닌 것은?

① 명료성의 원리   ② 동류의 원리

③ 질서의 원리   ④ 속성의 원리

해설 색채조화의 공통원리

㉠ 질서의 원리 : 질서 있는 계획

㉡ 비모호성(명료성)의 원리 : 명료한 배색

㉢ 동류의 원리 : 친근감을 주는 조화

㉣ 유사의 원리 : 서로 공통되는 상태와 속성

㉤ 대비의 원리 : 상태와 속성이 반대되면서 모호한 점이 없을 때의 조화

07 다음 중 슈브뢸(M. E. Chevereul)의 색채조화론과 관계가 없는 것은?

① 보색 배색의조화

② 세퍼레이션 컬러(separation color)

③ 도미넌트 컬러(dominant color)

④ 동일색상의 조화

해설 슈브뢸(M. E. Chevreul)의 조화이론

색의 3속성에 근거한 독자적 색채체계를 만들어 유사성과 대비성의 관계에서 조화를 규명하고 "색채의 조화는 유사성의 조화와 대조에서 이루어진다"라는 학설을 내세웠으며 현대 색채조화론으로 발전시켰다.

㉠ 두 색의 대비적인 조화

㉡ 색료의 3원색(적, 황, 청) 중 2색 대비는 그 중간 색의 대비보다 그 상대되는 두 근접보색이 한층 조화롭다.

㉢ 부조화일 때 그 사이에 하양이나 검정을 넣는다.

08 눈의 구조에 대한 설명으로 틀린 것은?

① 망막상에서 상의 초점이 맺히는 부분을 중심와라 한다.

② 망막의 맹점에는 광수용기가 없다.

③ 눈에서 시신경 섬유가 나가는 부분을 유리체라 한다.

④ 홍채는 눈으로 들어오는 빛의 양을 조절한다.

해설 유리체

수정체와 망막 사이의 공간을 채우고 있는 무색투명한 젤리 모양의 조직이다. 수정체와 망막의 신경층을 단단하게 지지하여 안구의 정상적인 형태를 유지시키고, 광학적으로는 빛을 통과시켜 망막에 물체의 상이 맺힐 수 있게 한다.

09 정량적(定量的) 색채조화론으로 1944년에 발표되었으며, 고전적인 색채조화의 기하학적 공식화, 색채조화의 면적, 색채조화에 적용되는 심미도 등의 내용으로 구성되어 있는 것은?

① 슈브뢸(M. E. Chevereul)의 조화론

② 저드(Judd)의 조화론

③ 문(P. Moon)과 스펜서(D. E. Spencer)의 조화론

④ 그레이브스(M. Graves)의 조화론

해설 문·스펜서(P. Moon & D. E. Spencer)의 조화론
두 색의 간격이 애매하지 않은 배색, 오메가(ω) 공간
에 간단한 기하학적 관계가 되도록 선택한 배색을
가정으로 조화와 부조화로 분류하고, 색채조화에 관
한 원리들을 정량적인 색좌표에 의해 과학적으로 설
명하였다.
- ㉠ 색채조화
  - 조화의 원리 : 동등조화, 유사조화, 대비조화
  - 부조화의 원리 : 제1 부조화, 제2 부조화, 눈부심
- ㉡ 면적효과 : 색채조화에 배색이 면적에 미치는 영
  향을 고려하여 종래의 저채도의 약한 색은 면적을
  넓게, 고채도의 강한 색은 면적을 좁게 해야 균형
  이 맞는다는 원칙을 정량적으로 이론화하였다.
- ㉢ 미도(美度)
  - 배색에서 아름다움의 정도를 수량적으로 계산
    에 의해 구하는 것으로 어떤 수치에 의해 조화
    의 정도를 비교하는 정량적 처리를 보여 주는
    것이다.
  - 버코프(G. D. Birkhoff) 공식 : $M = O/C$
    여기서, M : 미도(美度), O : 질서성의 요소,
    　　　　C : 복잡성의 요소

10 다음 중 먼셀 색입체에 관한 설명으로 옳은 것은?

① 무채색축을 중심으로 수직 절단하면,
　좌우면에 유사색상을 가진 두 가지의
　동일 색상면이 보인다.

② 색의 3요소에서 색상은 방사선으로 명도
　는 수직, 채도는 원으로 배열한 것이다.

③ 색의 네 가지 속성을 3차원 공간에다 계
　통적으로 배열한 것이다.

④ 색입체에서의 명도는 위로 갈수록 높고
　아래로 갈수록 낮다.

해설 먼셀(Munsell)의 색입체(color solid)
- ㉠ 색상(hue) : 원의 형태로 무채색을 중심으로 배
  열된다.
- ㉡ 명도(value) : 수직선 방향으로 아래에서 위로 갈
  수록 명도가 높아진다.
- ㉢ 채도(chroma) : 방사형의 형태로 안쪽에서 밖으
  로 나올수록 높아진다.
- ㉣ 수직절단면 : 동일색상면
- ㉤ 수평절단면 : 동일명도면

11 빛에 대한 설명으로 옳은 것은?

① 가시광선에서의 파장이 긴 부분은 푸른
　색을 띤다.

② 분광된 빛을 프리즘에 통과시키면 또
　분광이 된다.

③ 가시광선의 범위는 380nm에서 780nm
　라고 한다.

④ 자외선은 열작용을 하므로 열선이라고
　도 한다.

해설 분광된 빛은 다시 분광되지 않는다.
- ㉠ 적외선 : 780~3000nm, 열환경효과, 기후를 지
  배하는 요소, '열선'이라고 함
- ㉡ 가시광선 : 380~780nm, 채광의 효과, 장파장
  은 붉은색 부분, 단파장은 푸른색 부분
- ㉢ 자외선 : 200~380nm, 보건위생적 효과, 건강
  효과 및 광합성의 효과, '화학선'이라고 함

12 다음 중 색의 배색에서 명도차가 가장 적은 것
은? (KS 기준)

① 빨강, 파랑

② 노랑, 빨강

③ 빨강, 주황

④ 노랑, 파랑

해설 주황은 명도 7, 노랑은 명도 8.5이고, 빨강, 파랑은
각각 명도 4로 색의 배색에서 명도차가 가장 적다.

13 다음 보색에 관한 설명으로 틀린 것은?

① 보색인 2색은 색상환상에서 90° 위치
　에 있는 색이다.

② 물감에서 보색의 조합은 적-청록, 녹-
　자주이다.

③ 두 가지 색광을 섞어 백색광이 될 때 이
　두 가지 색광을 서로 상대색에 대한 보
　색이라고 한다.

④ 두 가지 색의 물감을 섞어 회색이 되는
　경우, 그 두 색은 보색관계이다.

해설 보색

㉠ 보색인 2색은 색상환상에서 180° 위치에 있는 색이다.

㉡ 보색인 색광을 혼합하여 백색광이 되었을 때 두 색광은 서로 상대에 대한 보색이라 하는데 빨강과 청록, 파랑과 노랑, 녹색과 자주를 혼합하면 백색광이 된다.

㉢ 주목성이 강하며, 서로 돋보이게 해 주므로 주제를 살리는 데 효과가 있다.

㉣ 물감에서 보색의 조합은 적 – 청록, 녹 – 자주, 황 – 남색 등이다.

14 다음 중 식당에서 식욕을 증진시키기 위한 색으로 사용하기 가장 적절한 것은?

① B–PB 계통의 채도 6 정도
② R–RP 계통의 명도 4 정도
③ Y–GY 계통의 명도 4 정도
④ R–YR 계통의 채도 6 정도

해설 식당의 실내배색에 있어서 식욕을 돋우는 색으로 가장 좋은 색은 주황, 노랑 등의 난색계의 색상이다. 빨강, 주황 등은 식욕을 증진시키는 데 효과적인 색이다.

15 비렌의 색채조화론에서 사용되는 색조군에 대한 설명 중 옳은 것은?

① tone : 순색과 흰색이 합쳐진 톤
② tint : 흰색과 검정이 합쳐진 밝은 색조
③ shade : 순색과 검정이 합쳐진 어두운 색조
④ gray : 순색과 흰색 그리고 검정이 합쳐진 회색조

해설 비렌의 색채조화론

㉠ tone : 순색과 흰색과 검정이 합쳐진 톤
㉡ tint : 흰색과 순색이 합쳐진 밝은 색조
㉢ shade : 순색과 검정이 합쳐진 어두운 색조
㉣ gray : 흰색 그리고 검정이 합쳐진 회색조

16 가장 가벼운 느낌을 주는 색은?

① 10R 6/3   ② 10R 3/8
③ 10R 4/4   ④ 10R 8/1

해설 먼셀 표색계에서 색상, 명도, 채도의 기호는 H, V, C이며, HV/C로 표기된다.

㉠ • 빨강의 순색은 5R 4/14이다. 색상이 빨강의 5R, 명도가 4이며, 채도가 14인 색채이다.
• 10R 8/1 : 색상이 빨강의 10R, 명도가 8이며, 채도가 1인 색채로 제일 명도가 높아 가벼운 느낌을 준다.

17 다음 중 비비드(vivid)를 말하는 것은?

① 가장 명도가 낮은 영역
② 가장 채도가 높은 영역
③ 가장 채도가 낮은 영역
④ 가장 명도가 높은 영역

해설 톤(tone)은 색의 3속성 중 명도와 채도를 포함하는 복합적인 색조(色調)의 개념이다. 색조, 색의 농담, 명암으로 미국에서의 톤은 명암을 의미하고, 영국에서는 그림에서 주로 명암과 색채를 의미한다. 톤(tone)으로 말하면 가장 채도가 높은 영역인 비비드(vivid, 선명한), 가장 명도가 높은 영역인 브라이트(bright, 밝은) 등으로 표현할 수 있다.

18 다음 중 유사색상 배색의 특징은?

① 극적이며 동적이다.
② 자극적이다.
③ 원만하며 부드럽다.
④ 진출적이다.

해설 ㉠ 유사색(인근색) 조화 : 색상환에서 30~60° 각도의 범위 내에 있는 색은 서로 유사한 색상으로 매우 조화로운 색이다.
㉮ 5R과 2.5YR~7.5YR, 10P와 2.5YR, 5Y(노랑)와 10YR(귤색)
㉡ 유사색상 배색의 느낌 : 화합적, 평화적, 안정적으로 일반적으로 융화적이고 온화한 조화가 얻어진다.

19 공공성을 가진 차량을 도장할 때 주의해야 할 사항으로 틀린 것은?

① 보수도장을 위해 조색이 용이할수록 좋다.

② 도장 공정이 간단할수록 좋다.

③ 일반인들이 사용하지 못하게 하기 위해 특수 색료를 사용한다.

④ 변색, 퇴색하지 않는 색료가 좋다.

해설 공공성을 가진 차량을 도장할 경우 공공성을 주는 일반적인 색이 적당하며, 보수도장을 위해 조색이 용이할수록 좋다. 또한 도장 공정이 간단할수록 좋으며 변색, 퇴색하지 않는 색료가 좋다.

20 다음 중 먼셀의 색체계의 5가지 기본색이 아닌 것은?

① G　　　　　　② R

③ Y　　　　　　④ C

해설 먼셀(Munsell)의 표색계

먼셀 색상은 각각 red(적), yellow(황), green(녹), blue(청), purple(자)의 R, Y, G, B, P 5가지 기본색과 주황(YR), 연두(GY), 청록(BG), 남색(PB), 자주(RP)의 5가지 중간색으로 10등분되고, 이러한 색을 각기 10단위로 분류하여 100색상으로 분할하였다.

01 색료를 혼색한 결과 중에서 틀린 것은?

① 빨강(red)+파랑(blue)+녹(green) = 흑(black)

② 마젠타(magenta)+시안(cyan) = 파랑(blue)

③ 녹(green)+마젠타(magenta)=노랑(yellow)

④ 노랑(yellow)+마젠타(magenta) = 빨강(red)

해설 감산혼합(減算混合)

㉠ 여러 색의 색료를 혼합하면 흑색(black)에 가깝게 된다.

㉡ 혼합해서 만든 색을 2차색이라고 하며 명도와 채도는 낮아진다.

- 노랑(yellow)+마젠타(magenta) = 빨강(red)
- 마젠타(magenta)+시안(cyan) = 파랑(blue)
- 빨강(red)+파랑(blue)+녹(green) = 흑(black)
- 녹(green)+마젠타(magenta) = 녹적

02 다음 중에서 파장이 가장 짧은 색은?

① 빨강   ② 보라

③ 노랑   ④ 초록

해설 스펙트럼(spectrum)

㉠ 1666년 영국의 과학자 뉴턴(Issac Newton)이 이탈리아에서 프리즘(prism)을 들여와, 이 프리즘에 태양광선이 비치면 그 프리즘을 통과한 빛은 빨강·주황·노랑·초록·파랑·남색·보라색의 단색광으로 분광되는 것을 광학적으로 증명하였다. 이와 같이 분광된 색의 띠를 스펙트럼이라고 하며 무지개색과 같이 연속된 색의 띠를 가진다.

㉡ 장파장 쪽이 적색광이고, 단파장 쪽이 자색광이다.

㉢ 파장이 긴 것부터 짧은 것 순서 : 빨강 – 주황 – 노랑 – 초록 – 파랑 – 남색 – 보라

03 동일한 회색 바탕의 하양 줄무늬와 검정 줄무늬의 경우 바탕의 회색이 하양 줄무늬의 영향으로 더 밝아 보이고, 바탕의 회색이 검정 줄무늬의 영향으로 더욱 어둡게 보이는 현상은?

① 맥컬로 효과

② 베졸드 효과

③ 명도대비 효과

④ 애브니 효과

해설 베졸드 효과

회색 바탕에 검정 선을 그리면 바탕의 회색은 더 어둡게 보이고 하양 선을 그리면 바탕의 회색이 더 밝아 보이는 현상으로 색을 직접 섞지 않고 배열함으로써 전체 색조를 변화시키는 효과이다.

04 간상체는 전혀 없고 색상을 감지하는 세포인 추상체만이 분포하여 망막과 뇌로 연결된 시신경이 접하는 곳으로 안구로 들어온 빛이 상으로 맺히는 지점은?

① 각막   ② 중심와

③ 수정체   ④ 맹점

해설 중심와(forvea centralis)

황반 중심와라고도 하며 망막의 황반 속에 있는 중앙의 작은 함몰 부위를 말한다. 혈관이 없으며 망막의 빛 감각세포 중 원추세포가 모여 있다. 망막상에서 상의 초점이 맺히는 부분을 말한다. 원추세포에 의해 낮에 섬세한 시각을 제공받아 글을 읽거나 색깔을 인지할 수 있다.

05 다음 중 색의 항상성(color constancy)을 바르게 설명한 것은?

① 빛의 양과 거리에 따라 색채가 다르게 인지된다.
② 배경색에 따라 색채가 변하여 인지된다.
③ 조명에 따라 색채가 다르게 인지된다.
④ 배경색과 조명이 변해도 색채는 그대로 인지된다.

해설 **항상성(恒常性, constancy)**
ⓐ 물체에서 반사광의 분광특성이 변화되어도, 즉 배경색과 조명이 변해도 색채는 거의 같은 색으로 보이는 현상으로 조명조건이 바뀌어도 일정하게 유지되는 색채의 감각을 말한다.
ⓑ 항상성은 보는 밝기와 색이 조명 등의 물리적 변화에 응하여 망막자극의 변화와 비례하지 않는 것을 말한다.

06 다음 안전색채나 안전색광을 선택하는 데 고려하여야 할 내용 중에서 가장 잘못된 것은?

① 박명효과(푸르킨예 현상)를 고려해야 한다.
② 색채로서 직감적 연상을 일으켜야 한다.
③ 색의 쓰이는 의미가 적절해야 한다.
④ 색채를 사용해 왔던 관습은 무시해야 한다.

해설 **안전색채의 조건**
ⓐ 기능적 색채효과를 잘 나타낸다.
ⓑ 색상차가 분명해야 한다.
ⓒ 재료의 내광성과 경제성을 고려해야 한다.
ⓓ 국제적 통일성을 가져야 한다.
ⓔ 직감적 연상을 일으킬 수 있는 것으로 박명효과(푸르킨예 현상)와 흥분작용을 고려하여 선택한다.
ⓕ 검정색 같은 무채색도 보조색으로 사용된다.
ⓖ 특히 색채를 사용해 왔던 관습도 고려한다.

07 문·스펜서(P. Moon & D. E. Spencer)의 색채조화론에 대한 설명 중에서 옳은 것은?

① 색의 면적효과에서 작은 면적의 강한 색과 큰 면적의 약한 색과는 잘 조화된다.
② 미국의 CCA(Container Corporation of America)에서 컬러 하모니 메뉴얼(Color Harmony Manual)을 간행하면서 실제면에 이용되었다.
③ 질서의 원리, 숙지의 원리, 동류의 원리, 비모호성의 원리 등이 있다.
④ 색상환을 24등분하고 명도 단계를 8등분하여 등색상 삼각형을 만들고 이것은 28등분하였다.

해설 **문·스펜서(P. Moon & D. E. Spencer)의 색채조화론**
ⓐ 문·스펜서의 면적효과 : 저채도의 약한 색은 면적을 넓게, 고채도의 강한 색은 면적을 좁게 해야 균형이 맞는다는 원칙을 정량적으로 이론화하였다.
ⓑ 컬러 하모니 매뉴얼(Color Harmony Manual) : 1942년 미국의 자기회사인 CCA에서 오스트발트의 저서를 바탕으로 제작한 공업디자인용의 색표집. 1958년 제3판으로 제작이 중지되었다
ⓒ 오스트발트(W. Ostwald) 표색계 : 황, 적, 청, 녹의 4가지 주요 색상을 기준으로 색상환을 24등분하고 명도 단계를 8등분하여 등색상 삼각형을 만들고 이것을 28등분하였다.
ⓓ 저드(D. B. Judd)의 색채조화론(정성적 조화론) : 질서의 원리, 숙지의 원리, 동류의 원리, 비모호성의 원리 등이 있다.

08 다음 중 색을 전달하기 위한 색의 표시방법과 관련 있는 것은?

① 먼셀 표기법
② 유도법
③ 메타메리즘
④ 베버와 페히너의 법칙

해설 **먼셀(Munsell)의 표색계**
미국의 화가이며 색채연구가인 먼셀에 의해 1905년 창안된 체계로서 색의 3속성인 색상, 명도, 채도로 색을 기술하는 색의 표시체계 방식이다.

09 채도대비(彩度對比)에 관한 설명 중에서 옳은 것은?

① 어떤 중간색을 무채색위에 위치시키면 채도가 낮아 보이고, 같은 색상의 밝은 색 위에 위치시키면 원래보다 채도가 높아 보인다.

② 어떤 중간색을 무채색 위에 위치시키면 원래의 색보다 채도가 높아 보인다.

③ 어떤 중간색을 같은 색상의 밝은색 위에 위치시키면 채도가 낮아 보이고, 무채색 위에 위치시키면 원래의 채도와 같아 보인다.

④ 어떤 중간색을 같은 색상의 밝은색 위에 위치시키면 원래의 색보다 채도가 높아 보인다.

해설 채도대비(saturation contrast)

㉠ 어떤 색의 주위에 그것보다 선명한 색이 있으면 그 색의 채도가 원래 가지고 있는 채도보다 낮게 보이는 현상이다.

㉡ 어떤 중간색을 무채색 위에 위치시키면 원래의 색보다 채도가 높아 보인다.

10 문·스펜서의 색채조화론에 관한 설명 중에서 틀린 것은?

① 배색의 쾌적도를 실험적으로 증명하려고 하였다.

② 이 이론은 실용적인 가치가 크다.

③ 배색조화의 법칙에 분명한 체계성을 부여하려 했다.

④ 컴퓨터 그래픽 분야에서 정량적인 분석에 의한 색채조명을 가능하게 할 수 있다.

해설 문·스펜서(P. Moon & D. E. Spencer)의 조화론

두 색의 간격이 애매하지 않은 배색, 오메가(ω) 공간에 간단한 기하학적 관계가 되도록 선택한 배색을 가정으로 조화와 부조화로 분류하고, 색채조화에 관한 원리들을 정량적인 색좌표에 의해 과학적으로 설명하여 배색조화의 법칙에 분명한 체계성을 부여하려 했다.

㉠ 균형 있게 선택된 무채색의 배색은 유채색의 배색에 못지않은 아름다움을 나타낸다.

㉡ 동일색상이 조화가 좋다.

㉢ 색상과 채도를 일정하게 하고 명도만을 변화시키는 경우는 많은 색상을 사용한 복잡한 디자인보다 미도(美度, aesthetic measure)가 높다라는 이론과 배색의 쾌적도를 실험적으로 증명하려고 하였다.

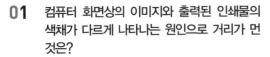
01 컴퓨터 화면상의 이미지와 출력된 인쇄물의 색채가 다르게 나타나는 원인으로 거리가 먼 것은?

① 컴퓨터상에서 RGB로 작업했을 경우 CMYK 방식의 잉크로는 표현될 수 없는 색채범위가 발생한다.

② RGB의 색역이 CMYK의 색역보다 좁기 때문이다.

③ RGB 데이터를 CMYK 데이터로 변환하면 색상손상현상이 나타난다.

④ 모니터의 캘리브레이션 상태와 인쇄기, 출력용지에 따라서도 변수가 발생한다.

해설 색역(color gamut)

색의 영역은 컴퓨터 그래픽스와 사진술을 포함하는 색의 생산에서 빛깔의 완전한 하부 집합을 가리킨다. 색을 정확하게 표현하려고 하지만 주어진 색공간이나 특정한 출력장치에 제한을 받으면 이것이 색역이 된다. 디지털 영상을 처리할 때 가장 이용하기 편리한 색 모델이 RGB 모델이다. 그림을 인쇄할 때 원래의 RGB 색공간을 프린터의 CMYK 색공간으로 변형하여야 한다. 이 과정을 통하여 색역이 벗어난 RGB로부터의 색을 CMYK 공간의 색역에 있는 적절한 값으로 변환할 수 있다.

02 색의 3속성이 아닌 것은?

① 명도
② 색상
③ 채도
④ 대비

해설 색의 3속성

색은 색상, 명도, 채도의 3가지 속성을 가지고 있다.

㉠ 색상(hue) : 색의 차이
㉡ 명도(value) : 색상의 밝은 정도
㉢ 채도(chroma) : 색상의 선명한 정도

03 교통표지판의 색채계획에서 가장 우선적으로 고려해야 하는 것은?

① 색의 조화
② 항상성
③ 시인성
④ 색의 대비

해설 교통표지판의 색채계획에서 가장 우선적으로 고려해야 하는 것은 시인성으로 명시성(明視性) 또는 주목성(注目性)이라고도 한다. 같은 거리에 같은 크기의 색이 있을 경우 확실히 보이는 색과 확실히 보이지 않는 색이 있다. 전자를 명시도(시인성)가 높다고 하고, 후자를 명시도가 낮다고 한다.

04 수술 도중 의사가 시선을 벽면으로 옮겼을 때 생기는 잔상을 막기 위한 방법으로 선택한 수술실 벽면의 색은?

① 밝은 노랑
② 밝은 청록
③ 밝은 보라
④ 밝은 회색

해설 잔상현상은 형태와 색상에 의하여 망막이 자극을 받게 되면 시세포의 흥분이 중추에 전해져 자극이 끝난 후에도 계속해서 생기는 시각적 현상을 말한다. 외과병원은 수술실 벽면의 색을 밝은 청록색으로 처리하고 수술실에서는 초록색 수술복을 입는다. 수술하면서 붉은 피를 계속해서 보고 있으면 빨간색을 감지하는 원추세포가 피로해지고 빨간색의 보색인 녹색의 잔상이 남게 된다. 이 잔상은 의사의 시야를 혼동시켜 집중력을 떨어뜨릴 수 있기에 잔상을 느끼지 못하도록 하는 것이다.

05 문·스펜서의 색채조화론에 대한 설명 중 틀린 것은?

① 작은 면적의 강한 색과 큰 면적의 약한 색과는 어울린다.

② 부조화는 제1 부조화, 제2 부조화, 눈부심이 있다.

③ 미도가 0.5 이상으로 높아질수록 점점 부조화가 된다.

④ 조화는 동등조화, 유사조화, 대비조화가 있다.

해설 문·스펜서 색채조화론

㉠ 색채조화
- 조화의 원리 : 동등조화, 유사조화, 대비조화
- 부조화의 원리 : 제1 부조화, 제2 부조화, 눈부심

㉡ 면적효과 : 색채조화에 배색이 면적에 미치는 영향을 고려하여 종래의 저채도의 약한 색은 면적을 넓게, 고채도의 강한 색은 면적을 좁게 해야 균형이 맞는다는 원칙을 정량적으로 이론화하였다.

㉢ 미도는 0.5 이상의 값을 나타낼 경우 만족할 만한 것으로 제안하였다.

06 물체에 투사되는 빛이 90% 이상 흡수되었을 때 나타나는 색은?

① 황색
② 흰색
③ 청색
④ 검정색

해설 빛의 흡수, 반사, 투과

㉠ 모든 빛의 반사(85% 이상) : 흰색
㉡ 모든 빛의 흡수(90% 이상) : 검정색
㉢ 빛의 반사와 흡수 : 회색
㉣ 모든 빛의 투과 : 투명

07 색이 인간의 감정에 직접적으로 작용하는 특성 중에서 추상적 연상이라고 할 수 있는 것은?

① 노랑 – 은행잎
② 초록 – 나뭇잎
③ 빨강 – 정열
④ 빨강 – 태양

해설 색의 연상

어떤 색을 보았을 때 색에 대한 평소의 경험적 감정과 연상의 정도에 따라 그 색과 관계되는 여러 가지 사항을 연상하게 된다.

㉠ 구체적 연상 : 적색을 보고 불이라는 구체적인 대상을 연상하거나 청색을 보고 바다를 연상하는 것

㉡ 추상적 연상 : 적색을 보고 정열, 애정이라는 추상적 관념을 연상하거나 청색을 보고 청결이라는 관념을 연상하는 것

08 다음 색 중 헤링의 4원색에 속하지 않는 것은?

① 노랑
② 파랑
③ 녹색
④ 보라

해설 헤링의 4원색설(Hering's color theory) – 헤링의 반대색설

생리학자 헤링(Ewald Hering)이 1872년에 영·헬름홀츠의 3원색설에 대해 발표한 반대색설로, 3종의 망막 시세포, 이른바 백흑 시세포, 적록 시세포, 황청 시세포의 3대 6감각을 색의 기본감각으로 하고, 이것들의 시세포는 빛의 자극을 받는 것에 따라서 각각 동화작용 또는 이화작용이 일어나고 모든 색의 감각이 생긴다는 것이다. 헤링의 4원색은 적(red)·녹(green)·황(yellow)·청(blue)이다.

09 다음 관용색명 중에서 파랑계통에 속하는 색은?

① 라벤더색 ② 물색
③ 풀색 ④ 옥색

해설 **색명(色名)**

㉠ 계통색명(系統色名, systematic color name) : 일반색명이라고 하며 색상, 명도, 채도를 표시하는 색명이다.

㉡ 관용색명(慣用色名, individual color name) : 고유색명 중에서 비교적 잘 알려져 예부터 습관적으로 사용되고 있는 색명을 말한다.

관용색명	대응하는 계통색명	대표적인 색의 3속성
풀색	진한 연두	5GY 5/8
옥색	흐린 초록	7.5G 8/16
물색	연한 파랑(연파랑)	5B 7/6
라벤더색	연한 보라(연보라)	7.5PB 7/6

10 색채의 온도감에 대한 설명 중에서 옳은 것은?

① 색채의 온도감은 색상에 의한 효과가 가장 크다.
② 보라색, 녹색 등은 한색계의 색이다.
③ 파장이 짧은 쪽이 따뜻하게 느껴진다.
④ 검정색보다 백색이 따뜻하게 느껴진다.

해설 **온도감**

㉠ 온도감은 색상에 의한 효과가 극히 강하다.

㉡ 따뜻한 색 : 장파장의 난색
차가운 색 : 단파장의 한색

㉢ 중성색은 난색과 한색의 중간으로 따뜻하지도 춥지도 않은 성격으로 효과도 중간이다.

㉣ 저명도, 저채도는 찬 느낌이 강하다.

㉤ 검정색보다 백색이 차갑게 느껴진다.

01 모니터의 색온도 조정에 대한 설명이 틀린 것은?

① 자연에 가까운 색을 구현하기 위해서는 색온도를 6500K으로 설정하는 것이 좋다.

② 모니터의 색온도가 높아지면 청색, 하늘색, 흰색, 노랑, 주황, 빨강 순으로 변하게 된다.

③ 색온도의 단위는 K(Kelvin)을 사용하고, 사용자가 임의로 모니터의 색온도를 설정할 수 있다.

④ 모니터가 9300K으로 설정되면 흰색이나 회색계열의 색들은 청색이나 녹색조의 색을 띤다.

해설 모니터의 색온도

㉠ 모니터로 전송되는 전자총의 빛을 수치적으로 표시하는 방법이다.

㉡ 모니터 색상의 출력 여부에 따라 색온도를 조절한다.

㉢ 색온도가 6500K일 때는 주광의 상태가 되며 색온도가 낮을 때는 붉게, 높을 때는 푸르게 나타난다. 따라서 모니터의 색상에 따라 색온도를 조절하여 사용한다.

02 다음 감법혼색에 대한 설명 중 틀린 것은?

① 감법혼색의 삼원색은 시안(C), 마젠타(M), 옐로(Y)이다.

② 물감의 혼합, 컬러영화 필름 등이 그 예이다.

③ 혼합하면 할수록 명도가 낮아진다.

④ 혼합하면 할수록 채도가 높아진다.

해설 색료혼합[감산혼합(감법혼색)]

㉠ 색료의 혼합으로 색료혼합의 3원색은 시안(cyan), 마젠타(magenta), 노랑(yellow)이다.

㉡ 색료를 혼합하여 색필터를 겹치거나 그림물감을 혼합하는 방법을 감산혼합(減算混合) 또는 감법혼색(減法混色), 색료혼합이라고 한다.

㉢ 색료의 혼합(그림물감, 인쇄잉크, 염료 등)으로 섞을수록 명도가 낮아진다.

㉣ 2차색은 원색보다 명도와 채도가 낮아진다.

03 다음 중 오스트발트의 색채조화론에 관한 설명으로 틀린 것은?

① 윤성조화(輪星調和)란 다색조화를 설명하는 것이며, 37개의 조화색을 얻어낼 수 있다.

② 색입체를 수평으로 자르면 백색량, 흑색량, 순색량이 같은 28개의 등가색환이 된다.

③ 무채색의 여러 단계 속에서 같은 간격으로 선택된 배색은 조화를 이루게 된다.

④ 배색의 아름다움을 계산으로 구하고 수치적으로 미도(美度)를 비교할 수 있다.

해설 오스트발트의 색채조화론

㉠ 오스트발트 표색계는 헤링의 4원색설을 기본으로 색량의 대소에 의하여, 즉 혼합하는 색량(色量)의 비율에 의하여 만들어진 색체계이다.

㉡ 황, 적, 청, 녹의 4가지 주요 색상을 기준으로 그 중간색 주황, 자, 청록, 황록의 8가지 색상을 만들고 이것을 다시 3색상씩 분할해 24색상으로 만들어 24색환이 된다.

㉢ 색입체를 수평으로 자르면 백색량, 흑색량, 순색량이 같은 28개의 등가색환이 된다.

㉣ 윤성조화(輪星調和)란 다색조화를 설명하는 것이며, 37개의 조화색을 얻어낼 수 있다.

04 색입체에 관한 설명 중에서 틀린 것은?

① 먼셀 색체계의 색입체는 나무의 형태를 닮아 color tree라고 한다.
② 오스트발트 색체계의 색입체는 원형이다.
③ 색의 3속성을 3차원 공간에다 계통적으로 배열한 것이다.
④ 색입체의 중심축은 무채색축이다.

해설 ㉠ 먼셀(Munsell)의 색입체(color solid) : 색의 3속성인 색상, 명도, 채도에 의해 색을 조직적으로 배열하여 한눈에 알아볼 수 있도록 입체적으로 만든 구조체로 1898년 먼셀이 창안했으며 색채나무(color tree)라 한다.

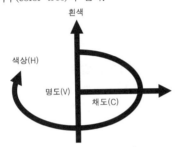

[먼셀 색입체의 좌표계]

㉡ 오스트발트의 색입체 : 1923년 정삼각형의 꼭짓점에 순색, 하양, 검정을 배치한 3각 좌표를 만든 등색상 삼각형의 형태로 복원추체이다.

05 다음 중 가장 강한 대비효과가 나타나는 배색은?

① 녹색, 청록
② 주황, 연두
③ 빨강, 보라
④ 노랑, 남색

해설 대비효과의 특징
㉠ 대비효과는 두 색이 떨어져 있는 경우에 나타나지만, 두 색 사이의 간격이 클수록 효과는 감소된다.
㉡ 대비효과는 색의 차이가 커질수록 증대된다.
㉢ 명도대비가 최소일 때 색대비가 최대가 된다.
㉣ 명도가 같을 경우 유도야색(색의 자극 유도)의 채도가 증가되면 색대비도 증대된다.

06 다음 중 육안검색에 대한 설명이 틀린 것은?

① 관찰자는 색에 영향을 주는 선명한 색의 의복은 착용해서는 안 된다.
② 조도는 원칙적으로 500lx 이상, 균제도는 0.5 이상으로 한다.
③ 작업면의 색은 무광택이며 명도가 5인 무채색으로 한다.
④ 조명에 사용하는 광원은 표준광 D65와 상대분광분포가 비슷한 상용광원 D65를 사용한다.

해설 CIE에서 정의한 물체측정용 표준광원을 이용하여 45° 또는 90° 각도로 약 50cm 떨어진 위치에서 자연스럽게 비교한다. 측정각은 0/45, 45/0로 시료의 위치가 바닥면을 향하고, 조명을 상단에서 조사한 후 45°인 각도에서 물체를 측정하거나, 45°인 각도에서 빛을 조사하고 수직인 각도에서 물체를 측정한다. 측정광원은 1,000lx, D65 광원으로 하며, 먼셀 색표와의 비교를 위해서는 C 광원을 사용한다.

07 다음 중 파장이 가장 짧은 색은?

① 파랑
② 빨강
③ 보라
④ 노랑

해설 뉴턴은 프리즘을 이용하여 빛을 빨강, 주황, 노랑, 녹색, 파랑, 남색, 보라의 연속띠로 나누는 분광을 하였다. 파장이 긴 것부터 짧은 것 순서는 빨강 – 주황 – 노랑 – 초록 – 파랑 – 남색 – 보라 순이다.

08 다음 중 가장 무겁게 느껴지는 색은?

① 보라
② 노랑
③ 초록
④ 주황

해설 중량감(무게감)
중량감은 명도와 관련이 있어 일반적으로 명도가 높은 색이 가볍게 느껴진다.
㉠ 가벼운 색 : 명도가 높은 색
㉡ 무거운 색 : 명도가 낮은 색

09 제3색맹은 다음 어떤 색에 대한 지각이 결손된 것인가?

① 빨강, 초록　　② 초록, 파랑
③ 파랑, 노랑　　④ 빨강, 노랑

해설 색맹(色盲)
㉠ 망막의 결함에 의해 정상적으로 색을 지각하지 못하는 경우를 색맹(色盲)이라고 한다.
㉡ 색상의 식별이 전혀 되지 않는 색각 이상자를 전색맹(全色盲)이라 하고, 색맹을 강도 색각이상, 색약을 중등도와 약도로 나누어, 색약을 중등도 색각이상이라고 부른다.
㉢ 색각이상은 선천적으로 망막 내 감광물질, 즉 제1적색질, 제2녹색질, 제3황색질 중에서 어느 한 가지가 없는 상태이다. 그러므로 제1색맹은 적색맹이라 하고, 제2색맹은 녹색맹이라 하며, 제3색맹은 청황색맹이라고 한다.

10 다음 중 문·스펜서의 색채조화론에 해당되지 않는 것은?

① 유사조화　　② 대비조화
③ 동일조화　　④ 명도조화

해설 문·스펜서(P. Moon & D. E. Spencer)의 색채조화론의 종류
㉠ 동일(identity)조화 : 같은 색의 배색
㉡ 유사(similarity)조화 : 유사한 색의 배색
㉢ 대비(contrast)조화 : 대비관계에 있는 배색

11 다음 면적대비에 관한 설명 중 옳은 것은?

① 같은 색이라도 면적이 작은 쪽이 큰 쪽보다 채도가 높게 느껴진다.
② 같은 색이라도 면적이 작은 쪽이 큰 쪽보다 명도가 높게 느껴진다.
③ 실제 적용한 색이 견본의 색보다 채도가 낮아 보이므로 이를 고려하여 색을 선택해야 한다.
④ 면적의 크고 작음에 의해서 색이 다르게 보이는 현상이다.

해설 면적대비(area contrast)
㉠ 같은 색이라도 면적의 크고 작음에 따라 색의 명도, 채도가 다르게 보이는 현상
㉡ 큰 면적의 색은 실제보다 명도와 채도가 높아 보이며 밝고 선명하게 보이나, 작은 면적의 색은 실제보다 명도와 채도가 낮아 보인다.

12 다음 중 저드의 색채조화론과 관련이 없는 것은?

① 질서의 원리　　② 모호성의 원리
③ 친근감의 원리　　④ 유사성의 원리

해설 저드(D. B. Judd)의 색채조화론(정성적 조화론)
㉠ 질서성의 원리 : 질서 있는 계획에 따라 선택될 때 색채는 조화된다.
㉡ 친근성(숙지)의 원리 : 관찰자에게 잘 알려져 있는 배색이 조화를 이룬다.
㉢ 유사성(동류성)의 원리 : 배색된 색들끼리 공통된 양상과 성질이 내포되어 있을 때 조화된다.
㉣ 비모호성(명료성)의 원리 : 색상차나 명도, 채도, 면적의 차이가 분명한 배색이 조화롭다.

13 다음 중 먼셀 색체계에서 5R의 보색은?

① 5Y　　② 5PB
③ 5G　　④ 5BG

해설 보색
㉠ 색상환에서 180° 반대편에 있는 색이다.
㉡ 보색인 색상은 빨강과 청록, 파랑과 주황, 노랑과 남색, 녹색과 자주를 말한다.

14 다음 중 현색계에 대한 설명으로 옳은 것은?

① 정확한 측정이 가능하다.
② 색 사이의 간격이 좁아 정밀한 색좌표를 구할 수 있다.
③ 색편의 배열 및 색채 수를 용도에 맞게 조정할 수 있다.
④ 빛의 혼색실험 결과에 기초를 둔 것이다.

정답　9 ③　10 ④　11 ④　12 ②　13 ④　14 ③

해설 ㉠ 혼색계(color mixing system) : 색(color of light)을 표시하는 표색계로서 심리적·물리적인 병치의 혼색실험에 기초를 두는 것으로서 빛의 혼색실험 결과에 기초를 둔 것이다.

㉡ 현색계(color appearance system) : 색채(물체색, color)를 표시하는 표색계로서 특정의 착색물체, 즉 색표로서 물체 표준을 정하여 여기에 적당한 번호나 기호를 붙여서 시료물체의 색채와 비교에 의하여 물체의 색채를 표시하는 체계이다.

15 다음 중 가시광선의 파장범위로 가장 적합한 것은?

① 200~700nm
② 380~780nm
③ 600~900nm
④ 1000~1500nm

해설 빛

㉠ 적외선 : 780~3000nm, 열환경효과, 기후를 지배하는 요소, '열선'이라고 함
㉡ 가시광선 : 380~780nm, 채광의 효과, 낮의 밝음을 지배하는 요소
㉢ 자외선 : 200~380nm, 보건위생적 효과, 건강효과 및 광합성의 효과, '화학선'이라고 함

16 다음 중 관용색명 '베이비핑크'와 관련이 없는 것은?

① 5R 8/4
② 흐린 분홍
③ 7Y 8.5/4
④ baby pink

해설 관용색명(慣用色名, individual color name)
고유색명 중에서 비교적 잘 알려져 예부터 습관적으로 사용되고 있는 색명을 말한다. 베이비핑크(baby pink)는 5R 8/4, 연한 분홍보다 빨간빛이 조금 더 많은 색이다.

17 크리스마스 파티를 위한 데코레이션 색채계획으로 적합한 것은?

① 축제 분위기의 주조색을 빨강과 초록으로 하였다.
② 짙은 회색으로 아쉬움을 표현하였다.
③ 복잡한 시기이므로 짙은 청색의 단순한 색채계획을 하였다.
④ 식욕을 저하시키는 색채를 신중히 선정하였다.

해설 크리스마스 파티와 같은 축제 분위기의 주조색은 산타 복장을 연상시키는 빨강과 크리스마스 트리를 연상시키는 초록색으로 색채계획을 하는 것이 좋다.

18 다음 중 가산혼합의 결과로 틀린 것은?

① red+blue = magenta
② red+green = yellow
③ green+blue = magenta
④ red+green+blue = white

해설 가산혼합(加算混合)[가법혼색(加法混色)]
빛의 혼합을 말하며, 색광혼합의 3원색은 빨강(red), 녹색(green), 파랑(blue)이다.
㉠ 파랑(B) + 녹(G) = 시안(C)
㉡ 녹(G)+빨강(R) = 노랑(Y)
㉢ 파랑(B)+빨강(R) = 마젠타(M)
㉣ 파랑(B)+녹(G)+빨강(R) = 하양(W)

19 다음 중 오스트발트 색체계의 색상에 대한 설명이 틀린 것은?

① 색상은 헤링의 4원색을 기본으로 한다.
② 24색상환으로 1~24로 표기한다.
③ red의 보색은 sea green이다.
④ red는 1R~3R로, 색상번호는 1~3에 해당된다.

해설 오스트발트(W. Ostwald) 표색계
- ㉠ 오스트발트 표색계는 헤링의 4원색 이론을 기본으로 색량의 대소에 의하여, 즉 혼합하는 색량(色量)의 비율에 의하여 만들어진 체계이다.
- ㉡ 각 색상은 명도가 밝은색부터 황·주황·적·자·청·청록·녹·황록의 8가지 주요 색상을 기본으로 하고 이를 3색상씩 분할해(예 yellow는 1Y~3Y) 24색상환으로 하여 1에서 24까지의 번호가 매겨져 있다.
- ㉢ 8가지 주요 색상이 3분할되어 24색상환이 되는데 24색상환의 보색은 반드시 12번째 색이다.

20 다음 중 색채의 강약감과 관련이 있는 색의 속성은?

① 채도
② 색상
③ 명도
④ 배색

해설 채도(chroma)
- ㉠ 채도란 색의 맑기로 색의 선명도, 즉 색채의 강하고 약한 정도를 말한다.
- ㉡ 채도는 순색에 흰색을 섞으면 낮아진다.
- ㉢ 채도가 가장 높은 색은 순색이며, 무채색을 섞으면 채도가 낮아진다.
- ㉣ 채도가 높은 색은 화려하게 느껴진다.

실내건축 전공자를 위한

색채학

2019. 4. 1. 초 판 1쇄 인쇄
2019. 4. 7. 초 판 1쇄 발행

지은이 │ 김영애
펴낸이 │ 이종춘
펴낸곳 │ **BM** ㈜도서출판 **성안당**

주소 │ 04032 서울시 마포구 양화로 127 첨단빌딩 3층(출판기획 R&D 센터)
      │ 10881 경기도 파주시 문발로 112 출판문화정보산업단지(제작 및 물류)
전화 │ 02) 3142-0036
      │ 031) 950-6300
팩스 │ 031) 955-0510
등록 │ 1973. 2. 1. 제406-2005-000046호
출판사 홈페이지 │ **www.cyber.co.kr**
ISBN │ 978-89-315-6404-4 (13540)
정가 │ 20,000원

이 책을 만든 사람들
기획 │ 최옥현
진행 │ 이희영
본문디자인 │ J디자인
표지디자인 │ 박현정
홍보 │ 김계향, 정가현
국제부 │ 이선민, 조혜란, 김혜숙
마케팅 │ 구본철, 차정욱, 나진호, 이동후, 강호묵
제작 │ 김유석